# Berlins S-Bahnhöfe

Ein dreiviertel Jahrhundert

Jürgen Meyer-Kronthaler
Wolfgang Kramer

# Berlins S-Bahnhöfe

## Ein dreiviertel Jahrhundert

be.bra verlag
berlin.brandenburg

Die Drucklegung wurde ermöglicht durch
Unterstützung von Siemens Verkehrstechnik
und der Berliner S-Bahn GmbH.

Für das uns entgegengebrachte große Verständnis
während der Arbeit an diesem Buch danken wir
Helga und Geertje, Edeltraud und Erich.
JMK / WK

Die Deutsche Bibliothek-CIP-Einheitsaufnahme
Meyer-Kronthaler, Jürgen:
Berlins S-Bahnhöfe : ein dreiviertel Jahrhundert /
Jürgen Meyer-Kronthaler ; Wolfgang Kramer. -
Berlin : be.bra-Verl., 1998
ISBN 3-930863-25-1


Berlin-Brandenburg, 1998,
Zehdenicker Straße 1
10119 Berlin
Redaktionsschluß: 16.10.1998
Lektorat: Gabriele Dietz, Berlin
Gesamtherstellung: Uwe Friedrich, Berlin
Bildbearbeitung: Marita Friedrich, Berlin
Schrift: Times 10/13
Druck und Bindung:
Universitätsdruckerei H. Stürtz, Würzburg
ISBN 3-930863-25-1

# INHALT

# Die Väter der S-Bahnhöfe

Bahnhöfe sind Zweckbauten. Wer an diesen Satz glaubt, muß eigentlich nicht weiterlesen, denn auf den folgenden Seiten werden Stationen des Lebens aus mehr als 160 Jahren Berliner Eisenbahngeschichte liebevoll dokumentiert. Gemeinsam ist diesen Bauwerken ihre geographische Lage in der größten deutschen Stadt. Aber auch durch eine besondere stilistische Verwandtschaft als Nahverkehrs-Haltestellen in der einstigen Reichshauptstadt Berlin sind sie verbunden.

Das Wort »Verwandtschaft« läßt aufhorchen: Können wir die zahlreichen Bauwerke des Berliner Stadt-, Ring- und Vorortverkehrs respektlos als Mitglieder einer großen Familie betrachten? Vielleicht läßt sich ein Stammbaum aufzeichnen? Tatsächlich, da gibt es Ahnen und Urenkel, alte und junge Abkömmlinge, sogar Zwillinge, Sonntagskinder und Sorgenkinder.

Die Mutter aller Bahnhöfe ist, um im gewählten Bild zu bleiben, immer ihre Bahnverwaltung gewesen. Solange Berlin wuchs, war das Sinnen und Trachten der Eisenbahndirektion stets auch auf die Erhöhung der Haltestellenzahl gerichtet. Mehr Fahrgäste bedeuteten mehr Geld für die Eisenbahn, also baute sie Bahnstationen. Sobald man vom Bauen spricht, muß man auch von Architekten reden. Nennen wir die Architekten der Eisenbahn die »Väter der Bahnhöfe« und fragen: Wer hat wo in Berlin seine Spuren hinterlassen?

Das Thema ist hier so aufregend und vielfältig wie sonst selten in Deutschland. Während der Privatbahnzeit von 1838 bis 1880 beschäftigte jede Bahngesellschaft eigene Hausarchitekten, man denke nur an Franz Schwechten von der Berlin-Anhaltischen Bahn oder an Ludwig Julius Quassowski von der Potsdam-Magdeburger Bahn. Viele dieser Baumeister sind heute vergessen; dieses Buch verzeichnet, soweit überliefert, die Namen von Männern, deren Grabsteine bereits verfallen sind. Von manchen Bahnhöfen der Berliner S-Bahn ist ihr Erbauer nicht einmal genau bekannt: Die romantische Vorortstation in Lichterfelde West von 1871 erscheint uns ebenso »vaterlos« wie der Lehrter Stadtbahnhof von 1882. Gewiß steht der Name der Architekten unentdeckt irgendwo in einer staubigen Akte.

Berlins Bahnhofsnetz wuchs seit dem Augenblick rapide an, als man neben den Fernbahnstrecken eigene Gleispaare und Stationen für den Lokalverkehr errichtete. Das war wohl stellenweise seit 1871 der Fall, im großen Stil aber erst nach 1891. Neue Vororttarife begünstigten nun das Wachsen des urbanen Eisenbahnverkehrs. Spannend ist daher ein Blick auf die beamteten Bahnarchitekten der preußischen Staatsbahnzeit zwischen 1880 und 1920, denn sie schufen ihre Bauten nach einer zentral verkündeten Theorie der Eisenbahnarchitektur. Die Jahrhundertwende-Haltestellen von Karl Klingholz, Armin Wegner, Ernst Schwarz, Waldemar Suadicani oder Karl Cornelius zum Beispiel in Grunewald, Spandau West, Ebersstraße, Rahnsdorf oder Blankenburg sollten gleichzeitig funktional und repräsentativ sein. Heute wirken sie oftmals einfach nur riesig.

Nicht selten gewann die staatliche Bahnverwaltung »frisches Blut« für ihre Berliner Bahnhofsbauten. Die Beauftragung eines nicht angestellten Architekten erfolgte unter finanziellen Gesichtspunkten, wenn ein Interessent den Bau bezahlte: Die freien Architekten Brüning und Vogler entwarfen 1901 das Empfangsgebäude für die Heimstättengesellschaft in Nikolassee, ihre Kollegen Hart und Lesser zeichneten die Pläne der Bahnhöfe für Terraingesellschaften 1905 in Zehlendorf West (heute: Mexikoplatz) und 1908 in Frohnau. Gleiches galt, als die Reichsbahn anno 1928 den Neubau ihres Kreuzungsbahnhofs Neukölln von dem renommierten U-Bahn-Architekten Alfred Grenander entwerfen ließ, oder wenn sich 1929 an der »Siemensbahn« ihr hochangesehner Firmenarchitekt Hans Hertlein in Stein verewigen durfte.

Doch zu jener Zeit überstrahlt der Name eines Mannes alle anderen: Richard Brademann war seit 1924 in der Berliner Reichsbahndirektion zuständig für neue Architektur bei der »Elektrisierung« der S-Bahn. Seine eigenwillige Formensprache zeigt sich nicht nur an den expressionistischen Bahnhöfen Wannsee und Sundgauer Straße, sondern auch bei vielen – jetzt von Zerstörung bedrohten – Bahnstromversorgungswerken zwischen Tegel und Schöneberg. Im gleichen Stil haben bis 1945 neben Brademann auch die Architekten Fritz Hane, Günther Lüttich und Hugo Röttcher der Reichsbahndirektion Berlin ansehnliche Kinder gebaut.

Nicht realisiert wurden die seit 1938 geplanten S-Bahn-Bauten aus dem Atelier von Albert Speer zur »Neugestaltung Berlins«. Wie hätten die unterirdischen S-Bahnhöfe am Reichstag, am Invalidenfriedhof, in der Kochstraße und der Skalitzer Straße ausgesehen? Theo Dierksmeier wollte an der Heerstraße einen »Mussolini-Bahnhof« ans Licht der Welt bringen.

Nach dem Krieg begann in ganz Berlin die Zeit der DDR-Bahnhofsarchitektur, denn das Eisenbahnwesen der gesamten Stadt unterstand der ostdeutschen Reichsbahn. Die Stationen Halensee von 1958, Schönhauser Allee von 1962 und Gesundbrunnen von 1964 waren ordnungsgemäße Symbole ihrer kärglichen Moderne; alle drei wurden schon wieder abgerissen. Im Osten der Stadt errichteten namenlose Väter seit 1976 für Marzahn und Ahrensfelde betonharte Vorstadtbahnhöfe; die stehen noch da. Und beim Hauptbahnhof der DDR-Hauptstadt von 1987 haben sich die Verantwortlichen hinter dem Pseudonym »Generalprojektant VEB Beton- und Montagekombinat Ingenieurhochbau Berlin« versteckt.

Der morbide Charme der verfallenden West-Berliner S-Bahnhöfe in der Zeit zwischen 1961 und 1989 ist vielfach besungen worden. Wie ausgesetzte Kinder erschienen die Bauten, ohne Eltern und ohne Pflege. Erstaunlich, wie niveauvoll die Bahnhöfe der Jahrhundertwende sich damals gehalten haben. Seitdem die Berliner S-Bahn nach der Wende wieder aufblüht, befaßten sich angesehene zeitgenössische Architekten wie Santiago Calatrava in Spandau, Axel Östreich am Gesundbrunnen oder Meinhard von Gerkan am Lehrter Bahnhof mit Stationsbauten in Berlin. Häufig blieben ihre Pläne auf dem Papier; manche Bindung wurde zornig gelöst.

In jüngster Zeit haben private Interessenten den Bau von S-Bahn-Stationen finanziert: »Falkensee-Herlitzwerk« (1996) oder »Bernau-Friedenstal« (1997). Viele neue Bahnhöfe wird die Berliner S-Bahn in den nächsten Jahren nicht errichten können; es sind schlechte Zeiten für »Väter«. Aber die vorhandenen Stationen müssen überarbeitet, neu frisiert und eingekleidet werden. Den zukünftigen »S-Bahn-Stil« kann erahnen, wer die Anwendung des Corporate Design der Deutschen Bahn auf die restaurierten Stadtbahn-Bahnhöfe am Hackeschen Markt und bei Bellevue betrachtet – man sieht viele Gesichter, doch große Familienähnlichkeit.

Alfred Gottwaldt

# Berlins S-Bahnhöfe – Ein dreiviertel Jahrhundert

Noch ein S-Bahn-Buch? Noch ein Loblied auf das Stadtsymbol, noch eine Geschichte über Aufstieg, Niedergang, Teilung, neue Blüte, Fluidum, das vielbeschriebenene charakteristische Singen der Elektromotore? In diesem Buch kommt die S-Bahn als Fahrzeug kaum vor. Hier wird die Geschichte ihrer Bahnhöfe und deren Namen erzählt, die der heutigen, aktuellen, wie auch die der vergessenen oder untergegangenen.

Ein weites Feld! Es gilt, eine Eingrenzung vorzunehmen: Um die »echten« S-Bahnhöfe soll es gehen, um die Stationen, an denen die vertrauten Züge halten (oder hielten), die – meist – rot-gelben Wagen, die eine Stromschiene brauchen zum Vorwärtskommen. Insofern spielen die Fahrzeuge doch eine Rolle: Sie dienen der Definition. Und sie haben indirekt auch das berühmte weiße S auf grünem Grund hervorgebracht: Im August 1924, also vor einem dreiviertel Jahrhundert summten die ersten; der Begriff Schnellbahn entstand, berlintypisch ist das Abkürzen – schon im Dezember 1930 waren Begriff und Signet amtlich. Die Berliner S-Bahn ist die erste so bezeichnete innerstädtische Stadt-Schnell-Schienenbahn der Welt.

Innerstädtisch? Die Definition »Berliner« S-Bahnhöfe bedarf weiterer Präzisierung. Die Aufstellung in diesem Band endet mitnichten an der Stadtgrenze, in Buch oder Frohnau, in Wannsee oder Grünau, sondern erst dort, wo auch die Stromschiene endet, oft weit im Umland. Deshalb wird in diesem Buch bei den einzelnen Stationen auf den Namens-Vorspann »Berlin-« verzichtet, auch die Zusätze »b Bln« (bei Berlin) bleiben unberücksichtigt.

Das weite Feld ist also eingegrenzt. An den »echten« S-Bahnhöfen fahren Züge mit Gleichstrom-Antrieb, hier liegt neben dem Gleis eine Stromschiene, die Stationen haben den fast einen Meter hohen Bahnsteig, und sie haben – natürlich – alle einen Namen. Manchmal ist das schon der dritte oder vierte, Berlin ist bekanntlich immer im Werden.

Berlins S-Bahnhöfe – ein dreiviertel Jahrhundert: Beschrieben werden die Stationen ihres Bestehens, Stationen im nahezu doppelten Wortsinne, seit die Bahn sich mit ihrer Elektrifizierung vom »Elternhaus Eisenbahn« mit eigenen Zügen, Farben und Betriebsformen etwas selbständig machte.

In diesem Buch sind nicht nur alle aktuellen Bahnhofsnamen erfaßt, es nennt auch die Ursprungsnamen und erzählt die Geschichte sämtlicher S-Bahnhöfe, die seit 1924 von den markanten Triebfahrzeugen angesteuert werden – auch die der geplanten, verlegten, stillgelegten, zerstörten oder nie in Betrieb genommenen Stationen. Alphabetisch nach Bahnhofsnamen geordnet, finden sich ihre Betriebsdaten und eine Beschreibung ihrer Geschichte stets unter dem Namen, den eine Station zur jeweiligen Elektrifizierung trug bzw. heute noch trägt. Querverweise leiten zu späteren Namen des Bahnhofs wie gegebenenfalls zu seiner heutigen Bezeichnung. Auf etwaige noch frühere Namen aus Fernbahn- und Dampfbetriebs-Zeiten wird im jeweiligen Text verwiesen. Mit Hilfe dieser Systematik kann der Leser die Chronologie verschiedener Benennungen eines Bahnhofs ebenso wie seine Entwicklungsgeschichte kontinuierlich nachvollziehen.

Bei der großen »Elektrisierung« Ende der zwanziger Jahre fand oftmals anfangs ein Mischbetrieb statt: S-Bahn und Dampfzug. Angegeben ist stets das erste Datum – auch wenn es nur teilweise elektrischen Betrieb gab. Als Stillegungsdatum resp. Schließungsdatum von Bahnhöfen ist immer der erste Tag aufgeführt, an dem kein Betrieb mehr zu verzeichnen war. Die Daten der Wiederinbetriebnahme nach dem Zweiten Weltkrieg sind – verständlicherweise – ungenau. Wo immer möglich, wurden Primärquellen herangezogen. Da der Redaktionsschluß bereits im Oktober 1998 liegen mußte, konnten die vorgesehenen Wiederinbetriebnahmen vom Dezember 1998 und Sommer 1999 nicht vollständig aufgenommen werden.

Unserer besonderer Dank für Mitarbeit und Unterstützung gilt Sigurd Hilkenbach und Uwe Poppel von den BERLINER VERKEHRSBLÄTTERN sowie den beteiligten Fotografen. Hilfreiche Unterstützung erfuhren wir auch von der S-Bahn Berlin GmbH und der Siemens AG, deren finanzielle Zuwendung die Drucklegung dieses Buches erst ermöglicht hat. Ihnen sei an dieser Stelle ausdrücklich Dank gesagt.

Jürgen Meyer-Kronthaler, Wolfgang Kramer
Berlin, Oktober 1998

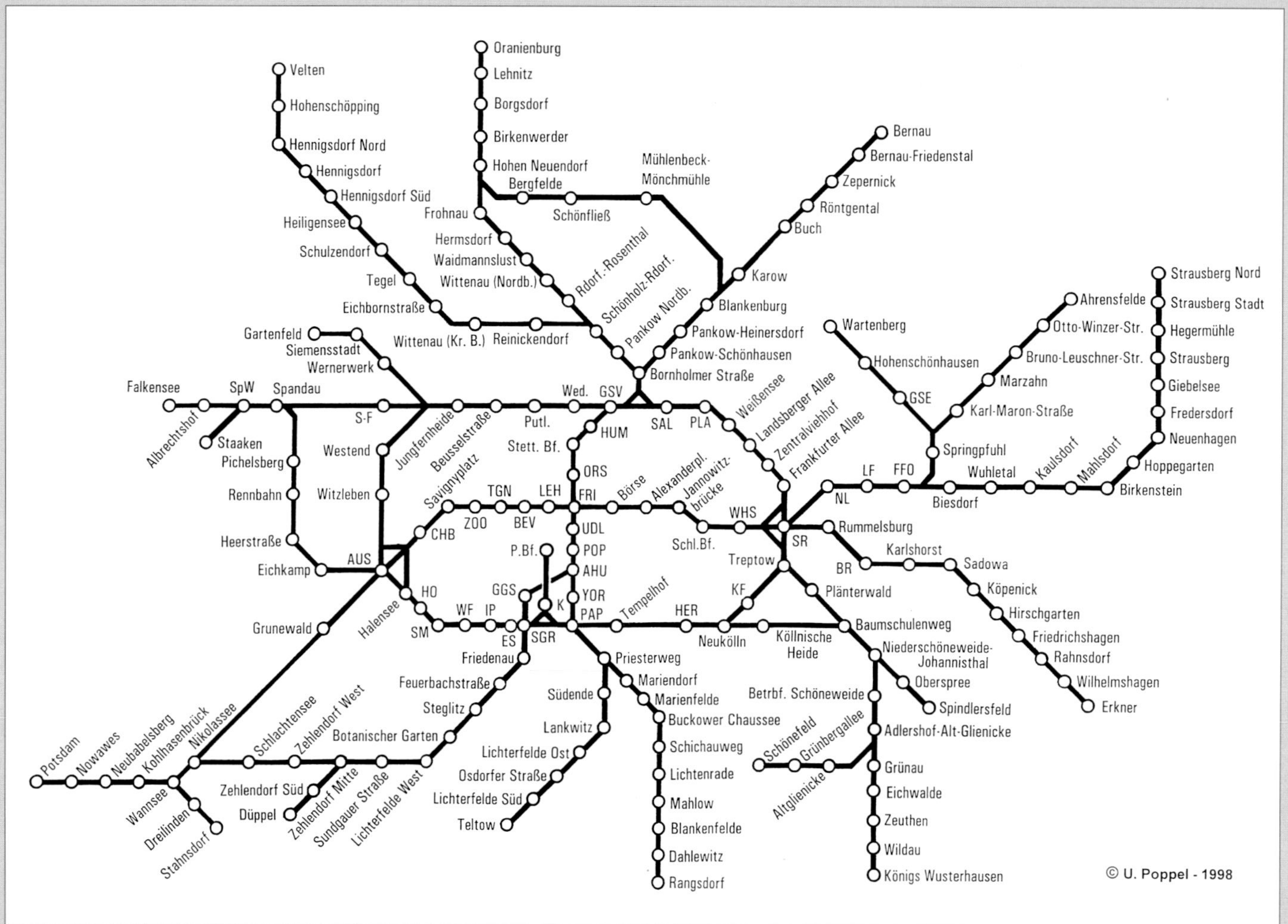


Berlins S-Bahnhöfe – ein dreiviertel Jahrhundert: »Netzspinne« mit allen Stationen unter ihrem Namen zum Zeitpunkt der Elektrifizierung

Abkürzungsverzeichnis:

AHU = Anhalter Bahnhof
AUS = Ausstellung
BEV = Bellevue
BR = Betrbf. Rummelsburg
CHB = Charlottenburg
ES = Ebersstraße
FFO = Friedrichsfelde Ost
FRI = Friedrichstraße
GSE = Gehrenseestraße
GSV = Gesundbrunnen
GGS = Großgörschenstraße
HER = Hermannstraße
HO = Hohenzollerndamm
HUM = Humboldthain
IP = Innsbrucker Platz
KF = Kaiser-Friedrich-Straße
K = Kolonnenstraße
LEH = Lehrter Stadtbahnhof
LF = Lichtenberg-Friedrichsfelde
NL = Neu-Lichtenberg
ORS = Oranienburger Straße
PAP = Papestraße
P.Bf. = Potsdamer Bahnhof
POP = Potsdamer Platz
PLA = Prenzlauer Allee
Putl. = Putlitzstraße
Schl.Bf. = Schlesischer Bahnhof
SM = Schmargendorf
SGR = Schöneberg
SAL = Schönhauser Allee
S-F = Siemensstadt-Fürstenbrunn
SpW = Spandau West
Stett. Bf. = Stettiner Bahnhof
SR = Stralau Rummelsburg
TGN = Tiergarten
UDL = Unter den Linden
WHS = Warschauer Straße
Wed. = Wedding
WF = Wilmersdorf-Friedenau
YOR = Yorckstraße
ZOO = Zoologischer Garten

# Adlershof

Eröffnet als:
→Adlershof-Alt-Glienicke

Das Empfangsgebäude am Adlergestell Mitte der dreißiger Jahre

Ein Synonym fast, bestimmt aber ein Inbegriff für das Fernsehen der DDR – das war Adlershof bis zum Ende der achtziger Jahre. Bedenkt man, daß der Baukomplex des »Deutschen Fernsehfunks (DFF)« erst 1956 entstand, eine recht kurze Zeitspanne, dennoch prägend.

Die Eisenbahn Berlin – Görlitz dampfte schon seit 1866 durch Adlershof, und seit November 1928 ist der Bahnhof eine reguläre S-Bahn-Station für die elektrischen Züge. Damals hieß er allerdings noch Adlershof-Alt-Glienicke; Anfang 1935 wurde er umgetauft in Adlershof.

Nach der Abwicklung des DFF als eine der Folgen der Wende 1989 gingen der S-Bahn hier Fahrgäste verloren, doch dürften viele künftig wiedergewonnen werden: Am »Wissenschafts- und Wirtschaftsstandort Adlershof (Wista)« soll nach der Jahrtausendwende auf dem 76 Hektar großen Areal der ehemaligen Akademie der Wissenschaften der DDR einer der modernsten Forschungs- und Technologieparks Europas vollendet sein, darunter die »MediaCity« als wichtigster Baustein auf dem Ex-DFF-Gelände. Seit 1994 gibt es eine Projektstudie zum Um- und Ausbau des S-Bahnhofs. Wie eine freischwebende Adlerschwinge zeigt sich ein gläserner Brückenbogen auf dem Modell. Doch steht die Verwirklichung unter dem Vorbehalt der finanziellen Machbarkeit, die Adlerschwinge segelte inzwischen darnieder.

Der Südwestausgang (»Glaspalast«) 1964

Kurzzeichen: ADL
Lage: auf Bahndamm
nach Betriebsbahnhof Schöneweide 3220 Meter,
nach Grünau 3200 Meter,
nach Altglienicke 3740 Meter

# Adlershof-Alt-Glienicke

■ Heute:
→Adlershof

Als vor gut 70 Jahren zum ersten Male ein S-Bahn-Zug fahrplanmäßig auf dem Bahnhof Adlershof-Alt-Glienicke hielt, lagen hier schon seit über 62 Jahren Gleise. Im Jahre 1866 hatte die Eisenbahn von Berlin Görlitzer Bahnhof Richtung Cottbus den Betrieb aufgenommen, und ab 1872 hielt sie auch hier – zunächst buchstäblich auf dem freien Feld, seit Juni 1874 an einem kleinen Haltepunkt, erbaut durch den Bauverein Adlershof-Grünau (Architekt: Heinrich Quistorpp). 1876 tauchte der Name »Bude 10 Adlershof« erstmals im Fahrplan auf, im Januar 1894 hatte sich der Haltepunkt zu einem Bahnhof mit Empfangsgebäude gemausert, der seit Juli 1894 den Namen Adlershof-Glienicke trug. Ab Oktober 1901 hieß er dann für fast 34 Jahre Adlershof-Alt-Glienicke. Der bisherige Seitenbahnsteig im Geländeniveau wich dann, als die Görlitzer Bahn hochgelegt wurde, 1905 einem Mittelbahnsteig (ein zweiter Bahnsteig, für den Fernverkehr, bestand seit 1907).

Die S-Bahn kam am 6. November 1928 erstmals nach Adlershof-Alt-Glienicke. Gut sechs Jahre später schon war ein geänderter Bahnhofsname gültig: Adlershof. Der Zusatzname entfiel am 1. Januar 1935, lebte als eigenständiger Bahnhofsname Altglienicke aber 1962 drei Kilometer weiter südlich wieder auf. Der kriegsbedingten Betriebseinstellung im April 1945 folgte die Wiedereröffnung bereits am 24. Juni. Der Mittelbahnsteig an den Fernbahngleisen ist am 29. September 1957 geschlossen und 1964 – wie auch das Empfangsgebäude – abgetragen worden. Noch heute ist unter den um 1907 errichteten Brücken über die Rudower Chaussee der zugemauerte Eingang zu erkennen. Zur heutigen Straßenbahn-Endhaltestelle wurde 1961 ein Zugang unter dem Bahndamm durchgebrochen, er ermöglicht eine fast vorbildliche Verknüpfung und besaß einige Jahre lang einen vorgesetzten kleinen »Glaspalast«. Im Zusammenhang mit der Verbreiterung der Straße Adlergestell hatte es in den Jahren 1968/69 noch einmal einen Umbau (Inbetriebnahme: pünktlich zum XX. Jahrestag der DDR) zum heutigen Zustand gegeben.

Adlershof war ein 1754 gegründetes Vorwerk, ein Erbzinsgut, seit Anfang des 19. Jahrhunderts dann schon selbständiger Gutsbezirk. 1879 wurde es Landgemeinde, hatte 1895 bereits 5600 Einwohner (bahnhofswürdig!) und wurde 1920 als Teil des 15. Verwaltungsbezirks Treptow nach Groß-Berlin eingemeindet. Die alte Ost-Berliner Postleitzahl 1199 für Adlershof wurde später bekannt durch die legendäre DFF-Reihe »elf 99« des DDR-Fernsehens. Der Adler daselbst im Ortsamen weist – wahrscheinlich – auf das Wappentier der Hohenzollern hin.

| | |
|---|---|
| 1872 | Halt auf freiem Feld »nach Bedarf« |
| 15.6.1874 | Regulärer Haltepunkt mit Seitenbahnsteigen |
| 8.1.1894 | Eröffnung eines Empfangsgebäudes |
| 14.7.1894 | Umbenennung in »Adlershof-Glienicke« |
| 1.10.1901 | Umbenennung in »Adlershof-Alt-Glienicke« |
| 1.6.1905 | Mittelbahnsteig nach Hochlegung (Bahndamm) |
| 1906/07 | Bau eines zweiten Mittelbahnsteigs für den Fernverkehr |
| 6.11.1928 | Elektrischer Betrieb |
| 1.1.1935 | Umbenennung in »Adlershof« |
| 4.1945 | Stillegung |
| 24.6.1945 | Wiedereröffnung, Elektrischer Betrieb |
| 29.9.1957 | Bahnsteig für den Fernverkehr geschlossen |
| 1961 | Weiterer Ausgang zur Südwestseite |
| 1964 | Abriß des Empfangsgebäudes |
| 7.10.1969 | Inbetriebnahme eines erweiterten Zugangs zum Adlergestell/zur Rudower Chaussee |

# AHRENSFELDE

Ein Kopfbahnhof wird die S-Bahn-Station wohl bleiben. Aufnahme vom Dezember 1982

Der Bahnhof, ein schlichter, einstöckiger Zweckbau aus Beton, Glas und farbiger Verblendkeramik, liegt ganz nah an der Stadtgrenze, im äußersten Berliner Nordosten, noch im Bezirk Marzahn.

Das kleine Dorf Ahrensfelde im brandenburgischen Barnim ist erst nach einigen Minuten autoumtosten Fußwegs zu erreichen. Erstmals erwähnt wurde es 1375. Ein vor der letzten Jahrhundertwende entstandener Ausbau des Dorfes hieß ab 1897 Neu-Ahrensfelde; dieser Teil wurde 1920 nach Berlin eingemeindet.

Die Eisenbahnstrecke nach Wriezen über Ahrensfelde und Werneuchen war 1898 eröffnet worden; sie begann einst am Wriezener Bahnof in Berlin, ganz in der Nähe des damaligen Schlesischen Bahnhofs. Doch die S-Bahn mit einer Station Ahrensfelde gab es erst viel später, im Dezember 1982 begann ihr fahrplanmäßiger Betrieb. Immerhin war sie schon da, als der Wohnungsbau hier, an der Peripherie der Stadt, so richtig zu großer Plattenform auflief. Die Notwendigkeit einer Schnellbahnverbindung zur Innenstadt war rechtzeitig erkannt worden.

Als Endstation – die sie auf absehbare Zeit bleiben wird – verfügt die Bahnhofsanlage zusätzlich zum Mittelbahnsteig noch über einen Seitenbahnsteig, denn hier startet auch die Regionalbahn Richtung Werneuchen. Eine Fußgängerbrücke am südlichen Ende kam 1987 hinzu.

| | |
|---|---|
| 1.5.1898 | Eröffnung |
| 4.1945 | Stillegung |
| 25.11.1945 | Wiedereröffnung |
| 30.12.1982 | Elektrischer Betrieb |

KURZZEICHEN: AHR
LAGE: IM GELÄNDENIVEAU
NACH MEHROWER ALLEE
1800 METER

# Albrechtshof

Trennung der Hamburger Bahn nach dem Mauerbau: im Hintergrund der Bahnübergang Finkenkruger Weg in Albrechtshof (Juni 1962)

Nur ein Jahrzehnt lang war Albrechtshof eine S-Bahn-Station. Am heutigen Regionalbahnhof desselben Namens sind keinerlei Spuren der wechselvollen Geschichte mehr auszumachen. Eröffnet wurde 1943 für die Arbeiter des DEMAG-Rüstungsbetriebes ein einfacher Haltepunkt für dampfbetriebene Vorortzüge.

Der fahrplanmäßige elektrische S-Bahn-Betrieb (eingleisig, im Bahnhofsbereich zweigleisig) begann hier am 14. August 1951. Zu jenem Zeitpunkt gehörte dieser Berliner Bahnhof nicht mehr direkt zu Berlin, das sollte Folgen haben. Das (geographisch) westliche Staaken war 1945 durch eine britisch-sowjetische Vereinbarung von Groß-Berlin abgetrennt und der Ostzone zugeordnet worden. Umgesetzt wurde das Abkommen über Nacht, am 1. Februar 1951: West-Staaken wurde (vorerst) vom Stadtbezirk Mitte (!) verwaltet, das östliche Staaken verblieb als Ortsteil des Bezirks Spandau bei West-Berlin. Die neue Grenze verlief also östlich (statt bisher westlich) des Bahnhofs Albrechtshof, eine zunehmend undurchlässigere Grenze, über die die S-Bahn noch exakt zehn Jahre fast ungehindert rollen sollte. Fast ungehindert: Am 18. Mai 1953 begann die Zeit des Kuriosums »Durchläufer«. Das waren S-Bahn-Züge mit Fahrgästen, denen verordnet war, den Kontakt zum »Klassenfeind« zu meiden. Also hielten die Züge gar nicht erst auf West-Berliner Gebiet, sondern »liefen durch«. Alle Züge mußten in Albrechtshof, dem letzten DDR-Bahnhof vor der Grenze, einen fünfminütigen Zwangshalt einlegen, um ausgiebige Zollkontrollen zu ermöglichen. »Eierbahnhof« (wegen der nahegelegenen Gefügelaufzucht) oder »Räuberbahnhof« (wegen »erfolgreicher« Kontrollen) lauteten alsbald die Spitznamen hinter vorgehaltener Hand.

Mit den »Durchläufern« war es ab 5. Mai 1958 vorbei, als West-Berlin nördlich umfahren werden konnte. Mit dem Mauerbau am 13. August 1961 war auch das Jahrzehnt der S-Bahn-Verbindung

nach West-Berlin abrupt beendet. Zwar pendelte noch acht Wochen lang ein S-Bahn-Zug zwischen Albrechtshof und Falkensee, doch wie sollte er gewartet werden, abgetrennt vom Rest-Netz? Am 9. Oktober 1961 wurde er nach Ost-Berlin abtransportiert – Ende der S-Bahn-Ära in Albrechtshof bis heute.
Ins internationale Rampenlicht geriet der kleine, ebenerdige Haltepunkt mit seinen beiden Seitenbahnsteigen am 5. Dezember 1961, als eine Dampflok mit acht Wagen – ein DR-Vorortzug aus Oranienburg – mit vollem Tempo nach West-Berlin durchbrach, statt am Endpunkt Albrechtshof anzuhalten. Die tollkühne Tat des Lokführers Harry Deterling wurde sogar verfilmt. Nach dieser spektakulären Flucht wurden die Gleise im Grenzbereich abgebaut, Fernzüge von und nach Hamburg mußten viele Jahre lange Umwege fahren.
Am 23. Mai 1993 wurde der traurige Endpunkt der kurzen Stichstrecke von Falkensee völlig still- und der Bahndamm anschließend hochgelegt. So war es schon 1939/41 vorgesehen gewesen; bereits errichtete Beton-Widerlager einer geplanten Brücke über den Jänickendorfer Weg am West-Ende der Station waren all die Jahre ein sichtbares Zeugnis gewesen. Seitdem ruhen die Spuren der Geschichte unter der hohen Dammschüttung. Ein neuer, etwas nach Westen verschobener Regionalbahnhof Albrechtshof, seit 1990 wieder zu Berlin gehörig, wurde am 28. Mai 1995 feierlich eröffnet. Mit dabei: Harry Deterling.
Und warum hält Albrecht im Bahnhofsnamen hof? Gemeint ist Markgraf Albrecht der Bär. Der Askanier eroberte am 11. Juni 1157 von Wendenfürst Jaczo Burg Brennabor und Umland: Gründungstag der Mark Brandenburg.

| | |
|---|---|
| 1.4.1943 | Eröffnung |
| 24.4.1945 | Stillegung |
| 8.1945 | Wiedereröffnung |
| 14.8.1951 | Elektrischer Betrieb |
| 9.10.1961 | Stillegung für den S-Bahn-Verkehr |
| 23.5.1993 | Schließung |
| 1994 | Abriß der Seitenbahnsteige |
| 28.5.1995 | Wiedereröffnung als Regionalbahnstation; verschoben um etwa 200 m nach Westen; Dammlage |

KURZZEICHEN: AS
(1951-1961)
LAGE: IM GELÄNDENIVEAU
NACH FALKENSEE
3170 METER,
NACH SPANDAU WEST
4420 METER

## Alexanderplatz

Gemeinsam mit dem Brandenburger Tor nebst »Linden« und dem Kurfürstendamm hat der »Alex« den wohl höchsten Bekanntheitsgrad außerhalb Berlins. Im 18. Jahrhundert vom Volksmund Ochsenplatz, auch Alter Wollmarkt genannt, erhielt er im November 1805 aufgrund einer Order von König Friedrich Wilhelm III. seinen heutigen Namen. Anlaß war der Berlin-Besuch des russischen Zaren Alexander I. Als ein Wahrzeichen nahm 1895 die 100-Zentner-Dame »Berolina« (»Was stellt sie vor? – Den rechten Fuß!«) auf dem Platz Aufstellung.
Doch beherrscht wird der Alexanderplatz seit 1882 durch das große Viaduktbauwerk der Stadtbahn mit den charakteristischen gemauerten Wölbbögen. Als die Strecke – und mit ihr der Bahnhof Alexanderplatz – am 7. Februar 1882 für den Stadt- und Vorortverkehr eingeweiht wurde, war Alfred Döblin, der dem Platz ein literarisches Denkmal setzte, gerade dreieinhalb Jahre alt. Zu Franz Biberkopfs Zeiten beherrschte die Bahnhofshalle schon über 40 Jahre das Erscheinungsbild des Platzes. Es war freilich nicht ganz die von heute. Nach Plänen des Architekten Johann Eduard Jacobsthal war ab 1881 eine Rundbogenhalle entstanden, die zwei Mittelbahnsteige überspannte. Am 15. Mai 1882 nahm auch der Fernverkehr den Betrieb auf.
Die heutige S-Bahn hat die erste Halle in ihrer Ursprungsform nicht mehr gesehen; 1923-26 war die Konstruktion nach Plänen des Architekten Friedrich Hülsenkamp ausgewechselt worden. Die Form blieb erhalten, doch wurden u.a. die seitlichen Fensterflächen vergrößert, so daß mehr Licht in den Bahnhof fiel. Das elektrische S-Bahn-Zeitalter begann auf dem Alex am 11. Juni 1928, anfangs noch als Mischbetrieb mit den allgegenwärtigen Dampfzügen. Von 1929 bis 1932 wurde der

Bahnhof unterhalb der Gleise und Bahnsteige grundlegend umgebaut; die alten Gewölbe und Pfeiler wurden verstärkt, die Fundamentsohlen erweitert. Ein direkter Übergang zur (1913 eröffneten) U-Bahn war jetzt möglich. Am 17. Januar 1931 wurde hier die erste Rolltreppe auf einem Bahnhof der Stadtbahn in Betrieb genommen.

Schwere Kriegsbeschädigungen erforderten 1945 die Demontage einiger Hallenbinder am Ostende des Bahnhofs, der Bahnbetrieb war im April 1945 eingestellt worden und wurde für die S-Bahn erst am 4. November 1945 wieder aufgenommen. Bis 1951 zog sich die Wiederherstellung hin. Alsbald, ab 1962, war der nächste Umbau fällig, es sollte nicht der letzte sein. Großzügige Längsverglasung war das Kennzeichen der Neugestaltung von 1962-64 (Architekten: Hans-Joachim May und Günter Andrich). Auch wurde fortan eine Kante des Fernbahnsteigs – der seit 1942 außer Funktion war – mit dem Gleis Richtung Westen für die S-Bahn, nun in Richtung Osten, genutzt. Der Bahnsteig mußte dafür auf 96 cm Höhe aufgestockt werden. Wichtig für den Betriebsablauf: die neue Wendemöglichkeit westlich des Bahnhofs. Als »gute Stube« und Wahrzeichen der Ost-Berliner City, so ist die 20 m hohe, 160 m lange Glashalle des Bahnhofs, die dem Alex ihr Gepräge verlieh, vielen in Erinnerung geblieben.

Im Kielwasser der Wende kündigte sich eine erneute Umgestaltung an, und zwar eine durchgreifende. Das Konzept der Architekten Rebecca Chestnutt und Robert Paul Niess: Zugemauerte Arkaden wurden durch gläserne Torbögen ersetzt, »Blickfenster« im Erdgeschoß auf die alte Bausubstanz eingerichtet, um an die historischen Vorgaben zu erinnern. 1995 war begonnen worden; am 17. Oktober 1996 war die Sanierung des S-Bahn-Bereichs abgeschlossen, am 12. März 1998 »weihte« die Bahn den komplett sanierten Bahnhof »ein«. Aufzüge wurden eingebaut, S- und Regio-

Die »gute Stube« Ost-Berlins war der Bahnhof Alexanderplatz in den sechziger Jahren

Blick von Westen auf die Bahnhofshalle, noch steht das Stellwerk Aw (Juli 1990)

nalbahn verkehren seit dem 24. Mai 1998 an ihren jeweiligen »eigenen« Bahnsteigen parallel. Technische Spielerei: Lichtblitze zucken in der Bahnsteigkante, wenn eine S-Bahn einfährt. Zahlreiche Läden in den Geschossen unter den Gleisen machen aus dem Umsteigeknoten ein Kommerzzentrum, sie sollen den Bahn-Slogan von einer »Erlebniswelt mit Gleisanschluß« versinnbildlichen.
Hunderttausende Besucher und Fahrgäste täglich können von und zu etlichen S-Bahn-, U-Bahn- und Buslinien umsteigen, in Kürze auch wieder zur Straßenbahn. Ob der ewig pfeifende Wind bleiben wird?

| | |
|---|---|
| 7.2.1882 | Eröffnung für den Stadt- und Vorortverkehr (ein Mittelbahnsteig) |
| 15.5.1882 | Eröffnung für den Fernverkehr (ein Mittelbahnsteig) |
| 1923/26 | Auswechslung der Hallenkonstruktion |
| 11.6.1928 | Elektrischer Betrieb |
| 1942 | Stillegung für den Fernverkehr |
| 4.1945 | Stillegung |
| 4.11.1945 | Wiedereröffnung, Elektrischer Betrieb |
| 1962/64 | Umbau Bahnsteighalle; drei Gleise für S-Bahn |
| 1995/98 | Umbau Bahnsteighalle |
| 24.5.1998 | Eröffnung auch für den Regionalbahnverkehr (ein Mittelbahnsteig) |

KURZZEICHEN: ALE
LAGE: AUF STADTBAHNBÖGEN
NACH JANNOWITZBRÜCKE
1040 METER,
NACH HACKESCHER MARKT
910 METER

# Altglienicke

Als am 10. September 1958 die DDR-Fluggesellschaft »Deutsche Lufthansa« (die spätere »Interflug«) gegründet worden war, plante die DDR einen angemessenen Schienenanschluß, eine Flughafenbahn zum – wie er später vollmundig heißen sollte – Zentralflughafen in Schönefeld. Diese S-Bahn-Stichstrecke, die am Grünauer Eisenbahnkreuz abzweigt, wurde im September 1961 in Angriff genommen: Der Mauerbau beschleunigte die Fertigstellung, damit die neuen Fahrgastströme mit der S-Bahn besser abfließen konnten.

Am 26. Februar 1962 ist der schmuck- und dachlose Bahnhof Altglienicke für die S-Bahn eröffnet worden, ein Mittelbahnsteig im Straßenniveau mit einem kleinen Empfangsgebäude. Das hieß »Passimeter-Gebäude« und war damals eine Neuerung: Fahrkarten wurden verkauft, kontrolliert und sogleich entwertet, von Menschen, versteht sich, nicht von Automaten. Ganz neu war die Station Altglienicke aber nicht. Etwa an gleicher Stelle hatte sich vom 26. Juli 1948 bis 21. März 1951 und vom 22. Mai 1955 bis zum 1. Juni 1958 schon einmal ein Haltepunkt befunden, auf dem Ende 1940 fertiggestellten sogenannten GAR (Güter-Außenring), der hier auch dem Personenverkehr diente.

Mit der Stationseröffnung kehrte der Name Altglienicke ins S-Bahn-Netz zurück; als Namenszusatz hatte es ihn 1928 bis 1934 schon in →Adlershof gegeben. Bis zum 29. Juni 1987 war die Strecke von Altglienicke bis zum Grünauer Kreuz gar noch eingleisig gewesen.

Altglienicke im Süden des Bezirks Treptow wurde 1375 erstmals urkundlich erwähnt, ist wahrscheinlich jedoch noch älter. Der Ort »Glinigk« oder »Glyneke« gehörte früher vermutlich zu einer Burg in Köpenick; lehmig und sumpfig war der Untergrund – erst mit der Fertigstellung des Teltowkanals 1906 senkte sich der Grundwasserspiegel. Über Berlin hinaus bekannt wurde die Altglienicker Gartenstadt Falkenberg des Architekten Bruno Taut. Die in kräftigen Farben gestrichenen Häuser brachten dem Viertel den Namen »Tuschkasten-Siedlung« ein.

| | |
|---|---|
| 26.7.1948 | Eröffnung eines Bahnhofs in etwa gleicher Lage am alten Güter-Außenring |
| 21.3.1951 | Stillegung |
| 22.5.1955 | Wiedereröffnung |
| 1.6.1958 | Schließung |
| 26.2.1962 | Eröffnung eines neugebauten Mittelbahnsteigs, Elektrischer Betrieb |

Neben einer vielbefahrenen Autobahntangente liegt der einfach gestaltete Bahnhof (Mai 1994)

KURZZEICHEN: AGL
LAGE: IM STRASSENNIVEAU
NACH GRÜNBERGALLEE 1360 METER,
NACH ADLERSHOF 3840 METER

# Alt-Reinickendorf

Eröffnet als:
→Reinickendorf

Kann die S-Bahn ein Dorf, einen ganzen Stadtbezirk gar, in nur zehn Jahren altern lassen? Der U-Bahn gelang das Kunststück ja über Nacht, als aus »Tegel« »Alt-Tegel« wurde. Der Bahnhof Reinickendorf jedenfalls, S-Bahn-Station seit 1927, war nach der Übernahme der S-Bahn in West-Berlin durch den Betreiber BVG am 9. Januar 1984 stillgelegt worden. Die Station erhielt ein Jahrzehnt später den Namen Alt-Reinickendorf.

Die Wiederbelebung war aber beschlossene Sache, und der Bahnhof trat im Mai 1995 in Funktion. Die Umbenennung war sinnvoll: Dorfkirche und Aue sind in der Nähe, die neue Bezeichnung ist punktgenauer als der reine Bezirksname, der zuletzt immerhin für einen Stadtteil mit der Größe von 90 $km^2$ (und einer Viertelmillion Einwohnern) gestanden hatte. Der neue Stationsname ist also etwas länger, dafür ist der Bahnsteig seit der Wiedereröffnung halbiert – nur das südliche Gleis ist in Benutzung, nur der südliche Bahnhofsteil ist in Betrieb. Ein langer Zaun verhindert das Betreten des toten Nord-Teils, an dem hin und wieder Güterzüge vorbeidonnern.

Gut erhalten und restauriert präsentiert sich das Empfangsgebäude aus der Eröffnungszeit (Mai 1998)

Kurzzeichen: ARF
Lage: auf Bahndamm
nach Karl-Bonhoeffer-Nervenklinik 1480 Meter,
nach Schönholz 2290 Meter

# Anhalter Bahnhof

Schienenverkehr nur noch im Untergrund; im Hintergrund die Reste des Portikus (1988)

T*rain stopping station*« und »*Holding up railway statio*n« stand schon einmal als Übersetzung auf bunten Ansichtskarten, »*Hitch hiking station*« war gar auf einem amerikanischen Stadtplan von Berlin verzeichnet! Natürlich hielten die Züge am Anhalter Bahnhof an, die S-Bahn-Züge tun es noch heute, doch derart angelsächsisch-banal ist der Namensursprung mitnichten. Vielmehr sächsisch-anhaltisch. Vom Anhalter Bahnhof ging es ab dem 1. Juli 1841 ins Herzogtum Anhalt, nach dem Ende der Monarchie 1918 ein Teil von Sachsen-Anhalt.

Das berühmte, mächtige Bahnhofsgebäude war 1872 – 80 entstanden, unter der Leitung von Franz Schwechten (er baute später die Kaiser-Wilhelm-Gedächtniskirche). Die Halle konstruierte Heinrich Seidel (er schrieb später den Roman »Leberecht Hühnchen«). Richard Brademann, wohl produktivster aller Architekten der S-Bahn-Bauten, zeichnete verantwortlich für den Anhalter S-Bahnhof in elf Metern Tiefe unter der Erde. Eröffnet am 9. Oktober 1939, fungierte die Station nur noch ein Dutzend Jahre als Zubringer und Umsteigemöglichkeit zu den Zügen in die ferne Welt über ihr. Der 17. Mai 1952 sah den letzten Fernzug aus der zerstörten Halle dampfen.

Repräsentativ war auch das S-Bahn-Untergeschoß des Anhalter ausgestattet. 53 x 32 cm große, strahlendweiße »Opakit«-Glasplatten, insgesamt 4000 $m^2$, schufen ein helles, freundliches Ambiente. Zwei Mittelbahnsteige verraten, daß ein stärkerer Verkehr geplant war – die Außengleise sollten einer Strecke vom und zum Görlitzer Bahnhof dienen, diese Linie sollte sich hier im Richtungsbetrieb mit den vorhandenen Linien vereinigen. Eine Planung, die dem Bahnhof schon vor seiner Inbetriebnahme turbulente Umbauten und zwangsläufige Verzögerungen der Eröffnung bescherte: 1936 war er bereits im Rohbau fertig gewesen, als die Germania-Größenwahn-Vorstellungen 1937 zu diesen abrupten Planungsänderungen zwangen. Verwirklicht wurde nichts mehr von alledem. Das zweite Gleis am westlichen Bahnsteig gesellte sich erst 1986 dazu, doch besitzt es ein stumpfes Ende ohne Weiterführung. Der Anhalter bleibt also der einzige S-Bahnhof im Stadtbezirk Kreuzberg.

Sehr kurz nur währte die Blütezeit des Anhalter S-Bahnhofs. Waren es am 9. Oktober 1939 zunächst die Züge aus Wannsee und Oranienburg, die als erste ein- und ausfuhren, so trafen ab 6. November auch die Züge aus Mahlow und Lichterfelde Ost auf ihrem Weg nach Velten bzw. Bernau hier ein. Das direkte Umsteigen zur Fernbahn durch einen speziellen Übergangstunnel war übrigens erst ab dem 19. Dezember 1940 möglich.

Den frühen und jähen Schlußpunkt des Betriebs setzte die Sprengung des Bahntunnels am Landwehrkanal. Die in den Untergrund hineinschießenden Wassermassen ließen den gesamten Nord-Süd-Tunnel vollaufen (und einen großen Teil des U-Bahn-Netzes dazu). Über die Anzahl der Toten (mindestens knapp hundert) sind bis heute ebensowenig exakte Aussagen verfügbar wie über das genaue Datum (vermutlich 2. Mai 1945) und die Attentäter (eher SS-Versprengte denn Sowjetsoldaten). An eine baldige Wiederinbetriebnahme war also nicht zu denken. Nur ein Jahr später, am 2. Juni 1946, konnte dennoch wieder der erste S-Bahn-Zug aus Friedrichstraße einfahren. Am 27. Juli folgten die Wannseebahnzüge, am 15. August die aus Lichterfelde Süd und am 21. September die S-Bahnen aus Rangsdorf. Doch bis zum durchgehenden Verkehr im Nord-Süd-Tunnel sollte es noch bis zum 15. November 1947 dauern.

Die zunehmenden politischen Spannungen manifestierten sich recht bald am Anhalter: »Letzter Bahnhof im Westsektor in Richtung Potsdamer Platz« warnten schon 1953 große Tafeln auf dem Askanischen Platz neben den Zugängen zum einzigen unterirdischen S-Bahnhof in West-Berlin. Der inzwischen endgültig stillgelegte Fernbahnhof wurde teils gesprengt (Südportal, August 1960), teils konventionell abgerissen (bis 1961). Auf eine bis heute wenig attraktive Umgebung blickt nun der Portikus-Torso.

Nach dem Mauerbau 1961 nahmen die Fahrgastzahlen rapide ab; das Schmuddel-Image des einst hellweiß leuchtenden Bahnhofs nahm entsprechend zu, obwohl 1965 die Station umgestaltet worden war – allerdings mit graugrünen und orangefarbenen Keramikfliesen. Der 9. Januar 1984 brachte den S-Bahn-Betrieb in BVG-Regie, sie machte die Station erst einmal zum Endpunkt der Züge von/nach Lichtenrade. Eine protestierende Öffentlichkeit sorgte für die baldige Wiedereröffnung des Nord-Süd-Tunnels; seit dem 1. Mai 1984 ging es ab Anhalter wieder weiter nach Norden. Da für 1987 die 750-Jahr-Feier Berlins anstand, begann 1986 durch die Senatsbauverwaltung eine Sanierung in Anlehnung an die ursprüngliche Gestaltung.

Recht bald zeigte sich nach der Wende 1989, daß nur eine Totalrenovierung des Tunnels den sicheren Betrieb auf lange Jahre gewährleisten würde. Im

Vorbildlich restauriert wurde die Station zum Berliner Jubiläumsjahr 1987 (Foto Juli 1998)

KURZZEICHEN: AHU
LAGE: 11,5 METER UNTER STRASSENNIVEAU
NACH POTSDAMER PLATZ 830 METER,
NACH YORCKSTRASSE 1500 METER,
NACH YORCKSTRASSE (GROSSGÖRSCHENSTRASSE) 1580 METER

Gleisbett lagerte noch der verhärtete Schlamm der Überflutung von 1945! Deshalb wurde das Bauwerk abschnittsweise total gesperrt und gründlich saniert. Vom 18. August 1991 bis zum 1. März 1992 war der Anhalter S-Bahnhof somit erneut ein »Kopfbahnhof«. Am 15. Oktober 1993 schließlich erhielt die jetzt schmucke Station an ihrem Südende sogar zwei Aufzüge zur Oberfläche. Sie enden dort, wo sich schon 1940 ein Ausgang befunden hatte: direkt neben einem Hochbunker. Der erinnert auch künftig, wenn die Umgebung im Sog des nahen Potsdamer Platzes aufgewertet wird, an Kriegszeiten und ein halbes Jahrhundert angehaltener Zeit danach. Übrigens gibt es noch einen weiteren Zugang, zum Bürgersteig vor dem »Deutschlandhaus« – der wurde bis heute nicht geöffnet.

Warum heißt der traditionsreiche Bahnhof eigentlich Anhalter und nicht, beispielsweise, Anhaltiner? Der Name gehe zurück auf die von Otto dem Reichen um 1100 erbaute Burg Anhalt im Tal der Selke, erklärt ein Hallenser Professor für Sprachgeschichte, »anhaltinisch« sei schon im 19. Jahrhundert obsolet geworden.

| | |
|---|---|
| 9.10.1939 | Eröffnung des unterirdischen S-Bahnhofs |
| 4.1945 | Stillegung |
| 2.6.1946 | Wiedereröffnung, Elektrischer Betrieb |
| 9.1.1984 | Endpunkt (kein Betrieb im Nord-Süd-Tunnel) |
| 1.5.1984 | Tunnel-Wiedereröffnung |
| 18.8.1991 | Endpunkt (Sanierung des Nord-Süd-Tunnels) |
| 1.3.1992 | Tunnel-Wiedereröffnung |

# ATTILASTRASSE

■ ERÖFFNET ALS: →MARIENDORF

Der Bahnhof Mariendorf wenige Tage nach seiner Umbenennung 1992

KURZZEICHEN: ATS
LAGE: AUF BAHNDAMM
NACH PRIESTERWEG 1270 METER,
NACH MARIENFELDE 2890 METER

Der an der Eisenbahnstrecke nach Dresden, der S-Bahn-Strecke nach Lichtenrade/Blankenfelde gelegene Bahnhof →Mariendorf wurde am 31. Mai 1992 in Attilastraße umbenannt. Seine postalische Anschrift lautete seit jeher Attilastraße 66.
Unmittelbar südlich der Station überquert die Bahn rechtwinklig die Namensgeberin, die bis 1909 Lankwitzer Straße hieß (und 1928 auch die ehemalige Tempelhofer Straße in sich vereinigte). Der Hunnenkönig Attila darf nicht zu den friedliebendsten Zeitgenossen des 5. Jahrhunderts gerechnet werden. Seine brutal umgesetzten Expansionsgelüste führten ihn aber auch stracks in die deutsche Heldensage – als Etzel im Nibelungenlied.

Seit dem Tag der Betriebsaufnahme am 10. Dezember 1928 dient der Bahnhof Ausstellung dem elektrischen Schnellverkehr – ein lupenreiner S-Bahnhof also. Er ist Ausgangspunkt der Vorortstrecke nach Spandau und ein Schnittpunkt der verlängerten Stadtbahn Richtung Wannsee/Potsdam sowie der Ringbahn. Nicht nur war ein hoher Besucherstrom zu Ausstellungen auf dem Messegelände zu erwarten, auch ein reger Umsteigeverkehr konnte unschwer prognostiziert werden. Dem trug man Rechnung durch die Anlage als Turmbahnhof mit sehr kurzen Umsteigewegen und dem Einbau von Rolltreppen. Architekt Richard Brademann hätte das Empfangsgebäude am liebsten oben über den Schnittpunkt der Gleise gesetzt, denn die beiden Ebenen liegen sechs bzw. zwölf Meter unter dem Straßenniveau. Statische Probleme aber hätten das kaum zugelassen; so wurde das Gebäude im Nordwest-Winkel des Bahnhofskreuzes plaziert. In den Bau integriert war ein Stellwerk, das einen 20 Meter hohen Turm besaß, ein Wahrzeichen der Station.

Die Bahnsteiganlage für die Ringbahn wurde als verglaste Halle ausgeführt, denn nur über den Ringbahnsteig sind auch die darunter gelegenen Bahnsteige erreichbar. In der Halle hielten die Ringbahnzüge erstmalig im April 1929. Der Stationsname wurde am 15. Januar 1932 in Westkreuz geändert.

Von Anfang an begleiteten statische Probleme den Bahnhof über die Jahrzehnte. Schon beim Bau war es zu Setzungsschäden gekommen – Westkreuz liegt in einer eiszeitlichen Schmelzwasserrinne. Der Stellwerkturm neigte sich; zuletzt stand er 30 cm schief, was ihn nur noch markanter machte. Auch die Ringbahnhalle sackte durch, mehr als einen halben Meter betrugen manchmal die Setzungsdifferenzen. Immer wieder mußte nachgearbeitet werden. Schon 1939 waren Höhenmessungen vorgenommen worden, Aus- und Nachbesserungen erfolgten 1940, 1944, 1952, 1955. 1968 machte die Reichsbahn »Nägel mit Köpfen«, hob die 161 x 22 Meter große Ringbahnhalle hydraulisch an, setzte neue Fundamente, versuchte sich an Tiefgründungen, Arbeiten, die sich bis 1976 hinzogen. Und doch war das Fazit späterer Untersuchungen, die auf einer Pressekonferenz zwei Wochen vor dem Mauerfall bekanntgegeben wurden, wenig ermutigend. Das Empfangsgebäude und das Stellwerk mit seinem charakteristischen Stellwerksturm mußte man 1993 abreißen; alle Bahnsteige wurden erneut – nun durchgreifend – saniert. Auch und gerade am Beispiel Westkreuz läßt sich der Nachkriegs-Niedergang der S-Bahn in West-Berlin belegen. Nach dem Mauerbau war der großzügig angelegte Bahnhof nur noch spärlich frequentiert. Drei Tage im Juni 1974 brachten noch einmal eine Belebung (und optische Kosmetik im Vorfeld): die Fußball-Weltmeisterschaft mit den Länderspielen im Olympiastadion. Der S-Bahner-Streik ließ die Station im September 1980 eine Woche lang ganz verwaisen, danach fungierte die Ringbahnhalle nur noch als bloßer Zugang für die Stadtbahnstrecke. Der Übernahme durch die BVG im Januar 1984 folgten gar vier Monate Total-Stilllegung, und erst die Wiedereröffnung des Südrings am 17. Dezember 1993 machte Westkreuz wieder zu dem, was er einst war: Umsteige-Knotenpunkt, ein wenig auch Zubringer zu Ausstellungen unter dem Funkturm.

| | |
|---|---|
| 10.12.1928 | Eröffnung; Stadtbahnzüge Elektrischer Betrieb, Ringbahnzüge Dampfbetrieb |
| 18.4.1929 | Elektrischer Betrieb auch für die Ringbahnzüge |
| 15.1.1932 | Umbenennung in »Westkreuz« |
| 4.1945 | Stillegung |
| 9.6.1945 | Wiedereröffnung der unteren Bahnsteige, Elektrischer Betrieb |
| 7.8.1945 | (oder 28.7.) Wiedereröffnung des Ringbahnsteigs, Elektrischer Betrieb |
| 18.9.1980 | Stillegung des Ringbahnsteigs (kein Verkehr nach Streikende) |
| 9.1.1984 | Stillegung (Übernahme durch die BVG) |
| 1.5.1984 | Wiedereröffnung der unteren Bahnsteige, Elektrischer Betrieb |
| 17.12.1993 | Wiedereröffnung des Ringbahnsteigs, Elektrischer Betrieb |
| 27.6.1994 | Eröffnung eines behelfsmäßigen Regionalbahnsteigs |
| 31.5.1997 | Schließung des behelfsmäßigen Regionalbahnsteigs |

HEUTE: ■
→WESTKREUZ

# BABELSBERG

■ ERÖFFNET ALS:
→NOWAWES

Babelsberg – wer denkt nicht spontan an Film und Ufa, Stars und Studios? Doch jener »Mythos« gehört nach →Neubabelsberg. Das alte →Nowawes, erst seit 1939 (unter dem Namen Babelsberg) zu Potsdam eingemeindet, hat einen Bahnhof schon seit 1862. Babelsberg besaß auch im Lokomotivbau einen Namen. Ab 1901 hatte die Firma Orenstein & Koppel mehr als 12 400 Dampfloks gebaut. Bis 1970 fertigte der VEB »Karl Marx« Schmalspur- und schwere Diesellokomotiven.

In den 99 Jahren bis zum Mauerbau erlebte der Bahnhof nur im letzten Drittel dieser Zeitspanne S-Bahn-Züge an seinen Bahnsteigkanten. Nach den unseligen Sperrmaßnahmen endeten hier für fast drei Jahrzehnte Dieseltriebzüge.

Kurioserweise wurde die Station Babelsberg gerade durch die Öffnung der Grenzen zeitweise isoliert. Das war in den ersten neun Monaten des Jahres 1990, als die wiedereröffnete Verbindung von Wannsee wegen fehlender Weichen an Babelsberg vorbei direkt nach Potsdam führte, und noch einmal im Februar/März 1992, damit die Gleise für die lange vermißte S-Bahn hergerichtet werden konnten, die am 1. April 1992 endlich wieder einrollte. Die fällige Grundsanierung der Station zieht sich seitdem in die Länge – allein bis Anfang 1998 dauerte es beispielsweise, bis wenigstens eine provisorische Hebevorrichtung als Lift-Ersatz genutzt werden konnte.

Der Name Babelsberg soll auf einen urslawischen Begriff zurückgehen: Baberow bedeutet Biber. Nach anderer Lesart hängt der Name mit Babel (Babylon) zusammen – wahrhaft sprachverwirrend.

Gerade mal eine Dreiviertelstunde braucht die S-Bahn vom Alexanderplatz bis Babelsberg. In 45 Minuten kann heute der Berliner den Weg nachvollziehen, den 1871 ein komplettes Gebäude nahm: die Berliner Gerichtslaube. Seit 1270 stand sie neben jenem Ort, den jetzt das Rote Rathaus einnimmt, heute steht sie, als Denkmal, mitten in einem Landschaftspark – in Babelsberg.

Der östliche Zugang, Juni 1998

KURZZEICHEN: BAB
LAGE: AUF BAHNDAMM
NACH POTSDAM STADT 1630 METER,
NACH GRIEBNITZSEE 2420 METER

# Babelsberg-Ufastadt

Eröffnet als:
→Neubabelsberg
Heute:
→Griebnitzsee

Diese seltene Aufnahme zeigt das Empfangsgebäude Ende der dreißiger Jahre

Eine Station der Eisenbahn schon seit 1874, eine Station der S-Bahn seit 1928, hieß sie ab 1938 nicht mehr Neubabelsberg, sondern Babelsberg-Ufastadt.

Die Ufa, am 18. Dezember 1917 gegründete Universum-Film-AG: Ihre Babelsberger Studios sollten zum Zentrum des deutschen Films avancieren. Kaum ein Filmstar in den zwanziger und dreißiger Jahren, der nicht auch in Babelsberg spielte. Ab 1933 wurde die Ufa Hätschelkind des Propagandaministers Goebbels und die Firma Staatsmonopol. Erst jetzt entstand der Mythos von den Babelsberger Beverly Hills, dem havelländischen Hollywood. Viele der jüdischen Bewohner der Ufa-Villensiedlung wurden vertrieben und zur Flucht gezwungen. Die neuen Bewohner residierten nicht mehr an der Kaiserstraße, sondern an einer »Straße der S.A.«. Bis in die letzten Kriegstage surrten die Kameras für etwa 300 Filme in Goebbels' Auftrag. Erst der Beschuß der Studios ließ die Scheinwerfer verlöschen, die Ufa untergehen. Die DEFA entstand, lizensiert im April 1946. Der S-Bahnhof, im Februar 1946 wieder in Betrieb genommen, hieß Babelsberg-Ufastadt noch bis zur Umbenennung in Griebnitzsee am 1. April 1949. Angesichts des zwiespältigen Mythos der Filmfabrik unterließ man 1990 die Rückbenennung, obwohl genau die von diversen Investmentgesellschaften gefordert worden war (1949 hatte eine Benennung »Babelsberg-Defastadt« gar nicht zur Debatte gestanden). Der Bahnhofsname Griebnitzsee wurde festgelegt. Die unrühmliche Geschichte der Station in den 40 Jahren nach 1949 ist im Kapitel »Neubabelsberg« nachzulesen.

# Baumschulenweg

Das Ensemble der drei Bahnsteige im August 1997

Einen Baumschulenweg wird man in näherer und weiterer Umgebung des Bahnhofs nicht finden, wohl aber die Baumschulenstraße und tatsächlich eine Baumschule. Letztere, von Familie Späth 1762 gegründet, war später die größte Baumschule der Welt. Sie liegt knapp zwei Kilometer südlich des Bahnhofs Baumschulenweg. Mit ihrem berühmten Arboretum war die Baumschule namengebend gewesen für die Straße und, unter der Bezeichnung Baumschulenweg, für die Bahnstation sowie den Treptower Ortsteil, in dem sie liegt.

Baumschulenbesitzer Späth war es auch, der den Haltepunkt an der Görlitzer Bahn erkämpfte. Zu ebener Erde befand sich diese Station bei ihrer Eröffnung 1890; schon 1906 war sie auf einen Damm gelegt worden und besaß zwei Inselbahnsteige. Ein dritter, reiner Seitenbahnsteig, kam 1916 auf der nördlichen Seite hinzu. Der Fahrbetrieb wurde durch diesen zusätzlichen Bahnsteig wesentlich erleichtert, Platz fand er allerdings im Gegensatz zu seinen »großen Brüdern« nur westlich der gemeinsamen Schalterhalle. Das im sachlichen Stil der zwanziger Jahre errichtete Stellwerk an dem S-Bahnsteig Richtung Süden steht unter Denkmalschutz.

Die S-Bahn hielt Einzug am 6. November 1928, und nachdem der Betrieb gegen Kriegsende im April 1945 zur Strecke gebracht worden war, fuhr sie wieder ab Mitte Juli 1945. Der südwestliche Mittelbahnsteig, der dem Vorortverkehr gedient hatte, wurde für diese Bestimmung 1951 geschlossen. Ein Jahrzehnt lang hielten hier noch vereinzelt Fernzüge (Sonderzüge). 1973 wurde er sogar noch verlängert, trotzdem wird hier selten Gebrauch gemacht von der Haltemöglichkeit für den Fern- bzw. Regionalverkehr.

Die S-Bahn-Verbindung zum Ring über Köllnische Heide gab es ab August 1961 nicht mehr. Mit einem großen Fest auf dem Bahnhof Baumschulenweg, bei

dem zwei parallel fahrende Züge die Strecke wiedereröffneten, wurde sie am 17. Dezember 1993 wieder in Betrieb genommen. 1980 hatte es eine Sanierung der Bahnsteige gegeben; seit 1983 werden die Züge stadteinwärts per TV, vom Mittelbahnsteig schräg gegenüber, abgefertigt.
Besondere Bedeutung erlangt die Verbindungsstrecke zum Ring, wenn wegen Gleisbauarbeiten die Strecke zum benachbarten Bahnhof Plänterwald geschlossen werden muß – Richtung Ostkreuz gelangt man von Baumschulen-weg nur »über Eck«: via Neukölln und Sonnenallee.
Mit der »umgeklappten« Lage des Seitenbahnsteigs für alle Züge Richtung Ostkreuz und Südring ist der S-Bahnhof Baumschulenweg einzigartig im Netz.

| | |
|---|---|
| 20.5.1890 | Eröffnung (ebenerdig) |
| 1.5.1906 | Hochgelegter Bahnhof mit zwei Bahnsteigen |
| 1916 | Dritter Bahnsteig mit einer Bahnsteigkante |
| 6.11.1928 | Elektrischer Betrieb |
| 4.1945 | Stillegung |
| 6.1945 | Wiedereröffnung, Dampfbetrieb |
| 11.7.1945 | Elektrischer Betrieb |
| 1951 | Schließung des zweiten Mittelbahnsteigs (vereinzelt Sonderzüge) |

KURZZEICHEN: BW
LAGE: AUF BAHNDAMM
NACH SCHÖNEWEIDE 1900 METER,
NACH PLÄNTERWALD 1700 METER,
NACH KÖLLNISCHE HEIDE 1710 METER

## Bellevue

Die Bahnhöfe der Stadtbahnstrecke zwischen Charlottenburg und Ostbahnhof haben fast alle ihr ursprüngliches Gesicht verloren. Nur zwei bleiben uns, die noch ein wenig von der Aura der Eröffnungszeit 1882 vermitteln, wenn der Lehrter Stadtbahnhof in den Topf des neuen »Zentralbahnhofs« eingegangen sein wird, nämlich Hackescher Markt und eben Bellevue.
Johann Eduard Jacobsthal erbaute die Halle für den Stadtbahnverkehr, sie mißt 93 Meter (der Mittelbahnsteig ist exakt ein Zehntel so breit). Das war ausreichend für die Dampfzüge, nicht aber für die S-Bahn. Als sie am 11. Juni 1928 anrollte – anfangs noch im Mischbetrieb mit den Dampfzügen –, war der Bahnsteig vorsorglich auf 160 Meter Richtung Westen verlängert (und von 76 auf 96 Zentimeter erhöht) worden, mit Überdachung natürlich. Die Brücke über die heutige Bartningallee (damals Brückenallee) wie auch die Dachkonstruktion der Halle wurden 1931/32 erneuert, die Wölbbögen verstärkt. Ab Ende April 1945 fuhr auch hier nichts mehr, aber am 12. Oktober 1945 kam die S-Bahn wieder.
Sichtbare Kriegsschäden am Bahnhof Bellevue wurden 1957 beseitigt – nebenan entstand gerade im Rahmen der »Interbau« das neue Hansaviertel. Ab dem 13. August 1961 fuhren die Stadtbahnzüge immer seltener, wurden immer kürzer – bis nach der Wende. Trotz, genauer: wegen der nun wieder gestiegenen Bedeutung der S-Bahn wurde Bellevue am 30. Oktober 1994 geschlossen, denn eine gründliche Sanierung stand an. Die S-Bahn fuhr seitlich, auf den Fernbahngleisen, an der ehrwürdigen Halle vorbei. Diese wurde »entkernt«, wie es so schön heißt, und bot zeitweise einen Anblick, der sich von dem des Jahres 1945 nicht sehr unterschieden haben dürfte. Am lange geschlossenen Zugang Gerickesteg waren bei der Restaurierung ans Gemäuer geklebte Fahrpläne von 1933 wieder sichtbar geworden ...
Frisch herausgeputzt, ist Bellevue seit dem 11. November 1996 wieder in Betrieb; anfangs war nur der östliche Zugang geöffnet. Ungewohnt und schwer erkennbar zeigen sich die neuen Bahnhofsschilder (dünn-weiß auf blauviolett). Und was wie der Lattenrost einer finnischen Sauna anmutet, ist das neue Zugabfertigerhäuschen.
Die alte Stadtbahn-Haltestelle Bellevue mit ihren neun Ziegelmauerwerk-Segmenten, dem Oberlichtdach und den 1931 entfernten, schmucktragenden Eckpylonen war 1880/81 mit ihrer Südseite direkt am Schloßpark Bellevue erbaut worden. Seit dem Barock war Bellevue (»Schöne Aussicht«) ein beliebter Name für Lustschlösser. Das Schloß Bellevue, heute Amtssitz des Bundespräsidenten, machte da keine Ausnahme, war es doch nach dem Vorbild französischer Barockschlösser

Aus der Anfangszeit des Elektrischen Betriebs auf der Stadtbahn stammt diese Postkarte

1785 erbaut worden. Übrigens war es nach dem Ende der Monarchie 1918 eine Zeitlang Volkskundemuseum, bis es 1938 zum Gästehaus der Reichsregierung bestimmt wurde. Der Wiederaufbau des einstmaligen Sommerpalais für Prinz August Ferdinand (jüngster Bruder von Friedrich dem Großen) nach der Kriegszerstörung war erst 1959 beendet.

7.2.1882 Eröffnung für den Stadtbahnverkehr
1926/28 Bahnsteigverlängerung Richtung Westen
11.6.1928 Elektrischer Betrieb
4.1945 Stillegung
12.10.1945 Wiedereröffnung, Elektrischer Betrieb
30.10.1994 Schließung (Stadtbahn-Sanierung)
11.11.1996 Wiedereröffnung, Elektrischer Betrieb

KURZZEICHEN: BEV
LAGE: AUF STADTBAHNBÖGEN
NACH TIERGARTEN
1130 METER,
NACH LEHRTER STADTBAHNHOF
1700 METER

# Bergfelde

Ein mit einfachsten Mitteln errichteter Zweckbau ist diese Station (September 1984)

Bergfelde im Märkischen, nordöstlich von Frohnau, ist verwaltungsseitig ein Ortsteil von Hohen Neuendorf. Die wenigsten Berliner werden hier schon einmal aus- oder zugestiegen sein. Der S-Bahnhof Bergfelde ist ein Kind der Abriegelungsmaßnahmen vom 13. August 1961.

West-Berlin war eingemauert, von der DDR ausgesperrt worden; fatalerweise war somit die von Oranienburg kommende S-Bahn aber auch vom Restnetz ausgesperrt. Die DDR-Reichsbahn mußte für sie einen neuen Anschluß finden und nutzte den Berliner Außenring, der hier schon am 22. November 1952 – bereits im Hinblick auf eine Umfahrung West-Berlins – in Betrieb genommen worden war. Von seinem Abzweig Bergfelde baute man durch den Hohen Neuendorfer Forst eine zweigleisige, halbkreisförmige Anschlußstrecke für die S-Bahn. Die mit ihrer Schleifenform etwas skurril anmutende Kurve hieß bei den Reichsbahnern bald »Kramer-Trompete«, nach dem damaligen DDR-Verkehrsminister. Signale, Stromerzeuger und -schienen wurden eilends montiert, und die Oranienburger Züge rollten ab 19. November 1961 Richtung Blankenburg durch Rieselfelder nach Ost-Berlin, »feindfrei«. Da der Mischbetrieb mit Fern- und Güterzügen reichlich Probleme schuf, folgte alsbald ein zweigleisiger Neubau für die S-Bahn von Schönfließ bis zur Abzweigstelle Bergfelde. Mit dessen Inbetriebnahme eröffnete dann zum 27. Mai 1962 ein neuer S-Bahnhof: Bergfelde.

Nach der Wiederherstellung der alten Trasse (Oranienburg –) Hohen Neuendorf – Frohnau (– Friedrichstraße) am 31. Mai 1992 verlor die politische »West-Berlin-Umfahrung« der S-Bahn und somit die Station Bergfelde an Bedeutung. Immerhin haben die neu entstandenen Wohnsiedlungen (»Friedrichsaue«) einen guten S-Bahn-Anschluß, wenn auch der Komfort der Station eher karg ist. Den Mittelbahnsteig, am Ostende durch eine Fußgängerbrücke von Nord und Süd erreichbar, zieren inzwischen zwar viele Strommasten für die Fahrleitung der Fernbahn nebenan, aber eine Überdachung der Station muß der Wartende missen.

27.5.1962 Eröffnung, Elektrischer Betrieb

KURZZEICHEN: BFE
LAGE: IM GELÄNDENIVEAU
NACH HOHEN NEUENDORF 3300 METER,
NACH SCHÖNFLIESS 1330 METER

# Bernau

Ein dreiviertel Jahrhundert S-Bahn – der Urahn aller Züge am Zielbahnhof Bernau

Die S-Bahn mag mehrere Wiegen haben – eine davon steht gewiß in Bernau. Premiere: Seit dem 8. August 1924 verbindet eine elektrische S-Bahn-Strecke Berlin mit der Bierstadt im Barnim. Zunächst Versuchszüge, später dann weitere elektrische Triebwagenzüge fuhren bis zum Prellbock in Bernau. Diese Serienzüge, die »Baureihe 169«, hießen sogar »Bauart Bernau«.

Den Bahnhof gab es freilich schon seit langen Jahrzehnten: Als vierte Eisenbahn in Preußen war 1842 die Strecke nach Stettin eröffnet worden; erste Zwischenstation hinter Berlin (ab Stettiner Bahnhof, heute Nordbahnhof) war nach 22,4 Bahnkilometern Bernau, eingeweiht am 1. August 1842. Und weil die junge Reichshauptstadt schon 1877 die Millionen-Einwohner-Zahl überschritten hatte, setzte bald sehr reger Vorortverkehr ein: Des Berliners Drang »in't Jriene« verschaffte sich Bahn.

Der viergleisige Ausbau, wichtig für die Trennung vom Fernverkehr, war im Dezember 1916 abgeschlossen. Dabei wurde die Strecke größtenteils hochgelegt, also auf einen aufgeschütteten Damm verlegt, und neue Bahnhöfe für den Vorortverkehr wurden errichtet. In Bernau führte das zu einer »Zweiteilung« des Bahnhofsgebäudes. Man sehe nur genau hin: Der linke Teil des Baus geht auf 1842 zurück, der rechte, mit der Schalterhalle, datiert von 1912 – 14.

Erst relativ kurze Zeit vor der elektrischen Premiere im Jahre 1924 hatte man sich übrigens für das Stromschienen-System entschieden, das bis heute ein Kennzeichen der Berliner S-Bahn darstellt: Auf der Vorortstrecke nach Bernau waren noch 1921 die Masten für eine Oberleitung zum Teil bereits aufgestellt gewesen (zu den Ferngleisen der Stettiner Bahn nebenan kamen Fahrleitungsmasten erst 1987). Nach dem Krieg – die S-Bahn rollte ab Ende April 1945 nicht mehr – hatte es von Juni bis August 1945 ein Dampfbetrieb-Intermezzo gegeben.

Bernau, einst »Bernow«, im Besitz des Stadtrechts seit 1232, ist nicht nur älter, sondern war früher sogar mächtiger als die spätere Hauptstadt an der Spree. Die Stadtmauer ist noch gut erhalten, das ist selten in der Mark. Die 24000 Einwohner würden ihren Heimatort gern amtlich »Hussitenstadt Bernau« nennen, rühmen sie sich doch, 1432 die Hussiten davongejagt zu haben. Der markige

Spruch »*Der Bernau'sche heiße Brei / macht die Mark hussitenfrei*« erinnert daran, wie die Belagerer von der Stadtmauer herab heiße Braurückstände auf die Köpfe gekippt bekamen. Wäre »Anti-Hussitenstadt« nicht treffender?
Das Bier jedenfalls, herbbitter, wurde einst in jedem zweiten Haus gebraut. Ein Reinheitsgebot-Aufruf von dunnemals: »*Es wird hiermit bekannt gemacht, daß keiner in die Panke macht – denn morgen wird gebraut!*« Heute kommt der Gerstensaft aus Bernaus südlichem Vorort Berlin, er hatte aber früher prägende Wirkung – die wüste Keilerei bei der Hochzeitsparty »*Zickenschulze aus Bernau / nahm sich schon die vierte Frau*« ist bis heute populär. Der Reim ging Fredy Sieg in seinem Couplet über alles: Zickenschulze war nie in Bernau. Jan Hus ja auch nicht.

| | |
|---|---|
| 1.8.1842 | Eröffnung |
| 1912/14 | Empfangsgebäude erweitert |
| 8.8.1924 | Elektrischer Betrieb |
| 4.1945 | Stillegung |
| 21.6.1945 | Wiedereröffnung, Dampfbetrieb |
| 13.8.1945 | Elektrischer Betrieb |

KURZZEICHEN: BRN
LAGE: IM GELÄNDENIVEAU (SÜDENDE), AUF BAHNDAMM (NORDENDE)
NACH BERNAU-FRIEDENSTAL 1730 METER

# BERNAU-FRIEDENSTAL

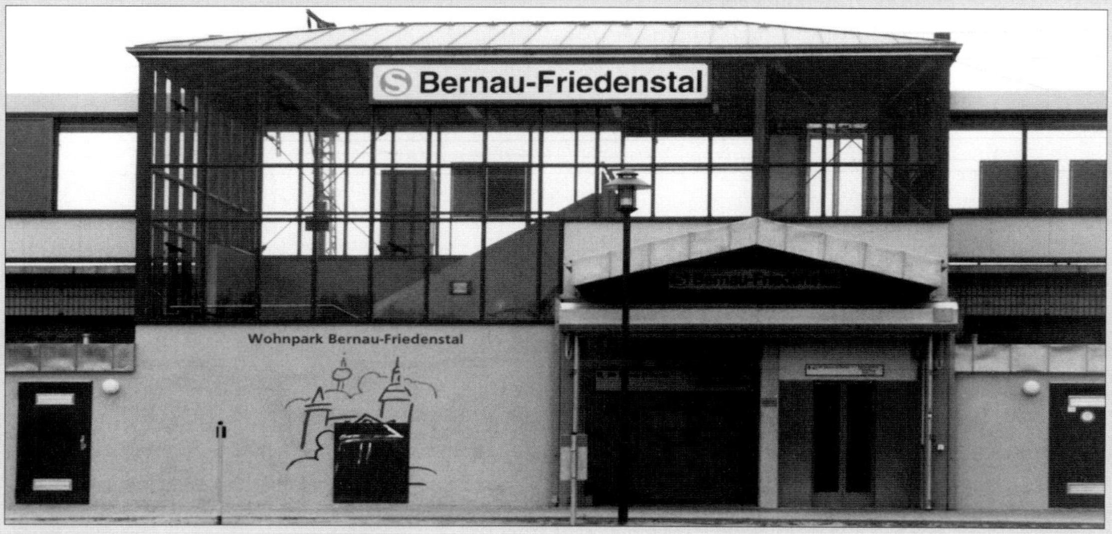


An der ältesten Strecke wurde der neue S-Bahnhof in Rekordzeit erbaut (Mai 1998)

Ein dreiviertel Jahrhundert S-Bahnhöfe – hier oben, nordöstlich von Berlin, schließt sich ein Kreis. An der ältesten echten S-Bahn-Strecke, eröffnet 1924, liegt einer der jüngsten S-Bahnhöfe, eröffnet 1997. Ein besonderer ist es dazu, denn er wurde mit rein privatwirtschaftlichen Mitteln errichtet. Das dürfte auch eine Erklärung für seine äußerst geschwinde Fertigstellung sein. Am 27. Mai 1997 gab es den ersten Spatenstich, am 30. September 1997 schon die Einweihung.
Für eine neue Siedlung mit 2000 Wohnungen hat der Träger, eine Immobilien-GmbH, den 156 m langen, teilüberdachten Seitenbahnsteig erstellt. Er steht auf dem seit 1945 nicht benutzten Richtungsgleis nach Berlin; die Option auf die Rückkehr eines zweiten Gleises bleibt aber offen. Die Abfertigung der Züge erfolgt vom Bahnhof Bernau aus, via TV.
Der bereits zu DDR-Zeiten nicht neue Gedanke, an der 4,3 km langen S-Bahn-Strecke zwischen Bernau und Zepernick einen Zwischenhalt einzurichten, war schon öfter erwogen worden. Die Anfänge des Bernauer Siedlungsgebietes Friedensthal gehen gar auf die zwanziger Jahre zurück. Das »h« im Namen wurde erst im Juni 1997 amtlich getilgt.

| | |
|---|---|
| 30.9.1997 | Eröffnung, Elektrischer Betrieb |

KURZZEICHEN: BRF
LAGE: AUF BAHNDAMM
NACH BERNAU 1730 METER,
NACH ZEPERNICK 2600 METER

# Betriebsbahnhof Rummelsburg

Eine der vielen Besonderheiten der Berliner S-Bahn ist die Existenz von Betriebsbahnhöfen; einer der beiden heißt »Betriebsbahnhof Rummelsburg«. Als ob an den »normalen« Stationen nicht auch oft genügend Betrieb und Rummel stattfände! Gemeint ist natürlich der Charakter einer »internen« Station, den der Bahnhof bis Kriegsende innehatte. Zu- und Abgang war nur den im nahen Verschiebebahnhof »Rgv« (= Rummelsburg Verschiebebahnhof) beschäftigten Eisenbahnern gestattet. Amtlich hieß das »Dienstpersonenverkehr«.

Für jedermann ist der Betriebsbahnhof Rummelsburg im Schatten der eindrucksvollen stählernen Bahnbrücke seit dem 5. Januar 1948 zugänglich. Die Eisenbahn hat Tradition in Rummelsburg, Bahnkundige denken, hören sie nur den Namen, fast automatisch an ausgedehnte Gleisanlagen. Ein Verschiebebahnhof mit dem Bahnkürzel »Obu« existierte hier schon ab September 1879. Etwa 30 Kilometer Gleise umfaßte damals das Areal der »Rangiergruppen« für die Güterwaggons. Dennoch mußte es laufend weiter ausgebaut werden. Ein Betriebshaltepunkt wurde kurz nach der Jahrhundertwende, 1902, angelegt: Der erwähnte »Rgv« wurde errichtet.

Der Zughalt – nur für die Bahnbediensteten – wurde ab Juni 1928 auch von den S-Bahn-Zügen wahrgenommen. Zwanzig Jahre später trug sich die Station in die Liste der regulären S-Bahnhöfe ein, anfangs teilweise mit dem umgestellten Namen »Rummelsburg Betriebsbahnhof«. Zunehmend wurde das Verschiebebahnhof-Gelände zum Abstellbahnhof auch für Reisewagen des Fernverkehrs.

Die markante Brücke, die die S-Bahn-Gleise schiefwinklig überspannt, kann von sich behaupten: »Ich bin 2 Brücken.« Man sieht es ihr nicht an, zumal der massive Mittelpfeiler am Zugang zum S-Bahnsteig mit seiner Mittelöffnung wie ein Portal gebaut ist. Auf ihm lasten Kräfte von zwei Brücken, die den Eindruck einer durchgehenden erwecken. Sie wurde(n) im April 1932 eröffnet (die Vorgängerin datierte von 1901) und 1966 um 60 Zentimeter angehoben.

Der Zugangstunnel zum Bahnsteig wurde 1986/87 renoviert; während der Rekonstruktion war der Bahnsteig nur durch eine eigens für diesen Zweck errichtete Fußgängerbrücke erreichbar. Der bahntechnisch korrekte Name lautet eigentlich »Betriebsbahnhof Berlin-Rummelsburg«. Aus Gründen der Übersichtlichkeit wird in diesem Buch allerdings der Zusatz »Berlin(-)« fortgelassen.

20 Jahre lang nur eine interne Station für Bahnbedienstete (Juli 1997)

KURZZEICHEN RB
LAGE: EBENERDIG
NACH KARLSHORST 2470 METER,
NACH RUMMELSBURG 1570 METER

| | |
|---|---|
| 3.1902 | Mittelbahnsteig »Rgv«/nur für Eisenbahner |
| 11.6.1928 | Elektrischer Betrieb |
| 4.1945 | Stillegung |
| 5.1.1948 | Wiedereröffnung als »Betriebsbahnhof Rummelsburg«, Elektrischer Betrieb, Freigabe für den öffentlichen Verkehr |

# Betriebsbahnhof Schöneweide

Eine interessante Dachkonstruktion weist der Bahnsteig auf (September 1996)

Nur kurze Zeit nach dem Beginn des S-Bahn-Betriebs entstand am Adlergestell im Bezirk Treptow eine große Hauptwerkstatt für die neuen elektrischen Züge. Das »Reichsbahn-Ausbesserungswerk Schöneweide« (RAW), die Klinik der Berliner Triebwagen, nahm am 15. Oktober 1927 den Betrieb auf. Fünf Wochen später ging auch ein »Betriebshaltepunkt Nieder-Schöneweide« sozusagen »ans Netz«, doch nicht gleich ans elektrische. Ohnehin war der Gelegenheits-Haltepunkt nicht für die Öffentlichkeit gedacht und gemacht, Züge hielten hier nur bei Schichtwechsel der Beschäftigten im »RAW«. Am 6. November 1928 war dann auch diese Station elektrifiziert, doch sie blieb »intern« – nur für Angehörige des Werks.

Ende April 1945, als der S-Bahn-Betrieb in Berlin vollständig zum Erliegen gekommen war, hatten weder Bahnhof noch RAW wesentliche Schäden durch Kriegseinwirkungen erlitten. Als man die Station am 11. Juli 1945 wieder in Betrieb nahm, wurde sie von der Reichsbahn auch für die Nutzung durch »Otto Normalfahrgast« zugelassen: Dieses Datum also kann als die eigentliche Eröffnung gelten. Die Bezeichnung wechselte anfangs zwischen Schöneweide Betriebsbahnhof und Betriebsbahnhof Schöneweide. Mit seinem eigentümlichen Holzsatteldach und den zweireihigen Holzstützen fügt der Mittelbahnsteig dieses Haltepunkts dem vielfältigen Erscheinungsbild der S-Bahnhöfe eine weitere Facette hinzu. Von dem Fußgängersteg über die Gleise aus ist der Bahnhof gut zu überblicken. Seit Mitte der achtziger Jahre führt ein erneuerter Eisen-Steg zusätzlich über die Straße Adlergestell, seit dieser Zeit ist die Fußgängerbrücke auch »verrückt« – mehr zur Bahnsteigmitte hin.

Das RAW auf der anderen Seite des motorentosenden Adlergestells, das von April 1975 bis August 1990 nach dem Eisenbahn-Gewerkschaftsfunktionär und FDGB-Mitbegründer »Roman Chwalek« hieß, ist seit 1995 als S-Bahn-Hauptwerkstatt Schöneweide ein zentraler und leistungsfähiger Bestandteil des S-Bahn-Systems.

| | |
|---|---|
| 17.11.1927 | Eröffnung als Betriebshaltepunkt Nieder-Schöneweide (kein öffentlicher Verkehr; nur Halt bei Schichtwechsel) |
| 6.11.1928 | Elektrischer Betrieb |
| 4.1945 | Stillegung |
| 11.7.1945 | Wiedereröffnung als »Betriebsbahnhof Schöneweide«; Elektrischer Betrieb, Freigabe für den öffentlichen Verkehr |

KURZZEICHEN: SCF
LAGE: IM GELÄNDENIVEAU
NACH ADLERSHOF 1900 METER,
NACH SCHÖNEWEIDE 1300 METER

# Beusselstrasse

Anstelle eines noch älteren Bahnhofs Moabit öffnete, etwas weiter westlich, der Bahnhof Beusselstraße anno 1894 seine Pforten. Ab Februar 1929 ratterte unter seinem historisierenden rot-gelben Klinkergebäude an der Beusselbrücke die S-Bahn. Die Station Beusselstraße in der Nordwestecke des Bezirks Tiergarten war – und wird es wieder werden – einer der Haltepunkte des Vollrings.

Das Empfangsgebäude wurde im Krieg zerstört, nur eine Ruine blieb; die S-Bahn nahm ihre Ringfahrten im September 1945 wieder auf. Von 1972 bis 1980 startete hier auch ein kurzer Zwei-Wagen-Zug Richtung Spandau über →Siemensstadt-Fürstenbrunn.

Dem zweiten Empfangsgebäude, das der Bahnhof Beusselstraße 1962 auf den Grundmauern des alten erhalten hatte (gleichzeitig war ein zweiter Zugang, nach Norden, abgerissen worden), war eine kürzere Lebensdauer beschieden. Schon 1980 verlor es seine Funktion, als nach dem Eisenbahnerstreik im September der Verkehr auf der Ringbahn (und der Strecke nach Spandau) nicht mehr aufgenommen wurde. Der Fahrgastverband »IGEB« renovierte es später und eröffnete in den Räumen des in S-Bahn-rot-gelb gestrichenen Empfangsgebäudes im September 1985 ein Fahrgastzentrum. Doch auch dessen Tage waren gezählt, 1989 schließlich wurde es abgerissen – wegen mangelnder Standfestigkeit und um die Beusselbrücke verbreitern zu können.

Für ein knappes Jahrzehnt konnte der Bahnhof Beusselstraße nun als nacktes Gerippe besichtigt werden. Nachdem im November 1990 auch der Bahnsteig abgerissen worden war, standen allein noch die einstieligen Dachträger mit ihren auskragenden Armen klagend in einer Reihe, dazwischen ein verlorener, unnatürlich aufgesetzt wirkender Kiosk.

Seit 1998 nähert sich, von Westen her, der Hauch der Wiederbelebung; von Jungfernheide rücken die Baufahrzeuge für die Streckensanierung näher.

September 1951: Die traurigen Reste des einst stolzen Empfangsgebäudes dienten (noch bis Anfang der sechziger Jahre) als Zugang

Ende 1980 hatte auch das neue Zugangsgebäude ausgedient (Foto von 1974)

Eine weitere Etappe in Richtung Lückenschluß des legendären Vollrings soll 1999 abgeschlossen sein.

Der Beusselkiez begann als Arbeiterviertel. Die 1820 angelegte Beusselstraße erhielt ihren Namen 1880 nach Georg Christian Beussel (1774–1864), einem Gutsbesitzer und Amtmann, dem das Gelände zu beiden Seiten der Straße gehört hatte. Seine Familie verkaufte es 1880 an die Ludwig Loewe AG. Karge Wohnungen, enge Hinterhöfe entstanden. In der Nachkriegszeit heruntergekommen, begann nach der Wende 1989 eine »behutsame Stadterneuerung« an der Beusselstraße, die eine der am stärksten belasteten Verkehrsachsen Berlins ist.

| | |
|---|---|
| 1.5.1894 | Eröffnung; zeitgleich Schließung des Bf. Moabit |
| 1.2.1929 | Elektrischer Betrieb |
| 4.1945 | Stillegung (Empfangsgebäude zerstört) |
| 9.9.1945 | Wiedereröffnung, Elektrischer Betrieb |
| 1962 | Neues Empfangsgebäude; zeitgleich Abriß des bisherigen zweiten Zugangs |
| 18.9.1980 | Schließung (kein Verkehr nach Streikende) |
| 1989 | Abriß des Empfangsgebäudes von 1962 |
| 1999 | Wiedereröffnung, Elektrischer Betrieb |

KURZZEICHEN: BEU
LAGE: ETWA GELÄNDENIVEAU, ÖSTLICH UNTERHALB DER BEUSSELBRÜCKE
NACH WESTHAFEN 1000 METER,
NACH JUNGFERNHEIDE 2160 METER

# Biesdorf

Die »Königliche Ostbahn« hieß so, weil der Staat Preußen – und nicht private Gesellschaften, wie sonst üblich – sie erbaute und 1867 vollendete. Ihr Bahnhof Biesdorf mit seinen beiden ganz leicht gegeneinander versetzten Seitenbahnsteigen hat sein Erscheinungsbild seit der Eröffnung 1885 nicht wesentlich verändert. Die Bahntrasse teilt den Ort in Biesdorf-Nord und Biesdorf-Mitte, das ist bis heute so geblieben.

Stromschienen wurden 1928 verlegt, am 6. November nutzte sie der erste S-Bahn-Zug. Der elektrische S-Bahn-Verkehr wurde zwischen April und Juli 1945 unterbrochen. Eine hölzerne Fußgängerbrücke, dank derer nicht mehr die Oberfeldstraße zum Überqueren der Gleise benutzt werden mußte, entstand um 1942. Zur Jahreswende 1967/68 wurde sie durch eine Stahlüberführung ersetzt.

Eine für Berlin einmalige Situation hatte es ab 1956 am S-Bahnhof Biesdorf gegeben: die niveaugleiche Kreuzung mit einer O-Bus-Strecke. Die Linie 37 führte durch die direkt am westlichen Bahnsteigende kreuzende Oberfeldstraße, und die O-Busse neigten, warum auch immer, ausgerechnet auf den Bahnschienen zum Steckenbleiben – ein bis 1973 währender Gefahrenherd. Im Dezember 1984 wurde die Schranke geschlossen, die Oberfeldstraße unterbrochen. Später wurde die Schranke abgebaut.

Die völlige Umkrempelung der Eisenbahnanlagen am »Biesdorfer Kreuz«, westlich der S-Bahn-Station, hatte 1980 dazu geführt, daß die S-Bahn seitdem mit einem »Nordbuckel« das neue Gleisgewirr umschifft; auf ihrer alten Trasse liegt nun ein durch die Bahn isolierter, gleisumschlungener »Dreiecksee«. Im Oktober 1992 wurden die S-Bahn-Gleise zwischen den Bahnsteigen komplett ausgetauscht. Während dieser umfassenden Sanierung der gesamten Strecke wirkte der Bahnhof Biesdorf zeitweise wie ein ausgetrocknetes Kanalbett zwischen breiten Kaimauern.

Biesdorf liegt im Süden von Marzahn. Bystersdorff, der Name von 1375, leitet sich wohl vom Ortsgründer Bister her, könnte aber auch eine slawische Bedeutung haben: »Dorf des Flieders«. Bis

Längst verschwunden sind die Bahnsteigaufbauten, die zur Anfangszeit des Elektrischen Betriebs noch das Bild des Bahnhofs bestimmten

Bis 1984 befand sich neben den Bahnsteigen der schrankengesicherte Übergang Oberfeldstraße (Foto Juni 1974)

Anfang des 20. Jahrhunderts war Biesdorf eine ländlich geprägte Gemeinde mit »Dorf« und »Gut«. Ab 1920 zu Berlin gehörig, ist Biesdorf seit 1979 Ortsteil des zu diesem Zeitpunkt neugeschaffenen Bezirks Marzahn. Sehenswert ist der Park direkt südöstlich des Bahnhofs, und hier, trotz vieler Verfallserscheinungen, besonders das Schloß, eine spätklassizistische Turmvilla. Werner Siemens (geadelt ein Jahr später) hatte es 1887 gekauft; die schnurgeraden Lindenalleen im Park sollen ihm für Probefahrten seiner elektrischen Eisenbahn gedient haben!

| | |
|---|---|
| 1.8.1885 | Eröffnung, Seitenbahnsteige |
| 6.11.1928 | Elektrischer Betrieb |
| 1942 | Bau einer Fußgängerbrücke |
| 4.1945 | Stillegung |
| 7.1945 | Wiedereröffnung, Elektrischer Betrieb |

KURZZEICHEN: BDF
LAGE: IM GELÄNDENIVEAU
NACH WUHLETAL
1240 METER,
NACH FRIEDRICHSFELDE OST
2400 METER
(BIS 1979: 1910 METER)

# Birkenstein

Juli 1991:
der neue Bahnhof im Bau

Eine große Entfernung zwischen zwei Bahnhöfen lädt dazu ein, einen Haltepunkt einzufügen, wenn das zu erwartende Fahrgastpotential dies rechtfertigt. Zwischen Mahlsdorf und Hoppegarten liegen etwa 4,4 Kilometer. Wohl wegen des angrenzenden Industrie- und Gewerbegebiets erbaute man 1992 eine Station Birkenstein, gleich östlich der Berliner Stadtgrenze. Birkenstein ist ein Ortsteil von Dahlwitz-Hoppegarten im brandenburgischen Landkreis Märkisch Oderland. Viel Steine gibt's hier, wenig Birken, letztere sind allerdings bevorzugt an Bahndämmen heimisch.

Wenige Wochen vor der Eröffnung war der zweigleisige S-Bahn-Betrieb zwischen Mahlsdorf und Hoppegarten aufgenommen worden. Das Verlegen eines zweiten Gleises hatte es erleichtert, einen Mittelbahnsteig anzulegen; das bisherige (einzige) Gleis hatte nur ein wenig nach Norden verschoben werden müssen. Ein Empfangsgebäude gibt es nicht, der Zugang ist über eine Fußgängerbrücke möglich (oder vom Hönower Weg, zwischen den Gleisen). Der südliche Teil des Brückenstegs ist nicht nur länger, sondern auch etwas höher, deutlich erkennbar läßt er Platz für zwei Ferngleise der ehemaligen »Königlichen« Ostbahn von 1867. Seit 1945 liegt hier aber nur eines. Kleines Indiz für eine (wieder) wachsende Bedeutung der Ostbahn?

Die Deutsche Reichsbahn hat – 13 Monate vor dem Ende ihres Bestehens – am 21. Dezember 1992 die Station Birkenstein in Betrieb genommen, an einem Tag also, der von ihr Jahrzehnte zuvor gern und bewußt für Einweihungen gewählt worden war. Diesmal fiel die Eröffnung wohl eher zufällig auf Stalins (113.) Geburtstag. Neues kommt manches Mal nicht an gegen die Macht der Gewohnheit: Am Nachmittag des Eröffnungstages rauschte ein Zug noch durch; keine Aufsicht, kein Funkruf vermochte ihn aufzuhalten.

Übrigens hatte es bereits 1941 Planungen für einen Bahnhof Birkenstein gegeben, die aber nicht verwirklicht worden waren – vermutlich weil ein von ihm zu bedienendes Ausbesserungswerk aufgrund des Krieges nicht mehr gebaut wurde. Er wäre also ein »Betriebsbahnhof« gewesen.

KURZZEICHEN: BIS
LAGE: IM GELÄNDE NIVEAU
NACH HOPPEGARTEN 1800 METER,
NACH MAHLSDORF 2600 METER

21.12.1992 Eröffnung, Elektrischer Betrieb

# Birkenwerder

Der Bahnsteig mit dem alten Holzdach Ende der zwanziger Jahre

Birkenwerder ist eine alte slawische Siedlungsstätte (ein Birken-Werder meint eine Birkeninsel), um 1230 wurde es deutsches Straßendorf. Heute gibt es hier ausgedehnte Siedlungen von Einfamilienhäusern; die etwa 6000 Einwohner wehren sich gegen eine verwaltungsmäßige Umarmung durch das benachbarte Hohen Neuendorf.

Die 1877 eröffnete Nordbahn und ihr 1891 eingeführter »Vororttarif« nach Oranienburg begünstigten das Wachsen von Siedlungen in ihrem Einzugsbereich. Seit der Eröffnung dieser Strecke vom Stettiner (heute: Nord-) Bahnhof Richtung Stralsund gibt es auch den Bahnhof Birkenwerder, ab 1911 mit dem Namenszusatz »Bez. Potsdam«. Schon 1906 war er Endpunkt einiger sonntäglicher Ausflugszüge gewesen; ein viergleisiger Ausbau der Nordbahn wurde alsbald erforderlich und 1920 in Angriff genommen. Letztlich auch für die sich ankündigende S-Bahn wurde von der 1920 gegründeten Deutschen Reichsbahngesellschaft (so ihr anfänglicher Name) ein neuer Bahnhof gebaut – etwas weiter südlicher gelegen als der vorherige. Dessen Empfangsgebäude steht noch heute am westlichen Ende des Fußgängerstegs namens »Rote Brücke«.

Der neue Bahnhof mit seinem Empfangsgebäude an der heutigen Clara-Zetkin-Straße ging Ende 1924 in Betrieb und sah am 5. Juni 1925 erstmals eine S-Bahn. Anfangs endete sie hier; ab 4. Oktober 1925 fuhr sie über Birkenwerder hinaus bis nach Oranienburg. Die elektrische S-Bahn: Das waren damals neu entwickelte Züge, bekanntgeworden als Baureihe »ET/ES 168«. Hier auf der Nordbahn übte die S-Bahn noch – wie damals seit kurzer Zeit auch auf der Bernauer Strecke – das geregelte elektrische Vorankommen. Seit Mai 1927 fährt sie im 20-Minuten-Grundtakt. Im September 1927 änderte sich der Namenszusatz der Station, Birkenwerder (b. Berlin) war von nun an gültig.

Clara Josephine Zetkin kannte gewiß den S-Bahnsteig mit den zahllosen verquirlten Holzstreben der alten Dachkonstruktion. Die ehemalige Sozialdemokratin und spätere Mitbegründerin der KPD lebte in Birkenwerder von 1929 bis 1932. Sie warnte 1932 im Reichstag vergebens vor dem, was kommen sollte. Im April 1945 wurde der gesamte

S-Bahn-Betrieb eingestellt, auch eine Folge dessen, was gekommen war.

Am 18. August 1945 fuhr die S-Bahn in Birkenwerder wieder; bereits ab 6. (oder 11.) Juni waren vereinzelte Dampfzüge in die Fahrplanbresche gesprungen. Bis Ende 1945 sah Birkenwerder kurzzeitig einige heute undenkbare Absonderlichkeiten des S-Bahn-Zugbetriebs. Das war zum einen der ungewöhnliche Einsatz von überlangen Zehn-Wagen-(»5/4«-) Zügen, zum anderen ein kurioses Ausweichen: Die Züge nach Oranienburg mußten sich – wegen der Demontage des zweiten Gleises – in die Kehranlage zurückziehen, um den Gegenzug abzuwarten, bis sie zurückstoßen und den Weg gen Norden fortsetzen konnten. Regelmäßige Zugkreuzungen gab es ab Februar 1952; seit 1953/54 schließlich gibt es wieder zwei durchgehende Gleise Richtung Hohen Neuendorf. Auch die West-Berlin umfahrenden Züge Oranienburg – Ostbahnhof hielten hier ab 1959, sie durften mit S-Bahn-Fahrkarten benutzt werden.

Mit dem Mauerbau 1961 hatte Birkenwerder über Nacht nur noch einen S-Bahn-Pendelverkehr Oranienburg – Hohen Neuendorf zu bieten. Durchgehenden Anschluß Richtung Süden, nach Ost-Berlin, vermittelte aber ab dem 19. November 1961 eine elektrifizierte Verbindung über Schönfließ und Pankow. Der S-Bahnhof Birkenwerder war also zeitweise wichtiger Umsteigepunkt für viele Nutzer des DR-»Schnellverkehrs« auf dem Außenring. An seinen Bahnsteigkanten hielten auch diese lokbespannten Züge. Das wurde später technisch interessant, als selbige auch elektrisch daherkamen. Gleichspannung in seitlicher Stromschiene und Wechselspannung im Fahrdraht – an einem Gleis – erfordern einen immens hohen Aufwand der gegenseitigen Isolierung. Im gesamten S-Bahn-Netz ist diese Betriebsform sehr selten anzutreffen, nur in Birkenwerder sind seit 1983 gleich zwei »Doppelstrom«-Gleise an den Bahnsteigkanten zu besichtigen.

Direkte Fahrt nach Berlin, auf alter Nordbahn-Trasse, ist ab Birkenwerder wieder seit dem 31. Mai 1992 der Normalfall. Die »politische Umfahrungslinie« von 1961 blieb nach jenem Tag jedoch in Betrieb, seither enden deren Züge als S10 statt in Oranienburg in Birkenwerder. 1996 schließlich wurde der sehr breite Bahnsteig komplett erneuert. Der Sanierung fiel auch das markante Gebälk-Gewirr zum Opfer, das schon einige Zeit morsch war und durch Hilfsstützen gehalten werden mußte.

| | |
|---|---|
| 10.7.1877 | Eröffnung |
| 1.5.1911 | Bezeichnung jetzt »Birkenwerder (Bez. Potsdam)« |
| 1920 | Errichtung eines Notbahnsteigs wegen des viergleisigen Ausbaus der Nordbahn |
| 11.12.1924 | Eröffnung eines neuen Bahnhofs, etwas weiter südlich gelegen |
| 5.6.1925 | Elektrischer Betrieb |
| 9.1927 | Bezeichnung jetzt »Birkenwerder (b. Berlin)« |
| 4.1945 | Stillegung |
| 6.1945 | Wiedereröffnung, Dampfbetrieb |
| 18.8.1945 | Elektrischer Betrieb |

Gesamtansicht des Bahnhofs, nach 1925

KURZZEICHEN: BI
LAGE: IM EINSCHNITT
NACH BORGSDORF
3100 METER,
NACH HOHEN NEUENDORF
2220 METER

# Blankenburg

Gelassene Ruhe fernab der Großstadthektik strahlt das Empfangsgebäude aus (Februar 1995)

Stattlich ist es, das Empfangsgebäude! Monumentalstil mit neoklassizistischer Säulen- und Natursteinquader-Architektur. Freitreppe, durch schmiedeeiserne Leuchten begrenzt. Wandplastiken und Brunnenfries in der Schalterhalle. Ein richtiger Prachtbau, den die Architekten Cornelius und Schwartz da errichtet haben. Er wurde eingeweiht, als die Strecke Richtung Bernau 1909-16 viergleisig ausgebaut und dabei teilweise auf einen Damm hochgelegt worden war.

Einen Bahnhof besitzt Blankenburg schon seit Juni 1877 und einen S-Bahnhof bereits seit August 1924 – somit einen der ältesten! Auf der Bernauer Strecke fuhr sie nämlich zuerst, anfangs auf Bewährung, schnell aber zuverlässig erprobt, erhielt dann später nördlich vom Bahnhof Blankenburg eine Kehr- und Abstellanlage. Und überstand die Kriegsfolgen mit knapp viermonatiger Unterbrechung. Danach war auf der Strecke Richtung Bernau durch Demontage nur noch ein Gleis übriggeblieben.

Bedingt durch den Mauerbau kam im November 1961 wieder ein zweites Gleis bis zur Blankenburger Station hinzu und mit ihm eine neue S-Bahn-Linie – die nach Oranienburg. Auf ihrem Weg zum Umweg um West-Berlin zweigt sie seit November 1961 nördlich von Blankenburg von der Strecke nach Bernau ab. Letztere erhielt im Dezember 1986 wieder ihr zweites Gleis, doch nur bis Karow.

Die vorörtliche Beschaulichkeit blieb in Blankenburg erhalten. Ein gewisser Anselm de Blanckenborch wird schon 1271 genannt. Das Dorf gehörte später, bis 1920, zum Kreis Niederbarnim und wurde anschließend ein Ortsteil des Bezirks Pankow, bis es 1986 dem Bezirk Weißensee zugeschlagen wurde. Interessant *»für Reisende mit Traglasten oder Hunden«*: An der Dorfaue Alt-Blankenburg 33 steht Europas einziges Hundemuseum.

| | |
|---|---|
| 1.6.1877 | Eröffnung |
| 1914 | Empfangsgebäude |
| 8.8.1924 | Elektrischer Betrieb |
| 4.1945 | Stillegung |
| 11.6.1945 | Wiedereröffnung, Dampfbetrieb |
| 13.8.1945 | Elektrischer Betrieb |

KURZZEICHEN: BKB
LAGE: AUF BAHNDAMM
NACH KAROW 3260 METER,
NACH MÜHLENBECK-MÖNCHMÜHLE 9360 METER,
NACH PANKOW-HEINERSDORF 1640 METER

# Blankenfelde (Kr. Teltow)

Dieser S-Bahnhof wird voraussichtlich in absehbarer Zeit nach Süden verlegt werden (Foto 1992)

Das Jahrhunderte alte märkische Dorf Blankenfelde südlich von Berlin erlebte nach einer Zwangsversteigerung des Blankenfelder Gutes 1928 und dem anschließenden Erwerb und der Parzellierung der Gutsfläche durch Wohnungsbaugesellschaften eine stürmische Entwicklung. Schon 1939 gab es über 6000 Einwohner. Dennoch sind viele Jahrzehnte die Züge an Blankenfelde vorbeigefahren: anfangs die Fern-, später auch die Vorortzüge der 1875 eröffneten Dresdener Bahn und ab 1940 sogar die der S-Bahn!

Die Blankenfelder hatten schon seit 1930 um die Anlage einer Station (etwas nördlicher als die jetzige) verhandelt. 1941 sollte mit dem Bau begonnen werden, doch der fortschreitende Krieg verhinderte die Verwirklichung. Ihren eigenen Bahnhof erhielten die Einwohner erst 1950, genauer gesagt, sie bauten ihn sich, südlich des Bahnübergangs Karl-Marx-Straße, selbst: Er entstand mit großer Eigenleistung der Blankenfelder Siedlungsbewohner. Ein »verhinderter« Mittelbahnsteig war es, der mit seinem winzigen Empfangsgebäude am 8. Oktober 1950 als Blankenfelde (Kreis Teltow) ans Netz ging. Faktisch aber war es ein Seitenbahnsteig, denn das zweite Gleis (Richtung Süden) war gleich nach Kriegsende demontiert worden. Später entstand eine Fußgängerbrücke mit Abgängen nach beiden Seiten der Bahn.

Der bestehende Mischbetrieb mit dem Fernverkehr von/nach Dresden war problematisch und führte zu gegenseitigen Behinderungen. Abhilfe schuf der Wiederaufbau des zweiten Gleises bis Rangsdorf, das nur der S-Bahn vorbehalten war und in Blankenfelde an der westlichen Bahnsteigkante lag. Es wurde ab Mai 1952 genutzt. Ab dem 17. Mai 1953 führte der Bahnhof den Namen Blankenfelde (Kreis Zossen). Der Klammerzusatz – er lautet seit dem 2. Juni 1996 »Kreis Teltow-Fläming« – ist zur Unterscheidung nicht unwesentlich, gibt es doch im Nordwestzipfel des Berliner

Bezirks Pankow ein weiteres Blankenfelde. Dessen Bahnhof an der nicht elektrifizierten Vorortstrecke »Heidekrautbahn« war bis zu seiner Schließung 1983 aber in den S-Bahn-Tarif einbezogen gewesen.

Der Mauerbau am 13. August 1961 führte auch hier zur Stillegung der S-Bahn. Eine Wartung der anfangs noch »isoliert« pendelnden Züge zwischen Mahlow und Rangsdorf war nicht möglich, so wurden sie im September 1961 nach (Ost-)Berlin abtransportiert. Das S-Bahn-Gleis am Bahnhof Blankenfelde diente nun als Fernbahngleis Richtung Süden. Die Fußgängerbrücke wurde 1982, bei der Elektrifizierung der Ferngleise, durch einen Tunnel zum Bahnsteig ersetzt. Das winzige Empfangsgebäude (eigentlich nur eine überdachte Fahrkartenausgabe) verschwand 1986 mit der Einweihung eines neuen: Dieses – wiederum sehr kleine – war durch einen Anbau an die Bahnhofsgaststätte (!) entstanden.

Am inzwischen umgestalteten Mittelbahnsteig der Station Blankenfelde hat seitdem keine S-Bahn mehr gehalten – bis heute nicht – und wird es aller Voraussicht nach auch nicht mehr. Der seit 1992 von der S2 angesteuerte Seitenbahnsteig ist nämlich ein später errichteter Neubau, er entstand erst 1963. Angelegt wurde er für die Bedienung des knapp 2,6 km langen Streckenstummels nach Mahlow, des Reststücks nach Norden bis kurz vor die gesicherte »Staatsgrenze«. (Im Kapitel →Mahlow findet sich auch die Geschichte vom »Blauen Bock«, der knapp 30 Jahre die S-bahnlose Zeit überbrückte.) Dieser Seitenbahnsteig liegt nördlich des Bahnhofs Blankenfelde, also auch nördlich der querenden Karl-Marx-Straße, »diesseitig« von Berlin aus gesehen, auf einem drei Meter hohen Damm. Trotz der Dammschüttung rollen die Züge das letzte Stückchen bis zum Prellbock in beträchtlichem Gefälle!

Nach dem Abriß dieses zu kurzen Bahnsteigs und seinem Wiederaufbau konnte am 31. August 1992 die S-Bahn erstmals wieder nach Blankenfelde zurückkehren. Die Umsteigemöglichkeiten zwischen dem nach wie vor provisorisch wirkenden, nicht überdachten Seitenbahnsteig mit seinen drei Wartehäuschen und der Station für die Regionalzüge sind nicht eben optimal. Eine Änderung ist erst nach einem Umbau (Straßenunterführung) zu erwarten, wenn die S-Bahn parallel zur Regionalbahn halten wird. Ihr einstiges Endziel Rangsdorf dürfte aber nie mehr im Zielschildkasten auftauchen.

| | |
|---|---|
| 1937 | Vorgesehene Errichtung eines Haltepunktes (etwas nördlicher), nicht realisiert |
| 8.10.1950 | Eröffnung als »Blankenfelde (Kreis Teltow)«, Elektrischer Betrieb (Seitenbahnsteig an eingleisiger Strecke) |
| 1951/52 | Zweigleisiger Ausbau zwischen Blankenfelde und Rangsdorf. Gleis wurde aber von der S-Bahn genutzt, also zwei eingleisige Strecken. Seitenbahnsteig wurde jetzt Mittelbahnsteig. |
| 17.5.1953 | Bezeichnung jetzt »Blankenfelde (Kreis Zossen)« |
| 9.1961 | Elektrischer Betrieb eingestellt |
| 26.5.1963 | Einweihung eines neuen Seitenbahnsteigs nördlich des Bahnhofs für den Pendelbetrieb Mahlow – Blankenfelde |
| 16.9.1991 | Pendelbetrieb »Blauer Bock« eingestellt wegen Umbau des Seitenbahnsteigs |
| 31.8.1992 | Elektrischer Betrieb |
| 2.6.1996 | Bezeichnung jetzt »Blankenfelde (Kreis Teltow-Fläming)« |

KURZZEICHEN: BF
LAGE: IM GELÄNDENIVEAU (EHEM. S-BAHNHOF), AUF BAHNDAMM (NEUER S-BAHNSTEIG)
NACH DAHLEWITZ (BIS 1961) 1220 METER,
NACH MAHLOW 2550 METER

# Borgsdorf

Ein typischer Zweckbau der sechziger Jahre (Februar 1998)

Etwa sechs Bahnkilometer nördlich der Berliner Stadtgrenze liegt der 1375 erstmalig als »Borchartstorff« erwähnte Ort Borgsdorf, ein »Blumenort«, bekannt geworden durch fast ein Jahrhundert Nelkenzucht. Borgsdorf gehört zu Hohen Neuendorf und ist im Süden begrenzt vom Flüßchen Briese mit anerkannt gutem Wasser: Schon für den Tee von Majestät Kaiser Wilhelm I. holte man das klare, köstliche Wasser von der frischen Briese.

Der Aufschwung der Siedlung in Borgsdorf ist sicherlich der Nordbahn Berlin – Stralsund zu verdanken, die im Juli 1877 eröffnet wurde. Bis Ende September 1891 war Borgsdorf allerdings nur ein Bedarfshaltepunkt, diese Funktion bis 1880/81 sogar auf den jeweiligen Sommerfahrplan beschränkt.

Am 4. Oktober 1925 erreichte die S-Bahn Borgsdorf; im Zuge des viergleisigen Ausbaus der Nordbahn hatte sie ab 22. Juli 1926 auch eigene Gleise an den Seitenbahnsteigen des Bahnhofs. Das bedeutete schon damals, ab Mai 1927, 20-Minuten-Takt! 1939 sollte der Bahnhof Borgsdorf tiefer, in einen Einschnitt verlegt werden, statt dessen mußte Ende April 1945 der Betrieb eingestellt werden. Die S-Bahn fuhr erst wieder ab 18. August; dampfbetriebene »Ersatz-S-Bahn-Züge« hatten ab Mitte Juni 1945 für die Bahnverbindungen gesorgt. In diese Zeit fiel die Demontage des zweiten S-Bahn-Gleises zwischen Wilhelmsruh und Borgsdorf (neuverlegt in Borgsdorf erst wieder 1953). Bis 1950 hatte es von Borgsdorf nach Oranienburg sogar nur ein einziges Gleis für S- und Fernbahn gegeben.

Die ursprünglich vorhandenen Seitenbahnsteige wurden 1964 durch einen Inselbahnsteig ersetzt; jetzt entstand auch der charakteristische Turm »Bk (Blockstelle) Borgsdorf«. Wer auf seinem Weg zum Bahnsteig nicht die vielen Treppenstufen des Fußgängerstegs über die Gleise erklimmen will oder kann, findet sich rechtzeitig – zwischen den Schranken! – am Fuße des hellbraunen Stellwerkturms ein und bittet per Gegensprechanlage um Einlaß durchs Metallgittertor. Am Fahrkartenautomaten kommt man dennoch vorüber, also nicht vorbei.

KURZZEICHEN: BOR
LAGE: IM GELÄNDENIVEAU
NACH LEHNITZ
2960 METER,
NACH BIRKENWERDER
3100 METER

| | |
|---|---|
| 9.1877 | Eröffnung, Seitenbahnsteige |
| 4.10.1925 | Elektrischer Betrieb |
| 4.1945 | Stillegung |
| 6.1945 | Wiedereröffnung, Dampfbetrieb |
| 18.8.1945 | Elektrischer Betrieb |
| 1964 | Seitenbahnsteige durch Mittelbahnsteig ersetzt |

# Bornholmer Strasse

Jahrzehntelang bittere Realität: die Bahnsteige im unmittelbaren Grenzgebiet (März 1982)

Ihre Lage ganz nah an der Bezirksgrenze von Prenzlauer Berg zu Wedding hat der 1935 eröffneten Station Bornholmer Straße viel Umwälzendes beschert, Teilung und Zellteilung inclusive.

*»Berlins schönster Bahnhof«* titelte die Deutsche Allgemeine Zeitung am 1. Oktober 1935 und fuhr fort: *»Bei der gestrigen Vorbesichtigung durch die Presse (...) betonte der Erbauer des Bahnhofs, Direktor Richard Brademann, daß ein Bahnhof die Allgemeinheit (...) auch repräsentieren müsse. Die würdige Lösung dieser Aufgabe habe mit protzenhafter Aufdringlichkeit nichts zu tun.«* Über dem mit Keramikplatten verkleideten, bungalowartigen Empfangsgebäude erhebt sich ein fünfeckiger Überbau mit verglasten Fronten und einem kleinen Turm mit dem S-Bahn-Signet. Der Bau liegt südlich der Hindenburgbrücke (so hieß die heutige Bösebrücke 1915-1950) und ist direkt mit ihr verbunden. In der Vorhalle hing ein Mosaik, das den Streckenplan des S-Bahn-Netzes zeigte.

Zehn Jahre nach der Eröffnung gab es die nächste, denn der S-Bahn-Verkehr hatte Ende April 1945 eingestellt werden müssen und wurde im Juli des Jahres (seit Juni provisorischer Dampfbetrieb) erneut aufgenommen. Im Oktober 1960 installierte man auf dem Bahnhof Bornholmer Straße die erste industrielle Fernsehanlage der Reichsbahn, sie diente der Fernabfertigung der Züge.

Inzwischen war aus der Bezirks- und seit 1945 auch Sektoren-Grenze direkt neben dem westlichsten S-Bahn-Gleis eine sogenannte Staatsgrenze geworden, die gesamte Bahnhofsanlage lag in Ost-Berlin. Am 13. August 1961 wurde sie folgerichtig geschlossen. Der Ausgang wenige Meter neben West-Berliner Gebiet (französischer Sektor) war dem Sicherheitsbedürfnis der DDR-Organe offenbar nicht zumutbar, obwohl man zunächst ein Offenhalten nach dem Vorbild von Wollankstraße beabsichtigt hatte.

Mit dem simplen »Dichtmachen« des Bahnhofs konnte es aber letztlich nicht sein Bewenden haben. Schließlich war der Bahnhof Verzweigungspunkt für die S-Bahn-Strecken nach Velten bzw. Oranienburg und nach Bernau gewesen. Nach dem Muster von Baumschulenweg angelegt, bestand er deshalb aus einem Seitenbahnsteig (B) für den Verkehr nach Norden und aus einem Mittelbahnsteig (A) für den Verkehr in Richtung Süden. Letzterer wurde jetzt in beiden Richtungen ohne Halt durchfahren von den Linien, die nach der Netzspaltung dem Westnetz zugeschlagen worden wa-

ren. Alle anderen Züge fuhren alsbald am jetzigen »Geisterbahnhof« vorbei – auf weiter östlich gelegenen, extra mit Stromschienen versehenen Gütergleisen. Bereits ab Ende 1952 war dieses Verfahren (vorausschauend?) mit einigen Zügen (im 40-Minuten-Takt) eingeführt worden.
Den Fahrgästen der Züge zwischen Schönhauser Allee und Pankow wurde die Teilung der Stadt hier drastisch vor Augen geführt, fuhr die Bahn doch im Grenzgebiet bis an die letzte Sperrmauer heran. Bis zum Bau einer Betonmauer Anfang der achtziger Jahre konnten sich Ost- und West-Fahrgäste zuwinken, wenn ihre Züge ein kurzes Stück parallel nebeneinander herfuhren. Zu hören waren die Auswirkungen der Grenzsicherungsmaßnahmen auch: In kurzen Abständen rasselten die Türklingeln der alten Züge und zeigten damit an, daß die Türen immer wieder neu durch Druckluft verschlossen wurden, da diese Verriegelung stets nur etwa anderthalb Minuten wirksam war. Es galt eine Mindestgeschwindigkeit von 40 km/h; eventuell erforderliche Betriebshalte waren untersagt!
Bevor der S-Bahn-Betrieb in West-Berlin 1984 der BVG übertragen wurde, war von westlicher Seite die Forderung nach Öffnung des stillgelegten Bahnhofs in der Diskussion, blieb aber vergeblich. 1987 wurden Teile des Seitenbahnsteigs B sogar abgetragen. Gut zwei Jahre später wurde es hier an der Bösebrücke dramatisch. An keinem anderen stillgelegten »Geisterbahnhof« der S-Bahn zeigte sich wohl derart spektakulär das Heraufdämmern seiner Wiederbelebung wie am Bahnhof Bornholmer Straße, als auf der Brücke über ihm in der Nacht vom 9. auf den 10. November 1989 die Ost-West-Wogen der Maueröffnung weltweit für Schlagzeilen sorgten: Jubel und nochmal Jubel.
Die erneute Wiederinbetriebnahme des Bahnhofs vollzog sich auf Raten:
22.12.1990: Es halten wieder S-Bahn-Züge am Bahnsteig A. Doch dieser (verbliebene) Mittelbahnsteig kann vorerst nur von der Nordseite der Brücke, durch einen neuen Zugang, betreten werden.

S-Bahn-Tristesse auf der Sektorengrenze (1987)

5.8.1991: Der Bahnhof erhält nördlich der Brücke einen Zwilling (intern Bornholmer Straße/Ost). An zwei nicht überdachten Seitenbahnsteigen (C und D) halten die S-Bahn-Züge nach Bernau und Oranienburg bzw. Richtung Ostkreuz. Das Provisorium bleibt bestehen, bis der aus dem seit 1987 »abgängigen« alten Seitenbahnsteig B erwachsene weitere Mittelbahnsteig alle restlichen Funktionen übernommen haben wird. Im August 1992 beginnt dessen Wiederaufbau.
1.10.1992: Brademanns »nicht protzenhaftes« Empfangsgebäude wird, vorbildlich renoviert, wieder seiner Bestimmung übergeben. Beseitigt sind die Spuren der Zweckentfremdung als Grenzvorposten-Objekt.
1.12.1997: Am (erweiterten) Bahnsteig B halten wieder Züge Richtung Norden, allerdings an der neuen Bahnsteigkante, die noch nie einen S-Bahn-Zug sah! Die ersten Auswirkungen der vielen Baustufen eines im Werden begriffenen Nordkreuzes machen sich bemerkbar.
Mit Milliardenaufwand wird nun seit Jahren die (Wieder-)Herstellung des Nordkreuzes der S-Bahn (auch für die Fernbahn) betrieben. In diesem Riesen-Bauwerk werden mit nur einmaligem Umsteigen die S-Bahn-Linien auf der wiederaufgebauten Ringbahn mit denen aus Nordwesten (Hennigsdorf), Norden (Frohnau/Oranienburg) Nordosten (Pankow/Bernau) und Süden (Wannsee/Potsdam, Lichterfelde und Blankenfelde) verknüpft. Dabei werden die meisten Umsteigeverbindungen durch einfaches Wechseln der Bahnsteigkanten möglich sein. Gleichzeitig werden die Gleisanlagen der S-Bahn derart gestaltet, daß von Norden her auf den westlichen oder östlichen Nordring und natürlich zur Nord-Süd-S-Bahn und umgekehrt Züge fahren können.
Verschiedentlich wird der Bahnhof Bornholmer Straße »Bornholmer Brücke« genannt, das ist gleich doppelt verkehrt, denn er hieß und heißt nicht so, auch die imposante Brücke über ihm nicht. Sie wurde zur Fertigstellung 1915 Hindenburgbrücke benannt. Am Nordostgeländer eingemeißelt war der Name zu lesen – auch lange Jahre nach der Wende noch. Nach dem Zweiten Weltkrieg benannte Ost-Berlin sie nach Wilhelm Böse, einem kommunistischen Arbeiter. Bösebrücke heißt sie bis heute.
Die Namensstifterin für den Bahnhof, die Bornholmer Straße (so benannt seit 1903), liegt an einem »Nordischen Viertel«. Die baltische Insel Bornholm in der Ostsee ist Teil von Dänemark, gehörte aber auch schon einmal 50 Jahre zu Lübeck und war um 1659 drei Jahre schwedisch. Fast jede Dänemark-Karte zeigt das 590-Quadratkilometer-Eiland als Randzusatz unten rechts. Würde man es auf der Karte an die richtige Stelle setzen, müßte man rechts einen Streifen ankleben, der so breit wäre wie die Karte selbst.

Nördlich der Bösebrücke kamen 1991 für die »Ostlinien« zwei weitere Bahnsteige hinzu (August 1991)

| | |
|---|---|
| 1.10.1935 | Eröffnung, Elektrischer Betrieb |
| 4.1945 | Stillegung |
| 11.6.1945 | Wiedereröffnung, Dampfbetrieb |
| 19.7.1945 | Elektrischer Betrieb |
| 13.8.1961 | Stillegung (Züge fahren ohne Halt durch) |
| 22.12.1990 | Wiedereröffnung, Elektrischer Betrieb |
| 5.8.1991 | Eröffnung »Bornholmer Straße (Ost)«, Elektrischer Betrieb |

KURZZEICHEN: BOS
LAGE: IM EINSCHNITT
NACH WOLLANKSTRASSE 1350 METER,
NACH PANKOW 1530 METER,
NACH GESUNDBRUNNEN 1030 METER,
NACH SCHÖNHAUSER ALLEE 1470 METER

# BÖRSE

■ SIEHE AUCH:
→MARX-ENGELS-PLATZ
HEUTE:
→HACKESCHER MARKT

Ein Juwel unter den Bahnhofsbauten der S-Bahn ist der heutige Bahnhof Hackescher Markt im Bezirk Mitte. Kaum ein anderer, von Bellevue einmal abgesehen, präsentiert sich heute noch so nah am Erscheinungsbild von 1882 wie dieser Bau von Johannes Vollmer im Stil der italienischen Renaissance. Er glänzt mit gelb-roten Ziegeln und farbigen Mosaiken, mit kreisrunden Fenstern gleich funkelnden Augen und einer auf Lärchenholz gebetteten Dachkonstruktion.

Die Börse, genauer: die damaligen Börsianer kann man indirekt als verantwortlich für die Lage der Station bezeichnen. Die Stadtbahn sollte eigentlich längs der Leipziger Straße verlaufen, aber durch Grundstücksspekulation stiegen die Preise derart, daß die Stadt es vorzog, ihre Bahn auf eigenem Grund, auf dem zugeschütteten Königsgraben, zu bauen. Auch der Bahnhof Börse steht »auf nassen Füßen«, auf dem ebenfalls verfüllten ehemaligen Zwirngraben.

Seit Juni 1928 beherbergt die lichte Halle statt der Dampfzüge S-Bahn-Züge an den Kanten ihres Mittelbahnsteigs, der seitdem auch aus der Halle hinauslugt, da er zu diesem Zeitpunkt verlängert worden war. Arg schmal ist dabei das äußerste westliche Bahnsteigstück geraten.

Bis Anfang November 1945 dauerte die Betriebsruhe der S-Bahn, die Ende April durch die fortschreitenden Kampfhandlungen erzwungen worden war. Die noch junge DDR stellte sich dann 1951 auf den (Klassen-)Standpunkt, die Benennung Börse durch Marx-Engels-Platz ersetzen zu müssen. In der Tat war die alte, 1859-64 vom Schinkelschüler Hitzig errichtete Berliner Börse im Krieg zerstört worden. Sie hatte einst in der Burgstraße gestanden, als diese sich noch sehr lang an der Spree dahinzog. Wo heute das Radisson Plaza seine Gäste empfängt, kann die alte Börse etwa lokalisiert werden – also nicht gerade in unmittelbarer Nähe des Bahnhofs (das gilt für den Marx-Engels-Platz allerdings erst recht).

In den fünfziger Jahren erhielt der Bahnhof Marx-Engels-Platz innen eine namensgerechte, aber verschandelnde rote Plaste-Verkleidung mit den Konterfeis der beiden Namensgeber, die erst 1986 wieder entfernt wurde. Zum 1987 anstehenden Stadtjubiläum (750 Jahre Berlin) entsann man sich der 1974 ausgesprochenen Denkmalwürdigkeit und restaurierte die Bahnhofshalle umfassend. Ab Juli 1986 fuhren für rund ein Jahr die S-Bahn-Züge Richtung Osten außen an der Halle vorbei, drinnen stoppten nur die Züge Richtung Friedrichstraße.

Nach der Wende 1989 war eine neue Bahnhofsbenennung in der Diskussion; man gab »Hackescher Markt« den Vorzug vor »Lustgarten« und vollzog die Umbenennung zum 31. Mai 1992. Und man renovierte erneut, gründlich, im Rahmen der gesamten Stadtbahnsanierung. Wieder fuhr die S-Bahn außen an der Halle vorbei, diesmal gar in beiden Richtungen. Kleiner Unterschied: Diesmal gab's den Stopp nur Richtung Osten. Und: Ein extra errichteter Notbahnsteig war auf einem der (zu jener Zeit stillgelegten) Fernbahngleise angelegt worden und versah seinen Provisoriums-Dienst von Oktober 1994 bis Oktober 1996.

Seitdem ist die Bahnhofshalle das beschriebene Juwel; wer allerdings heute mit der S-Bahn zur Berliner Börse fahren will, muß Zoo ausssteigen – und dieser Bahnhof steht garantiert außerhalb aller Umbenennungsbestrebungen.

| | |
|---|---|
| 7.2.1882 | Eröffnung für den Stadt- und Vorortverkehr; Mittelbahnsteig; Bahnhofshalle |
| 1926/28 | Verlängerung des Bahnsteigs Richtung Westen |
| 11.6.1928 | Elektrischer Betrieb |
| 4.1945 | Stillegung |
| 4.11.1945 | Wiedereröffnung, Elektrischer Betrieb |
| 1.5.1951 | Umbenennung in »Marx-Engels-Platz« |
| 28.7.1986 | Sanierung der Bahnhofshalle. Züge Richtung Alexanderplatz fahren ohne Halt außen an der Halle vorbei. |
| 10.8.1987 | Beendigung der Sanierung. Züge Richtung Alexanderplatz halten wieder in der Halle. |
| 31.5.1992 | Umbenennung in »Hackescher Markt« |
| 17.10.1994 | Stillegung, Stadtbahnsanierung; für Züge Richtung Osten Notbahnsteig (westlich der Kleinen Präsidentenstraße) eröffnet |
| 19.10.1996 | Notbahnsteig geschlossen |
| 21.10.1996 | Wiedereröffnung, Elektrischer Betrieb |

# Botanischer Garten

Jugendstil sogar beim Namensschild (April 1974)

Die Wannseebahn ist reich an baulichen Schmuckstücken, das Empfangsgebäude der Station Botanischer Garten im Bezirk Steglitz ist eine besondere Perle der Bahnhofsarchitektur. Über dem Bahnsteig erhebt sich ein malerischer dreistöckiger Prachtbau mit Türmchen, Giebeln und einer in reinstem Jugendstil ausgeführten Eingangshalle. Passend zum Namen die Zugangstreppe im Gewächshausstil, der hier zum ersten Mal installiert und für gut befunden worden war. Ins Auge fallen die mit leuchtenden Schachbrettmustern verzierten Bahnsteighäuschen.

Finanziert wurde der Bau der Architekten Erdmann und Spindler durch eine Grundstücksgesellschaft, nachzulesen auf einer Steinplatte in der Stirnwand der Eingangshalle. Die Einweihung des Haltepunkts mit dem »Bahnhofsgebäude im Stil eines deutschen Renaissance-Bürgerhauses«, gelegen im damals zu Teltow gehörigen Groß-Lichterfelde, fand am 1. Mai 1909 statt. Die »Neue Wannseebahn« (-Strecke), in die er eingefügt wurde, gab es zu diesem Zeitpunkt schon seit 18 Jahren, die erste preußische Eisenbahn Berlin – Potsdam gar seit 71 Jahren.

Die S-Bahn kam erstmalig am 15. Mai 1933. Für die schnellen »Bankierzüge« waren Stromschienen auch an den nebenan liegenden Fernbahngleisen montiert worden, in Botanischer Garten hielten diese Durchläufer aber nicht. Die kriegsbedingte Betriebsunterbrechung dauerte von Ende April bis Anfang Juni 1945.

Trotz S-Bahn-Boykott ab 1961 hatte die Wannseebahn einen beachtlichen Nutzerkreis, was am Bahnhof Botanischer Garten nicht vor einem gewissen Verfall schützte: »*Infolge der Vernachlässigung hat sich ein großer Teil des Bahnsteigs tatsächlich in einen Garten oder ein Naturreservat verwandelt, in dem wilde Blumen und Unkraut im friedlichen Beisammensein mit den Zügen eine grüne Oase bilden*«, schrieb die Neue Zürcher Zeitung im Mai 1978.

Fast fünf Jahre währte die plötzliche Stillegung von 1980 – nach dem S-Bahner-Streik in jenem Jahr war der Betrieb am 18. September nicht wieder aufgenommen worden. Seit 1984 für den Bahnhof zuständig, ließ der Senat die Strecke wieder herrichten. Bürger(un)wille und heraufziehender Wahltermin sorgten für die Wiedereröffnung

KURZZEICHEN: BGT
LAGE: IM EINSCHNITT NACH LICHTERFELDE WEST 1100 METER, NACH RATHAUS STEGLITZ 1300 METER

Postkartenmotiv, um 1900

am 1. Februar 1985. Eine mustergültige Renovierung war die Grundlage des heutigen erfreulichen Erscheinungsbildes. Selbst der inzwischen eingebaute Aufzug nimmt das Schachbrettmuster wie selbstverständlich auf.

Um nun zum Botanischen Garten selbst zu gelangen, muß man noch einen kleinen Fußweg einkalkulieren. Doch führt der entlang so lieblicher Straßennamen wie Enzian-, Hortensien- und Tulpenstraße, hin zum Eingang am Begonienplatz. Im Jahr 1903 war der Botanische Garten vom Kleistpark nach Dahlem gezogen, er ist heute der artenreichste Mitteleuropas. Auf 43 Hektar Fläche, in bis zu 28 Meter hohen Gewächshäusern, können rund 20000 verschiedene Pflanzenarten bewundert werden – sozusagen auf »einer Reise um die Welt an einem Tag«. Oder, wie es die Freie Universität, der Träger, formuliert: »Mit der S-Bahn zum Himalaya«.

1.5.1909 Eröffnung, Empfangsgebäude
15.5.1933 Elektrischer Betrieb
4.1945 Stillegung
6.6.1945 Wiedereröffnung, Elektrischer Betrieb
18.9.1980 Stillegung (Kein Verkehr nach Streikende)
1.2.1985 Wiedereröffnung, Elektrischer Betrieb

## Braunauer Strasse

■ Eröffnet als:
→Kaiser-Friedrich-Strasse
Heute:
→Sonnenallee

Als Ende Dezember 1997 der Bahnhof Sonnenallee aus 17jährigem Tiefschlaf wiedererweckt wurde, fiel im Rahmen der Einweihungsfeierlichkeiten noch einmal kurz ein fahles Licht auf die Historie der Station: auf die fast vergessene Tatsache, daß sie sechs Jahre lang den Namen Braunauer Straße trug.
Gelegen an dem 1871 eröffneten Gleisstrang der Ringbahn, wurde die 1912 eingeweihte Station im November 1928 ein S-Bahnhof mit Namen Kaiser-Friedrich-Straße. Die gleichnamige Straße hieß ab Mai 1938 Braunauer Straße, und der S-Bahnhof folgte der Umbenennung am 1. Oktober 1939. Braunau ist eine über 870 Jahre alte oberösterreichische Grenzstadt. Das alte »Prounaw« war lange bayerisch und ist seit 1816 (wie zuvor von 1799 bis 1810) österreichisch. Für die Straßenbenennung 1938 wurde zum Anlaß genommen, daß Braunau Adolf Hitlers Geburtsort war.
Nur kurze Zeit hielt die S-Bahn nach dem Zweiten Weltkrieg noch an einem Bahnhof Braunauer Straße; im Herbst 1945 stand schließlich Sonnenallee auf den Stationsschildern. Diesmal hinkte die Bezeichnung des Straßenzuges hinterher: Sein südlichster Abschnitt hatte schon 1920 bis 1938 Sonnenallee geheißen, dennoch brauchte es bis Juli 1947, daß durchgehend Sonnenallee amtlich wurde.

# Bruno-Leuschner-Strasse

Mit der Entstehung weiterer Trabanten-»Städte« im Nordosten Berlins Ende der siebziger Jahre kam auch schon die S-Bahn zu den werdenden Plattenbau-Siedlungen. Die Fernbahnstrecke »Wriezener Bahn« – sie begann seinerzeit nahe dem jetzigen Ostbahnhof – durchquert den heutigen Bezirk Marzahn bereits seit Mai 1898. Die Trasse wurde bis 1980 bis Ahrensfelde für den S-Bahn-Betrieb umgestaltet, ergänzt und erweitert. Neue Bahnhöfe entstanden, und manche erhielten Namen nachrangiger SED-Politfunktionäre.

Der wenig attraktive, streng zweckmäßig gehaltene Bahnhof mit einem überdachten Inselbahnsteig aus Well-Eternit-ähnlichem Material ist von beiden Seiten der Bahn durch Tunnel und sowohl über Treppen als auch einen Wendelgang mit Rampe zugänglich. Er liegt gegenüber der Einmündung der Bruno-Leuschner-Straße in die Heinrich-Rau-Straße, so die postalische Adressenlage zum Zeitpunkt seiner Eröffnung am 15. Dezember 1980.

Nach der Einweihung verdichtete sich der S-Bahn-Betrieb hier in komplizierten Etappen. Anfangs rollten die Züge nur auf einem Gleis ein (und weiter nach →Otto-Winzer-Straße). Nebenan, an der westlichen Bahnsteigkante, fuhren Vorortzüge zwischen Marzahn und Wriezen anfangs noch ohne Halt durch, bis sie Ende Januar 1981 eigene Gleise bekamen. Seit dem 7. September 1981 gehören beide Gleise der S-Bahn, für ihre Züge am westlichen Gleis war hier jedoch erst einmal Endstation: Der »zweigleisige« Verkehr Richtung Marzahn war also eigentlich ein Betrieb auf zwei Einzelstrecken. Seit dem 30. Dezember 1982 schließlich verkehrt hier die S-Bahn, wie heute auch, durchgehend von und nach Ahrensfelde.

Die weite Strecken zur S-Bahn-Trasse nach Ahrensfelde, also zur Wriezener Bahn, parallel verlaufende Heinrich-Rau-Straße ist zum besseren Erreichen des Bahnhofs von den Wohngebieten aus untertunnelt worden. Der Straßenzug heißt seit 1992 Märkische Allee; Raoul Wallenberg löste als Namensgeber im selben Jahr Bruno Leuschner ab: Der S-Bahnhof wurde am 31. Januar umbenannt. Der Berliner Bruno Leuschner (1910-1965), Politbüro-Mitglied ab 1953, war u.a. zehn Jahre Vorsitzender der Staatlichen Plankommission der DDR. Ein Plan der Reichsbahn von 1977 wurde nicht verwirklicht: nämlich diese Station »Marzahn Mitte« zu nennen.

Heute: ■ →Raoul-Wallenberg-Strasse

15.12.1980 Eröffnung, Elektrischer Betrieb
31.1.1992 Umbenennung in »Raoul-Wallenberg-Straße«

Ästhetikpreise gibt's nicht zu gewinnen – Hauptsache zweckmäßig (Mai 1983)

# BUCH

Hier steigt man nicht einfach ein – hier schreitet man gemessen hinauf. Foto aus den dreißiger Jahren

Ein Eintrag »wie er im Buche steht« erfolgte erstmalig 1375, urkundlich, im Landbuch Kaiser Karl IV. Das ehemalige Gut von Buch an der Panke wurde 1898 von der Stadt Berlin erworben; Haltepunkt an der Stettiner Bahn war Buch schon seit 1879 gewesen.

Zur Jahrhundertwende begann man in Buch mit der Errichtung von Heilstätten. Die Bauentwicklung machte den Ort später zur größten Krankenanstalt Europas (mit eigenem Schienenanschluß!). Sprunghaft stiegen die Einwohnerzahlen, von 400 innerhalb eines Jahrzehnts auf 5300 im Jahre 1910 (heute: 20 000). Ein neuer Bahnhof wurde 1912-14 erbaut, fast schon barock mutet er an mit Freitreppe und Vordach auf ionischen Säulen. Ernst Schwartz und Karl Cornelius waren die Architekten. Zu dieser Zeit legte man auch die Strecke Richtung Bernau auf einen Damm. 1920 wurde Buch nach Groß-Berlin eingemeindet und gehörte zum Bezirk Pankow. Schon mit ihren allerersten Zügen 1924 wurde die S-Bahn Bestandteil des Lebens in Buch.

Nach dem Ende des Zweiten Weltkriegs (von Ende April bis Mitte August 1945 fuhr keine S-Bahn) wurde das zweite Gleis demontiert. Erst im Oktober 1989 wurde ein neues installiert. Kurz zuvor hatte man am südlichen Bahnsteigende einen zweiten Zugang angelegt, mit einer Rampe und einem Tunnel durch den gesamten Bahndamm, der Bahnsteig mußte dafür an dieser Stelle verbreitert werden. Im Frühjahr 1989 war der Zugang fertiggestellt. Einen lupenreinen zweigleisigen Betrieb nach Buch gibt es sogar erst seit Dezember 1991, als westlich des Bahnhofs ein kurzer eingleisiger Abschnitt »nachgerüstet« wurde.

Seit 1996 ist in die Bahn-Planung aufgenommen, weiter südlich, an der Autobahn-Unterführung, nach dem Vorbild von Bernau-Friedenstal eine weitere Station »Buch Süd« einzufügen. Ein solches Vorhaben ist aber ohne private Investoren anscheinend kaum zu verwirklichen, jedenfalls nicht zügig.

Vom dörflichen Buch ist heute wenig geblieben. Das Schloß: abgerissen 1964. Der »Schloßkrug« (unweit des Schloßparks), wo Fontane einst auf Stroh nächtigte, wird gastronomisch genutzt. Der Medizinstandort Buch steht heute für »Vereinigte Klinika Charité/Virchow« und ist nach wie vor ein angesehener und bedeutender – wenn auch die Bettenzahl von einst 3000 auf künftig 850 reduziert sein wird.

26.6.1879 Eröffnung
1912/14 Empfangsgebäude
8.8.1924 Elektrischer Betrieb
4.1945 Stillegung
11.6.1945 Wiedereröffnung, Dampfbetrieb
13.8.1945 Elektrischer Betrieb

KURZZEICHEN: BU
LAGE: AUF BAHNDAMM
NACH RÖNTGENTAL 2200 METER,
NACH KAROW 2700 METER

# Buckower Chaussee

Der erste Bahnhofsneubau nach Kriegsende entstand auf Anordnung der amerikanischen Besatzungsmacht (Foto Dezember 1977

Die Buckower Chaussee, benannt zwischen 1907 und 1910, trägt ihren Namen nach dem alten Örtchen Buckow (slawische Bezeichnung für Buche: buk), das seit 1920 Teil des Bezirks Neukölln ist. Die Buckower Chaussee – und der S-Bahnhof – befinden sich im Bezirk Tempelhof.

Nach der Planung des Architekten Albert Speer für eine »Welthauptstadt Germania« Mitte der dreißiger Jahre sollte der Straßenzug Buckower Chaussee einen Teil eines »4. Autoringes« bilden. Neben der S-Bahn-Strecke an der Dresdener Bahn entstand um 1940 auch ein großer Werkkomplex, gedacht für die Reichsbahn, genutzt jedoch für Rüstungszwecke. Im Juli 1945 übernahm die amerikanische Besatzungsmacht die östlich der Bahntrasse gelegenen, unversehrt gebliebenen Hallen und nutzte sie als Hauptversorgungslager ihres Sektors. Auf Wunsch des US-Militärs errichtete die Reichsbahn hier, südlich der Buckower Chaussee, einen gleichnamigen S-Bahnhof. Er war schon einige Jahre zuvor vorgesehen gewesen, doch zur Realisierung war es nicht mehr gekommen. Mit einfachsten Mitteln – Bahnsteigmauern aus Trümmerziegeln – wurden zwei Seitenbahnsteige gebaut, doch da die Strecke zu dieser Zeit durch Demontage eingleisig war, konnte am 15. Mai 1946 nur ein Bahnsteig (der östliche) in Betrieb genommen werden. Ein winziger Dienstraum war gleichzeitig die Bahnsteigsperre und wurde auch als Fahrkartenschalter genutzt. Nur nach Yorckstraße und Mahlow fuhren von hier anfangs die S-Bahn-Züge. Der Betrieb normalisierte sich in der Folgezeit; am westlichen Bahnsteig aber hat bis 1989 nie ein S-Bahn-Zug gehalten, hier wucherte die Natur.

Beim Anblick der üppigen Gestaltung der Station, wie sie sich heute präsentiert, ist die spartanische Ursprungsausführung kaum mehr vorstellbar. Letztlich war sie auch ein historisches Dokument, das sehr eindrücklich den Zustand Berlins 1946 widerspiegelte. Nach der S-Bahn-Übernahme in BVG-Regie 1984 spendierte diese dem trostlosen Bahnsteig 1985 gebrauchte Wartehallen von Omnibus-Haltestellen und, nach 68 Meter Bahnsteigverlängerung Richtung Norden, im November 1986 einen direkten Zugang zur Buckower Chaussee. Im Zuge des zweigleisigen Streckenausbaus wurden 1988-90 etappenweise beide Seitenbahnsteige neu erbaut, und am Nordende entstand ein aufwendiger Torbogen.

Eine ebenfalls pompöse, überdachte Fußgängerbrücke über die Schienen – welch Gegensatz zu 1946! – wurde Mitte 1992 eröffnet; zusammen mit dem genannten Torbogen unterstreicht sie das opulente Erscheinungsbild des Bahnhofs. (Architekt Rümmler: *»Um den Bahnhof in der städtebaulich ungeordneten Umgebung für den Fahrgast sichtbar zu machen, wird als optischer Markierungspunkt das Portal einer Bahnhofshalle im Hauptzugangsbereich an der Buckower Chaussee errichtet, so daß der Bahnhof zum unverwechselbaren Ort wird.«*) Rümmlers Handschrift ist unverkennbar, vergleicht man die S-Bahn-Station mit den von ihm gestalteten Bahnhöfen der U-Bahn-Linie 7 in Spandau.

| | |
|---|---|
| 15.5.1946 | Eröffnung (Bau auf Wunsch der US-Besatzungsmacht), zwei Seitenbahnsteige, Nutzung nur des östlichen; Elektrischer Betrieb |
| 1988/90 | Totalumbau, am Bahnhofs-Nordende Torbogen |
| 10.12.1989 | Eingleisiger Betrieb auf dem westlichen Gleis |
| 1.6.1990 | Zweigleisiger Betrieb |
| 1992 | Fußgängerbrücke am Südende |

Aus der Zeit, als West-Berlin noch Geld hatte: Pomp im Industriegebiet (Foto Juni 1997)

KURZZEICHEN: BCH
LAGE: IM GELÄNDENIVEAU
NACH SCHICHAUWEG 1230 METER,
NACH MARIENFELDE 1750 METER

# Bundesplatz

Eröffnet als:
→Wilmersdorf-Friedenau
Siehe auch:
→Wilmersdorf

Unter dem Betondach der Stadtautobahn blitzt noch der Charme der frühen Jahre durch (März 1994)

Schon die Lateiner sagten: Der Name hat eine Vorbedeutung. Gerade heute sollte aber auch gelten: Jeder Name habe einen fest umschriebenen, unverwechselbaren Inhalt. In diesem Sinne war es durchdacht, den Bahnhofsnamen »Wilmersdorf« durch »Bundesplatz«, war es sinnvoll, den eher unpräzisen Ortsnamen des S-Bahnhofs durch die lagegenaue Bezeichnung des U-Bahnhofs zu ersetzen.

Am 22. Dezember 1993 wurde die neue (alte) Ringbahnstation eröffnet; der Bahnsteig überbrückt im Gegensatz zu seinem Vorgänger, der etwa 110 Meter weiter östlich stand, die Bundesallee und ist von beiden Straßenseiten aus gut zu erreichen. Am direkten Übergang zur U-Bahn – mit durchgehendem Lift – verweisen auf je einem Wandbild farbige Darstellungen der Wappen der 16 Bundesländer auf den Namen des Bahnhofs. Während die S-Bahn-Station bis zur Stillegung 1980 →Wilmersdorf hieß, zur S-Bahn-Premiere 1928 sogar noch →Wilmersdorf-Friedenau, wurden Kaiserallee und Kaiserplatz im Juli 1950 zu Bundesallee und -platz. Die Umbenennung erfolgte anläßlich der Einweihung des Bundeshauses (an der Spichernstraße) durch Konrad Adenauer. Dieses Gebäude der ehemaligen Artillerieprüfungskommission beherbergte zu Zeiten der geteilten Stadt die Dienststelle des Bevollmächtigten der Bundesregierung im (Nicht-Bundesland) Berlin (-West) bis zu deren Auflösung nach dem Inkrafttreten des Einigungsvertrags 1990. Es ist heute u.a. der Sitz von Dienststellen des Innenministeriums.

Kurzzeichen: BUP
(früher WIL)
Lage: Auf Brücke über die Bundesallee
nach Heidelberger Platz 1270 Meter,
nach Innsbrucker Platz 930 Meter

# Charlottenburg

Wasserturm und Fachwerkbau bestimmten in den zwanziger Jahren das Erscheinungsbild des Bahnhofs

Der Bahnhof Charlottenburg wurde mit der Eröffnung der Stadtbahn am 7. Februar 1882 als ihr westlicher Endpunkt in Betrieb genommen. Er war mit seinen vier Bahnsteigen sowohl an den Stadt- und Vorortverkehr als auch (ab 15. Mai 1882) an den Fernverkehr angeschlossen. Damit war Charlottenburg der größte aller Bahnhöfe der Berliner Stadtbahnstrecke, nicht jedoch in der Ausführung: keine Bahnhofshalle, schlichte Holzsatteldächer, ein provisorisches Fachwerkbau-Empfangsgebäude im Schweizer Stil.

Im westlichen Bahnsteigtunnel kann noch ein gelbes Backsteingewölbe aus der Erbauungszeit besichtigt werden. Von den vier Bahnsteigen war anfangs nur der nördliche (D) für den Stadt-Verkehr gedacht; er war etwas kürzer und hatte auch einen zusätzlichen Tunnel, in Bahnsteigmitte, zum Stuttgarter Platz erhalten. 1896 wurde der zweite der vier Bahnsteige (C) für den Stadtverkehr umgewidmet, der Tunnel entsprechend verlängert. Der Zugangstunnel am Bahnhofs-Ostende wurde 1905 bis zur Gervinusstraße (die von echten Berlinern beharrlich »Gerviniusstraße« ausgesprochen wird) durchgebrochen, 1913 kam auch ein kleines Eingangsgebäude an der Südseite hinzu.

Die S-Bahn hielt am 11. Juni 1928 auf der Stadtbahn Einzug, in Charlottenburg auf den beiden Bahnsteigen C + D, die jetzt nur ihr vorbehalten waren (und es bis heute sind). Verzweigungsmöglichkeiten gab es von hier Richtung Halensee, →Ausstellung und Witzleben. Ende April 1945 lagen alle Gleise still, Mitte Juli aber fuhr die S-Bahn wieder. Das alte Empfangsgebäude war beschädigt und wurde, stark vereinfacht, wieder hergerichtet. Direkte Züge Richtung Witzleben gab es nicht mehr, solche in Richtung Halensee noch einmal 1958 bis 1980. Ab Mai 1952 war Charlottenburg (Bahnsteige A + B) auch kein Fernbahnhof mehr, außer für britische Militärzüge des »RTO«. Das bedeutete nicht »RIAS-Tanzorchester«, sondern »Royal Transportation Office«.

Der bis dato nicht genutzte Mittelausgang von den nördlichen Bahnsteigen C + D zum Stuttgarter

Das provisorisch wiederhergestellte Empfangsgebäude in den fünfziger Jahren – etwa an dieser Stelle befindet sich heute der Durchbruch Lewishamstraße

Platz war erst ab Dezember 1968 (vorübergehend) in Betrieb, als feststand, daß die Tage des alten Empfangsgebäudes nun doch gezählt waren. Damit die Wilmersdorfer Straße zur Fußgängerzone umgewandelt werden konnte, mußte eine neue Straßenverbindung zwischen Kurfürstendamm und Kaiser-Friedrich-Straße geschaffen werden. So entstand die Lewishamstraße – und mit ihr für den Bahnhof Charlottenburg ein neues Empfangsgebäude, das am 6. Juli 1971 eingeweiht wurde. Prof. Günther Hönow entwarf einen mit rotbraunen Klinkern verblendeten Stahlbetonskelettbau. Das alte Gebäude war 1880/81 ja als Provisorium gebaut worden: Nichts ist dauerhafter! 90 Jahre hatte es gestanden.

Ausgerechnet zum 100. Bahnhofsgeburtstag 1982 büßten die S-Bahnsteige wegen Baufälligkeit große Teile ihrer Dächer ein, aber 1984 wurde hier S-Bahn-Geschichte geschrieben. Am frühen Morgen des 9. Januar, Punkt 4.00 Uhr, startete in Charlottenburg der erste S-Bahn-Zug (Richtung Friedrichstraße), der nicht mehr unter der Regie der von der DDR betriebenen Deutschen Reichsbahn fuhr. Rote Reichsbahn-Dienstmützen und blaues BVG-Uniform-Tuch trug das Personal nun. Die BVG hatte in West-Berlin den Betrieb übernommen und Charlottenburg sogleich zur Endstation der S-Bahn-Züge aus Richtung Osten gemacht. Doch schon am 1. Mai 1984 ging es wieder weiter nach Wannsee.

Bereits zu dieser Zeit gab es Planungen, den Bahnhof Charlottenburg »umzuklappen«, ihn in Richtung Wilmersdorfer Straße zu verschieben, hinsichtlich eines besseren Übergangs zur dortigen U-Bahn-Station. Ideenwettbewerbe wurden 1988 und 1996 ausgeschrieben, allein – wirklich verschoben wurde bisher nur der Termin für die Realisierung, und das mehrfach. So wirkt der Bahnhof immer noch »geflickt«, leicht provinziell.

Alles andere als eine Provinz war und ist Charlottenburg, im Gegenteil, »reichste Stadt Preußens« wurde es bis 1920, dem Jahr der Eingemeindung nach Berlin, genannt. Der Preußenkönig Friedrich I. hatte 1705 das Schloß Lützenburg zum An-

KURZZEICHEN: CHB
LAGE: AUF BAHNDAMM;
DIE STADTBAHNTYPISCHEN
GEMAUERTEN WÖLBBÖGEN
BEGINNEN ERST ÖSTLICH DER
ÜBERFÜHRUNG SCHLÜTER-
STRASSE!
NACH WESTKREUZ
1280 METER,
NACH SAVIGNYPLATZ
1170 METER,
NACH HALENSEE (BIS 1980;
JETZT NUR BETRIEBSINTERN):
1590 METER

denken an seine 37jährig verstorbene Gemahlin Sophie Charlotte in Charlottenburg umbenannt. Wie Berlin war Charlottenburg Residenzstadt. Um die letzte Jahrhundertwende zeigten sich in Charlottenburg die ersten Ansätze zur »Nebencity-Bildung«; Wilmersdorfer Straße, Tauentzien und Kurfürstendamm wurden Geschäftsstraßen. Sicherlich auch ein Ergebnis der Verkehrserleichterung durch den Stadt-, Vorort- und Fernverkehr auf der Stadtbahn.
Sophie Charlotte und ein Modell des Schlosses findet man übrigens, in Bronze, unweit des S-Bahnhofs Tiergarten: am Charlottenburger Tor, an der Brücke der Straße des 17. Juni über den Landwehrkanal.

| | |
|---|---|
| 7.2.1882 | Eröffnung, ein Mittelbahnsteig, Empfangsgebäude |
| 15.5.1882 | Eröffnung auch für den Fernverkehr (zusätzlich drei Mittelbahnsteige) |
| 1896 | Nutzung von je zwei Bahnsteigen für Stadt- und Fernverkehr |
| 1905 | Verlängerung des Zugangstunnels bis zur Gervinusstraße |
| 11.6.1928 | Elektrischer Betrieb |
| 4.1945 | Stillegung |
| 7.1945 | Wiedereröffnung, Elektrischer Betrieb |
| 6.7.1971 | Eröffnung eines neuen Empfangsgebäudes nach Abriß des nach 1945 vereinfacht wiederhergestellten Empfangsgebäudes; Straßendurchbruch Lewishamstraße |

# DAHLEWITZ

KURZZEICHEN: DT
LAGE: IM GELÄNDENIVEAU
NACH RANGSDORF
3680 METER,
NACH BLANKENFELDE
1220 METER

Trotz der rasant ausgebauten Regionalbahnstrecken ist es bis heute nicht möglich, beispielsweise von der Stadtbahn aus ohne umzusteigen nach Dahlewitz zu gelangen. Von Oktober 1940 bis August 1961 war das kein Thema, mit der S-Bahn konnte die Strecke »in einem Zug« zurückgelegt werden, auf direktem Wege.
In diesen knapp 21 Jahren war die Trasse der 1884 eröffneten Fernbahnstrecke nach Dresden von →Mariendorf bis →Rangsdorf mit Stromschienen versehen. Regelmäßig alle 20 Minuten – sieht man von nachkriegsbedingten Unterbrechungen ab – hielten die ocker-rot lackierten Waggons auch in Dahlewitz. Kaum noch etwas deutet heute mehr darauf hin, daß es einst so gewesen ist, ebenso wenig leider auch, daß es einst noch einmal so kommen wird.
Die hohen Kanten der beiden Seitenbahnsteige der heutigen Regionalbahnstation sind noch ein Relikt jener Zeit, und nur der Kundige, der um die Zusammenhänge weiß, wird östlich der Strecke, südlich der kreuzenden Bahnhofstraße, noch ein Gebäude erspähen und als ehemaliges Gleichrichterwerk zur Speisung der Stromschiene identifizieren können. Kurze Zeit nach dem Mauerbau verlor es seine Funktion, denn ein vom Restnetz isolierter S-Bahn-Inselbetrieb ( Mahlow – Rangsdorf) konnte sich eigenständig nicht lange halten.
Ein eher kurzes Kapitel der elektrischen S-Bahn in Dahlewitz, das bis 1905 noch Dahlwitz hieß, war abrupt beendet worden. Zu dem namengebenden ehemaligen Rittergut führte einst vom Bahnhof aus in großem Bogen südostwärts eine Anschlußbahn. Heute ist in Dahlewitz, dem Namen nach eine Ansiedlung »im Tale«, eine noble Firma heimisch: Für BMW/Rolls-Royce-Flugzeugtriebwerke steht hier ein Entwicklungs- und Montagezentrum, selbst der Firmensitz zog jüngst ins Brandenburgische.

| | |
|---|---|
| 7.9.1884 | Eröffnung (anfangs als »Dahlwitz«) |
| 6.10.1940 | Elektrischer Betrieb |
| 4.1945 | Stillegung |
| 19.8.1945 | Wiedereröffnung, Dampfbetrieb (Anhalter Bahnhof – Zossen) |
| 1.10.1945 | Elektrischer Betrieb |
| 8.1961 | Elektrischer S-Bahn-Betrieb eingestellt |

# Deutschlandhalle

**Eröffnet als:** ■
→Eichkamp
**Heute:**
→Eichkamp

*Irgendwo hinter der Avus war bisher eine kleine Kolonie namens Eichkamp, eine der unbekanntesten Ecken Berlins. Wer nicht dort zu tun hatte, war niemals dort, denn Eichkamp ist kein Durchgangsviertel, sondern eine etwas größere Sackgasse zwischen Avus und Grunewald. Man wußte eigentlich nur, daß die S-Bahn Richtung Spandau in Eichkamp hielt, aber wie man sonst in diesen abseitigen Winkel gelangen konnte, war den meisten unbekannt. Seit gestern abend ist das anders, seit die Eröffnung der Deutschlandhalle Tausende von Besuchern und abertausende Zuschauer anlockte.«*

So schrieb der Berliner Lokal-Anzeiger am 30. November 1935 und fuhr fort: »*Der Bahnhof hatte noch nie einen solchen Verkehr erlebt, aber er zeigte sich dennoch gewappnet. Vier oder fünf Knipsschalter mit doppelter Bemannung, mehrere neue Fahrkartenschalter, die noch ganz frisch nach Farbe rochen, und eine Stimme, die immer wieder rief: ›Bitte die Fahrkarten gleich zur Rückfahrt lösen!‹*«

Ein halbes Jahr später hieß der S-Bahnhof wie die Halle, in der schon 1937 mit »Menschen - Tiere - Sensationen« eine attraktive Veranstaltungsreihe gezeigt wurde. Im Januar 1943 wurde die Deutschlandhalle ausgebombt, im Oktober 1946 nahm die S-Bahn-Station wieder ihren Ursprungsnamen an. Sie behielt ihn auch nach der Wiedereröffnung der Deutschlandhalle im Oktober 1957. Die Zubringerfunktion aber konnte nur noch bis September 1980 wahrgenommen werden. Nach dem S-Bahner-Streik lag nunmehr der Bahnhof brach – neben einer florierenden Halle. Und zur Bahnhofs-Wiedereröffnung im Januar 1998 war just zuvor die Halle geschlossen worden – für immer?

Noch im November 1985, zum 50jährigen Jubiläum, hatte Bundespräsident von Weizsäcker gesagt: »*Die Deutschlandhalle ist aus dem Berliner Leben nicht mehr wegzudenken*«. Weiter heißt es in der Jubiläums-Festschrift: »*Berlin ohne Deutschlandhalle – das wäre genausowenig vorstellbar wie Paris ohne Eiffelturm, London ohne Wembley-Stadion oder New York ohne Freiheitsstatue ...*«

**Zehn Jahre lang trug der Bahnhof Eichkamp den Namen des benachbarten Veranstaltungsortes**

# Dreilinden

Für Generationen motorisierter West-Berliner und Berlin-Besucher stand »Dreilinden« als Sammelbegriff schlechthin für Grenzkontrollstelle, für das lange Zeit einzige Autobahn-Nadelöhr des ummauerten Teils von Berlin. Den Namen »Checkpoint Bravo« für den Alliierten Kontrollpunkt (Zehlendorf, verlängerte AVUS) kannte fast niemand, der östliche hieß eigentlich »Drewitz«. Unweit der alten (bis 1969) wie auch der neuen Autobahn-Wegführung: der S-Bahnhof Dreilinden.

Nur Bahn-Archäologen können die Station jenseits der Berliner Stadtgrenze heute noch lokalisieren – im Gestrüpp eines tiefen Einschnitts. Der letzte Zug fuhr dort in der Nacht zum 13. August 1961. Dreilinden liegt an einer vier Kilometer langen Stichstrecke, die sich südlich des Bahnhofs Wannsee ausfädelte und nach Stahnsdorf führte, zum Südwestkirchhof der Berliner Stadtsynode der evangelischen Kirche. Im Juni 1913 wurde die eingleisige Strecke eingeweiht.

»Friedhofsbahn« wurde die Zweigbahn genannt, nicht nur deshalb, weil der Bau auf Veranlassung (und mit finanziellen Mitteln) der Stadtsynode durchgeführt worden war, sondern besonders, weil der Transport von Leichen per Bahn zum Friedhof in Stahnsdorf zur täglichen Beförderungsleistung gehörte.

Die S-Bahn-Züge kamen erstmalig im Juli 1928 nach Dreilinden. Der Bahnhof an der Straße »Lindenbahn« besaß einen Seitenbahnsteig, im Einschnitt gelegen, direkt südlich des kreuzenden Teerofendamms. Nach der durch die Kriegsfolgen erzwungenen Verkehrsruhe ab Ende April 1945 rollten die ersten S-Bahn-Züge wieder Mitte September; jetzt war Dreilinden Endstation geworden, denn die südlich anschließende Teltowkanalbrücke war noch zerstört. Erst ab dem 27. Mai 1948 fuhr die S-Bahn wie früher weiter nach Stahnsdorf.

Schon knapp fünf Jahre später war es damit wieder vorbei; die zunehmende Ost-West-Spannung hatte konkrete Auswirkungen auf Dreilinden (nun DDR). Ab Juni 1952 durften West-Berliner die DDR nur noch mit einer Sondergenehmigung (also faktisch fast gar nicht mehr) betreten. Beerdigungen und Besuche auf dem Südwestfriedhof waren damit nahezu vollständig unterbunden, lagen doch fast alle dem Friedhof zugeordneten Kirchengemeinden in den Berliner Westsektoren. Am 19. Januar 1953 legte die Reichsbahn die Strecke nach Stahnsdorf still, angeblich wegen »Gleisbauarbeiten« (die nie stattfanden). Dreilinden war geschlossen. Erst am 11. September 1954 wurde der S-Bahn-Betrieb wieder aufgenommen, zu Kontrollzwecken hatten die Züge nun sechs Minuten Aufenthalt in Dreilinden.

Stets eingleisig war der Bahnhof Dreilinden (Foto Ende der zwanziger Jahre)

Seit dem 13. August 1961 ist der Bahnhof Dreilinden tot. Das kleine Dienstgebäude am Fuße der Zugangstreppe wurde 1970 eingeebnet. Der Bahnsteig und die zu ihm führende Treppe, einst verglast im »Gewächshausstil«, sind noch zu erahnen, alles ist verwildert. Eine Reaktivierung der Strecke ist nicht in Aussicht. Vielleicht entsteht in absehbarer Zeit dennoch ein neuer Bahnhof Dreilinden – der läge dann aber an der Stammbahn (zwischen Düppel und Griebnitzsee), die für Regionalbahnzüge wiederbelebt wird. Übrigens hieß auch ein Bahnsteig einer prominenten Berliner Station einmal »Dreilinden«: nämlich Wannsee im Jahre 1879.

Wo stehen denn die namengebenden drei Linden? Fontane verrät es (Wanderungen, Kapitel Fünf, Schlösser): Zwei der früher drei stehen vor der Revierförsterei Dreilinden im Düppeler Forst, im Winkel von Potsdamer Chaussee und Stahnsdorfer Damm, nahe dem Bahnhof Wannsee. Das Jagdschloß Dreilinden mußte 1954 dem Neubau der Revierförsterei weichen. Eine dritte wurde vor Jahren wieder hinzugepflanzt. »*Dreilinden war ein populärer Name geworden*«, sagte Fontane. Er sollte, was die Popularität des Ortes anbelangt, recht behalten, wenn auch auf eine von ihm nicht vorauszusehende Art.

Die Reste des unseligen DDR-Kontrollpunktes werden zum Gewerbezentrum »Europarc«, Anlagendetails hat sich das Deutsche Technik-Museum gesichert.

| | |
|---|---|
| 2.6.1913 | Einweihung |
| 3.6.1913 | Inbetriebnahme |
| 10.7.1928 | Elektrischer Betrieb |
| 4.1945 | Stillegung |
| 17.9.1945 | Wiedereröffnung, Elektrischer Betrieb |
| 19.1.1953 | Stillegung (»Bauarbeiten«) |
| 11.9.1954 | Wiedereröffnung, Elektrischer Betrieb |
| 13.8.1961 | Schließung |

KURZZEICHEN: DR
LAGE: IM EINSCHNITT
NACH STAHNSDORF
1950 METER,
NACH WANNSEE
2290 METER

# DÜPPEL

SIEHE AUCH: ■
→DÜPPEL-KLEINMACHNOW

Preußens älteste Eisenbahn von 1838 verband Berlin und Potsdam. Ein großes Teilstück der Strecke, zwischen Zehlendorf und Griebnitzsee, wurde nach dem Ende des Zweiten Weltkriegs stillgelegt und bis heute nicht wieder zum Leben erweckt. Der S-Bahn war es vorbehalten, auf den Gleisen dieses Abschnitts der alten »Stammbahn« noch einen elektrischen Betrieb aufrechterhalten zu haben, wenn auch nur von 1948 bis 1980 und auch nur auf einem Teil des Abschnitts – eben jenem im einstigen »amerikanischen Sektor von Berlin«.

Bevor die S-Bahn auf der Stammbahnstrecke fuhr, hatte es in Düppel, hart an der Stadtgrenze, schon einmal einen Haltepunkt gegeben. Zwei Seitenbahnsteige waren neben die Schienen gesetzt worden; nicht die Fernzüge, wohl aber die Vorortzüge nach Werder hielten hier ab Juli 1939. Kurz vor Kriegsausbruch war die Station eröffnet worden, kurz vor Kriegsende mußte der Betrieb eingestellt werden. Anfang Dezember 1945 öffnete der Bahnhof Düppel wieder, doch ging es nicht mehr nach Werder von hier: Endstation war er nun für einen (Dampf-)Pendel aus Zehlendorf.

Die Reichsbahn elektrifizierte diesen in Berlin gelegenen Rest-Abschnitt 1948, am 15. Juni wurde Düppel ein S-Bahnhof. Nur das – nicht demontierte – nördliche Gleis wurde befahren, nur dieser Seitenbahnsteig war in Betrieb. Stets pendelte lediglich ein kurzer Zug auf dem 2,5 Kilometer langen Abschnitt von/nach Zehlendorf. In Düppel-Kleinmachnow wurde der Haltepunkt 1951 umbenannt, eine Maßnahme, die im Mai 1973 wieder rückgängig gemacht wurde. Da blieben der Station noch sieben Jahre bis zum endgültigen Aus. Das kam im September 1980, als nach einem Streik der S-Bahner der Zugverkehr nicht mehr aufgenommen wurde. Das winzige Fahrkartenhäuschen überlebte noch bis zum Januar 1983.

Und doch fuhr noch einmal ein Zug nach Düppel! Im Oktober 1988 galt es, den 150. Jahrestag der ersten preußischen Eisenbahn zu begehen. In West-Berlin tat man das mit einem Dampflokfest,

Kurze Züge reichten aus, das Verkehrsaufkommen zu »bewältigen«. Am linken Bildrand ist die seit 1945 verwaiste Bahnsteigkante für die Vorortzüge aus Werder zu erkennen

mit historischen Wagen und entsprechend kostümierten »Reisenden«. Ein Museumszug der »Berliner Eisenbahnfreunde« belebte auf einigen hundert Metern diesen Abschnitt der Stammbahn noch einmal und schnaufte bis zum damals schon lädierten, aber gerade noch benutzbaren Bahnsteig Düppel.

Inzwischen ist dieser verfallen und überwuchert; sein Gegenüber, der südliche Seitenbahnsteig, ist nach weit über 50 Jahren Außerdienststellung so gut wie nicht mehr wahrnehmbar. Pläne zur Wiederinbetriebnahme von Strecke und Station bestehen seit Ende 1997, S-Bahn-Verkehr wird es in Düppel aber gewiß nicht mehr geben.

Der Name Düppel geht auf den dänischen Ort Dybbol in Nordschleswig/Südjütland zurück. Die Düppeler Schanzen waren eine als uneinnehmbar geltende dänische Verteidigungslinie, die 1864 von preußischen Truppen erstürmt wurden – entscheidend im Krieg des Deutschen Bundes gegen die Dänen. Das Rittergut des Prinzen Friedrich Karl (Nikolaus) erhielt zum Gedächtnis an die Schlacht, bei der er den Oberbefehl geführt hatte, den Namen Düppel. Der Gutsbezirk wurde nicht 1920, sondern erst 1928 nach Berlin eingegliedert.

15.7.1939 Eröffnung (Planungsname zuvor »Klein Machnow«)
4.1945 Stillegung
1.12.1945 Wiedereröffnung, Dampfbetrieb
15.6.1948 Elektrischer Betrieb
1951 Umbenennung in »Düppel-Kleinmachnow«
15.5.1973 Rückbenennung in »Düppel«
18.9.1980 Schließung (kein Verkehr nach Streikende)
1.1983 Abriß des kleinen Empfangsgebäudes

KURZZEICHEN: DP
LAGE: IM GELÄNDENIVEAU
NACH ZEHLENDORF SÜD
1350 METER

# Düppel-Kleinmachnow

Eröffnet als: ■
→Düppel

Eindrucksvoll spiegelt diese Aufnahme den Niedergang der S-Bahn in West-Berlin wider (August 1972)

Als ein »*reizend gelegenes Dorf mit malerischem Aussehen*« beschrieb einst Fontane das über 600 Jahre alte Kleinmachnow. Wegen der Top-Lage vor den Toren Berlins werden hier inzwischen die höchsten Grundstückspreise in ganz Brandenburg verlangt.

Als der Bahnhof Düppel 1939 eröffnet wurde, sollte er eigentlich »Klein Machnow« heißen. Ausschlaggebend für die Benennung Düppel war dann aber seine Lage, gerade noch auf Berliner Gebiet. 1948 erhielt das – nach Demontage einzig verbliebene – Gleis an dem schmalen Seitenbahnsteig eine Stromschiene; nun gab es einen weiteren S-Bahnhof in Berlin. Bald darauf, 1951, wurde der Name des gleich hinter der Stadtgrenze liegenden Ortes Kleinmachnow schließlich doch auf das Bahnhofsschild gehievt, aber schon im Folgejahr war der Ort für West-Berliner unerreichbar fern, war ihnen doch das Betreten der DDR untersagt.

»Düppel-Kleinmachnow« hieß es sogar nach dem Mauerbau noch am S-Bahnsteig, erst recht absurd, waren doch durch eine tödlich sichere »Staatsgrenze«, greifbar nahe neben dem Prellbock, die Kleinmachnower nun auch aus- bzw. eingesperrt. Erst am 15. Mai 1973 entfiel der Hinweis auf den 12000-Einwohner-Ort jenseits des Stacheldrahts offiziell. Seitdem hieß der Haltepunkt wieder Düppel bis zu seiner Schließung oder, besser gesagt, Nicht-Wiedereröffnung nach dem S-Bahner-Streik im Herbst 1980.

# EBERSSTRASSE

Die Lage des ehemaligen Bahnhofs Ebersstraße läßt sich anhand des im Hintergrund sichtbaren Turms des Empfangsgebäudes gut rekonstruieren. Foto aus den frühen dreißiger Jahren

Aus heutiger Sicht scheint es ganz einfach: Der S-Bahnhof Schöneberg steht dort, wo sich Ring- (oben) und Wannseebahn (unten) spitzwinklig kreuzen. Die Ringbahnhalle hat auch einen Ausgang Richtung Westen, eine Halle in Backsteingotik, der auf die Ebersstraße führt. Nach dieser Straße war auch der Vorgänger-Bahnhof benannt, denn die heutige Station Schöneberg wurde erst im März 1933 eingeweiht, die S-Bahn rollte aber schon seit November 1928 auf dem Ring durch Schöneberg. Fünf Jahre hielt die S-Bahn also an einem Bahnhof Ebersstraße, der bereits 1897 entstanden war. Würde man den heutigen Ringbahnsteig Schöneberg Richtung Westen »umklappen«, kann man sich etwa seine damalige Lage vorstellen. Seine Eingangshalle war jener erwähnte Backsteingotik-Zugang: damals der östliche, heute der westliche. So lebt ein Teil des über hundert Jahre alten Bahnhofs in dem Neubau von 1933 fort.

Von der Station, gebaut vom Architekten Klingholz, steht noch das Empfangsgebäude (einst trug es einen hohen Uhrturm). Ihr Mittelbahnsteig lag 150 Meter weiter westlich als der heutige Kreuzungsbahnhof. »Ebersstraße« war benannt nach der Straße, die seit 1893 den Namen des Ägyptologen und Romanschriftstellers Georg Moritz Ebers trägt; er war ein Schüler von Lepsius und Brugsch, lebte 1837 bis 1898 und hat die Ehre der Benennung von Straße und Bahnhof also noch erlebt.

| | |
|---|---|
| 1.5.1897 | Eröffnung |
| 6.11.1928 | Elektrischer Betrieb |
| 1.3.1933 | Schließung; durch Bahnhof →Schöneberg ersetzt |

# EICHBORNDAMM

Nirgends in Berlin manifestierte sich die Beharrlichkeit der Deutschen Reichsbahn, die Realitäten nicht zu beachten, so sehr wie auf dem Reinickendorfer S-Bahnhof Eichbornstraße. Eine schlicht unzutreffende Namensbezeichnung wurde 47 Jahre lang, bis zum Ende der DR-Regentschaft über die S-Bahn, nicht geändert.

Der 1884 eröffnete Bahnhof Eichbornstraße war im März 1927 zum S-Bahnhof geworden. Sein (einziger) westlicher Zugang führt auf die Eichbornstraße, die im Juni 1937 in Eichborndamm umbenannt wurde. Doch die S-Bahn-Station behielt unverdrossen den alten Namen bei – bis sie Anfang 1984 geschlossen wurde. Das Intermezzo der BVG-Betriebsführung für die S-Bahn ab dem 9. Januar 1984 hat der Bahnhof nur als tote, nutzlose Anlage erlebt. Erst Ende Mai 1995 wurde er dann wiedereröffnet, jetzt fahren die Züge unter dem Signum der S-Bahn Berlin GmbH. Genau ein Jahr vorher war endlich der jetzt zutreffende Name Eichborndamm festgelegt worden.

Sowohl recht unbekannt in Berlin als auch eher selten dürfte es sein, daß ein Konkursmassen-Verwalter den Sprung auf ein Bahnhofsnamenschild schafft, noch dazu bereits zu Lebzeiten. Der Kaufmann Ludwig Eichborn (1819-1903) war ein solcher, beim Stadt- und Kreisgericht Berlin. Und er war vermögender Grundbesitzer in Reinickendorf-West.

ERÖFFNET ALS: ■
→EICHBORNSTRASSE

KURZZEICHEN: EBD
LAGE: AUF BAHNDAMM
NACH TEGEL
2390 METER,
NACH KARL-BONHOEFFER-
NERVENKLINIK
810 METER

# EICHBORNSTRASSE

Der S-Bahnhof Eichbornstraße im Bezirk Reinickendorf liegt an der Kremmener Bahn, einst eine Vorortstrecke vom Stettiner (heute Nord-) Bahnhof ins Ruppiner Land, 37 Kilometer lang. Der Bahnhof wurde Anfang Oktober 1884 eröffnet, als diese Strecke gerade genau ein Jahr in Betrieb war. Kurz nach der Jahrhundertwende wurde zwischen Schönholz und Eichbornstraße mit der Verlegung der bisher im Geländeniveau verlaufenden Strecke auf einen Bahndamm begonnen. Vom alten Haltepunkt Eichbornstraße blieb bei dieser Maßnahme nichts übrig.

Der heutige Mittelbahnsteig mit seinem Holzsatteldach entstand zwischen 1900 und 1904, die Empfangshalle liegt nun unter und zwischen den hochgelegten Gleisen. Am 16. März 1927 konnten die Reinickendorfer hier zum ersten Mal in die elektrische S-Bahn steigen. Zehn Jahre später wurde die namengebende Straße in Eichborndamm umbenannt, doch die Bahnverwaltung focht das nicht an – der alte Name blieb.

An den Gleisen der Kremmener Bahn waren die bis Ende April 1945 entstandenen Kriegsschäden schließlich soweit behoben, daß im Juli 1945 die S-Bahn wieder fahren konnte. Wegen der Schienen-Demontage allerdings nur noch eingleisig – die südliche Bahnsteigkante blieb verwaist – und auch nicht immer regelmäßig. Erst einige Wochen nach dem Mauerbau wurde vom unattraktiven 30-Minuten- auf den 20-Minuten-Takt umgestellt, zu spät, um in der Hoch-Zeit des S-Bahn-Boykotts Fahrgäste zurückzugewinnen.

Im Sommer 1975 hielt die S-Bahn für einige Wochen am südlichen statt am nördlichen Gleis; Bauarbeiten für eine neue Brücke über Straßenland

HEUTE: ■
→EICHBORNDAMM

Hölzerne Dachkonstruktion, Bierausschank, Kleinmosaikpflaster: typische Komponenten Berliner S-Bahnhöfe. Foto aus den achtziger Jahren

waren der Grund. Der »berühmte« S-Bahner-Streik dann, im Herbst 1980, führte zwar nur zu einigen Tagen Betriebsunterbrechung, doch auch zu weiterem Fahrgastrückgang.

Das für lange Jahre letzte »Zurückbleiben!« auf dem Bahnhof erscholl Anfang 1984. Mit der Übernahme des S-Bahn-Betriebs durch die BVG am 9. Januar 1984 wurde der Bahnhof Eichbornstraße, wie die ganze Strecke Schönholz – Heiligensee, stillgelegt.

Nach der Wende 1989 reiften alsbald Pläne zur Wiedereröffnung, doch verstrichen noch einige zwar vollmundig angekündigte, gleichwohl nicht eingehaltene Termine für die erneute Inbetriebnahme. Im Mai 1994, immerhin, ward festgelegt, die Station solle fortan Eichborndamm heißen. Unter diesem, nunmehr korrekten Namen erwachte sie am 28. Mai 1995 wieder zum Leben, und es kehrte der gewohnte 20-Minuten-S-Bahn-Verkehr zurück. Die notwendig gewordenen Auffrischungsmaßnahmen hatten sich auf ein »besseres Minimum« beschränkt: Selbst das Mosaikpflaster wurde nur auf der nördlichen Bahnsteighälfte erneuert; ein Zaun teilt den Bahnsteig in Längsrichtung. Eingleisig ist die Station nämlich immer noch.

| | |
|---|---|
| 1.10.1884 | Eröffnung |
| 1900/04 | Hochlegung, neuer Mittelbahnsteig, Empfangsgebäude unter bzw. zwischen den Gleisen |
| 16.3.1927 | Elektrischer Betrieb |
| 4.1945 | Stillegung |
| 6.1945 | Wiedereröffnung, Dampfbetrieb |
| 19.7.1945 | Elektrischer Betrieb |
| 9.1.1984 | Stillegung |
| 29.5.1994 | Umbenennung in »Eichborndamm« |
| 28.5.1995 | Wiedereröffnung, Elektrischer Betrieb |

# Eichkamp

Als auf der Hamburger Verbindung (Strecke von Berlin/Stadtbahn nach Hamburg über Spandau) der Bahnverkehr immer dichter wurde, mußte zwischen Vorort- und Fernverkehr eine Trennung geschaffen werden, jeweils eigene Gleise wurden verlegt. Dies geschah in zwei Etappen. Zunächst 1909–11 zwischen Heerstraße und Spandau sowie 1927–28 zwischen Charlottenburg und Heerstraße. Zu dieser Zeit wurden auch die Stadt-, Ring- und Vorortbahn »elektrisiert«, wie es damals hieß, und es entstand u.a. der Bahnhof Eichkamp – ein reiner S-Bahnhof von Anfang an.

Eröffnet wurde er am 23. August 1928. Richard Brademann schuf das Empfangsgebäude an der Peripherie der Siedlung Eichkamp, an einem kleinen Vorplatz neben der (1934 benannten) Waldschulallee. Wer noch das Bahnhofsgebäude in Westerland auf der Nordseeinsel Sylt – bevor es modernisiert wurde – in Erinnerung hat, kann eine frappierende Ähnlichkeit bestätigen. Nach der Errichtung eines ansprechenden Klinkerbaus reichte das Geld aber nicht für eine Überdachung des Mittelbahnsteigs.

Im November 1935 wurde die Deutschlandhalle pompös eingeweiht. Der S-Bahnhof zu ihren Füßen erhielt einen zweiten Mittelausgang, direkt zur Halle, und alsbald sogar ihren Namen (am 15. Mai 1936). Den behielt er zehn Jahre, bis zum Oktober 1946, als wieder Eichkamp auf den Bahnhofsschildern stand. Der S-Bahner-Streik führte im September 1980 zu einer Zwangspause, die gut 17 Jahre andauern sollte. Obwohl stillgelegt, rollten gelegentlich dennoch Züge an den Bahnsteigkanten entlang. Das war 1984, als die BVG die S-Bahn-Betriebsrechte übernommen hatte und Schulungsfahrten durchführte, und 1994/95, als während der Sanierung der Hamburger Bahnverbindung Fernzüge am inzwischen verrotteten Bahnsteig vorbeidröhnten. Immerhin war 1991 das Empfangsgebäude aufgefrischt worden.

Der 16. Januar 1998 brachte die Wiedereröffnung einer inzwischen umgekrempelten Station. Sie besitzt seitdem Bahnsteigdächer und einen Aufzug, für den eine der Mitteltreppen abgesägt wurde. Außerdem gibt es nun zwei weitere Zugänge, jeweils an den Bahnsteigenden, denn Eichkamp ist als »Messebahnhof« der am günstigsten gelegene S-Bahn-Anschluß für das Ausstellungs-, Messe- und Kongreßgelände unter dem Funkturm. Der Stationsname wurde beibehalten; die Siedlung Eichkamp ist nach einer alten Försterei benannt.

Siehe auch: →Deutschlandhalle

Zum »Messebahnhof« aufgewertet wurde diese Station; die ursprüngliche Architektur litt darunter (Januar 1998)

Beschaulich geblieben ist der Zugang an der Waldschulallee

KURZZEICHEN EIC
LAGE: 7,4 METER UNTER DEM VORPLATZ
NACH WESTKREUZ 1010 METER,
NACH HEERSTRASSE 1290 METER

Übrigens hatte der Bahnhof Eichkamp an der Wetzlarer Bahn einen gleichnamigen Vorgänger, für Vorort-Dampfzüge. Jener lag etwa auf der Hälfte der Strecke zwischen den heutigen S-Bahn-Stationen Westkreuz und Grunewald, dort, wo die kleine Cordesstraße den Bahngraben überspannt. Der heutige Bahnhof hatte 1928 die Erschliessungsfunktion für die Siedlung (von seinem Vorgänger) übernommen.

| | |
|---|---|
| 23.8.1928 | Eröffnung, Elektrischer Betrieb |
| 15.5.1936 | Umbenennung in »Deutschlandhalle« |
| 4.1945 | Stillegung |
| 9.6.1945 | Wiedereröffnung, Elektrischer Betrieb |
| 1.10.1946 | Rückbenennung in »Eichkamp« |
| 17.9.1980 | Stillegung (kein Verkehr nach Streikende) |
| 16.1.1998 | Wiedereröffnung |

# Eichwalde (Kr. Teltow)

Im Jahr des 75. Geburtstages der S-Bahn wird der Bahnhof Eichwalde schon 125 Jahre alt – aber es ist in diesem Jahr 1999 noch kein halbes Jahrhundert her, daß sie auch an seinen Bahnsteigkanten hält, denn ein S-Bahnhof wurde Eichwalde erst 1951.

Das Rittergut Radeland war die Keimzelle des Ortes Eichwalde, der 1893 gegründet wurde. Folglich konnte der 1874 eröffnete Haltepunkt an der Bahnstrecke nach Görlitz noch nicht Eichwalde heißen, Schmöckwitz war sein Name. Auch lag er etwa 150 Meter weiter nördlich der heutigen Station. Am 1. Juli 1898 wurde dann der Bahnhof am jetzigen Standort mit einem Inselbahnsteig erbaut, neue Bezeichnung: Eichwalde-Schmöckwitz. Alsbald galt auch hier, was sich in vielen kleinen Orten rings um Berlin abzeichnete. Zeitgenossen hielten fest: *»Der Bau eines Bahnhofs trug sehr zum Aufblühen dieses Vororts bei.«* Oder: *»Der Eisenbahnverkehr, insbesondere der Vorortverkehr, hat die Entwicklung der beteiligten Gemeinden und Kreisgebiete in hervorragender Weise gefördert.«* Seit 1920 reicht Groß-Berlin unter Einschluß von Schmöckwitz bis hart an den Nordrand von Eichwalde heran. Ausflugs- und Berufsverkehr führten schon 1934 zu einer 30-Minuten-Zugfolge – alles noch mit Dampfkraft betrieben.

Der Bahnhof Eichwalde-Schmöckwitz wurde 1935 in Eichwalde (Kreis Teltow) umbenannt, Tribut auch an die nun schon 5500 Einwohner. Die S-Bahn-Anbindung war vorgesehen, doch andere Bauvorhaben waren dringlicher, beispielsweise der Nord-Süd-Tunnel der S-Bahn in Berlin-Mitte. Ein Ergebnis des Zweiten Weltkriegs in Eichwalde war Gleis-Demontage. Am 21. Juni 1945 wurde die Station – mit einem Gleis für den Vorortverkehr – wiedereröffnet, im Juni 1947 kam ein Kreuzungsgleis hinzu. Jetzt wurde endgültig die Elektrifizierung in Angriff genommen und am 30. April 1951 vollendet.

Seitdem ist Eichwalde S-Bahnhof. Gleichzeitig wurde der Personentunnel verlängert und der westliche Zugang mit zwei Treppen neu gebaut; auch mußte der Bahnsteig von 76 auf 96 Zentimeter erhöht werden. Offizielle und feierliche Einweihung war am 1. Mai 1951 mit einem geschmückten Sonderzug. Übrigens hatte die Bevölkerung von Eichwalde das Bauvorhaben 1950/51 durch den Kauf von Spendenmarken mitfinanziert.

Am 26. Mai 1952 sperrte die DDR das Gebiet außerhalb von Berlin für West-Berliner. Infolgedessen war der Bahnhof Eichwalde von 1952 bis 1961 Grenzkontrollpunkt, das bedeutete sechs Minuten Aufenthalt für die S-Bahn-Züge. Im Mai 1953 fiel der Namenszusatz »Kreis Teltow« des Bahnhofs fort.

In den siebziger Jahren wurde die Station renoviert, der alte Baustil, wie Gewölbetunnel und Klinkerwände, dabei verdeckt. Zwischen Grünau und Eichwalde wurde ein zweigleisiger S-Bahn-Betrieb am 17. Dezember 1979 aufgenommen und am 23. August 1980 bis Zeuthen ausgedehnt. Das marode Bahnsteigdach zwang in der Folgezeit zur Erneuerung, sie wurde im Sommer 1989 vorgenommen. Wegen des Bruchs einer gußeisernen Dachstütze ist die Bahnsteigüberdachung seitdem nur noch 89 (vorher 94) Meter lang.

Noch bis in die neunziger Jahre gab es auf dem Bahnsteig ein Relikt, das früher auf Vorort-S-Bahnhöfen häufig anzutreffen war: eine »Rucksackbank«. Heutzutage stehen europapatentierte Drahtesel-Schließanlagen vor der Station.

| | |
|---|---|
| 1.6.1874 | Eröffnung als »Schmöckwitz« (»Bude 18«), zwei Seitenbahnsteige |
| 1.7.1898 | Eröffnung eines neuen Bahnhofs »Eichwalde-Schmöckwitz« 150 m südlich, Mittelbahnsteig |
| 1.9.1935 | Umbenennung in »Eichwalde (Kreis Teltow)« |
| 4.1945 | Stillegung |
| 21.6.1945 | Wiedereröffnung |
| 30.4.1951 | Elektrischer Betrieb |
| 17.5.1953 | Bezeichnung jetzt »Eichwalde« |

Fast familiär: der Eingangsbereich am Nordende des Bahnsteigs an (April 1994)

KURZZEICHEN: EIW
LAGE: IM GELÄNDENIVEAU
NACH ZEUTHEN 2750 METER,
NACH GRÜNAU 5400 METER

# Erkner

Hauptmann! Nach Erkner kam der spätere Nobelpreisträger Gerhart Hauptmann als Bildhauer 1885 und wurde hier endgültig zum Schriftsteller, in Erkner entstand auch die Novelle »Bahnwärter Thiel«. Die Hauptmann-Gedächtnisstätte liegt zehn Fußminuten vom Bahnhof entfernt, der seit 1928 S-Bahn-Endstation ist.

Das hübsche Empfangsgebäude des Bahnhofs stammt aus dem Jahr 1902. Eine stattliche Eingangshalle dominiert das Gebäude, das im Zuge der Trennung von Fernverkehrs- und Vorortgleisen errichtet wurde. Damals wurden die Gleise hochgelegt und zwei Mittelbahnsteige errichtet, der nördliche davon als Kopfbahnhof (heute S-Bahn). Dieser Bahnsteig A hat die Form eines langgezogenen Dreiecks. Zum Ausgang hin wird er immer breiter, denn das Empfangsgebäude bildet wie ein Querriegel den Abschluß der Anlage. In ihm begrüßt den Ankömmling auch sogleich eine Gaststätte »Zur alten Dampflokomotive«. Erkner ist bereits seit 1842 an das Eisenbahnnetz angeschlossen, schon 1843 hatte es zweimal wöchentlich besondere »Vergnügungsfahrten« zu ermäßigten Tarifen zwischen Berlin und »Erckner« (damalige Schreibweise) gegeben. Der Vorortverkehr explodierte förmlich (schon vor der Jahrhundertwende), daher auch der viergleisige Ausbau und letztlich der Anschluß durch die S-Bahn. Sie erhielt hier 1928 auch eine eigene Triebwagenhalle, das spätere S-Bahn-Betriebswerk.

Dem Vorort und Industriestandort Erkner wurde vom letzten Kriege übel mitgespielt, und die Kriegsfolgen setzten auch der Bahnstrecke stark zu; beide S-Bahn-Gleise wurden schon im Mai/Juni 1945 in Gänze demontiert (aber beide Fernbahngleise blieben für die vielen Reparationszüge Richtung Osten liegen). Dieser vollständige Abbau war einmalig. Die S-Bahn-Linie nach Erkner war komplett aus den Fahrplänen gestrichen worden. Dampfzüge hielten ab April 1946 auf den Ferngleisen, an Notbahnsteigen. Ein höchst unzureichender S-Bahn-Ersatz: Die Menschen ka-

Wenig einladend:
das Eingangstor nach Erkner
im Juli 1994

men damals mit Straßenbahn und Schiff (!) nach Erkner.

Start zum Wiederaufbau war im Mai 1947. Schienen mußten »aus eigenem Aufkommen gewonnen«, sprich anderswo demontiert werden (u.a. in Strausberg, Lichterfelde, →Reichssportfeld). Am 2. November 1948 wurde Erkner zum zweiten Mal an die S-Bahn angeschlossen. Der Anteil freiwilliger Arbeit an diesem Wiederaufbau-Vorhaben war erheblich gewesen.

Der zweigleisige S-Bahn-Ausbau bis Erkner war im Mai 1960 beendet. Im Mai 1965 begannen hier, von Erkner ausgehend, der Einmannbetrieb und die Funkabfertigung. Das S-Bahn-Betriebswerk verlor 1967 seine Eigenständigkeit und wurde zur Einsatzstelle des S-Bw Grünau »degradiert«. Im Jahre 1984 schließlich verlängerte man den Bahnsteig B in Erkner um etwa 35 Meter, als die Fernbahngleise elektrifiziert wurden. Deren Wechselstrom wiederum verträgt sich nur schwer mit dem S-Bahn-Gleichstrom – eine technische Schwierigkeit, die ab 21. September 1990 gemeistert werden mußte, als im Berufsverkehr S-Bahn-Züge auch ein Gleis des Bahnsteigs B benutzten. Eine aufwendige gegenseitige Stromisolierung (siehe Birkenwerder) war vonnöten. Die Rückkehr von Notbahnsteigen ist für 1998 zu vermelden: Seit Mai gibt es solche wieder, diesmal (vorübergehend) für die Regionalbahn. Der »elektrische Mischbetrieb« muß seitdem nicht mehr praktiziert werden.

Bis heute konnte der durch einen Luftangriff fast völlig zerstörte 13 000-Einwohner-Vorort Erkner den Eindruck einer »Industriegemeinde« (DDR-Begriff) nicht ganz ablegen und kann mit der Schönheit der Umgebung nicht mithalten. Immerhin, 419 Jahre nach der ersten urkundlichen Erwähnung der Ansiedlung »im Arckenow« wurde Erkner im Juni 1998 zur Stadt, der 117. in Brandenburg. Sie zog nach, schließlich sind alle anderen Endhaltepunkte der S-Bahn im Berliner Umland Städte.

Das Empfangsgebäude im April 1998

| | |
|---|---|
| 23.10.1842 | Eröffnung, Seitenbahnsteige (anfangs als »Erckner«) |
| 1902 | Hochlegung, zwei Mittelbahnsteige, einer davon Kopfbahnhof, neues Empfangsgebäude |
| 11.6.1928 | Elektrischer Betrieb |
| 4.1945 | Stillegung |
| 9.1945 | Wiedereröffnung, Fernverkehr |
| 18.4.1946 | Wiedereröffnung, dampfbetriebener Vorortverkehr |
| 2.11.1948 | Elektrischer Betrieb |
| 24.5.1998 | provisorische Seitenbahnsteige an den Ferngleisen |

KURZZEICHEN: ERK
LAGE: AUF BAHNDAMM
NACH WILHELMSHAGEN
2280 METER

# Ernst-Thälmann-Park

■ Eröffnet als:
→Weissensee
Heute:
→Greifswalder Strasse

**Wer genau hinschaute, konnte noch jahrelang die Schatten dieser Buchstaben unter der jetzigen Aufschrift »Greifswalder Straße« erkennen (Mai 1986)**

Thälmann hat niemandem gefallen, jedenfalls nach der Wende auf dem Bahnhofsnamen-Schild der S-Bahn-Station Greifswalder Straße. Am Vorabend seines 100. Geburtstages (15. April 1986) war »Deutschlands unsterblicher Sohn« dort zum Namensgeber geworden, nach Abschluß umfangreicher Um- und Neubaumaßnahmen auf dem S-Bahnhof und in dessen Umgebung. Der Thälmannpark liegt dort, wo länger als ein Jahrhundert die Gasanstalt stand, deren Gasometertürme im Juli 1984 gesprengt worden waren.

Vorher (seit Oktober 1946) und danach (seit Mai 1993) hieß/heißt die Station (wieder) Greifswalder Straße. Das war nicht immer so. Sie war 1929 als »Weißensee« S-Bahn-Station geworden. Bereits damals existierte der alte Ringbahnhof schon 54 Jahre, immer als Weißensee.

Die S-Bahnhofs-Umbenennung von 1986 in Ernst-Thälmann-Park hatte sogar die Namensänderung einer anderen Schnellbahnstation nach sich gezogen, die des U-Bahnhofs Thälmannplatz. Dessen Name war zeitgleich in »Otto-Grotewohl-Straße« geändert worden; übrigens nicht sein letzter, schon gar nicht sein erster Name. Doch zurück zu Ernst Thälmann: Der Kommunistenführer, gebürtiger Hamburger, war in der Weimarer Republik Vorsitzender der KPD, Mitglied des Reichstags und Reichspräsidentschaftskandidat 1925 und 1932. Der Vertrauensmann Stalins wurde 1933 verhaftet und 1944 von der SS im KZ Buchenwald ermordet.

FALKENSEE

Rings um die beiden etwa 1200 entstandenen Dörfer Falkenhagen und Seegefeld bei Spandau wuchs in der zweiten Hälfte des 19. Jahrhunderts ein geschlossenes Wohngebiet. Die heutige Gartenstadt Falkensee entstand 1923 durch die Zusammenlegung beider Ortschaften.

Eine Eisenbahnverbindung Berlin – Hamburg wurde 1846 eröffnet. Sie war sozusagen im Wortsinne »trans-rapide«: Am Bau der Gesamtstrecke waren die Staaten Hamburg, Dänemark, Mecklenburg und Preußen beteiligt, und in nur neun Stunden Fahrzeit konnte die Hansestadt an der Elbe nun für damalige Verhältnisse vergleichsweise schnell erreicht werden. Ein (provisorischer) Bedarfs-Halt schon ab 1848 war Seegefeld, ab 1860 dann bereits im Fahrplan verzeichnet und im Dezember 1927 in Falkensee umbenannt.

Im Frühjahr 1947 unternahm die Gemeinde Falkensee Anstrengungen, die schon vor dem Zweiten Weltkrieg geplante Verlängerung der S-Bahn über Spandau West hinaus bis Falkensee zu erreichen. Das gelang ihr letztlich auch, doch die Beweggründe für die Realisierung seitens der Deutschen Reichsbahn waren ganz andere als die einer komfortablen Anbindung des Ortes in der Brieselang-Landschaft. In Zeiten eines sich spürbar verschlechternden politischen Klimas strebte die DR an, die Endstellen der S-Bahn in die SBZ bzw. nachmalige DDR zu verlegen, damit nachts keine Züge in West-Berlin verblieben. Folglich wurde die S-Bahn u.a. bis Falkensee verlängert und traf hier erstmals Ende Juli 1951 ein.

Auf den Tag genau ein Jahrzehnt lang besaß Falkensee eine fahrplanmäßige S-Bahn-Verbindung mit Berlin – erster Zug 14. August 1951, letzter Zug in der Nacht auf den 13. August 1961, den Tag des Mauerbaus. Den Bahnhof hatte man in Falkensee 1951 schnell angepaßt: Der Bahnsteig wurde auf 96 cm erhöht (S-Bahn-Standardmaß) und nebenan, am Gleis einer ehemaligen Güter-Ladestraße, einen Bahnsteig für die Dampfzüge von/nach Nauen errichtet. Von 1953 bis Mai 1958 starteten in Falkensee auch Politkuriosa der besonderen Art: »Durchläuferzüge«, die ihre Personen-

Der Bahnhof im Oktober 1983. Von dem alten Bahnsteig ist heute nichts mehr vorhanden

fracht im »feindlichen« West-Berlin nicht ins Freie lassen durften (siehe →Albrechtshof).
Seit dem 9. Oktober 1961 hat Falkensee keine S-Bahn mehr gesehen. Nur vier Wochen lang war nach der Abriegelung noch ein Zug auf den drei Kilometern nach Albrechtshof unterwegs gewesen, dann mußte er wegen fehlender Unterhaltungsmöglichkeiten abgezogen werden. Die Dampf-Ära kehrte zurück, die S-Bahn nicht mehr. Einige Jahre nach der Wende wurden die Bahnanlagen in Falkensee völlig umgebaut, die alten 1996 geschlossen, neue Bahnsteige für die Regionalbahn errichtet. Nicht mehr an den Baulichkeiten, sondern nur noch aus der Chronik ist abzulesen, daß hier einst der mit 59 Kilometern längste Zuglauf der Berliner S-Bahn startete: nach Königs Wusterhausen.

KURZZEICHEN: FKS
LAGE: IM GELÄNDENIVEAU
NACH ALBRECHTSHOF
(1951-1961)
3170 METER

| | |
|---|---|
| 1848 | Eröffnung als »Seegefeld« (versuchsweise) |
| 1860 | »Seegefeld« endgültig Haltepunkt |
| 1.12.1927 | Umbenennung in »Falkensee« |
| 25.4.1945 | Stillegung |
| 8.1945 | Wiedereröffnung für Dampf-Vorortzüge |
| 13.7.1951 | Inbetriebnahme eines zweiten Bahnsteigs für Dampfzüge nach Nauen |
| 14.8.1951 | Elektrischer Betrieb (Probefahrt bereits 30.7.1951) |
| 18.5.1953 | Durchläufer ohne Halt zwischen Albrechtshof und Friedrichstraße (bis 4.5.1958) |
| 9.10.1961 | Stillegung für S-Bahn (13.8. - 9.10.1961 nur S-Bahn-Pendel Falkensee – Albrechtshof) |
| 11.8.1996 | Neugebauter Seitenbahnsteig Richtung Berlin |
| 16.9.1996 | Bahnhof Falkensee (alt) geschlossen; Seitenbahnsteig Richtung Nauen, anfangs provisorisch, endgültig seit 27.2.1998 |

# FEUERBACHSTRASSE

*Feuerbachstraße: Klang gut, nur mußte ich rätseln, welcher Feuerbach nun derart geehrt worden war: Anselm, der Maler, oder Ludwig, der Philosoph (...) ich weiß bis heute nicht, was richtig ist*«, sinniert Krimi-Autor »-ky« Horst Bosetzky in seinen S-Bahn-Erinnerungen. Nun, der von Friedrich Engels zu Unrecht geschmähte Philosoph Ludwig hat es in ganz Berlin noch nicht zu Straßennamen-Ehren gebracht. Nach Anselm Feuerbach (1829-1880), dessen Vorbild Tizian war, ist hingegen die Straße benannt (seit 1906) und auch der im Mai 1933 eröffnete S-Bahnhof. Die Station sollte ursprünglich Feldstraße heißen (was -ky »ein weites Feld« der Recherche geboten hätte), doch war die Feldstraße im Oktober 1932 in die Feuerbachstraße einbezogen worden.
Der Bahnhof Feuerbachstraße (Architekt Richard Brademann), ein alter Wunsch der Steglitzer und Friedenauer, wurde an eben jenem 15. Mai 1933 eröffnet, als man auf der Wannseebahn – verhältnismäßig spät – den elektrischen Betrieb aufnahm. Er ist also in die Traditionsstrecke Berlin – Potsdam eingefügt worden, ähnlich wie bald darauf auch Sundgauer Straße.

So sah die Eingangshalle im August 1984 aus

Ein rundes rotbraunes Klinker-Empfangsgebäude thront neben der anstelle der Schwarzen Brücke jetzt ebenfalls neu errichteten Feuerbachbrücke, die die Gleise etwas spitzwinklig überspannt. Ein weiterer Rundbau sitzt als Oberlichtaufsatz auf der Schalterhalle mit ihren elf Metern Durchmesser –

**Neue Sachlichkeit: das Empfangsgebäude Anfang der dreißiger Jahre**

gekrönt letztlich von einem sechseckigen Glas-Eisen-Türmchen. Dieses trägt das S-Bahn-Signet und verhindert somit, daß der Bau auf den ersten Blick für eine überdimensionierte öffentliche Bedürfnisanstalt gehalten werden könnte.

Schon bald nach Kriegsende, im Juni 1945, wurde der Bahnhof wiedereröffnet, auch die Kriegsschäden besserte man 1951/52 aus (Architekt: Karl Waste). Eine Bedrohung aber stellte Mitte der sechziger Jahre die automobile Konkurrenz dar, die mit der sechsspurigen »Westtangente« entlang der Wannseebahn eine Schneise in die Bebauung fraß und unter der Feuerbachbrücke von der einen auf die andere Seite der Bahntrasse wechselt. Für das aufwendige Untertunnelungsverfahren am Bahnhof mußte im September 1965 der Mittelbahnsteig stillgelegt und ein hölzerner Behelfsbahnsteig, etwas weiter südwestlich, errichtet werden. 13 Monate dauerte der Provisoriums-Zustand, zeitweise stand das Schalterhallengebäude wie trotzig allein auf Stützträgern.

Auch die Wannseebahn war nach dem S-Bahner-Streik im September 1980 bekanntlich stillgelegt worden, somit war die Station Feuerbachstraße verwaist und verfiel. Mit Hochdruck arbeitete man an der Wiederherstellung von Strecke und Bahnhof, nachdem der S-Bahn-Betrieb Anfang 1984 in »West-Regie« übergegangen war. Vorbildlich gelang die Restaurierung (nicht nur) der Station Feuerbachstraße; ihre dritte »Neueröffnung« konnte im Februar 1985 (kurz vor einem Wahltermin!) gefeiert werden. Seit Dezember 1992 ist auch ein Aufzug in Betrieb, der eine Direktverbindung zur Brücke schafft.

| | |
|---|---|
| 15.5.1933 | Eröffnung (vorgesehen als »Feldstraße«), Elektrischer Betrieb |
| 4.1945 | Stillegung |
| 6.6.1945 | Wiedereröffnung, Elektrischer Betrieb |
| 14.9.1965 | Notbahnsteig, Eröffnung Richtung Friedenau |
| 16.9.1965 | desgleichen Richtung Steglitz |
| 7.10.1966 | Wiederinbetriebnahme alter Bahnsteig, Richtung Steglitz |
| 21.10.1966 | desgleichen Richtung Friedenau |
| 18.9.1980 | Stillegung (kein Verkehr nach Streikende) |
| 1.2.1985 | Wiedereröffnung, Elektrischer Betrieb |

KURZZEICHEN: FB
LAGE: ETWA GELÄNDENIVEAU
NACH RATHAUS STEGLITZ 1120 METER,
NACH FRIEDENAU 980 METER

# Flughafen Berlin-Schönefeld

■ Eröffnet als:
→Schönefeld (b Bln)
Siehe auch:
→Zentralflughafen [Berlin-] Schönefeld

Das neue Empfangsgebäude 1990/91

Unter höchst unterschiedlichen politischen Zielsetzungen und Bedingungen nimmt dieser S-Bahnhof seit 1962 seine Funktion wahr, Zubringerdienste zum Flughafen zu leisten. Eine korrekte Bahnhofsbezeichnung erlebte die S-Bahn nur in den ersten Wochen nach der Eröffnung, als er nämlich Schönefeld (b Bln) hieß; unter Schönefeld ist er eingehend beschrieben. Jahrelang firmierte die Station sogar als →»Zentralflughafen«, ein anmaßender Namenszusatz.
Der Flughafen selbst liegt ein gutes Stück vom Bahnhof entfernt (oder dieser von ihm?) und ebenfalls nicht in Berlin, sieht man von einer Teilfläche ab, die erst seit wenigen Jahren knapp die Stadtgrenze überschreitet. Die Anfänge des Flugplatzes gehen auf den Betrieb der Henschel-Werke zurück, die sich von 1934 bis 1945 hier befanden. Es folgte ein Stützpunkt der sowjetischen Besatzungsmacht. 1956 begann hier der zivile Auslandsflugverkehr der DDR, 1957 der Inlandslinienverkehr, der 1980 wieder eingestellt wurde. 1998 konnten in Schönefeld auf einer Gesamtfläche von 6,3 Millionen $m^2$ an drei Terminals 4,5 Millionen Passagiere abgefertigt werden. Prognose der Flughafen-Holding BBF: exakt 30,01 Millionen im Jahre 2030, das weiß man schon jetzt ganz exakt ...

KURZZEICHEN: FHS
(1962-1976: ZFH)
LAGE: IM GELÄNDENIVEAU
NACH GRÜNBERGALLEE
2320 METER

# Frankfurter Allee

Was für ein Gegensatz. Das altehrwürdige, zweigeschossige Empfangsgebäude von 1895 mit den gelben Ziegelsteinen, dicht daneben das hypermoderne riesige »Ring-Center«. Daneben heißt hier: auf engstem Raum sich gegenüberstehend. Die Schalterhalle wird »erschlagen«.

Frankfurter Allee gehört fast zu den Gründungsmitgliedern der Ringbahn, eröffnet im Mai 1872, als diese noch gar keinen geschlossenen Ring darstellte. »Friedrichsberg« lautete zu jener Zeit der Bahnhofsname, »Akademismus« der des Baustils, in dem das Empfangsgebäude zwischen 1890 und 1895 erbaut wurde. Der Bahnhof erhielt dabei einen Mittelbahnsteig und im Oktober 1897 den neuen Namen Frankfurter Allee. Der erste Halt der S-Bahn wurde im Februar 1929 verzeichnet, die Station war nun ein Haltepunkt auf dem legendären Vollring. Bald darauf, Ende 1930, war auch eine Verknüpfung mit der U-Bahn-Linie E (heute U5) vorhanden, wenn es auch zu einem direkten Übergang zwischen beiden Bahnsteigen bis heute nicht gereicht hat.

Schon im Juni 1945, nach dem Zusammenbruch des S-Bahn-Verkehrs Ende April, fuhr die S-Bahn wieder. Sie hielt ab dem 21. Dezember 1949 an einer Station, die nun Stalinallee hieß – der Namensgeber war an jenem Tag 70 Jahre alt geworden. Zwölf Jahre später, über acht Jahre nach dem Tod Stalins, wich der Diktator auch hier: Frankfurter Allee kehrte im November 1961 zurück. Kurz zuvor war die Mauer gebaut worden, seitdem hat es hier keinen S-Bahn-Zug mehr gegeben, der den Ring durchgehend befuhr. Der erste, der das wieder tun wird, dürfte erst im neuen Jahrtausend rollen.

Nicht nur der S-Bahnhof, auch der gesamte Straßenzug vom Alexanderplatz bis zur hier ihn querenden Ringbahn und darüber hinaus hatte im Dezember 1949 den Namen Stalins erhalten. Der zentrale Straßenzug besteht seit Anfang des 18. Jahrhunderts im Verlauf des alten Heerweges nach Frankfurt (Oder), einer der östlichst gelegenen Städte in Brandenburg, die 1253 das Stadtrecht erhielt, Mitglied der Hanse war, die berühmte Universität Viadrina unterhält und Geburtsort des Dichters Heinrich von Kleist ist. Zeitweise mit vier Reihen Linden bepflanzt, trug die in diese Richtung führende breite Allee im Volksmund auch den Namen »Frankfurter Linden«.

Auf dem Güterbahnhof neben dem S-Bahnhof Frankfurter Allee entstand Anfang der siebziger Jahre der erste Containerbahnhof Berlins. Bekannt war auch die Markthalle am Eingang zur Schalterhalle – beide nunmehr Vergangenheit. Ring-Center I und II haben den Bahnhof in die Zange genommen. Funkelnd, die Umgebung ist zweifellos aufgewertet worden.

Typisches Empfangsgebäude auf der Ringbahn, Mai 1976

Siehe auch: ■
→Stalinallee

| | |
|---|---|
| 1.5.1872 | Eröffnung als »Friedrichsberg« (ab 17.7.1871 bereits für den Güterverkehr) |
| 1890/95 | Umbau, Mittelbahnsteig, Empfangsgebäude |
| 1.10.1897 | Umbenennung in »Frankfurter Allee« |
| 1.2.1929 | Elektrischer Betrieb |
| 4.1945 | Stillegung |
| 6.1945 | Wiedereröffnung, Elektrischer Betrieb |
| 21.12.1949 | Umbenennung in »Stalinallee« |
| 14.11.1961 | Rückbenennung in »Frankfurter Allee« |

Kurzzeichen: FAL
(zwischenzeitlich SLE)
Lage: auf Bahndamm
bzw. Viadukt
nach Ostkreuz
1500 Meter,
nach Storkower Strasse
1200 Meter

# Fredersdorf

Wer fahren will, muß zunächst laufen. Vom Empfangsgebäude aus sind noch ein kleiner Fußmarsch und das Erklimmen der Brücke erforderlich (Januar 1993)

KURZZEICHEN: FRD
LAGE: IM GELÄNDENIVEAU
NACH PETERSHAGEN NORD
1900 METER,
NACH NEUENHAGEN
4200 METER

Der Ort Fredersdorf, zu DDR-Zeiten dem Kreis Strausberg zugehörig, ist jetzt eine Gemeinde im Landkreis Märkisch Oderland. Das Bauerndorf gehörte im 13. Jahrhundert zum »Alten Barnim« (Biesenthal und Strausberg). Die Preußische Ostbahn, im Revolutionsjahr 1848 begonnen, war im Oktober 1867 endgültig fertiggestellt. Zu ihren Bahnhöfen im weiteren Umfeld Berlins gesellte sich im September 1872 eine Station, die erst seit Januar 1875 Fredersdorf heißt, die erste Zeit nach der Eröffnung aber noch als Petershagen im Kursbuch verzeichnet war. Sie besaß, da hier noch eine Stichstrecke nach Rüdersdorf abzweigte, einen Seiten- und einen Mittelbahnsteig. Stromschienen markierten die Ostbahn ab November 1928, doch die S-Bahn kam vorerst nur bis Kaulsdorf und erreichte Fredersdorf nicht. Planungen gab es zwar 1922 schon, bis Strausberg – also über Fredersdorf – elektrisch zu fahren, doch blieb es vorerst bei der Absicht. Im August 1944, mit der Inbetriebnahme besonderer Vorortgleise, war im Bahnhof Fredersdorf ein neuer Inselbahnsteig entstanden, recht schmal, nicht einmal komplett gepflastert. Auch eine Überdachung sucht man vergebens. Erreichbar war der Bahnsteig über eine hölzerne Brücke. Ende April 1945 mußte der Betrieb eingestellt, konnte aber im September 1945 wieder aufgenommen werden. Wegen ihrer strategischen Bedeutung war die Ostbahn von der ersten großen Demontagewelle gleich nach Kriegsende ausgenommen geblieben. Doch ein Jahr später wurden auch hier zahlreiche Gleise entfernt (insbesondere die eines nicht fertiggestellten Verschiebebahnhofs), allerdings von der Deutschen Reichsbahn, weil die S-Bahn nach Erkner dringend wiederaufgebaut werden sollte.

Aber die S-Bahn kam, ab 1. September 1948, und Fredersdorf war kurzzeitig ihre Endstation. Es gab sogar an beiden Bahnsteigkanten S-Bahn-Gleise, folgte doch die Verlängerung nach Strausberg schon am 31. Oktober 1948. In Fredersdorf kreuzten sich nun die Züge. Bald stabilisierte sich der S-Bahn-Betrieb; ein fahrbares, provisorisches Unterwerk zur Stromversorgung (bei Neuenhagen) wurde ersetzt durch ein ortsfestes Bauwerk in Fredersdorf.

Auf der 5,4 km langen Stichstrecke nach Rüdersdorf zu den Kalksteinbrüchen, die in den S-Bahn-Tarif einbezogen war, fuhr Ende Mai 1965, der letzte Personenzug. Die Holzbrücke, die auch bis zum »Rüdersdorf-Bahnsteig« geführt hatte, wurde nun verkürzt, gegen einen stählernen Nachfolger wurde sie jedoch erst im Dezember 1987 ausgetauscht. Aus dem Jahr 1988 ist noch der Neubau eines Stellwerks zu vermelden; Umbau- oder Modernisierungsarbeiten (beispielsweise zur Komfortverbesserung) sind derzeit nicht in Sicht in Fredersdorf.

| | |
|---|---|
| 15.9.1872 | Eröffnung als »Petershagen«; ein Seiten-, ein Mittelbahnsteig; ein Abzweig nach Rüdersdorf |
| 1.1.1875 | Umbenennung in »Fredersdorf« |
| 1.5.1911 | Bezeichnung jetzt »Fredersdorf (Kr. Niederbarnim)« |
| 1944 | Mit der Inbetriebnahme besonderer Vorortgleise neuer Mittelbahnsteig; Zugang über Holzbrücke |
| 4.1945 | Stillegung |
| 10.9.1945 | Wiedereröffnung |
| 1.9.1948 | Elektrischer Betrieb |
| 30.5.1965 | Einstellung des Personenverkehrs nach Rüdersdorf |

## FRIEDENAU

Friedenau ist ein altehrwürdiger Bahnhof, man sieht es. Schon im November 1874 wurde er, ein flacher Fachwerkbau, auf Drängen der jungen Landgemeinde Friedenau eröffnet. Der Fachwerkbau ist sogar noch erhalten, doch nur wer davon weiß, nimmt ihn bewußt wahr. 1891 baute man den Bahnhof um, es entstanden der Fußgängertunnel und das für jene Zeit typische Beiwerk der Bahnsteige der Wannseebahn wie Gewächshausaufgang, gußeiserne Säulen, zweistielige Bahnsteigüberdachung. Ein »richtiges« Empfangsgebäude, ein repräsentatives womöglich, wurde allerdings nicht gebaut.

Schon 1900 hielten in Friedenau elektrische Züge, doch konnte von einer S-Bahn noch nicht die Rede sein. Es war ein Probebetrieb mit 750 Volt; der wurde aber 1902 wieder eingestellt, die Dampf-Lobby war noch zu übermächtig. Die »echte« S-Bahn nach heutigem System kam im Mai 1933 nach Friedenau, als man schon in einem Großteil Berlins elektrisch fuhr, seit bis zu neun Jahren. So war die Wannseebahn vom Vorreiter mit elektrischem Versuchsbetrieb zur Jahrhundertwende zum Nachzügler bei der Umstellung auf S-Bahn-Betrieb geworden. – Ende April 1945 ging dann gar nichts mehr.

Bereits am 6. Juni 1945 fuhr die S-Bahn wieder. Die Auswirkungen des ab 1961 kumulierenden Boykotts machten sich auf der Wannseebahn nicht ganz so gravierend bemerkbar wie sonst im Westteil der Stadt. Der Bahnhof Friedenau erhielt 1961–68 an seiner Südost-Seite einen Beton-Nachbarn als Konkurrenz, eine parallele Auto-Piste namens Westtangente. Kohlenhändler hatten ihre Lager dafür aufgeben müssen. Der Fußgängertunnel wurde unter der Autobahn bis zum Dürerplatz verlängert, dieser Zugang ist ästhetisch mehr als fragwürdig, doch fraglos nützlich.

Die längste Betriebspause auf der Wannseebahn

Gewächshausarchitektur pur. Der Aufgang in den siebziger Jahren

dauerte von 1980 bis 1985. Als eine Streikfolge war der Verkehr im Herbst 1980 nicht mehr aufgenommen worden, gut drei Jahre später war die S-Bahn von DR- in BVG-Obhut übergegangen. Obhut bedeutete nicht gerade Fürsorge: Erst Bürgerproteste veranlaßten die Stadtregierung im Westen, die Wiederinbetriebnahme energischer voranzutreiben. Am 1. Februar 1985 war es soweit, seitdem fahren die S-Bahn-Züge wieder, halten in einer schmuck renovierten Station Friedenau. Nicht zuletzt Mittel des Landeskonservators (»Landeskonservenvater«) hatten das ermöglicht. Ob es aber für das eingangs erwähnte alte Stationsgebäude von 1874 noch eine Rettung gibt? Der Fachwerkbau an der Sponholzstraße 4 b-d wurde 1995 vom Bundeseisenbahnvermögen zum Verkauf angeboten – ohne Resonanz. Inzwischen verfällt er mehr und mehr.

Friedenau entstand aus einer 1871 auf Wilmersdorfer Gebiet gegründeten Landhauskolonie. Der Name sollte den Frieden mit Frankreich würdigen, Frieden-Au müßte es also eigentlich heißen. 1894 wurde Friedenau eigener Amtsbezirk, jetzt waren statt Villen und Landhäusern auch Mietshäuser für die Bebauung zugelassen. Zur Eingemeindung 1920 war der vorgesehene Name »Schöneberg-Friedenau« nicht genehmigt worden, der 11. Bezirk Berlins hieß fortan nur Schöneberg. Friedenau, lange Zeit Prominenten-Wohnort, blieb beschaulich. Besonderes S-Bahn-Kuriosum: Der Bahnhof Bundesplatz, früher →Wilmersdorf, liegt in Friedenau, der Bahnhof Friedenau hingegen in Schöneberg. Also nicht im Bezirk Steglitz, das wird gern verwechselt.

| | |
|---|---|
| 1.11.1874 | Eröffnung, Empfangsgebäude |
| 1891 | Umbau, Fußgängertunnel |
| 13.7.1900 | Elektrischer Probebetrieb |
| 1.7.1902 | Elektrischer Probebetrieb eingestellt |
| 15.5.1933 | Elektrischer Betrieb |
| 4.1945 | Stillegung |
| 6.6.1945 | Wiedereröffnung, Elektrischer Betrieb |
| 18.9.1980 | Stillegung (kein Verkehr nach Streikende) |
| 1.2.1985 | Wiedereröffnung, Elektrischer Betrieb |

Kiezatmosphäre in den siebziger Jahren

KURZZEICHEN: FRU
LAGE: IM GELÄNDENIVEAU
NACH FEUERBACHSTRASSE 980 METER,
NACH SCHÖNEBERG 1200 METER

# Friedrichsfelde Ost

Abriß des südlichen Mittelbahnsteigs im August 1974

Dort, wo sich ab Oktober 1903 ein Ziegelrohbau-Empfangsgebäude – Typ »märkisches Mittelalter« – und der Mittelbahnsteig des Bahnhofs Friedrichsfelde Ost befunden hatten, ist von diesen Bauten nichts mehr zu erkennen. Der Bahnhof ist im Laufe der Zeit ein gutes Stück nach Westen »gewandert«, heißt aber nach wie vor Friedrichsfelde Ost.

Östlich der Marzahner Chaussee lag früher die Station, die im November 1928 in das S-Bahn-Netz einbezogen wurde. Die Strecke ist die der legendären Preußischen Ostbahn von 1867 mit ihren Gleisen bis ins Baltikum: Stets hatte sie militärische Bedeutung. So erklärt es sich auch, daß sie selbst 1944 noch ausgebaut wurde, daß besondere Gütergleise verlegt wurden. In Friedrichsfelde Ost entstand an der Nordseite des Bahnhofs ein zweiter Bahnsteig aus Holz, nur für die S-Bahn-Züge Richtung Innenstadt. Am alten Bahnsteig hielt sie Richtung Kaulsdorf. Sie mußte Platz machen für Güterzüge – und schon Ende April 1945 den Betrieb einstellen. Ab Juli hielt die S-Bahn wieder in Friedrichsfelde Ost (die Güterzüge nebenan aber beförderten nun andere, nämlich demontierte, Fracht Richtung Osten).

Der eher provisorische nördliche Bahnsteig wurde 1960 durch einen massiven ersetzt – Auftakt zu einer grundlegenden Umgestaltung, die sich lange Jahre hinziehen sollte. Das 1903 von Karl Cornelius errichtete Empfangsgebäude, obwohl noch gut erhalten, wurde 1968 beseitigt. Der nördliche Bahnsteig erhielt 1972 eine zweite Bahnsteigkante, wurde Ende Juni 1974 so zu einem (kurzlebigen) Mittelbahnsteig für die S-Bahn. Stillegung und Abriß des alten Bahnsteigs folgten. Jetzt begann die »Westwanderung« Teil 1 für den Bahnhof Friedrichsfelde Ost. Ab Ende Januar 1975 standen seine Bahnhofsschilder nunmehr auf einem provisorischen Bahnsteig westlich der Marzahner Chaussee; östlich von ihr wurden die Eisenbahnanlagen »Biesdorfer Kreuz« völlig umgemodelt. Im Zuge dieser Bauarbeiten verschwand auch der Bahnsteig von 1944.

»Westwanderung« Teil 2 war derweil schon in Vorbereitung, unter der großzügig erweiterten Rhinstraße sollte der Bahnhof seine endgültige Position finden. Viereinhalb Jahre wurde der »neue« provisorische Bahnsteig genutzt, bis es dann am 6. September 1979 spätabends soweit war: Friedrichsfelde Ost, wie er sich heute zeigt, wurde eröffnet. Die Stahlbetonhalle mit Glasbausteinen hat mit der Station der Jahrhundertwende allerdings nur noch den Namen gemein. Fast nicht einmal das: »Rhinstraße« hätte er laut langjähriger Planung heißen sollen, doch dazu kam es dann schließlich nicht.

Von der Rhinstraßenbrücke bieten sich, mit donnernden Straßenbahnen im Rücken, interessante Aussichten auf die Bahnanlagen, Richtung Westen beispielsweise, zur S-Bahn-Betriebswerkstatt, die moderner ist, als sie aussieht. Die dortige Waschanlage, erste ihrer Art, war schon früher innovativ und gilt als »Urmutter« aller Autowaschstraßen!

Friedrichsfelde, Ortsteil des Bezirks Lichtenberg, wurde am 2. April 1265 als »Rosenfelde« erstmals erwähnt und heißt seit 1699 nach König Friedrich Wilhelm I., der 1696 dort ein gerade entstandenes kleines Lustschloß auf dem Gelände des heutigen Tierparks hatte »beschlagnahmen« lassen.

KURZZEICHEN: FFO,
FRÜHER FRO
LAGE: MITTELBAHNSTEIG
IM EINSCHNITT
NACH BIESDORF
2400 METER
(1910 METER VOR 1979),
NACH SPRINGPFUHL
2560 METER,
NACH LICHTENBERG
1650 METER
(1920 METER VOR 1979)

| | |
|---|---|
| 1.10.1903 | Eröffnung, Mittelbahnsteig, Empfangsgebäude (östlich der Marzahner Chaussee) |
| 6.11.1928 | Elektrischer Betrieb |
| 1944 | Provisorischer zweiter Bahnsteig an der Nordseite; S-Bahn-Halt an je einer Bahnsteigkante |
| 4.1945 | Stillegung |
| 7.1945 | Wiedereröffnung, Elektrischer Betrieb |
| 1968 | Abriß Empfangsgebäude |
| 1972 | Zweiter Bahnsteig erhält zweite Bahnsteigkante |
| 28.6.1974 | (abends) Schließung des südlichen Bahnsteigs |
| 24.1.1975 | (abends) Schließung auch des nördlichen Bahnsteigs |
| 27.1.1975 | Eröffnung eines Behelfsbahnsteigs westlich der Marzahner Chaussee; Zugang über Holztreppe von der Seddiner Straße |
| 6.9.1979 | (abends) Schließung des Behelfsbahnsteigs; Inbetriebnahme des neuen Bahnsteigs unter der Rhinstraße, Empfangsgebäude mit Zugang von der Seddiner Straße |

# FRIEDRICHSHAGEN

Ebenso wie die S-Bahn-Endstation Erkner ist auch der Bahnhof Friedrichshagen bereits im ersten Fahrplan der Berlin - Frankfurter Eisenbahn von 1842 verzeichnet. Die kleine Station, ebenerdig, mit Seitenbahnsteigen, befand sich östlich der heutigen Bölschestraße und wurde 1902 geschlossen – wegen Überlastung. Zu überwältigend war das Verkehrsaufkommen inzwischen; hochgelegt wurde daher die Strecke – so entfielen behindernde Straßenübergänge – und viergleisig ausgebaut. 1902 ist ein neuer Bahnhof Friedrichshagen, mit einem Zugang westlich der damaligen Friedrichstraße, eröffnet worden. Suadicani und Cornelius erbauten ihn mit einer Schalterhalle, die in Bahndamm und Widerlager eingefügt ist. Die Fassade mit ihren Spitzbogenblenden, märkische Backsteingotik pur, bildet eine Einheit mit den schönen (und wunderbar erhaltenen) Anlagen der Friedrichshagener Wasserwerke südöstlich des Bahnhofs.

Friedrichshagen wurde zweimal S-Bahnhof. Einmal, Premiere, im Juni 1928, dann nochmal, Symbol des Neubeginns, Ende April 1948. Dazwischen

Märkische Backsteingotik in reinster Ausprägung (April 1998)

lagen die erzwungene Stillegung Ende April 1945 und die sich anschließende Komplett-Demontage der S-Bahn-Schienen. Drei Jahre lang fand S-Bahn-Verkehr hier nicht statt, nur durch Dampfzüge wurde ein ungenügender Verkehr – ab April 1946 – durchgeführt. Zum Erreichen dieser Züge an den Ferngleisen mußte man seitliche, aufgeschüttete Notbahnsteige betreten, vom stillgelegten S-Bahnsteig aus über geneigte, hölzerne Rampen.
»Löcher stopfen – andere aufreißen«: Daß Friedrichshagen 1948 wieder am S-Bahn-Netz war, konnte nur erreicht werden, indem anderswo nicht ganz so dringend benötigte Schienen herausgenommen (beispielsweise an der Ostbahn) und hier weiterverwendet wurden. Am 30. April 1948 war Friedrichshagen vorübergehend Endstation der elektrischen Züge, bevor die Wiederinbetriebnahme am 1. September weiter Richtung Erkner fortgesetzt werden konnte. Am 31. Juli 1956 wurde wieder ein zweites S-Bahn-Gleis verlegt. Östlich an den Bahnhof anschließend befindet sich eine lange Abstellanlage, die Platz bietet für dreieinhalb S-Bahn-Vollzüge.
Die beeindruckende Bausubstanz des Bahnhofs mit seinem außergewöhnlich breiten Mittelbahnsteig, insbesondere die großzügige, städtisch wirkende, gleichwohl anheimelnde Schalterhalle, rief schließlich förmlich nach Restaurierung. Handeln war geboten, als am 19. Februar 1979 unter riesigen Schneemengen ein Teil vom Dach des Mittelbahnsteigs zusammenbrach (es fehlt seitdem). 1983 endlich machte man sich daran, die Station aufzumöbeln, sie wurde ansprechend restauriert; das Bahnsteigdach blieb um rund ein Drittel verkürzt. Die Station steht inzwischen unter Denkmalschutz und wurde 1997 noch einmal aufgefrischt, auch mit einem Aufzug ausgestattet.
Friedrichshagen wurde 1753 aufgrund einer Order Friedrich des Großen als Ansiedlung für 100 Familien von Baumwollspinnern gegründet. In den ersten zehn Jahren hieß die Ansiedlung »Friedrichsgnade«. Das Spinner- und Besenbinderdorf wurde Ende des 19. Jahrhunderts bedeutender Luftkurort. Jetzt ließen sich hier zahlreiche, als Spinner verspottete Künstler und Bohemiens, Literaten und Anarchisten nieder – der Friedrichshagener Dichterkreis. Mit dabei: Wilhelm Bölsche und Bruno Wille, der Mitbegründer der Freien Volksbühne. Seit 1920 ist Friedrichshagen Ortsteil des Berliner Bezirks Köpenick. In der Magistrale, der Bölschestraße, stehen noch drei Maulbeerbäume, einer von ihnen vor dem Haus Nummer 10.

Trutzig wie eine Wehrburg: der Seitenflügel im April 1998

| | |
|---|---|
| 23.10.1842 | Eröffnung; Seitenbahnsteige, ebenerdig, östlich der Friedrich-(heute: Bölsche-)Straße |
| 1902 | Schließung, gleichzeitig Eröffnung eines Bahnhofs in Dammlage mit Mittelbahnsteig, westlich der Friedrich- (heute: Bölsche-)Straße |
| 11.6.1928 | Elektrischer Betrieb |
| 4.1945 | Stillegung |
| 18.4.1946 | Seitliche Notbahnsteige an den Fernbahngleisen, Dampfzüge |
| 30.4.1948 | Wiedereröffnung, Elektrischer Betrieb |

KURZZEICHEN: FRH
LAGE: AUF BAHNDAMM
NACH RAHNSDORF 4580 METER,
NACH HIRSCHGARTEN 1420 METER

# FRIEDRICHSTRASSE

»Großer Bahnhof« zu Beginn der neunziger Jahre

Heute schon wird man erklären, wird man erläutern müssen, wie es hier einmal aussah und warum. Die Welt bestand aus zwei Teilen, am Bahnhof Friedrichstraße stießen sie (sich) aneinander. Noch (noch!) ist die Erinnerung an die Ereignisse nah, doch dem Bahnhof sind sie schon nicht mehr anzusehen. Geblieben ist der »Tränenpalast«: Was für ein Name für ein »Abfertigungsgebäude für Ausreisende«, für ein bemerkenswert lichtes, großzügiges Exemplar von DDR-Architektur, erbaut 1962. Tränen! Palast! Schmerz und Freude vermengten sich; kleine private und große politische Geschichte wurden einander ähnlich. Als Kulisse dafür hat er jetzt ausgedient, der Bahnhof Friedrichstraße.

1882: Am 7. Februar beginnt auf der Stadtbahn der Zugbetrieb; Stadt- und Vorortverkehr dampfen durch eine Halle von Architekt Johannes Vollmer, angelegt mit zwei Bahnsteigen und vier Gleisen. Wenig später, am 15. Mai 1882, kommt der Fernverkehr auf dem zweiten Bahnsteig hinzu. Der Haupteingang liegt auf der Nordseite. Alsbald wird der Zugang vom Schiffbauerdamm eröffnet, in den Verstrebungen der Spreebrücke (1891). Schon vor dem Ersten Weltkrieg beginnen Abbrucharbeiten für eine Bahnhofserweiterung (1914), und für die Vorbereitung eines Neubaus. Der wird 1919 bis 1925 erstellt, unter Verwendung der Viadukte der alten Anlage. Carl Theodor Brodführer errichtet jetzt zwei Hallen, die schmalere (19 m) für den Stadtbahnverkehr – ein Mittelbahnsteig (C), zwei Gleise –, die große (39 m breit) mit zwei Mittelbahnsteigen (A + B) für die Fernbahn. Die S-Bahn kann kommen!

Sie kommt im Juni 1928. Und sie kommt auch 14 Meter tiefer, unterirdisch, im Juli 1936. Richard Brademann zeichnet für den Tunnelbahnsteig der Nord-Süd-S-Bahn-Strecke verantwortlich. Das Gewirr der Auf- und Ab-, der Zu- und Verbindungsgänge wird dick(icht)er, denn auch die U-Bahn ist, schon seit Januar 1923, mit von der Partie an diesem Umsteigeknoten auf engstem

Raum. »Großer Bahnhof« für Charlie Chaplin und George Bernard Shaw bei ihrem Besuch 1931! Der belebte Broadway Friedrichstraße, Weltbegriff, findet auf den (mit U-Bahn fünf) Bahnsteigen der Station seine Entsprechung. Bis April 1945.

Für den Tunnelbahnsteig des S-Bahnhofs ist sogar das genaue Datum der Betriebseinstellung bekannt, es ist der 21. April. Elf Tage später läuft er voll Wasser. Nach einer Sprengung südlich des Anhalter Bahnhofs ergießt sich der Landwehrkanal in die Nord-Süd-S-Bahn, findet am Bahnhof Friedrichstraße den Übergang zur U-Bahn und flutet auch sie. Auf den Stadtbahnbögen liegt im Sommer 1945 kurzzeitig ein Gleis in russischer Breitspur – Stalin reiste im Zug zur Potsdamer Konferenz. Erstes S-Bahn-Leben regt sich wieder am 19. Oktober 1945; im Tunnel lassen die ungleich schwereren Schäden erst ab 2. Juni 1946 wieder einen Betrieb zu.

Die allmähliche Spaltung Berlins hinterläßt bald Spuren und zeigt Auswirkungen auf dem Bahnhof Friedrichstraße. 1953 wird der Fernbahnsteig B für die S-Bahn-Züge Richtung Osten hergerichtet. Jetzt gibt es vier S-Bahn-Gleise: So läßt sich's besser kontrollieren! Und notfalls absperren. Es ist die Zeit der Reise ohne Wiederkehr, die möglich war für 20 Pfennig, zum Lehrter Stadtbahnhof (im britischen Sektor). Jetzt entstehen auch die charakteristischen Kommandotürme, auf Bahnsteig C im Februar 1951, auf Bahnsteig B im Frühjahr 1955. Auch sie prägten den Bahnhof – über 40 Jahre lang.

Die abrupte Spaltung Berlins 1961 schließlich trennt Ost und West hier längs und quer, horizontal und vertikal. Bahnhof Friedrichstraße gelangt zu einer traurigen Berühmtheit.

Bahnsteig A:

Halt von Interzonenzügen; Kontroll-Menschen und -Hunde beherrschen die Szene mehr als die wenigen eingeschüchterten Reisenden – wehe, sie überschreiten die berüchtigte »weiße Kontroll-Linie« längs der Bahnsteigkanten! Für die Überführung von S-Bahn-Zügen von Ost nach West bzw. umgekehrt waren die Gleise inzwischen elektrifiziert worden.

Bahnsteig B:

Endpunkt der Züge aus dem »Westnetz« der Berliner S-Bahn. Immer weniger, immer kürzere Züge

Der Bahnhof Friedrichstraße in den fünfziger Jahren, von der Weidendammer Brücke her gesehen

fahren immer seltener. Immer mehr Intershop-Läden breiten sich auf dem Bahnsteig aus. Richtung Osten: Prellbock.

Bahnsteig C:

Nebenan und dennoch unerreichbar ist der Endpunkt der Züge aus dem »Ostnetz« der Berliner S-Bahn. Alle zwei Minuten rollen hier Acht-Wagen-Gefährte ein und aus. »Endstation, alles aussteigen, Zug fährt zurück nach Erkner.« Hieß es in Erkner eigentlich jemals »Zug fährt zurück nach Friedrichstraße«? Auf diesem – nur auf diesem – Bahnsteig C gibt es keinen Abgang zu den Grenzkontrollstellen. Richtung Westen: Prellbock.

Bahnsteig D (unterirdisch):

Kontrollaugen von Mensch und Maschine allüberall. Treppen, Intershops, Übergänge, noch mehr Intershops. Dazwischen auch Fahrgäste, solche der Nord-Süd-, mithin West-West-Züge, und Umsteiger zur Stadt- und zur U-Bahn. Eine gründliche Auffrischung gibt es für den Bahnsteig im Frühjahr 1975, auch eine Stillegung, von Januar bis April 1984, als die BVG das S-Bahn-»Westnetz« betreibt.

Noch ein Symbol der Spaltung ist die massive graue Sichtblende aus Blech, die vom Schwellen-Schotter bis zum Dach die beiden Bahnhofshallen trennt, die Bahnsteige B und C separiert, Ost- und Westbetrieb voneinander abschirmt, die Systeme abkapselt. Ein spezieller Eiserner Vorhang, er untermauert noch den Eindruck der Tristesse. Die Sichtblende fällt im Oktober 1990. Dazwischen, allgegenwärtig, immer wieder (bewußt) umgebaut, die verschachtelten Kontroll- und Diensträume. Kunstlicht, Sichtblenden, Hinweis- und Befehlsschilder, schnarrende elektrische Öffner für Türen ohne Klinken. »Wofasept«-Putzmittel-Geruch.

Seit dem 9. November 1989 ist nichts mehr wie zuvor. Sogleich beginnen Planung und Kraftakt der Stadtbahn-»Durchbindung«. Das ist Modern-Deutsch für das Wieder-Zusammenführen Ost-West/West-Ost im Jahre 108 der Stadtbahn. Der 2. Juli 1990 bringt das Ende der Prellböcke. Nun bricht die Zeit der Bauzüge an, des Schienenersatzverkehrs, der Preßlufthämmer, des Schienen- und Schwellen-Austausches und der Gleisstopf-

Der unterirdische Bahnsteig nach seiner Rekonstruktion im Februar 1981

Ansicht der S-Bahn-Halle von Westen im August 1969

maschinen. Viele Sperrungen folgen, doch alle nur noch bautechnisch bedingt. Die Sanierung der gesamten Stadtbahn wirkt sich aus: Zuerst, ab Oktober 1994, wird der Bahnsteig C (ex Ost) rekonstruiert. Der S-Bahn-Verkehr läuft nur über Bahnsteig B. Zeitweise läßt sich eindrucksvoll nachvollziehen, was »Entkernen« meint. Die gesamte S-Bahn-Halle ist leergebaggert, der Blick reicht von den Wölbbögen-Fundamenten im Keller ungehindert bis zum Hallendach.

Ab Oktober 1996 dann ist am Bahnsteig C das Gleis Richtung Westen wieder in Betrieb, seit September 1997 auch das gegenüberliegende. Nun wird Bahnsteig B (ex West) saniert. Wie auch Bahnsteig A steht er seither dem Fernverkehr zur Verfügung (seit Mai 1998). InterCity und ICE fahren zwar durch, aber Regionalzüge halten seit Dezember 1998 wieder. Und auch Bahnsteig D, im Untergrund, wird renoviert, wie der gesamte Nord-Süd-S-Bahn-Tunnel. Von Mitte August 1991 bis Ende Februar 1992 ist er deswegen stillgelegt.

Völlig entkernt wurde die Bahnhofshalle beim Umbau 1996

Einer der beiden direkten Zugänge zur Friedrichstraße 1992

KURZZEICHEN: FRI (STADTBAHN), FRIU (TUNNELSTRECKE; FRÜHER: FRU, DAVOR: FRN)
LAGE: AUF GEMAUERTEN WÖLBBÖGEN, ETWA 6 METER ÜBER STRASSENNIVEAU (STADTBAHN), ETWA 8 METER UNTER STRASSENNIVEAU (TUNNELSTRECKE)
NACH LEHRTER STADTBAHNHOF 1410 METER,
NACH HACKESCHER MARKT 890 METER,
NACH UNTER DEN LINDEN 500 METER,
NACH ORANIENBURGER-STRASSE 800 METER

»Branchenmix« mit Gleisanschluß ist das Bahn-Motto für den restaurierten Bahnhof Friedrichstraße. Verhalf früher das extrem kalte Kunstlicht der Haut zum Wasserleichen-Effekt, so sorgen heute 3850 $m^2$ Glasflächen für freundliche Helligkeit. Pizza statt Paßkontrolle, Blumentöpfe statt Bewachungsorgane – die Erinnerung wird gesandstrahlt. Dabei war es wahrlich beeindruckend, was nach der Wende ans Licht kam: ein Überwachungs-Equipment, das seinesgleichen suchen dürfte. Über 140 Kameras und Monitore – wer hat welche Bilder wem zugeführt? Kein Garnfaden hätte Theseus geholfen, wäre er im ausgehenden 20. Jahrhundert durch Gänge und Kabinen (»Bürger anderer Staaten«) des Labyrinths Friedrichstraße ein- oder aus»gereist«, um Ariadne wiederzusehen! Der »Tränenpalast« muß bleiben, man vergißt zu schnell.

Die mit Abstand bekannteste der drei Berliner Friedrichstraßen ist nicht dem »Alten Fritz« gewidmet, sondern Kurfürst Friedrich III. von Brandenburg (Regentschaft 1688-1713), ab 1701 als Friedrich I. König in Preußen. Er vereinigte 1709 die fünf Städte Berlin, Cölln, Friedrichswerder, Dorotheenstadt und Friedrichstadt zu einer einheitlichen Gemeinde, der Königlichen Residenz- und Hauptstadt Berlin. Er gründete 1700 die Akademie der Wissenschaften und war Erbauer des Zeughauses und der Schlösser Berlin und Charlottenburg.

Als Hauptachse der Friedrichstadt erstreckte sich die Friedrichstraße ursprünglich nur von der Dorotheenstraße bis zur Zimmerstraße. Beim Ausbau der Spandauer Vorstadt ab Ende des 17. Jahrhunderts wuchs sie bis zum Oranienburger Tor. Mit Errichtung der Berliner Zollmauer wurde sie 1734/35 bis zum Halleschen Tor verlängert.

Friedrichstraße (Stadtbahn):

| | |
|---|---|
| 7.2.1882 | Eröffnung für Stadtbahnverkehr; eine Halle, ein Mittelbahnsteig |
| 15.5.1882 | Eröffnung auch für Fernverkehr, ein Mittelbahnsteig |
| 1914/15 | Beginn der Arbeiten für eine Bahnhofserweiterung |
| 1919/25 | Bau von zwei neuen Hallen, eine mit einem Mittelbahnsteig (C) für Stadtbahnverkehr, eine mit zwei Mittelbahnsteigen (A+B) für Fernverkehr |
| 11.6.1928 | Elektrischer Betrieb |
| 4.1945 | Stillegung |
| 19.10.1945 | Wiedereröffnung S-Bahn (Bahnsteig C) |
| 25.2.1953 | Fernbahnsteig B für S-Bahn Richtung Osten |
| 13.8.1961 | Bahnsteig C: Endpunkt Ost-S-Bahn, Bahnsteig B: Endpunkt West-S-Bahn |
| 2.7.1990 | Wieder durchgehender S-Bahn-Betrieb |
| 17.10.1994 | Stadtbahn-Sanierung: S-Bahn nur noch vom Bahnsteig B |
| 21.10.1996 | Wiederinbetriebnahmne Bahnsteig C mit einem Gleis |
| 1.9.1997 | S-Bahn nur noch vom Bahnsteig C |
| 6.12.1998 | Wiederinbetriebnahme Bahnsteige A+B für Regionalzüge |

Friedrichstraße (Nord-Süd-S-Bahn):

| | |
|---|---|
| 27.7.1936 | Eröffnung, Elektrischer Betrieb |
| 21.4.1945 | Stillegung |
| 2.6.1946 | Wiedereröffnung, Elektrischer Betrieb |
| 9.1.1984 | Stillegung (Übernahme durch die BVG) |
| 1.5.1984 | Wiedereröffnung, Elektrischer Betrieb |
| 18.8.1991 | Stillegung (Sanierung Nord-Süd-Tunnel) |
| 1.3.1992 | Wiedereröffnung, Elektrischer Betrieb |

# Frohnau (Mark)

Ohne den Kasinoturm wäre das Empfangsgebäude nur halb so imposant. Foto aus den fünfziger Jahren

Die Gartenstadt Frohnau (»Frohe Aue«) wurde 1907 konzipiert und in nur drei Jahren verwirklicht, am 7. Mai 1910 weihte man die Villenkolonie ein. Wenige Tage zuvor, am 1. Mai 1910, hatte der Bahnhof Frohnau (Mark) seine Pforten geöffnet. Von Pforten läßt sich zu Recht sprechen bei diesem aufwendigen Empfangsgebäude, das mit der Straßenbrücke, einem Kasinogebäude und einem über 30 Meter hohen Aussichts- und Wasserturm eine architektonische Einheit bildet. Stolz und doch verspielt wirkt der Bau, errichtet von Gustav Hart und Ludwig Lesser.

Der Vorortbahnhof ist eingefügt worden in die Nordbahnstrecke, die schon 1877 den Betrieb aufgenommen hatte. Die Fernbahn lief aber vorbei. Einen S-Bahn-Haltepunkt stellt er seit Juni 1925 dar. Der Zusatz »(Mark)« im Namen wurde noch bis Februar 1938 beibehalten, obwohl die Gartenstadt Frohnau bereits 1920 als Ortsteil des neuen Bezirks Reinickendorf zu Berlin eingemeindet wurde.

Keinerlei Kriegsschäden hat der Bau davongetragen, wohl aber mußte der S-Bahn-Betrieb ab Ende April 1945 ruhen. Im Sommer wurde das zweite S-Bahn-Gleis dieser Strecke, nicht jedoch im Bahnhofsbereich, demontiert. Ab Mitte Juni rollten wieder Dampfzüge, am 18. August kam auch der S-Bahn-Verkehr wieder in Schwung. Durch den Mauerbau 1961 wurde Frohnau zur Endstation, für 31 Jahre. Der über drei Kilometer lange Streckenteil bis zur Stadtgrenze im Norden Berlins, an der Invalidensiedlung, verfiel, wuchs zu, wurde zu einem beliebten Rad- und Wanderweg umfunktioniert.

Im September 1981 ging auch das alte mechanische Hebelstellwerk außer Betrieb; das westliche der beiden Bahnsteiggleise konnte nun nicht mehr benutzt werden. Doch auch das östliche Gleis trug ab Anfang Januar 1984 keinen Zug mehr; die Station wurde dichtgemacht, als die BVG den Betrieb übernommen hatte. »Schrumpfbahn!« wetterten (nicht nur) die betuchten Frohnauer und erreichten die Wiedereröffnung schon zum 1. Oktober 1984. Aber der Prellbock unter der Straßenbrücke sollte noch acht Jahre seinen Zweck erfüllen.

Erst einmal mußte die Strecke wieder zweigleisig ausgebaut werden. Diese Maßnahme erforderte im Mai 1986 noch einmal eine Bahnhofs-Stillegung.

Die Situation vor der »Durchbindung« nach Oranienburg zeigt diese Aufnahme vom Januar 1987

Kurz vor Weihnachten 1986 konnte schließlich eine erneute Wiedereröffnung gefeiert werden, die Signale standen auf Grün: Es gab wieder zwei Gleise nach Frohnau, das bedeutete, nun im Zehn-Minuten-Takt fahren zu können. Das 1984 aufgearbeitete Stellwerk – auf dem Bahnsteig! – erfüllte noch einmal seine Funktion und betätigte wieder das alte Formsignal hinter dem südlichen Bahnsteigende mit seinem weiß-roten Flügel am hohen Mast. Dieses für eine Eisenbahn so typische Signal war das letzte seiner Art bei der S-Bahn in Berlin; beide, Stellwerk und Signalmast, trotzten noch bis 1992 der modernen Lichtsignaltechnik.

Ein großer Tag zum Feiern war in Frohnau zuletzt der 31. Mai 1992. Das Dasein als Endbahnhof war beendet. Seitdem fahren die S-Bahn-Züge auf der alten Nordbahnstrecke wieder Richtung Oranienburg, wie bis zum August 1961. Keine Chance mehr zum Wandern und Radeln auf dem hohen Bahndamm Richtung Stadtgrenze – eine »Einbuße«, die wohl niemand ernsthaft wird bedauern wollen.

KURZZEICHEN: FOH
LAGE: MITTELBAHNSTEIG IM EINSCHNITT, ZUGANG VON NORDEN
NACH HOHEN NEUENDORF 4150 METER,
NACH HERMSDORF 2060 METER

| | |
|---|---|
| 1.5.1910 | Eröffnung, Empfangsgebäude |
| 5.6.1925 | Elektrischer Betrieb |
| 1.2.1938 | Umbenennung in »Frohnau« |
| 4.1945 | Stillegung |
| 6.1945 | Wiedereröffnung, Dampfbetrieb |
| 18.8.1945 | Elektrischer Betrieb |
| 9.1.1984 | Stillegung (Übernahme durch die BVG) |
| 1.10.1984 | Wiedereröffnung, Elektrischer Betrieb |
| 5.5.1986 | Stillegung (zweigleisiger Ausbau der Strecke nach Frohnau) |
| 22.12.1986 | Wiedereröffnung, Elektrischer Betrieb |

Das Empfangsgebäude in den dreißiger Jahren

# Gartenfeld

Der S-Bahnhof Gartenfeld floriert. Das ist – leider – wörtlich zu nehmen. Gemeint ist aber nicht das Überwuchern der stillgelegten und verrottenden Gleise. Nein, es gibt wohl keinen anderen S-Bahnhof, dessen Name derart wörtlich zutrifft: Eine Gärtnerei hat sich im Empfangsgebäude eingerichtet, hat sich auch auf dem Bahnsteig ausgebreitet. Zierpflanzen statt Züge. Strelitzien statt Stromschienen.

Das Gartenfeld gehörte bis 1860 zum Gut Haselhorst, heute ist es eine Insel: umrahmt von Hohenzollernkanal und Altem Berlin-Spandauer Schifffahrtskanal. Ausschließlich Industrie- und Gewerbebetriebe sind in, genauer: auf Gartenfeld angesiedelt.

Gartenfeld ist Endpunkt der als »Siemensbahn« bezeichneten, viereinhalb Kilometer langen S-Bahn-Stichstrecke, die am Bahnhof Jungfernheide abzweigt. Die Station wurde am 18. Dezember 1929 eingeweiht. Die Firma Siemens hatte den Bau der Strecke nach Gartenfeld für die Reichsbahn finanziert; sie hatte keine andere gangbare Möglichkeit gesehen, ihre rund 58000 Beschäftigten täglich schnell, sicher, bequem – und pünktlich – an die Arbeitsplätze zu befördern. Die Siemens-Bauunion errichtete auch den Bahnhof Gartenfeld unter der Leitung des Architekten Hans Hertlein. Das aus rotem Klinker-Mauerwerk errichtete Empfangsgebäude mit seinem Satteldach ist mit einem zweigeschossigen Wohngebäude verbunden.

Ursprünglich war eine Weiterführung der S-Bahn nach Haselhorst, Hakenfelde und Hennigsdorf geplant. Deswegen hatte der im Geländeniveau gelegene Mittelbahnsteig nur ein provisorisches hölzernes Dach erhalten, man rechnete mit der späteren Hochlegung der Strecke. Ausgesprochen elegant wirken die Dach-Holzstützen mit ihren tief angesetzten, geschwungenen Verstrebungen auf sogenannten Kragarmen.

Etwa fünf Monate, bis Mitte September 1945, war die Siemensbahn wegen der Kriegsfolgen nicht in Betrieb. Sie mußte im August 1946 noch einmal stillgelegt werden; Bauarbeiten an der Spreebrücke, aber auch Strommangel (!) waren die Ursachen für diese bis November 1946 dauernde Betriebsunterbrechung. Zu jener Zeit gab es am

Elegante Dach-Holzstützen kennzeichnen den Bahnsteig (Juni 1976)

Bahnhof Gartenfeld auch Güterverkehr – anfangs für den Abtransport von Demontage-Gütern, später auch für den Wiederaufbau kriegsbeschädigter S-Bahn-Waggons.

Solange auf dem Bahnhof wie auch auf der ganzen Siemensbahn (abgesehen von der Gartenfeld vorgelagerten, großen Abstellanlage) noch das zweite Gleis fehlte, konnte nur im Pendelbetrieb gefahren werden. Erst im Herbst 1956 erhielt Gartenfeld das zweite Bahnsteiggleis zurück, und ab 2. Dezember 1956 fuhr die S-Bahn wieder regelmäßig alle zehn Minuten. Allerdings hat die Zahl der Siemens-Beschäftigten in Berlin nach dem Zweiten Weltkrieg nie wieder den einstigen Höchststand erreicht. Auch war vielen nach dem 13. August 1961 der Zugang verwehrt, die anderen kamen zunehmend mit dem Auto. 1976 erweiterte man den Zugabstand, keine 700 Personen stiegen pro Tag in Gartenfeld ein.

Das »Aus« für die S-Bahn kam 1980. Am 18. September hielten streikende S-Bahner auch am Bahnhof Gartenfeld den Zugang verriegelt; nach dem Streikende wurde der Verkehr nicht wieder aufgenommen. Wenige Tage darauf rollte die BVG-U-Bahn, neu eröffnet, zum Rohrdamm in der Siemensstadt, 1984 weiter nach Spandau über Haselhorst. Sie hätte ohnehin viele der letzten S-Bahn-Fahrgäste abgezogen, und so ist denn auch nicht anzunehmen, daß der Bahnhof Gartenfeld in absehbarer Zeit reaktiviert wird. Wer den Bahnsteig heute ohne größere Mühen oder genaue Ortskenntnis betreten will, sollte ein paar Blümchen kaufen. Wie wär's mit Vergißmeinnicht?

KURZZEICHEN: GTF
LAGE: IM GELÄNDENIVEAU
NACH SIEMENSSTADT
1340 METER

| | |
|---|---|
| 18.12.1929 | Eröffnung, Elektrischer Betrieb; Bahnhof (wie gesamte Stichstrecke) gebaut von Siemens |
| 4.1945 | Stillegung |
| 17.9.1945 | Wiedereröffnung, Elektrischer Betrieb |
| 5.8.1946 | Stillegung (Brückenbauarbeiten, Strommangel) |
| 7.11.1946 | Wiedereröffnung, Elektrischer Betrieb |
| 18.9.1980 | Schließung (kein Verkehr nach Streikende) |

# GEHRENSEESTRASSE

Ansicht des Bahnhofs von der Brücke Gehrenseestraße Richtung Norden im Juni 1994

Die Station Gehrenseestraße ist ein – im Wortsinne – nackter Zweckbau, ein nüchterner, rein funktionaler S-Bahnhof ohne Bahnsteigaufbauten. Am 20. Dezember 1984 fand die Eröffnung statt.

Wo sich früher ausgedehnte Rieselfelder an der Außenring-Bahntrasse Richtung Karower Kreuz erstreckten, in Hohenschönhausen im Nordosten Berlins, wurde Anfang der achtziger Jahre eines der größten Wohnungsbauvorhaben begonnen, das die DDR für ihre – Hauptstadt genannte – Teilstadt beschlossen hatte.

Vorbildlicherweise legte man frühzeitig Wert auf eine Schienenverkehrs-Erschließung durch die S-Bahn. Der Haltepunkt Gehrenseestraße an der Strecke nach Hohenschönhausen (seit Dezember 1985 nach Wartenberg) wurde als einfacher Inselbahnsteig, etwa zur Hälfte überdacht, ausgeführt und besaß zur Eröffnung nur ein Gleis (das westliche). Der zweigleisige Betrieb wurde genau ein Jahr nach der Eröffnung, im Dezember 1985, nachgereicht. Der Zugang zum Bahnsteig erfolgt am Südende, von der Straßenbrücke der Gehrenseestraße aus.

»Gartenstadt« war ursprünglich der Planungsname für die Station. Westlich des Bahnhofs befindet sich die alte Gartenstadt Hohenschönhausen. Die Gehrenseestraße ist eine alte Verbindung zwischen Falkenberg und Hohenschönhausen und hieß bis 1980 Falkenberger Weg bzw. Straße. Gehren oder Gieren sind schmale, spitz zulaufende Landstücke. Der Gehrensee selbst findet sich viel weiter nordöstlich, an der Stadtgrenze. Er liegt in Falkenberg, nördlich des S-Bahnhofs Ahrensfelde.

**20.12.1984 Eröffnung, Elektrischer Betrieb**

KURZZEICHEN: GSE,
ANFANGS GEH
LAGE: IM GELÄNDENIVEAU
NACH HOHENSCHÖNHAUSEN
1350 METER,
NACH SPRINGPFUHL
3390 METER

# GESUNDBRUNNEN

Der Ringbahnsteig des Bahnhofs Gesundbrunnen Ende der zwanziger Jahre, im Hintergrund das Empfangsgebäude

Was ist noch übrig von »Plumpe« und »Zauberberg«, von Ring- und Vorortbahnsteigen mit Gewächshausarchitektur, vom Gußeisen-Charme? Kaum ein Stein blieb auf dem anderen, und bezeichnenderweise spricht man zunehmend vom »Nordkreuz« statt vom Bahnhof Gesundbrunnen. Dabei ist er »nur« der Südwest-Ausläufer jenes mächtigen, ausgeklügelten Verknüpfungsgeländes von Nord-Süd- und Ringbahnstrecken.

Am 1. Januar 1872 wurde der Personenverkehr am Gesundbrunnen aufgenommen, Gütertransporte auf der neuen Ringbahn hatten schon am 17. Juli 1871 begonnen. Die Eröffnung der Nordbahn folgte am 10. Juli 1877. Schon vor über hundert Jahren, um 1895, gab es einen großen Umbau, eine Neuordnung der Gleisanlagen. Drei Mittelbahnsteige wurden angelegt, für die Ring-, die Fern- und die Vorortbahnen. Nach Plänen von A. Wegner entstand an der Badstraße ein Empfangsgebäude, mit gotischen Anklängen, das aber im Zweiten Weltkrieg zerstört wurde; das Zugangsbauwerk zur Badstraßenbrücke blieb hingegen weitgehend erhalten, bis 1993. Ende des Jahres 1897 waren alle drei neuen Bahnsteige in Betrieb. Bereits um 1900 wurden am Gesundbrunnen jährlich drei Millionen Billetts gelöst.

Der Vorortbahnsteig A (heute muß man erläutern: jener direkt am Gesundbrunnen-Center) erhielt an seinem Ostende 1910 ein drittes Gleis und war damit 453 Meter lang. Dieser Bahnsteig erlebte die S-Bahn-Premiere lange vor seinem Ringbahn-Bruder. Schon die allerersten elektrischen Züge hielten an ihm, ab 8. August 1924, auf der »Ur«-S-Bahn-Linie Stettiner (heute Nord-)Bahnhof – Bernau. Der Ringbahnsteig wurde dann Anfang Februar 1929 elektrifiziert. Die U-Bahn komplettierte im April 1930 den Schienen-Verknüpfungspunkt; durch einen unterirdischen Verbindungsgang waren alle vier Bahnsteige erreichbar.

Große Zerstörungen kennzeichneten den Bahnhof Gesundbrunnen nach Kriegsende, jeglicher Schienenverkehr war Ende April 1945 zum Erliegen gekommen. Mit Dampf begann es im Juni wieder, elektrisch im Juli (auf der Ringbahn) und August 1945 (auf der Nord-Süd-S-Bahn). Der zwischen den S-Bahnsteigen gelegene Fernbahnsteig wurde im Mai 1952 geschlossen, wegen Funktionsverlustes infolge zunehmender Spaltung Berlins. Nach dem Mauerbau 1961 wurde der Ringbahnsteig zur Sackgasse, »Zurückbleiben« ertönte jetzt nur noch für Züge nach Sonnenallee.

1964/65 stellte die Reichsbahn im Stil jener Zeit ein neues Empfangsgebäude neben den Vorortbahnsteig, es sollte noch gut 30 Jahre seinen Zweck erfüllen. Doch die Erosion auf Raten ging unterdessen weiter. Im September 1980 wurde als nächstes der Ringbahnsteig geschlossen, auch nach Sonnenallee fuhr nun, nach dem S-Bahner-Streik, kein Zug mehr. Und ab Januar 1984 schließlich war Gesundbrunnen völlig stillgelegt, nur die U-Bahn fuhr noch unter toten Gleisen. Die BVG, die jetzt den S-Bahn-Betrieb übernommen und auch noch die Strecke nach Frohnau stillgelegt hatte, schloß Gesundbrunnen aber alsbald wieder an das »Rumpf-Netz« an. Für den 1. Mai 1984 kann die Wiedereröffnung in die Chronik eingetragen werden, aber einziges Fahrtziel ab Gesundbrunnen war erst einmal Lichtenrade. Der extrem lange Vorortbahnsteig wurde wieder verkürzt, damit hier die S-Bahn-Züge kehren konnten, ohne Ost-Berliner Gebiet zu berühren. Ab 1. Oktober 1984 fuhren sie wieder weiter nach Norden, bis Frohnau.

Die Wende 1989 ermöglichte die Planung des Nordkreuzes, dessen wesentlicher Bestandteil auch der Bahnhof Gesundbrunnen sein wird. »Sein wird« wird bald »ist« sein ... Vorher jedoch mußte Gesundbrunnen noch einmal stillgelegt werden. Die unumgängliche Sanierung des Nord-Süd-Tunnels zwang zur Schließung von April 1991 bis Februar 1992. Im S-Bahn-Jubiläumsjahr 1999 ist hier noch alles im Fluß, leitet die Rückbetrachtung unmittelbar in die nahe Zukunft über. Für Vorort- und Ringbahnverkehr der S-Bahn gibt es zwei direkt nebeneinander angeordnete Richtungsbahnsteige (mit direktem Zugang zur U-Bahn). Der erste der beiden ist seit dem 1. Dezember 1997 zunächst mit dem Gleis Richtung Norden und seit dem 23. Februar 1998 mit beiden Gleisen in Betrieb. Südlich dieser neuen S-Bahnsteige entstehen ein Regional- und später zwei lange Fernbahnsteige.

Anfang März 1996 besiegelte die Spitzhacke das Ende des Empfangsgebäudes von 1965. Ein neues Gebäude – und mit ihm der ganze Bahnhofsvorplatz – soll(t)en auf einer Betonplatte errichtet werden, 110 mal 120 Meter groß; die Rede davon ist aber schon merklich leiser geworden. Badstraßen- und »Millionen«- (eigentlich: Swinemünder) Brücke bieten einen vorzüglichen Logenplatz, das Baugeschehen zu verfolgen.

Der Weddinger Ortsteil Gesundbrunnen erhielt seinen Namen laut hartnäckiger Legende durch die von König Friedrich I. während eines Jagdausflugs 1701 entdeckte eisenhaltige Quelle, die in den Akten erstmals 1748 erwähnt und 1757 auf Vorschlag des Hofapothekers Behm nach eingehenden Unter-

Der inzwischen abgerissene Vorortbahnsteig im März 1995

suchungen zu einer Kur- und Badeanlage »Gesund-Brunnen« ausgebaut wurde. Die Anlage benannte man 1809 in Luisenbad um; die Quelle versiegte 1882. Der Name Gesundbrunnen ging auf das Wohnviertel über, das im 19. Jahrhundert in der Umgebung dieser Trink- und Badeanstalt entstanden war. Die Kur- und Heilstätte blieb in Teilen erhalten und beherbergt heute, aufwendig restauriert, die Bezirksbücherei »Am Luisenbad«.

KURZZEICHEN: GSR (RINGBAHNSTEIG), GSV (VORORTBAHNSTEIG)
LAGE: IM EINSCHNITT
NACH BORNHOLMER STRASSE 1030 METER,
NACH HUMBOLDTHAIN 860 METER,
NACH WEDDING 1670 METER,
NACH SCHÖNHAUSER ALLEE 1700 METER

| | |
|---|---|
| 1.1.1872 | Eröffnung (Ringbahn) |
| 10.7.1877 | Eröffnung (Nordbahn) |
| 1895/97 | Umbau (als Folge der Änderung der Streckenführung der Stettiner Bahn), Neubau von drei Mittelbahnsteigen und eines Empfangsgebäudes (im Zweiten Weltkrieg zerstört) sowie eines Zugangsbauwerks zur Badstraßenbrücke |
| 8.8.1924 | Elektrischer Betrieb (Vorortbahnsteig) |
| 1.2.1929 | Elektrischer Betrieb (Ringbahnsteig) |
| 4.1930 | Direkter Zugang zur U-Bahn |
| 4.1945 | Stillegung |
| 6.1945 | Wiedereröffnung, Dampfbetrieb |
| 7.1945 | Wiedereröffnung Ringbahnsteig, Elektrischer Betrieb |
| 19.7.1945 | Wiedereröffnung Vorortbahnsteig, Elektrischer Betrieb |
| 18.5.1952 | Schließung Fernbahnsteig |
| 1964/65 | Neubau Empfangsgebäude (1996 abgerissen) |
| 18.9.1980 | Ringbahnsteig stillgelegt (kein Verkehr nach Streikende) |
| 9.1.1984 | Vorortbahnsteig stillgelegt; Bahnhof damit komplett stillgelegt |
| 1.5.1984 | Wiedereröffnung Vorortbahnsteig, Elektrischer Betrieb |
| 1.12.1997 | Inbetriebnahme des neuen S-Bahnsteigs B (zunächst für Züge Richtung Bornholmer Straße) |
| 23.2.1998 | Inbetriebnahme zweites Gleis am S-Bahnsteig B; Stillegung und Abriß von Bahnsteig A |
| 1999 | Inbetriebnahme des neuen S-Bahnsteigs A |

# Giebelsee

■ HEUTE: →PETERSHAGEN NORD

Wer vermag wohl heute auf Anhieb Auskunft zu geben, wo der S-Bahnhof Giebelsee lag? Vermutlich nur Einheimische, Ältere oder Archäologen der S-Bahn-Netzpläne. Man antworte aufs Geratewohl: »Am Giebelsee natürlich!« – Treffer, gleich nordwestlich (nicht der Teich direkt südlich!) des Bahnhofs ruht still der See, umgeben von Elbe-, Donau- und Rheinstraße und somit erhabene Prominenz vortäuschend. Und da es nicht nur den See, sondern auch den S-Bahnhof nach wie vor gibt, lassen beide sich leichter lokalisieren, wenn man weiß, daß letzterer heute Petershagen Nord heißt: westlich von Strausberg also.

Der Name »Eggersdorf« war für die Station geplant gewesen, sie wurde im Sommer 1944 aber als Giebelsee eingefügt in die Strecke der Ostbahn. Diese war im Krieg von strategischer Bedeutung, da wurden selbst in der Spätphase des Krieges noch besondere Vorortgleise mit Haltepunkten fertiggestellt. Die erzwungene Betriebspause dauerte von Ende April bis Anfang September 1945. Mitte 1947 wurde eines der beiden Vorortgleise der Strecke nach Strausberg entfernt, da auf der S-Bahn-Strecke nach Erkner dringender benötigt. Im Bahnhofsbereich Giebelsee lagen zwar noch beide, aber für den herannahenden eingleisigen S-Bahn-Verkehr im Sommer 1948 wurde nur das südliche benötigt. Also wurde das andere recycelt.

Ende Oktober 1948 war die Ostbahn bis Strausberg mit Gleichstrom elektrifiziert und Giebelsee ein S-Bahnhof geworden. Ende Mai 1967 wurde er in Petershagen Nord umbenannt, ohne daß er bis heute wesentlich anders aussähe als ein halbes Jahrhundert zuvor. Der kleine Giebelsee indes – der immerhin eine Insel aufweist – ist im Meer der Anonymität versunken.

| | |
|---|---|
| 1.8.1944 | Eröffnung (geplant als »Eggersdorf«) mit der Inbetriebnahme besonderer Vorortgleise; Mittelbahnsteig |
| 4.1945 | Stillegung |
| 10.9.1945 | Wiedereröffnung |
| 31.10.1948 | Elektrischer Betrieb |
| 28.5.1967 | Umbenennung in »Petershagen Nord« |

# Greifswalder Strasse

Eröffnet als:
→Weissensee
Siehe auch:
→Ernst-Thälmann-Park

Straßenbahn trifft S-Bahn: eine gute Umsteigemöglichkeit am S-Bf. Greifswalder Straße (1995)

Als die S-Bahn Anfang Februar 1929 erstmals in diesen Ringbahnhof einrollte, hieß er noch Weißensee. Obwohl er in Weißensee weder lag noch liegt. Doch die Greifswalder Straße unter dem westlichen Bahnsteigende hieß früher Chaussee nach Weißensee – vielleicht ist das der Grund.

»Greifswalder« heißt die Straße seit 1868, der Bahnhof aber erst seit 1946. Schon vor der S-Bahn-Zeit hatte er als »Weißensee« ein langes Leben, seit 1875. Im Jahr 1890 war der Bahnsteig noch einmal neu gebaut worden. Ein weniger langes Leben hatte die Bezeichnung »Ernst-Thälmann-Park« auf den Bahnhofsschildern, sie währte nur von 1986 bis 1993. Der Güterbahnhof nebenan war gar nicht erst umbenannt worden.

Die Station »Greifswalder« ist ein Begriff auf der Ringbahn, gelegen am »Hinterkopf« des Vollrings, der auf maßstäblichen Abbildungen ja einem Hundekopf sehr ähnelt. Greifswald, das 1209 erstmals erwähnte Gripheswald in Vorpommern, spätere Hansestadt, kam ein Jahr nach Entstehen des deutschen Nationalstaats wohl auch deshalb aufs Berliner Straßenschild, weil es ab 1815 zu Preußen gehörte.

Kurzzeichen: GSS
Lage: auf Bahndamm
nach Prenzlauer Allee 1100 Meter,
nach Landsberger Allee 1600 Meter

# Griebnitzsee

■ Eröffnet als:
→Neubabelsberg
Siehe auch:
→Babelsberg-Ufastadt

Ein Empfangsgebäude, das jahrzehntelang nicht betreten werden durfte (Foto Juni 1992)

Wie selbstverständlich fährt die S-Bahn von Wannsee nach Potsdam, wie selbstverständlich hält sie am Bahnhof Griebnitzsee. Wahrnehmen lassen sich die Narben seiner bewegten Vergangenheit von dem, der näher hinschaut, erkennen lassen sich die Reste der ehemals übermannshohen Betonwände, die ihn verschalten, umgeben von Drahtzäunen und Stacheldrahtrollen. Seine Funktion als Grenz- und Kontrollbahnhof hat auch die S-Bahn noch erlebt, bis 1961. Sie war im Jahre 1928 zum 1874 eröffneten Bahnhof →Neubabelsberg gekommen, dem 1938, dem riesigen Filmareal geschuldet, der Name →Babelsberg-Ufastadt verordnet wurde. 1949 schließlich erhielt er seinen heutigen Namen. Und elf Wochen nach dem Mauerbau wurde ihm seine letzte S-Bahn genommen – bis zum April 1992. Seitdem fährt sie wieder wie selbstverständlich. Direkt vom Empfangsgebäude eröffnet sich ein geradezu zauberhafter (noch unverbauter) Blick auf den Griebnitzsee, der sich von der Glienicker Lake bis Kohlhasenbrück erstreckt. Vier Jahrzehnte war er Grenzgewässer zwischen West-Berlin und der DDR, jetzt verbindet er die Länder Berlin und Brandenburg. Hält man sich nach dem Verlassen der Schalterhalle nach rechts, gelangt man sogleich zu einem ehemaligen Gleichrichterwerk für die Bahnstromversorgung. In diesem Klinkerbau von Brademann ist ein S-Bahn-Museum untergebracht. Viele Original-Exponate lassen das Flair vergangener Epochen aus der wechselvollen S-Bahn-Geschichte ganz unmittelbar werden.

Kurzzeichen: GBS
Lage: im Geländeniveau
nach Babelsberg
2420 Meter,
nach Wannsee
4770 Meter

# Grossgörschenstrasse

Heute: →Yorckstrasse ■
(Grossgörschenstrasse)

Wie war das mit den Provisorien? Richtig, haltbar sind sie und dauerhaft. Der S-Bahnhof Großgörschenstraße ist ein gutes Beispiel. 1939 erbaut und eröffnet, sollte der Bahnhof nur kurze Zeit existieren, denn es bestanden bereits große, große Pläne zur völligen Neugestaltung der Berliner Bahnanlagen. Großgörschenstraße hätte in absehbarer Zeit Neubauten weichen sollen. Statt dessen ist die behelfsmäßige Station nun schon seit sechs Jahrzehnten Abbild eines Zwischenstadiums. Es ist ihr anzusehen.

Die Geschichte des Bahnhofs reicht zurück bis 1891. Er wurde Anfang Oktober für die Wannseebahn eröffnet, befand sich zu jener Zeit aber südlich der namengebenden Großgörschenstraße. Von 1900 bis 1902 hielten dort sogar elektrische Züge, ein Probebetrieb, der sich (noch) nicht bewährte und sich gegen die damals noch zu mächtige Dampflobby nicht durchzusetzen vermochte. Auch eine »Hofstation« für »Hohe Herrschaften« gab es zu Kaisers Zeiten an der Ostseite des alten Bahnhofs. Da es noch nicht den heutigen Bahnhof Schöneberg gab, mußten die Fahrgäste, um zur Ringbahn zu gelangen, vom südlichen Ausgang einen viele hundert Meter langen, gepflasterten Verbindungsgang zwischen den Gleisen entlangpilgern zum damaligen Bahnhof Schöneberg (→Kolonnenstraße). »Hammelgang« hieß er im Volksmund.

Die S-Bahn startete im Mai 1933; am Bahnhof Großgörschenstraße fuhr sie, von Wannsee kommend, zum Endpunkt →Potsdamer Bahnhof am Potsdamer Platz – der Nord-Süd-S-Bahn-Tunnel war noch nicht vorhanden, sondern gerade erst beschlossene Sache. Nach seiner Fertigstellung mußte der alte Bahnhof Großgörschenstraße geschlossen werden, die S-Bahn-Gleise befanden sich jetzt weiter östlich. Am 8. Oktober 1939 wurde er stillgelegt, seit 9. Oktober hält die S-Bahn am neuen, heutigen Mittelbahnsteig. Der liegt nicht nur ein wenig östlicher, sondern ist auch nach Norden verschoben worden, so daß zur Großgörschenstraße jetzt sein Südausgang führt; der Nordausgang aber, ein größerer und stärker genutzter, zur Yorck-

»60 Jahre und ein kleines bißchen marode«: das Dauerprovisorium Großgörschenstraße im September 1986

straße. Er besitzt nur eine Holzüberdachung, in drei separaten Teilen ausgeführt, jeweils über den Bahnsteigaufbauten.

Statt der geplanten Stillegung wegen prächtigerer Bahnplanungen kam Ende April 1945 die Schließung aus ungeplanten, gleichwohl vorhersehbaren Gründen. Die Wiedereröffnung ist schon Anfang Juni 1945 verzeichnet. Noch einmal fuhren die Züge Richtung Norden zum Endpunkt Potsdamer Bahnhof, bis der überflutete Nord-Süd-Tunnel wieder benutzbar war.

Die sich immer mehr beschleunigende Agonie der S-Bahn in West-Berlin machte sich auch bei der Wannseebahn bemerkbar, obwohl gerade diese Strecke wegen ihres höheren Verkehrswertes immer noch einen größeren Fahrgastzuspruch verzeichnete als andere Linien. Dennoch machte der S-Bahner-Streik im September 1980 dem Betrieb auch in Großgörschenstraße den Garaus – Stillegung, genauer: keine Wiedereröffnung nach Streikende. Als 1984 die S-Bahn in die Zuständigkeit der BVG gefallen war, zeichnete sich die Wiederbelebung ab, wurde bald sogar mit Hochdruck betrieben. Seit Anfang Februar 1985 läuft der Betrieb wieder, nach der Wende 1989 kehrte später auch das bis 1961 vertraute Zielschild Oranienburg am östlichen Bahnsteiggleis zurück.

Um mit dem nahegelegenen S-Bahnhof Yorckstraße und dem zwischen den beiden S-Bahn-Stationen im Untergrund gelegenen U-Bahnhof Yorckstraße einen ganzheitlichen Umsteigeknoten zu erhalten, paßte man den Bahnhofsnamen im Mai 1992 an. Nun heißt auch er Yorckstraße und führt seinen Ursprungsnamen nur noch als Klammerzusatz. Daß der einheitliche Name mehr suggeriert, als angesichts des beschwerlichen Umsteigens gehalten werden kann, ist hoffentlich auch ein Provisorium, denn sonst, das steht zu befürchten, bleibt dieses dauerhaft (siehe oben).

Großgörschen war keine Person, wie die Ein-Wort-Schreibweise von Straße und Bahnhof nahelegt, sondern ist ein Ort südlich von Leipzig. Er war Schauplatz einer Schlacht während der Befreiungskriege am 2. Mai 1813. Großgörschen steht für eine Niederlage (mit geordnetem, fast verlustfreiem Rückzug) der preußisch-russischen Truppen gegen die französische Armee. Die 1865 benannte Straße im heutigen Bezirk Schöneberg sollte zur Reichsgründung 1871 auch prompt umbenannt werden, was jedoch, durch Kabinettsorder gar, abgelehnt wurde.

| | |
|---|---|
| 1.10.1891 | Eröffnung (Bahnhof südlich der Großgörschenstraße) |
| 13.7.1900 | Elektrischer Betrieb (Probebetrieb; 750 V) |
| 1.7.1902 | Elektrischer Betrieb eingestellt |
| 15.5.1933 | Elektrischer Betrieb (S-Bahn) |
| 8.10.1939 | Stillegung |
| 9.10.1939 | Eröffnung (neuer, provisorischer Bahnhof nördlich der Großgörschenstraße), Elektrischer Betrieb |
| 4.1945 | Stillegung |
| 7.6.1945 | Wiedereröffnung, Elektrischer Betrieb |
| 18.9.1980 | Stillegung (kein Verkehr nach Streikende ) |
| 1.2.1985 | Wiedereröffnung, Elektrischer Betrieb |
| 31.5.1992 | Umbenennung in »Yorckstraße (Großgörschenstraße)« |

# Grünau (Mark)

Der Bahnhof war immer auch ein »Tor ins Grüne«

Grünau (Mark) hieß der Bahnhof noch, als erstmals die S-Bahn hier einrollte, im November 1928. Der Zusatz »(Mark)« fiel aber schon ein Jahr später fort. Daß überhaupt in Grünau Züge halten, war schon seit 1866 so. Spezielle »Omnibuszüge« kamen ab 1878 von Berlin, Görlitzer Bahnhof, nach Grünau, denn die Fahrgastzahlen nahmen damals kräftig zu.

Ein Bahnhofsgebäude wurde 1888/89 errichtet, aus gelben Klinkern; die Strecke lag noch zu ebener Erde, und der Bahnhof Grünau hatte Seitenbahnsteige. Die Anlage baute man 1900 um, jetzt gab es einen Inselbahnsteig. Schon 1906 hatte dieser ausgedient – die gesamte Strecke wurde hochgelegt. Auf dem Bahndamm standen nun zwei Inselbahnsteige, einer für den Fern-, einer für den Vorortverkehr. Ein zweiter Zugang, am Südostende, kam hinzu. Auch der Klinkerbau der Betriebswerkstatt Grünau entstand 1906/07 und ging 1910 in Betrieb; diese Bw wurde 1998 von einem hypermodernen Nachfolger abgelöst. Ab 1911 trug der Bahnhof dann – für 18 Jahre – den Namen Grünau (Mark). Riesenandrang zur S-Bahn war 1936 zu verzeichnen: Die berühmte Grünauer Ruderregattastrecke war in die olympischen Wettkämpfe einbezogen worden.

Nach der Schließung in den letzten Apriltagen 1945 kehrte die S-Bahn im Juli 1945 zurück, ihre Gleise waren nicht demontiert worden. Der Südostzugang wurde 1947 geschlossen. 1948 kam noch ein dritter Bahnsteig hinzu – Zugang von der Richterstraße – für eine Querverbindung Richtung Lichtenrade und Kaulsdorf, ein echtes Nachkriegsprovisorium. Nach Kaulsdorf sollte sogar mit Stromschiene und S-Bahn-Fahrzeugen gefahren werden, doch kam es nicht dazu; Betriebseinstellung: 1951. Die neue geräumige Schalterhalle wurde ebenfalls 1951, im August, eingeweiht, zusammen mit der wiederhergestellten, 1906/07 errichteten Anlage. Jetzt war Grünau nicht mehr S-Bahn-Endpunkt, weil die Stromschiene bis Königs Wusterhausen verlängert worden war.

Das nach Grünau benannte Eisenbahn-Schienengeschlinge nordwestlich des Bahnhofs, das Grünauer Kreuz, ist ebenfalls 1951 entstanden. Es ist eine der verzwicktesten Bahnkreuzungsanlagen mit unzähligen Zu- und Abfahrten, Einmündungen, Abzweigungen und sogenannten Überwerfungsbauwerken. Zu DDR-Zeiten hatte es noch komplizierter ausgebaut werden sollen.

1955 gab es noch einmal einen dritten, provisorischen Seitenbahnsteig, für Triebwagenzüge nach Groß Ziethen. Er wurde 1981 abgerissen, da seit 1958 nicht mehr in Betrieb. Zweigleisig geht's seit Dezember 1979 mit der S-Bahn ab Grünau nach Süden, wenige Jahre darauf wurde die 1951 hochmoderne Schalterhalle noch einmal umgebaut. Der Südost-Zugang für die beiden »Haupt-Bahnsteige« ist 1990 wiedereröffnet worden.

Sie mögen *»ihre Weiber und Kinder zum Fleiß und zur Arbeit anhalten und sich nicht auf die liederliche Seite wenden«*, wurden die vier Ur-Grünauer Familien einst ermahnt; sie waren gerade aus dem Kurfürstentum Pfalz gekommen. Das war 1749, am 4. Mai ist die Kolonie Grün-Aue, weit vor den Stadttoren Berlins, auf Veranlassung von Friedrich dem Großen gegründet worden. Seit 1920 gehört »Grünau in der Mark« (so der Name im 19. Jahrhundert) zu Berlin und ist ein Ortsteil des Bezirks Köpenick.

| | |
|---|---|
| 13.9.1866 | Eröffnung als »Grünau«, Seitenbahnsteige (ebenerdig) |
| 1888/89 | Empfangsgebäude |
| 1900 | Umbau der Seitenbahnsteige zu einem Mittelbahnsteig |
| 1906 | Hochlegung und Bau von zwei neuen Mittelbahnsteigen, zusätzlicher Südost-Zugang |
| 1.5.1911 | Umbenennung in »Grünau (Mark)« |
| 6.11.1928 | Elektrischer Betrieb |
| 1.10.1929 | Rückbenennung in »Grünau« |
| 4.1945 | Stillegung |
| 6.1945 | Wiedereröffnung, Dampfbetrieb |
| 11.7.1945 | Elektrischer Betrieb |
| 1947 | Südost-Zugang geschlossen (1990 wiedereröffnet) |
| 15.6.1948 | Dritter Bahnsteig für Züge nach Lichtenrade (bzw. später nach Mittenwalde und Kaulsdorf); Zugang von der Richterstraße |
| 21.3.1951 | Dritter Bahnsteig geschlossen |
| 22.5.1955 | Neuer, provisorischer Seitenbahnsteig am Güteraußenring-Gleis für Verkehr nach Groß Ziethen |
| 31.5.1958 | Seitenbahnsteig geschlossen (1981 abgerissen) |

Der lange verschlossene Südostzugang wurde Anfang der neunziger Jahre wieder hergerichtet (Foto November 1991)

KURZZEICHEN: GA
LAGE: AUF BAHNDAMM
NACH EICHWALDE 5400 METER,
NACH ADLERSHOF 3200 METER

# Grünbergallee

Überproportionierte Kuppelbauten prägen das Bild der Zugänge (September 1991)

Ende der fünfziger Jahre: Die DDR besaß jetzt einen neuen zivilen Flughafen, in Schönefeld. Eigentlich klar, daß ein akzeptabler Schienenanschluß unumgänglich war, ebenso klar, daß nur die S-Bahn in Frage kam. Entlang der Trasse des alten Güteraußenringes (GAR) war sie geplant, die Verwirklichung wurde nach dem Mauerbau allerdings dringend.

Der vorletzte Bahnhof der Stichstrecke vom Grünauer Kreuz Richtung Schönefeld sollte »Falkenhöhe« heißen. Unter dem Namen Grünbergallee wurde dieser Bahnhof im Bezirk Treptow am 27. Mai 1962 eröffnet, also drei Monate nach der Betriebsaufnahme der S-Bahn nach Schönefeld. Er liegt im Geländeniveau; nur über eine Fußgängerbrücke am östlichen Bahnsteigende war er anfangs zu erreichen. Grünbergallee war der erste Bahnhof im Bereich der Berliner S-Bahn, auf dem eine Abfertigung mittels TV-Überwachung durch die Aufsicht eines benachbarten Bahnhofs (hier: Altglienicke) erfolgte.

1985 kam am östlichen Bahnsteigende eine Rampe zwischen den Gleisen als zweiter Ausgang hinzu, gedacht für Kinderwagen und Rollstuhlfahrer; sie führte zum – schrankengesicherten – Bahnübergang. Damals war die Grünbergallee noch ein durchgehender Straßenzug. Der westliche Zugang, mit Fußgängertunnel nach beiden Seiten (die Gebäude haben sechs Kuppeln!), entstand ab 1989 und wurde im März 1992 eröffnet. Im Jahr 1990 ist der Bahnsteig überdacht worden.

Die 1905 angelegte Chaussee zwischen (dem heutigen Treptower Ortsteil) Bohnsdorf und Schönefeld wurde 1948 nach dem Bohnsdorfer Bürger Alfred Grünberg benannt. Mit der Inschrift »*Von den Faschisten am 21. Mai 1942 in Plötzensee hingerichtet / Er war ein Kämpfer für Freiheit und Recht*« erinnert an ihn eine Metalltafel mit Büste an der Schmalseite des kleinen, hellblauen Eingangsgebäudes am östlichen Bahnsteigende.

27.5.1962 Eröffnung, Elektrischer Betrieb.
In der Nähe bestand von 1949 bis 1951 und von 1955 bis 1958 am Güteraußenring der Bahnhof »Schönefeld Siedlung«

KURZZEICHEN: GBA
LAGE: IM GELÄNDENIVEAU
NACH SCHÖNEFELD 2320 METER,
NACH ALTGLIENICKE 1360 METER

# GRUNEWALD

Der Zustand des Empfangsgebäudes im August 1974 ...

Die als »Wetzlarer Bahn« bezeichnete Strecke wurde 1879 eingeweiht, damals hieß der an ihr gelegene Bahnhof Grunewald noch »Hundekehle«. Doch findet man auch »Halensee« in einigen Veröffentlichungen, und auch, wohl als Kompromiß, »Halensee, Hundekehle«. Der heutige Bahnhof Halensee hieß, um die Verwirrung komplett zu machen, damals »Grunewald«, lag jedoch etwas weiter östlich als heute. Seit 1884 gelten die heute vertrauten Namen für die beiden Bahnhöfe.

Das reizvolle Empfangsgebäude an der Kolonie Grunewald entstand nach Plänen von Karl Cornelius, es ist eine Augenweide mit seinem Burgtor-Eingang und der pastellblauen Uhr darüber. 1899 war es fertiggestellt; in den Jahren danach sind die Gleisanlagen des Bahnhofs Grunewald öfter kräftig umgemodelt und letztlich die Mittelbahnsteige in der Form gebaut worden, wie sie heute der S-Bahn dienen. Die deutlich erkennbar unterschiedliche Konstruktion der Dachträger und der Zugänge auf den Bahnsteigen dokumentiert die verschiedenen Entstehungszeiten.

Ein S-Bahnhof ist Grunewald seit Juni 1928. Das Zeitalter der S-Bahn begann mit einer bald darauf folgenden Schließung von zwei anderen Bahnsteigen. Bislang nämlich, schon seit 1879, waren spezielle »Grunewaldzüge« von der Ringbahn bis zu diesen alten Bahnsteigen 1 und 2 und zurück gedampft. Mit der Ankunft der S-Bahn waren Züge und Bahnsteige entbehrlich geworden, denn zum Ring umsteigen konnte man nun, ab Dezember 1928, auf dem neu entstandenen S-Bahnhof →Ausstellung. Die Treppen zu diesen seit über 70 Jahren unbenutzten »Ringbahnsteigen« aber sind im langen gemauerten Fußgängertunnel des Bahnhofs Grunewald an der Nordost-Wand noch immer zu sehen.

Seit einiger Zeit sind sie sogar wieder zugänglich; einer der Aufgänge führt seit Januar 1998 zum

Mahnmal »Gleis 17« – es von einem mit Reliefbuchstaben beschrifteten Bahnsteig eingefaßt und umrahmt, als Mahnung für die von Nazis von hier deportierten Juden. Von Gleis 17 des Bahnhofs Grunewald war am 18. Oktober 1941 der erste von 186 Zügen in die Konzentrationslager abgefahren. Bereits seit 1991 befindet sich an der Zufahrtrampe zum Güterbahnhof ein Mahnmal.
In der Schlußphase des Zweiten Weltkriegs hatte die Wetzlarer Bahn relativ starke Schäden erlitten. An der Abstellanlage Hundekehle waren Munitionswagen explodiert. Zwischen Ende April und Juli 1945 fuhr in Grunewald keine S-Bahn. Noch zweimal in der Nachkriegsgeschichte war der Bahnhof Grunewald stillgelegt: vom 19. bis 27. September 1980 wegen eines Bahnpersonal-Streiks, vor allem aber vom 9. Januar bis zum 30. April 1984, als die BVG den S-Bahn-Betrieb übernommen und Grunewald zeitweise vom Netz abgehängt hatte. Zu dieser Zeit begann aber auch eine umfangreiche Sanierung des Bahnhofs, die, Ende 1985 abgeschlossen, das Erscheinungsbild positiv beeinflußt. Nur die Südwest-Abgänge, zu den Tennisplätzen, harren seit langen Jahrzehnten der Wiedereröffnung.
Seit Juli 1994 ist es technisch möglich – und wird auch praktiziert –, alle Züge am nördlichen Bahnsteig abzufertigen. Gegenwärtig gibt es in Grunewald das Kuriosum des einzigen »Nachtbahnsteigs« der Berliner S-Bahn. Dieser, der südliche, ist nur ab etwa 18 Uhr geöffnet, nur Richtung City, nur bis zum nächsten Morgen.
Teltowische oder Spandowische Heide wurde der Grunewald um 1430 genannt. Kurfürst Joachim II. legte 1542 den Grundstein für sein Haus »Zum Grünen Walde« – das Jagdschloß Grunewald. Bis 1903 war der 32 km² große Grunewald königliches Jagdrevier. 1948 war er zu 70 Prozent abgeholzt, *das* Naherholungsgebiet der Berliner Bevölkerung gehört seit 1920 überwiegend zum Bezirk Wilmersdorf. 111 Hektar sind als Naturschutzgebiet ausgewiesen. Der Bahnhof Grunewald, ursprünglich gedacht für die von Bismarck initiierte Siedlung, ist ein idealer Ausgangspunkt zum Wandern und Radeln. Den gemauerten Tunnel unter den Gleisanlagen zu durchlaufen, ohne Radlern zu begegnen, dürfte extrem selten möglich sein.

... und im Mai 1998

| | |
|---|---|
| 1.8.1879 | Eröffnung als »Hundekehle« |
| 20.5.1884 | Umbenennung in »Grunewald« |
| 1899 | Empfangsgebäude |
| 11.6.1928 | Elektrischer Betrieb |
| 4.1945 | Stillegung |
| 7.1945 | Wiedereröffnung, Elektrischer Betrieb |
| 9.1.1984 | Schließung (Übernahme durch die BVG) |
| 1.5.1984 | Wiedereröffnung, Elektrischer Betrieb |

KURZZEICHEN: GD
LAGE: AUF BAHNDAMM
NACH NIKOLASSEE
7820 METER,
NACH WESTKREUZ
2180 METER

# Hackescher Markt

■ ERÖFFNET ALS:
→BÖRSE
SIEHE AUCH:
→MARX-ENGELS-PLATZ

Bei der Stadtbahnsanierung mußte die S-Bahn ungewohnte (Schienen-) Wege gehen. Der Bahnhof Hackescher Markt war zeitweise nur Richtung Osten über einen Behelfsbahnsteig erreichbar (November 1994)

Fast der einzige Bahnhof im Berliner S-Bahn-Netz, der noch im wesentlichen so aussieht wie zur Dampfbahnzeit – als er noch Börse hieß –, ist die Station Hackescher Markt. Vom Ruß der alten Dampfloks allerdings, der sich in den ersten 46 Jahren ihres Bestehens nach der Stadtbahn-Eröffnung 1882 überall festgesetzt hatte, ist nichts mehr zu sehen. Hell, freundlich und mit viel Atmosphäre präsentiert sich eine vorbildlich renovierte Bahnhofshalle für die S-Bahn.

Ebenso vorbildlich renoviert – viel beachtet auch außerhalb Berlins – wurden die Hackeschen Höfe, gleich vis-à-vis der Station. Der 1906 errichtete Komplex von acht miteinander verbundenen Wohn-, Veranstaltungs- und Gewerbehöfen stellt mit 10000 m² Grundfläche das größte Hofareal dieser Art in Europa dar.

Der Hackesche Markt, ein Platz am ehemaligen Spandauer Tor, entstand um 1750. Nach Hacke wurde er 1840 offiziell benannt: Hans Christoph Friedrich Graf von Hacke (1698 – 1754) war Generalleutnant und damals amtierender Kommandant von Berlin, als solcher verantwortlich für die Leitung der Bebauung des Platzes, der durch das Schleifen der kurfürstlichen Festungsanlagen entstanden war.

Als 1992 die Abschaffung des Bahnhofsnamens →Marx-Engels-Platz (zweiter Name, seit 1951) anstand, setzte sich Graf Hacke selig gegen den traditionsreichen Namen Lustgarten durch, der auch zur Debatte gestanden hatte.

KURZZEICHEN: HKM
(VORHER MEP)
LAGE: AUF STADTBAHNBÖGEN
NACH FRIEDRICHSTRASSE
890 METER,
NACH ALEXANDERPLATZ
910 METER

# Halensee

Mit Bus oder Auto fährt man glatt vorbei, läßt ihn links (oder rechts) liegen, unbesehen. Selbst zu Fuß läuft man Gefahr, vorbeizugehen, ohne ihn wahrzunehmen – den Zugang zum S-Bahnhof Halensee. Die S-Bahn hat einen direkten Zugang zum berühmten Kurfürstendamm! Und keiner sieht hin. Führte der Boulevard nicht direkt nebenan über den Bahneinschnitt, der Eingang zu dieser Ringbahnstation bliebe völlig unbemerkt. Seit 1993 fährt die Ringbahn wieder unter dem Kurfürstendamm durch, aber nicht etwa ein ungenügend repräsentatives Empfangsgebäude ist zu beklagen, nein, es gibt erst gar keines.

Ein mit roten Ziegeln verblendeter, wuchtiger Backsteinbau beherrschte den seit 1892 so benannten Henriettenplatz ab 1884. Im Mai war der Bahnhof Halensee mit zwei Mittelbahnsteigen eröffnet worden. Unter dem Namen Grunewald hatte es seit 1877 etwas weiter südöstlich, in Höhe der heutigen Johann-Sigismund-Straße, schon einen Vorgänger gegeben.

Die S-Bahn kam im November 1928 nach Halensee, zu jenem Ringbahnhof, auf dem – so heißt es – ihr Name geboren wurde. Der Stationsvorsteher soll hier die Bezeichnung Stadt-Schnell-Bahn für das neue elektrische Verkehrsmittel zum griffigen »S«-Bahn (zuerst: »SS-Bahn«) verkürzt haben. Blitzschnell setzte sich der Begriff durch. *»Die Berliner Stadt-, Ring- und Vorortbahnen werden künftig offiziell ›S-Bahn‹ heißen«*, vermeldete der Berliner Lokal-Anzeiger am Dienstag, dem 16. Dezember 1930, in der Abendausgabe.

Zur Ruine war das Backstein-Empfangsgebäude gegen Kriegsende geworden. Kein Zug fuhr mehr Ende April 1945, erst im Juli rollten sie wieder. Notdürftig instandgesetzt, verblieben die Gebäudereste noch bis 1958 am oberen Kurfürstendamm und wurden dann abgerissen. Die Reichsbahn errichtete 1958/60 ein neues Gebäude, einen zweigeschossigen Stahlskelettbau. Es war ein gefälliges Bauwerk, mit blauen Keramikplatten, hell und licht. In der Schalterhalle prangte ein riesiges, viele Motive vereinigendes »Simultanbild« von Bert Heller. Das Empfangsgebäude in Halensee galt als Vorbild für die bald darauf neu errichtete Schalterhalle der Ringbahnstation Schönhauser Allee. Der Bahnsteig Richtung Hohenzollerndamm war – frühe Personaleinsparung – schon seit 1966 unbesetzt und wurde im Januar 1971 auf TV-Fernabfertigung umgestellt, als einer der ersten im West-S-Bahn-Netz.

Wieder wurde in Halensee S-Bahn-Geschichte geschrieben – 1980. Die Besiegelung des Abstiegs

Bis 1958 mußte das kriegsbeschädigte Empfangsgebäude, hier im Mai 1955, noch Dienst tun

in die Bedeutungslosigkeit nahm ihren Anfang im Stellwerkhäuschen »Hal«. Im September wurde es von streikendem S-Bahn-Personal besetzt. Jedes Kameraobjektiv der Presse konnte die Szenen vom Geländer der Kurfürstendammbrücke aus einfangen. Die Bahnpolizei räumte letztlich rüde den Tatort; fortan fuhr in Halensee, und nicht nur dort, kein S-Bahn-Zug mehr. Die Schalterhalle wurde umfunktioniert, vermietet. Gipfel der Ironie: Ab Oktober 1985 konnten dort Automobile der Firma Opel erworben werden.

Erst nach dem Mauerfall 1989 zeichnete sich konkrete Hoffnung für das Wiedererwachen des Bahnhofs Halensee ab: »Einmal fährt der Südring wieder...«. Es sollte noch bis zum Dezember 1993 dauern, bis es soweit war. Kurz vorher jedoch ist das Nachkriegs-Empfangsgebäude restlos abgerissen worden, angeblich wegen mangelnder Statik. Auch blieb nur einer der beiden Mittelbahnsteige übrig. Direkte Züge von und nach Charlottenburg und Zoo fahren auch nicht mehr. Aber es gibt Hoffnung auf ein würdiges (?) neues Empfangsgebäude und einen zweiten (Seiten-) Bahnsteig – wenn die Überbauung des »Halensee-Grabens« planungsrechtlich ausgereift ist. Das kann dauern.

Hochmoderne Stellwerktechnik ermöglicht die Kontrolle über hunderte von Signalen. Ein elektronisches High-Tech-Stellwerk für die S-Bahn ist ebenfalls mit dem Namen Halensee verbunden. Vom Bahnhof aus ist es aber nicht zu sehen; es steht versteckt neben einem Friedhof an der Bornstedter Straße. Untergebracht ist es in einem recht unbekannten Gebäude des »S-Bahn-Architekten« Brademann.

Der Halensee (früher der »hohle See« genannt) liegt im Ortsteil Grunewald des Bezirks Wilmersdorf. Der Stadtteil Halensee breitet sich rings um den oberen Kurfürstendamm aus, der am Rathenauplatz endet. Bekannt wurde der Halensee durch das im Mai 1904 eröffnete große Vergnügungs-Gelände »Lunapark«; der Eingang zu den Attraktionen befand sich am Kurfürstendamm 124a.

| | |
|---|---|
| 15.11.1877 | Eröffnung als »Grunewald« (Lage in Höhe der heutigen Johann-Sigismund-Straße) |
| 20.5.1884 | Schließung, Eröffnung eines neuen Bahnhofs (»Halensee«) in heutiger Lage, zwei Mittelbahnsteige, Empfangsgebäude in Backsteingotik |
| 6.11.1928 | Elektrischer Betrieb |
| 4.1945 | Stillegung |
| 19.7.1945 | Wiedereröffnung, Elektrischer Betrieb |
| 1958 | Abriß des im Krieg teilzerstörten Empfangsgebäudes |
| 1960 | Neues Empfangsgebäude (Stahlskelettbau) |
| 18.9.1980 | Stillegung (kein Verkehr nach Streikende) |
| 10.1993 | Abriß des Empfangsgebäudes von 1960 |
| 17.12.1993 | Wiedereröffnung; Elektrischer Betrieb, nur noch ein Mittelbahnsteig |

Das ansprechende Empfangsgebäude von 1960 mußte 1993 einem neuen »Nichts« weichen (1975)

KURZZEICHEN: HAL
LAGE: IM EINSCHNITT
NACH HOHENZOLLERNDAMM 1100 METER,
NACH WESTKREUZ 700 METER,
NACH CHARLOTTENBURG (BIS 1980; JETZT NUR BETRIEBSINTERN) 1590 METER

# Hauptbahnhof

Eröffnet als:
→Schlesischer Bahnhof
Heute:
→Ostbahnhof

Die Ansicht der spreeseitigen Fassade Anfang der neunziger Jahre

Berlin hatte nie einen zentralen Bahnhof wie andere Städte. Die Bezeichnung »Berlin Stadtbahn« auf Fernfahrkarten ist nicht zufällig ein Begriff geworden. Die gesamte Stadtbahn kann, ja muß als ein einziger zentraler Bahnhof angesehen werden. So waren es auch politische Gründe statt eisenbahntechnischer Gegebenheiten, die 1987 zur Neubenennung des Ostbahnhofs mit dem überzogen wirkenden Namen Hauptbahnhof geführt hatten. Zu einer Hauptstadt, so die SED-Doktrin, hatte eben auch ein Hauptbahnhof zu gehören; die 750-Jahr-Feier der Stadt 1987 bot den geeigneten Anlaß zur Umbenennung.

Für den umfassenden Umbau der Eingangshalle ab 1985 zeichneten der Architekt Karl-Ernst Swora und ein »Kollektiv« verantwortlich. Wie sehr der neue »Haupt«-Bahnhof betriebstechnisch auch nach 1987 provisorischen Charakter trug, zeigte die Fahr-Praxis der Bahn nach seiner Elektrifizierung für die Fernzüge im Mai 1987. Bis in die Bahnhofshalle hinein reichte der von Osten kommende Fahrdraht nicht. Mit Schwung und abgesenktem Bügel mußten die Elloks an die Bahnsteige rollen.

Auch für die S-Bahn, seit 1928 Gast im vormaligen Schlesischen und Ostbahnhof, war der Hauptbahnhof kein zentraler Knotenpunkt im Netz Ost-Berlins – das war Ostkreuz. An den Bahnhöfen Alexanderplatz und Friedrichstraße stiegen mehr S-Bahn-Fahrgäste aus oder zu als am Hauptbahnhof, der in der geteilten Stadt in eine Randlage geraten war, nicht weit von der sogenannten Staatsgrenze entfernt. Nach der Wende 1989 liegt er wieder in Zentrumsnähe. 3892 Tage vergingen nach der Umbenennung in Hauptbahnhof am 1. Dezember 1987, bis am 24. Mai 1998 der schon ab 1950 verwendete Name Ostbahnhof wieder amtlich wurde.

# Heerstrasse

Je länger die Stillegung dauerte, desto gründlicher mußte instandgesetzt werden (Juni 1997)

Als der Bahnhof im November 1909 eröffnet wurde, hieß der Straßenzug, der die Bahn überquert, Richtung Osten noch Kaiserdamm, Richtung Spandau noch An der Heerstraße bzw. Döberitzer Heerstraße. Der alte Name des seit den zwanziger Jahren nur noch Heerstraße genannten Verkehrsweges entsprach seiner damaligen militärischen Bedeutung: Er war Verbindung zu den 1895 angelegten Truppenübungsplätzen in Döberitz westlich von Berlin.

Regierungsbaurat Ernst Schwartz erbaute ein Empfangsgebäude mit dreieckigem Grundriß; unten im Bahngraben mit Rüdersdorfer Kalkstein verkleidet, auf Straßenniveau mit leicht barock anmutenden Architekturelementen und mit einem kirchturmartigen, wuchtigen Uhrturm mit ovaler Helmkuppel an der Nordwest-Ecke. In den knapp zwei Jahrzehnten, bis die S-Bahn kam, diente der Mittelbahnsteig, an dem nur ein Gleis lag, den Vorortzügen Richtung Berlin. Die Dampfzüge stadtauswärts, Richtung Spandau, hielten an einem zusätzlichen Seitenbahnsteig, der direkt von der Straßenbrücke aus erreichbar war.

Am 23. August 1928 begann das S-Bahn-Zeitalter; der Inselbahnsteig war mit jetzt zwei Gleisen den Erfordernissen des elektrischen Betriebs angepaßt worden, und der provisorische Seitenbahnsteig hatte ausgedient, wurde abgerissen. Der Krieg brachte schwere Beschädigungen; zwar fuhr die S-Bahn schon im Juni 1945 wieder, doch das Empfangsgebäude konnte erst 1958/59, in stark vereinfachter Form, wiederhergestellt werden.

Der S-Bahn-Fahrplan verlor überraschend am Abend des 17. September 1980 seine Gültigkeit – die S-Bahner waren in den Ausstand getreten, die nachfolgende Zwangs-Betriebspause währte am Bahnhof Heerstraße länger als 17 Jahre. Zwar waren 1984 rot-gelbe Züge auf der Strecke zu sehen, doch ohne Fahrgäste: Die BVG, soeben verantwortlich geworden für den S-Bahn-Betrieb in West-Berlin, »übte« hier einige Zeit das ihr bis dato fremde S-Bahn-Fahren.

Der Freund des französischen Films kennt den – umdekorierten – Bahnhof Heerstraße aus dem Mabuse-Remake »Dr. M.« als »Bahnhof Friedrichstraße« mit »Intershop« und Grenzpersonal; der Regisseur Claude Chabrol filmte hier im Oktober 1989 Szenen, die wenige Wochen später dann auch am Originalschauplatz hätten gedreht werden können... Das Empfangsgebäude wurde 1992/93 herausgeputzt, der (jetzt moderne und verschlankte) Uhrenturm ist neu erstanden. Doch bis zur Wiederaufnahme des Betriebs dauerte es noch bis 1998: Seit dem 16. Januar fährt die S-Bahn wieder, im Zehn-Minuten-Takt.

| | |
|---|---|
| 1.11.1909 | Eröffnung |
| 23.8.1928 | Elektrischer Betrieb |
| 4.1945 | Stillegung |
| 9.6.1945 | Wiedereröffnung, Elektrischer Betrieb |
| 17.9.1980 | Stillegung (kein Verkehr nach Streikende) |
| 16.1.1998 | Wiedereröffnung |

KURZZEICHEN: HST
LAGE: 6,2 M UNTER STRASSENNIVEAU
NACH OLYMPIASTADION 1400 METER,
NACH EICHKAMP 1290 METER

# HEGERMÜHLE

Aufnahme vom November 1992

Der Bekanntheitsgrad dieses kleinen S-Bahn-Haltepunktes dürfte sich in engen Grenzen halten. Nur wer über Strausberg hinaus mit der S-Bahn Richtung Strausberg Nord fährt, lernt das Stationchen kennen, ein einfacher Seitenbahnsteig an einer eingleisigen Strecke, im Oktober 1984 eröffnet.

Im Jahr 1954 wurde eine vom Bahnhof Strausberg abzweigende Strecke Richtung Norden gebaut, zweigleisig vorgesehen, aber nur eingleisig ausgeführt. Sie sollte die NVA-Militäreinrichtungen im Norden Strausbergs an die Bahn anschließen. Die Strecke wurde im Januar 1955 eröffnet, es verkehrten anfangs Dieseltriebwagen, ab Juni 1956 S-Bahn-Züge. Der Haltepunkt Hegermühle wurde erst 28 Jahre später eingefügt, für die Bewohner der hier zahlreich entstandenen Neubauwohnungen.

Zunächst war kein Dienstraum gebaut worden. Die Züge sollten über Fernsehen vom S-Bahnhof Strausberg Stadt abgefertigt werden, aufgrund technischer Mängel kam es aber nicht dazu. Für die Abfertigung fuhr daher zwischen Strausberg und Strausberg Nord eine mobile Aufsicht in jedem Zug mit. Für den nicht erfolgten zweigleisigen Ausbau wurde 1989/91 ein Dienstgebäude für die Zugsicherungsanlagen auf dem S-Bahnhof Hegermühle errichtet. Seit 1991 ist hier eine Aufsicht untergebracht, schon um dem drohenden Vandalismus vorzubeugen; die Praxis der mobilen Aufsicht entfiel.

In der Umgebung um Strausberg entstanden im 14. und 15. Jahrhundert viele Wind- und vor allem Wassermühlen; die Namen Schlag-, Heger- und Walkmühle legen Zeugnis davon ab. Episode am Rande: Der Stempel eines der 1991 montierten Entwerterautomaten zeigte statt »Hegermühle« anfangs den Abdruck »Hager-Mühle« – schwang da noch die Erinnerung an das ehemalige SED-Politbüro-Mitglied, den Chefideologen Kurt Hager, mit?

| | |
|---|---|
| 5.10.1984 | Eröffnung, Elektrischer Betrieb |

KURZZEICHEN: HGM
LAGE: IM GELÄNDENIVEAU
NACH STRAUSBERG STADT 3570 METER,
NACH STRAUSBERG 3230 METER

# Heidelberger Platz

■ Eröffnet als:
→Schmargendorf

Zu Schmargendorfer Zeiten ein Empfangsgebäude, zu »Heidelberger« Zeiten eine Disco: Die Aufnahme stammt vom April 1996

Dreizehn Jahre lang war der S-Bahnhof Schmargendorf an der Ringbahn im Bezirk Wilmersdorf stillgelegt, von 1980 bis 1993. Zur Wiedereröffnung erhielt er den Namen Heidelberger Platz, denn nun ist er mit dem gleichnamigen U-Bahnhof durch einen direkten Übergang verbunden.

Der U-Bahnhof wurde schon im Oktober 1913 eingeweiht, anderthalb Jahrzehnte vor dem Eintreffen des ersten S-Bahn-Zuges auf dem 1883 eröffneten Ringbahnhof Schmargendorf. Schon bei seiner Einweihung besaß der U-Bahnhof die baulichen Voraussetzungen für den direkten Übergang, der erst 80 Jahre später zustandekommen sollte, nachdem der S-Bahnsteig Richtung Osten verschoben worden war.

Im Schmargendorfer »Weinviertel« sind viele Straßen und Plätze nach Gemeinden im Rheingau benannt, seit mehr als hundert Jahren auch der Heidelberger Platz. Die 139000 Einwohner zählende Neckarstadt am Rande des Odenwalds, 1196 erstmals erwähnt, besitzt die älteste deutsche Universität (gegründet 1386) und liegt seit 1952 im Bundesland Baden-Württemberg.

Kurzzeichen: HEI
(bis 1993 SMF)
Lage: Im Einschnitt unter der Straßenbrücke Mecklenburgische Straße
Nach Hohenzollerndamm 1200 Meter,
nach Bundesplatz 1270 Meter

In den letzten Monaten vor der Stillegung dürften fünf Fahrgäste schon über dem Durchschnitt gelegen haben (Januar 1984)

# Heiligensee

Heiligensee ist ein S-Bahnhof seit März 1927, aber der Bahnhof selbst ist älter, er datiert von 1897 (für reinen Güterverkehr war er sogar schon 1893 eröffnet worden). In den Jahren 1925/26 wurde der Mittelbahnsteig der Station in zwei Etappen neu errichtet und dabei hochgelegt, er war nun vorbereitet für den neuartigen elektrischen S-Bahn-Betrieb. Der Zugang befindet sich am nördlichen Bahnsteigende durch eine Unterführung von der Ostseite. Hier wurden putzige Tiermotive in den Putz an den Wänden eingearbeitet. Elegant wirkt das einstielige Holzsatteldach, das den halben Bahnsteig überspannt.

Regelmäßig fuhr die S-Bahn, alle zwanzig Minuten, aber ab Ende April 1945 dann gar nicht mehr. Fünf Monate dauerte die Betriebsunterbrechung; ab September lief der Verkehr wieder, bis Juli 1946 jedoch, wegen der zerstörten Havelbrücke, nur Richtung Tegel. Und auch nur noch auf einem Gleis, das zweite war zwischen Schönholz und Velten demontiert worden. An der Eingleisigkeit der Strecke hat sich bis heute nichts geändert.

Doch auch dieses eine S-Bahn-Gleis lag lange brach. Die Kremmener Bahn, die S-Bahn-Strecke Richtung Hennigsdorf, war nach dem Mauerbau ohnehin nur noch bis Heiligensee nutzbar, und auch dieser Ast wurde im Januar 1984 stillgelegt. Damals hatte die BVG von der Reichsbahn die Betriebsrechte übernommen und den Bahnverkehr auf zahlreichen Strecken erst einmal eingestellt. Auf dem Bahnhof Heiligensee belebten alsbald nur noch die Pferde einer kleinen Koppel den Bahnsteig und das südwestlich benachbarte Gelände.

Die Bemühungen zur Wiedereröffnung waren zwar begleitet von einigen vollmundigen Ankündigungen und Terminplanungen (»Im Frühjahr 1996 ist es soweit!«), doch viel mehr als öffentlichkeitswirksames Spatenschwingen der Politprominenz geschah nicht. Erst 1998 wurde ernst gemacht, ab Jahresende 1998 ist der Bahnhof Heiligensee wie-

KURZZEICHEN: HLS
LAGE: AUF BAHNDAMM
NACH HENNIGSDORF
2470 METER
(NACH HENNIGSDORF SÜD/
STOLPE SÜD [1954-1961]
1020 METER),
NACH SCHULZENDORF
1620 METER

der in Betrieb. Die Züge verkehren nach Hennigsdorf und nach Lichterfelde Süd. Sie begegnen sich hier, deshalb gibt es auch, wie in Tegel, zwei Gleise im Bahnhofsbereich.
Das bis heute als ausgeprägtes Angerdorf erkennbare Heiligensee, 1308 erstmals erwähnt, war im 16. Jahrhundert im Besitz des Kurfürsten von Brandenburg und wurde im 19. Jahrhundert beliebte Sommerfrische der Berliner. Aus dem Kreis Niederbarnim kam Heiligensee als Ortsteil des Bezirks Reinickendorf 1920 zu Groß-Berlin. Der Heiligensee selbst ist in Privatbesitz, Schiffsverkehr findet auf seinen 34 Hektar nicht statt. Das kommt der Wasserqualität durchaus zugute, aber zur Heilkraft – wie die Sage behauptet – dürfte es dennoch nicht reichen.

| | |
|---|---|
| 1.5.1897 | Eröffnung (für den Güterverkehr bereits am 1.8.1893) |
| 3.11.1925 | Neuer hochgelegter Mittelbahnsteig, zunächst nur für das Gleis Richtung Berlin |
| 5.5.1926 | Fertigstellung des Bahnsteigs auch am Gleis Richtung Velten |
| 16.3.1927 | Elektrischer Betrieb |
| 4.1945 | Stillegung |
| 16.9.1945 | Wiedereröffnung, Elektrischer Betrieb |
| 9.1.1984 | Stillegung (Übernahme durch die BVG) |
| 12.1998 | Wiedereröffnung, Elektrischer Betrieb |

# Hennigsdorf

Das Hennigsdorfer Empfangsgebäude von 1960 ...

In der vom Stahlbau geprägten Industriestadt Hennigsdorf, vier Kilometer nördlich der Berliner Stadtgrenze, wurde 1893 der erste Bahnhof eröffnet; den Namen Hennigsdorf mit dem Zusatz »(Kreis Oberhavel)« trug die Station an der Kremmener Bahn ab 1911. Für die herannahende S-Bahn baute man 1925/26 etwas weiter östlich einen hochgelegenen Mittelbahnsteig mit Überdachung und zwei Zugängen sowie ein Gleichrichterwerk (Entwurf: Brademann). Der wegen der starken Nutzung im Berufsverkehr ungewöhnlich breit ausgeführte Bahnsteig wurde im Dezember 1926 eröffnet, doch die ersten S-Bahn-Triebwagen hielten erst im März 1927 Einzug in Hennigsdorf.

... und der »postmoderne« Neubau der Endneunziger (Februar 1998)

Eine Abstellanlage für vier Vollzüge wurde ebenfalls angelegt.
Zur Wiedereröffnung nach der kriegsbedingten Schließung (kein Betrieb von April bis Juni 1945) verkehrten vorerst Dampfzüge Richtung Kremmen. Der Anschluß nach Berlin war durch die zerstörte Brücke über die kanalisierte Havel unterbrochen. Im Juli 1946 war sie von französischen Pionieren wiederhergestellt worden, so daß die elektrische S-Bahn den Betrieb erneut aufnehmen konnte. Allerdings fehlt seit der Schienendemontage im Sommer 1945 das zweite Gleis – ein empfindlicher Substanzverlust; wenigstens im Bahnhofsbereich Hennigsdorf konnte im August 1947 für das Begegnen der Züge ein Kreuzungsgleis gelegt werden. »Hennigsdorf (b Bln)« benannte man die Station 1953, ein Jahr später wurde ein (nicht überdachter) zweiter Mittelbahnsteig für die Züge vom Außenring in Betrieb genommen. Ein weiteres Empfangsgebäude, zusätzlich zu dem aus der Eröffnungszeit am Nordostende des Bahnhofs, war 1960 vollendet worden und ersetzte am Bahnhofsvorplatz die bisher dort bestehende Fahrkartenausgabe. Bald darauf wurde Hennigsdorf zum Sackbahnhof für die S-Bahn. Wieder gab es keinen durchgehenden Verkehr nach Berlin, diesmal durch den Mauerbau verursacht, und der Zustand hielt für wesentlich längere Zeit an: 37 Jahre.
Die Havelbrücke von 1946 wurde Anfang 1962 abgerissen. Dennoch mußte auf dem restlichen Außenstreckenstück der Kremmener Bahn der S-Bahn-Betrieb nicht eingestellt werden. Die rot-gelben Züge verkehrten weiterhin bis Velten, denn dort gab es einen Triebwagenschuppen mit Werkstatt zur Unterhaltung der Fahrzeuge. So war ein »Überleben« des elektrischen Gleichstrombetriebes auf der vom übrigen Netz nun abgetrennten Strecke möglich.
Erst 1983 wurden die letzten S-Bahn-Fahrzeuge aus Hennigsdorf abgezogen, doch der Bahnhof

blieb natürlich weiterhin in Funktion, war in den S-Bahn-Tarif einbezogen. Die Station wurde nun von durch Elloks gezogenen (oder dieselgetriebenen) Vorortzügen bedient. Im Rahmen von Rationalisierungsmaßnahmen wurde das Empfangsgebäude von 1893 Ende der achtziger, Anfang der neunziger Jahre stillgelegt. Erst Ende 1998 waren wieder fahrplanmäßige S-Bahn-Züge präsent, die zurückkehren konnten, nachdem die dritte Havelbrücke, jetzt 70 Meter lang, Mitte 1998 montiert war. Seitdem ist Hennigsdorf erneut, zum dritten Male, auf der Schiene direkt mit Berlin verbunden – und umgekehrt. Der überdachte Bahnsteig wurde 1998 in Richtung Süden verlängert. Hierbei ist eine für den Raum Berlin einmalige Situation entstanden: Elektrische S-Bahn-Züge und elektrische Vorortzüge (im Oberleitungsbetrieb) halten, nur getrennt durch zwei Prellböcke, an der selben Bahnsteigkante.

Der S-Bahn ist Hennigsdorf in besonderem Maße verbunden, denn hier wurden ab den späten siebziger Jahren deren Fahrzeuge konstruiert. Schon 1912/13 hatte die AEG eine neue Lokomotivfabrik in Hennigsdorf errichtet, ein Stahlwerk folgte. Das Werk baute die knallroten Fahrzeuge, die heute überwiegend auf der Ringbahn anzutreffen sind.

Hennigsdorf läuft ständig Gefahr, fälschlich »Henningsdorf« geschrieben und ausgesprochen zu werden. Das 1375 erstmals erwähnte Heynekendorp besitzt das Stadtrecht erst seit 1962. Bis zum Ausbruch des Zweiten Weltkrieges war Hennigsdorf einer der größten Lokomotiv-Hersteller der Welt! Die alte AEG-Lokfabrik gewann in den Nachkriegsjahrzehnten als »VEB LEW Hans Beimler« im osteuropäischen Wirtschaftsraum große Bedeutung. Bis zur Wende 1989 wurden in dem volkseigenen Betrieb »Lokomotivbau Elektrotechnische Werke« rund 20000 Schienenfahrzeuge gebaut. Seit 1992 ist die 24000-Einwohner-Stadt Hennigsdorf Standort des Adtranz-Konzerns. Ende März 1997 mußte die Bahnhofs-Empfangshalle von 1960 am Postplatz einem postmodernen Neubau weichen, der im April 1998 eingeweiht wurde. Die Bahnsteige selbst hielten mit der Modernisierung vorerst noch nicht Schritt.

| | |
|---|---|
| 1.10.1893 | Eröffnung, Empfangsgebäude |
| 1.5.1911 | Umbenennung in »Hennigsdorf (Kreis Oberhavel)« |
| 15.12.1926 | Inbetriebnahme eines neuen, hochgelegten Mittelbahnsteigs etwas östlich des alten Bahnsteigs; Errichtung eines Gleichrichterwerkes |
| 16.3.1927 | Elektrischer Betrieb |
| 4.1945 | Stillegung |
| 18.6.1945 | Wiedereröffnung; Dampfzüge Hennigsdorf – Kremmen |
| 6.7.1946 | Elektrischer Betrieb nach Wiederherstellung der Havelbrücke |
| 17.5.1953 | Umbenennung in »Hennigsdorf (b Bln)« |
| 1954 | Zweiter Mittelbahnsteig |
| 1960 | Weiteres Empfangsgebäude am Südwestzugang, Ersatz für die bisherige Fahrkartenausgabe |
| 21.9.1983 | Umstellung auf Oberleitungsbetrieb (letzte S-Bahn am 20.9.) |
| um 1990 | Stillegung des Empfangsgebäude von 1893 |
| 1997 | Abriß des Empfangsgebäude am Südwestzugang und Neubau |
| 2.4.1998 | Einweihung des neuen Empfangsgebäudes |
| 1998 | Verlängerung des überdachten Bahnsteigs Richtung Süden |
| 12.1998 | Elektrischer Betrieb nach Verlängerung der S-Bahn-Strecke ab Tegel |

KURZZEICHEN: HND
LAGE: AUF BAHNDAMM
NACH HENNIGSDORF NORD
2290 METER,
NACH HEILIGENSEE
2470 METER
(NACH HENNIGSDORF SÜD/
STOLPE SÜD [1954-1961]
1450 METER)

# Hennigsdorf Nord

Fernab von Wohnsiedlungen, diente die Station fast nur als Umsteigebahnhof (Foto Mai 1983)

Gut zwei Kilometer nördlich des Bahnhofs Hennigsdorf überquert seit 1953 die Trasse des Berliner Außenrings (BAR) die der Kremmener Bahn, auf der die S-Bahn ab 1927 von Berlin Richtung Velten unterwegs war. Die Streckenkreuzung als Umsteigepunkt zu nutzen, wurde für die Deutsche Reichsbahn notwendig, als es in den fünfziger Jahren galt, West-Berlin aus dem Schienenverkehr zwischen Ost-Berlin und dem Umland auszuklammern und die Züge nach Ost-Berlin über den Außenring zu leiten. Folgerichtig entstand 1958 ein karger Umsteigebahnhof, zwei Seitenbahnsteige für die »Schnellverkehr« genannten Züge auf dem BAR und am S-Bahn-Gleis ein Seitenbahnsteig, dem sogar ein kleines Empfangsgebäude spendiert wurde.

Die Inbetriebnahme des Bahnhofs Hennigsdorf Nord erfolgte im August 1958; die Bedeutung der Station als Umsteigepunkt wuchs schlagartig, als der Mauerbau 1961 die direkte S-Bahn-Verbindung nach Berlin unterbrochen hatte. Zwischen Velten und Hennigsdorf pendelte die S-Bahn noch über zwei Jahrzehnte, bediente den unteren Bahnsteig des Bahnhofs Hennigsdorf Nord, bis die Strecke auf Oberleitungsbetrieb umgestellt wurde. Der 20. September 1983 war der letzte Tag, an dem in Hennigsdorf Nord eine S-Bahn hielt.

Doch der Bahnhof blieb in Betrieb und sah ab 1987 sogar wieder S-Bahn-Wagen – allerdings auf einem neben dem Bahnsteiggleis separat verlegten Gleis. Damit die in Hennigsdorf hergestellten Neufahrzeuge vor der Auslieferung auf freier Strecke erprobt werden konnten, ließ man sie auf diesem mit Stromschiene versehenen Prüfgleis zwischen dem Werk und der Fahrzeughalle Velten testen. Die Fahrgäste auf dem Bahnsteig konnten also mehr oder weniger regelmäßig eine neue S-Bahn – sehen. Fahren konnten sie mit den brandneuen roten Fahrzeugen nicht, dazu hätten sie sich auf den (weiten) Weg nach Ost-Berlin begeben müssen.

KURZZEICHEN: ANFANGS HNO, SPÄTER HDN, ZULETZT HDNU
LAGE: IM GELÄNDENIVEAU (UNTER DER TRASSE DES BAR)
NACH HOHENSCHÖPPING 1330 METER,
NACH HENNIGSDORF 2290 METER

Noch nach der Wende 1989 stand in dem kleinen Schalterhäuschen einer der typischen mannshohen dunkelgrünen Vorkriegs-Fahrkartenautomaten, die nach Münzeinwurf mit ihrem charakteristischen »wwwhh«-Geräusch eine Pappfahrkarte in die Griffmulde warfen. Das alsbald durch Vandalismus stark beschädigte Häuschen wurde im Juni/Juli 1997 abgerissen. Der ehemalige S-Bahnhof wurde am 24. Mai 1998 stillgelegt, nachdem schon seit Mai 1995 auf den oberen Bahnsteigen, am BAR, kein Zug mehr hielt.

| | |
|---|---|
| 18.8.1958 | (oder 25.8.) Eröffnung; Umsteigebahnhof zum Außenring; Elektrischer Betrieb |
| 21.9.1983 | Umstellung auf Oberleitungsbetrieb (letzte S-Bahn am 20.9.) |
| 28.5.1995 | Schließung der Bahnsteige am Außenring |
| 24.5.1998 | Schließung des ehemaligen S-Bahnsteiges an der Kremmener Strecke |

# Hennigsdorf Süd

Kontrolle ist besser! Wer hatte das tiefer verinnerlicht als die DDR-Führung? Eigens für Kontrollzwecke wurde 1954 nördlich des S-Bahnhofs Heiligensee, gleich hinter der Stadtgrenze, ein S-Bahnhof Hennigsdorf Süd errichtet. Zuvor hatten die Kontrollen im Bahnhof Hennigsdorf stattgefunden. West-Berlinern war bekanntlich schon seit 1952 die Einreise in die DDR untersagt.

Der neue Bahnhof war zunächst ein reiner Kontroll-Haltepunkt, auf dem nicht ein- und ausgestiegen werden durfte. Er besaß zwei Gleise, so daß auf der eingleisigen Strecke Schönholz – Velten hier eine Kreuzungsmöglichkeit vorhanden war. Dieser Sachverhalt und die Tatsache, daß für die Kontrollen ein längerer Zwangshalt an der Station angeordnet war, entlasteten zugleich das seinerzeit überstrapazierte Fahrplangefüge.

Im November 1958 wurde Hennigsdorf Süd für den öffentlichen Verkehr freigegeben und damit zu einem echten S-Bahnhof; die Fahrgäste (West-Berliner durften und dürften nicht darunter gewesen sein) konnten die Station betreten oder verlassen. Knapp zwei Jahre Zukunft sollten dem Bahnhof noch beschieden sein, als er im Oktober 1959 umbenannt wurde in Stolpe Süd. Mit dem Mauerbau im Sommer 1961 war er überflüssig geworden, wurde noch im August stillgelegt und abgetragen. Der durchgehende Schienenstrang zwischen Heiligensee und Hennigsdorf war danach über 37 Jahre unterbrochen, der Bahndamm völlig beseitigt.

| | |
|---|---|
| 4.6.1954 | Eröffnung (nur Kontrollbf.), Elektrischer Betrieb |
| 3.11.1958 | Freigabe für den öffentlichen Verkehr |
| 4.10.1959 | Umbenennung in »Stolpe Süd« |
| 8.1961 | Schließung |

■ Siehe auch:
→Stolpe Süd

# Hermannstrasse

Der Vor-Vorläufer des heutigen Empfangsgebäudes war bis 1971 im Straßenbild präsent (Foto aus den dreißiger Jahren)

Ein Bahnhof aus dem 19. Jahrhundert an der Ringbahn, als Neukölln noch selbständige Stadt Rixdorf war – das ist der Bahnhof Hermannstraße. So modern er sich heute auch präsentiert, eröffnet wurde die Station schon 1899, besaß seinerzeit ein mit roten Ziegeln verblendetes Empfangsgebäude mit einem hohen Walmdach. Bis 1971 stand es dort, wo sich heute der westliche Zugang befindet – damals jedoch gelangte man an dieser Stelle ans Bahnsteig-Ostende. 1910 kam ein weiterer Zugang hinzu, von der westlichen Siegfriedstraße.

Die Neuköllner Hermannstraße wurde Ende der zwanziger Jahre bestens mit elektrischen Schnellbahnen versorgt. Die U-Bahn schob 1927 (Boddinstraße) und 1929 (Leinestraße) ihre neuen Bahnhöfe unter das Pflaster, die S-Bahn unterquerte die Hermannstraßen-Brücke erstmals 1928. Zum Umsteigen miteinander verbunden sind beide Bahnen aber erst seit 1996. Weder die alten Zugangsbauwerke noch der Bahnsteig des S-Bahnhofs haben diese Verknüpfung erlebt.

Das Empfangsgebäude war Ende April 1945 stark beschädigt, der Bahnbetrieb eingestellt. Die S-Bahn rollte zwar schon im Juni wieder, die Teilruine wurde aber erst 1968/69 ausgebaut, um im Februar 1971 schon wieder abgerissen zu werden, noch vor der endgültigen Fertigstellung. Ein schlichter Neubau ersetzte sie, er war 1973 im Zusammenhang mit der Erneuerung und Verbreiterung der Hermannstraßen-Brücke vollendet worden. Im Oktober 1976 beseitigte man auch den Zugang an der Siegfriedstraße. Er war bereits 1961 geschlossen worden und für die Umbauzeit des Haupteingangs 1968/73 noch einmal in Betrieb gewesen. Im September 1980 stellte die Deutsche Reichsbahn (DR) den Betrieb auf der Ringbahn ein – ihre Antwort auf einen Streik des S-Bahn-Personals.

Der Bahnhof Hermannstraße war stillgelegt, daran änderte sich auch nichts, als ab 1984 die DR für die S-Bahn in West-Berlin nicht mehr zuständig war. Die Wiederbelebung der Ringbahn war vom Senat in West-Berlin kurz vor dem Mauerfall 1989 in die Wege geleitet worden. Der Bahnhof Hermannstraße wurde völlig umgebaut, der Bahnsteig Richtung Osten verschoben, so daß er nun genau unter der Straßenbrücke liegt. Eine Stahl-Glas-Konstruktion mit grün leuchtenden Dächern und blau abgesetzten Rahmen im Osten und ein ähnlicher Zugang neben dem blau-grün verkleideten Empfangsgebäude im Westen flankieren die Brückenseiten. Die S-Bahn kam wieder im Dezember 1993. Die erwähnte Verknüpfung mit der U-Bahn schließlich erfolgte im Juli 1996.

Die Geschäftsmeile Hermannstraße, auf kiezhafte Weise international, trägt ihren Namen schon seit mindestens 1882. Doch bis heute ist nicht hundertprozentig geklärt, welcher Hermann seither als Namenspatron fungiert. Zur Auswahl stehen sowohl der Cheruskerfürst Arminius (Hermann), der im Teutoburger Wald, 1873 Jahre vor der Platzbenennung, den römischen Imperialisten Kontra bot, als auch der erste Rixdorfer Oberbürgermeister Hermann Boddin (1844–1907). Glaubt man den Akten des Bezirksamtes, ist Boddin gemeint, obwohl bereits 1924 ein Dementi auf dem Tisch lag, das Boddins Schwager veröffentlichte. Danach hatte der Oberbürgermeister *»eine besondere Vorliebe für Hermann, den Führer der Deutschen in der Schlacht gegen die Römer. Diesem Fürsten Hermann zu Ehren hatte er für die zur Verkehrs- und Prachtstraße auszubauende Britzer Chaussee den Namen Hermannstraße oder Hermannplatz gewählt. Niemals hätte es Boddin zugelassen, Straße und Platz zu bezeichnen aus dem nichtigen Grunde, weil er den Vornamen Hermann trug.«*

| | |
|---|---|
| 1.2.1899 | Eröffnung, Empfangsgebäude |
| 1910 | Zweites Zugangsbauwerk an der Siegfriedstraße |
| 6.11.1928 | Elektrischer Betrieb |
| 4.1945 | Stillegung |
| 18.6.1945 | Wiedereröffnung, Elektrischer Betrieb |
| 1961 | Stillegung Zugang Siegfriedstraße |
| 1968 | Beginn Ausbau des teilzerstörten Empfangsgebäudes, Wiedereröffnung Zugang Siegfriedstraße |
| 1971 | Stopp der Ausbauarbeiten, Abriß des Empfangsgebäudes |
| 23.6.1973 | Eröffnung eines neuen Empfangsgebäudes in Zusammenhang mit Brückenverbreiterung, Schließung Zugang Siegfriedstraße (Abriß 1976) |
| 18.9.1980 | Stillegung (kein Verkehr nach Streikende) |
| 17.12.1993 | Wiedereröffnung, Neubau, Bahnsteig unter Straßenbrücke verschoben |
| 13.7.1996 | Direkter Übergang zur neuen U-Bahn-Station |

Diese moderne Konstruktion steht seit Mai 1993 an der Hermannstraßenbrücke (Juni 1994)

KURZZEICHEN: HER
LAGE: IM EINSCHNITT (EISENBAHNGRABEN)
NACH NEUKÖLLN 850 METER,
NACH TEMPELHOF 3430 METER

HERMSDORF

Die Länge des südlichen Zugangstunnels läßt die einstige Fülle an Gleisen auf dem Bahndamm erahnen (Juli 1998)

Hermsdorf i. Mark hieß die 1877 eröffnete Station ab 1886; der Zusatz wurde 1911 geändert in »b Berlin« und blieb auch noch bestehen, nachdem Hermsdorf zu Berlin eingemeindet worden war, ebenso als 1925 die erste S-Bahn anrollte. Erst seit 1929 ist (Berlin-) Hermsdorf amtlicher Name.

Im Jahre 1889 war ein Empfangsgebäude entstanden, das es heute nicht mehr gibt. Es stand auf der Ostseite der Nordbahnstrecke, etwa 200 Meter weiter südlich als das heutige, und sein Eingang lag – selbstredend – an einer Bahnhofstraße. Die heißt erst seit 1961 Wachsmuthstraße. Ein Mittelbahnsteig, mit Zugang durch Fußgängertunnel, wurde 1895/96 erbaut. Doch nach der Hochlegung der Strecke ab 1908 baute man gleich zwei Bahnsteige völlig neu, denn ein großer Teil der Vorortzüge endete damals in Hermsdorf. In Etappen, 1912 (Richtung Berlin) und 1913 (Richtung Frohnau) wurden sie eröffnet, mit Zugängen jeweils an beiden Enden und einem neuen Empfangsgebäude am Nordostzugang.

Als »Hermsdorf b Berlin« 1925 S-Bahnhof wurde, erhielt die Station auch eines der unumgänglichen Gleichrichterwerke. Erstaunlich: Die Stromschiene befand sich anfangs gefahrenträchtig direkt unterhalb des Bahnsteigs, nicht an der gegenüberliegenden Gleisseite. Schon 1933 benötigte man den östlichen Bahnsteig nicht mehr, Schließung und Abriß folgten. Die Benennung des Bahnhofsplatzes erfolgte erst nach dem Abriß, also für einen seit einigen Jahren amputierten Bahnhof. Der verbliebene Bahnsteig aber steht noch heute, und der lange Fußgängertunnel zur Glienicker Straße erinnert an einst ausgedehnte Gütergleisanlagen und den ehemaligen zweiten Bahnsteig ebenso wie der mittlere Ausgang am Nordende: letztes Relikt vergangener Ausdehnung; seit 1992 wieder ein Zugang, nun zu einem Park-and-Ride-Platz.

Die unmittelbaren Kriegsfolgen waren im Bahnhofsbereich bald überwunden, die S-Bahn mußte lediglich von Mitte April bis Mitte August aussetzen. Viel schwerer wog, daß fortan nur noch eingleisiger Betrieb möglich war, den zweiten Schie-

Ganz typische Bahnhofsmöbel waren diese Sitzbänke (Juli 1974)

nenstrang hatte die Sowjetunion beansprucht und mitgenommen. Solange es in Hermsdorf nicht einmal ein zweites Bahnsteiggleis gab, bis März 1946, konnten Zugkreuzungen sogar nur stattfinden, indem sich ein Zug in die Kehranlage »verkroch«. Diese Wendeanlage wurde nach dem 13. August 1961 nicht mehr benötigt, kein Zug fuhr nach dem Mauerbau Richtung Norden weiter als die zwei Kilometer bis zur nächsten Station Frohnau. Dennoch demontierte die Reichsbahn diese Wendeanlage erst 1978, zusammen mit dem Ferngleis der Nordbahn, parallel zu den S-Bahn-Schienen. Die Fernbahn war hier schon seit 1952 außer Betrieb.

Völlig stillgelegt, wegen angeblich mangelnden Zuspruchs, war Hermsdorf, als 1984 BVG (West) statt Reichsbahn (Ost) bei der S-Bahn (West) das Sagen hatte. Sofort wurden Klagen laut, Rufe nach baldiger Wiedereröffnung. Erfolgreich, denn noch im selben Jahr kam die S-Bahn zurück. Seitdem ging es stetig bergauf. Der jahrzehntelang geschlossene Südzugang wurde im April 1985 reaktiviert. Eine erneute vorübergehende Stillegung des Bahnhofs diente einem »guten Zweck«, zwischen Mai und Dezember 1986 kam auch das zweite Gleis zurück. Der Park-and-Ride-Platz wurde im Februar 1988 eingerichtet, und von Juli 1990 bis März 1992 entstand das nördliche Bauwerk neu, das alte war weitgehend abgetragen worden.

Hermsdorf war ein slawisches Rundlingdorf, erstmals erwähnt 1349. Der Dreißigjährige Krieg hatte es fast völlig zerstört, doch zur letzten Jahrhundertwende entwickelte sich Hermsdorf zu einem Villen- und Wohnvorort. Hermsdorf gehörte bis 1920 zum Kreis Niederbarnim, ist seitdem Ortsteil des 20. Berliner Verwaltungsbezirks Reinikkendorf.

Freundlicher Kleinstadtcharme umweht die westlichen Zugänge an der Heinsestraße, beeindrukkend der Riesenbaum im Rondell auf dem Bahnhofplatz vor dem Empfangsgebäude am Nordostzugang – eine Atmosphäre, die manch anderer S-Bahn-Station gut zu Gesicht stünde.

KURZZEICHEN: HED
LAGE: AUF BAHNDAMM NACH FROHNAU 2060 METER, NACH WAIDMANNSLUST 1570 METER

| | |
|---|---|
| 10.7.1877 | Eröffnung |
| 1886 | Benennung »Hermsdorf i. Mark« |
| 1889 | Empfangsgebäude auf der Ostseite in Höhe der heutigen Wachsmuthstraße |
| 1895/96 | Mittelbahnsteig mit Zugang durch Fußgängertunnel |
| 1.5.1911 | Umbenennung in »Hermsdorf b Berlin« |
| 1908/12 | Hochlegung |
| 16.7.1912 | Eröffnung Mittelbahnsteig Richtung Berlin |
| 25.4.1913 | Eröffnung Mittelbahnsteig Richtung Frohnau und neues Empfangsgebäude, etwa 200 m nördlicher, am heutigen Bahnhofplatz |
| 5.6.1925 | Elektrischer Betrieb |
| 6.10.1929 | Umbenennung in »Hermsdorf« |
| 27.5.1933 | Schließung des Bahnsteigs Richtung Frohnau, danach Abriß |
| 4.1945 | Stillegung |
| 6.1945 | Wiedereröffnung, Dampfbetrieb |
| 18.8.1945 | Elektrischer Betrieb |
| 9.1.1984 | Stillegung (Übernahme durch die BVG) |
| 1.10.1984 | Wiedereröffnung, Elektrischer Betrieb |
| 5.5.1986 | Stillegung (Verlegung zweites Gleis) |
| 22.12.1986 | Wiedereröffnung, Elektrischer Betrieb |

# HIRSCHGARTEN

Die »Geweihe« der Dachträger des Bahnhofs Hirschgarten (Juli 1997)

Hirschgarten, ein Friedrichshagener Ortsteil, wurde 1870 von dem Köpenicker Bankier Friedrich Wilhelm Albert Hirte als Solbad gegründet. Zwar versiegte die Solquelle schon bald, doch wegen der schönen Lage an der Müggelspree entstanden hier viele Villen. An der 1842 eröffneten Strecke der Schlesischen – genannt auch Frankfurter – Bahn war 1894 ein ebenerdiger Haltepunkt Hirschgarten, mit Seitenbahnsteigen, eingerichtet worden.

1902 gab es schon vier Gleise und einen Mittelbahnsteig, der durch einen Tunnel am westlichen Bahnsteigende erreicht werden konnte. Die Holzkonstruktion des Satteldaches auf dem Bahnsteig und die zwei Reihen gußeiserner Säulen erinnern an die Bahnhöfe der Wannseebahn. Zu einem Empfangsgebäude hat es in Hirschgarten nie gereicht, auch zum Zeitpunkt der Aufnahme des S-Bahn-Verkehrs 1928 sah man dafür keine Veranlassung. Nur einen Treppenüberbau aus Stahlprofilblech errichtete man, viel später, um 1970.

Von den zwei S-Bahn-Gleisen blieb im Sommer 1945 keines übrig. Radikal wurden alle Schienenstränge demontiert und als Reparationsleistung in die Sowjetunion verbracht. Zwangsläufig ruhte jeglicher S-Bahn-Verkehr, genau drei Jahre lang, von Ende April 1945 bis Ende April 1948. Zwar waren ab April 1946 Dampfzüge – auf den Ferngleisen – zwischen Ostkreuz und Erkner unterwegs, doch sie hielten nicht an der Villenkolonie. Die Wiedereröffnung des Bahnhofs Hirschgarten kam einer neuen Einweihung gleich; nun war wenigstens wieder, nach mühsamer Wiederaufbauleistung, ein Gleis verfügbar. Das zweite konnte dann Ende Juli 1956 in Betrieb genommen werden.

Unverändert ist die Attraktivität der Station als Ausgangspunkt für Wanderungen, ob nach Norden, durchs Erpetal, den Forst bei Elsengrund und der Mittelheide zur Kolonie Wiesengrund, oder nach Süden, zum Besuch der alten Albatroswerft oder der Freibadestelle in der Müggelspree namens Kamerun.

| | |
|---|---|
| 1.5.1894 | Eröffnung, zwei Seitenbahnsteige |
| 1902 | Viergleisiger Ausbau, jetzt Mittelbahnsteig, Zugang durch Tunnel |
| 11.6.1928 | Elektrischer Betrieb |
| 4.1945 | Stillegung |
| 30.4.1948 | Wiedereröffnung, Elektrischer Betrieb (eingleisig) |
| 31.7.1956 | Inbetriebnahme zweites Gleis |

KURZZEICHEN: HI
(FRÜHER HIR)
LAGE: IM GELÄNDENIVEAU
NACH FRIEDRICHSHAGEN
1420 METER,
NACH KÖPENICK
1480 METER

# Hohen Neuendorf

Ohne Aufschrift und Uhr könnte das Empfangsgebäude auch als Wohnhaus durchgehen (August 1975)

Der heutige S-Bahnhof ist 1924 entstanden und wird seit 1925 von S-Bahn-Fahrzeugen angesteuert. Ans Eisenbahnnetz angeschlossen war man in Hohen Neuendorf schon wesentlich länger, an der Nordbahnstrecke hatte es von 1877 bis 1924 bereits eine Station gegeben. Etwas nördlich vom Standort des jetzigen Bahnhofs hielten einst die Dampfzüge.

Zwei bis drei Jahre früher als die meisten Berliner Stationen war Hohen Neuendorf zum S-Bahnhof geworden. Doch die Gemeinde nördlich von Berlin-Frohnau mußte dafür hinnehmen, daß nicht nur der erwähnte alte Bahnhof, sondern auch ihr zweiter, ein ebenerdiger Haltepunkt namens Stolpe am Südrand der Siedlung, gleich hinter der Berliner Stadtgrenze, stillgelegt wurde. Er liegt unter dem 1924 angelegten Bahndamm förmlich »begraben«; deshalb hatte der neue S-Bahnhof Hohen Neuendorf auch einen zusätzlichen südlichen Ausgang erhalten. Den Hauptzugang im Norden bildet ein mehrgeschossiges Empfangsgebäude, das in der oberen Etage die Empfangs- und Abfertigungshalle beherbergt, zugänglich von der Schönfließstraße. In den zwanziger Jahren war noch nicht abzusehen, daß die Nähe des Ortes zu (West-) Berlin später zu umfangreichen Gleisbau-Aktivitäten der Reichsbahn führen würde. 1928 ergänzte man erst einmal den Bahnhofsnamen zu »Hohen Neuendorf (b Berlin)«.

Durch die Kriegsauswirkungen bewegte sich von Ende April bis Mitte Juni 1945 kein Zug durch Hohen Neuendorf, bis Mitte August kein S-Bahn-Zug. Das nach Kriegsende entfernte zweite Gleis konnte erst im Frühjahr 1948 wieder gelegt werden, jedoch nur im Bahnhofsbereich, als Kreuzungsgleis. Anfang der fünfziger Jahre begannen Ausweis- und Gepäckkontrollen auf dem Bahnhof, ab 1954 sah der Fahrplan für diese Prozedur bis zu sieben Minuten Aufenthalt vor. Die unseligen Kontrollmaßnahmen waren erst mit der Unterbrechung der Strecke Richtung Berlin-Frohnau im August 1961 gegenstandslos geworden. Zu jener Zeit, als die Mauer gebaut wurde, wäre Hohen Neuendorfs S-Bahnhof dauerhaft zur stumpfen Endstelle geworden, hätte die Reichsbahn nicht »vorgesorgt«.

Das Bemühen, West-Berlin in betriebstechnischer Sicht außen vor (eigentlich »innen vor«) zu lassen, setzte schon Anfang der fünfziger Jahre ein. Im Norden manifestierten sich diese Bestrebungen u.a. im Bau eines »Nördlichen Berliner Außenringes« (NAR), der 1953 in Betrieb ging. Von Ost-Berlin (Blankenburg/Karow) kommend, kreuzt er die S-Bahn-Strecke nach Oranienburg nördlich des Bahnhofs Hohen Neuendorf, wurde auch mit ihr verbunden. In diesem Zusammenhang wurde von Hohen Neuendorf bis Birkenwerder das zweite S-Bahn-Gleis wieder aufgebaut. Die Grundlage für eine Ausweichmöglichkeit war also schon lange vor der Grenzschließung vorhanden.

So gab es unmittelbar nach dem Mauerbau tatsächlich einen reinen S-Bahn-Inselbetrieb mit Hohen Neuendorf als Sackbahnhof; das war möglich, weil in der Oranienburger Triebwagenhalle Wartungsmöglichkeiten bestehen. Doch nur kurze Zeit währte der Pendelverkehr. Eilends wurde die S-Bahn nun südlich des Bahnhofs Hohen Neuendorf durch eine lange, zweigleisige S-Kurve mit dem NAR verbunden, dieser erhielt Stromschienen, und bereits im November 1961 fuhr man von Hohen Neuendorf nicht mehr nach Schönholz und Gesundbrunnen in West-Berlin, sondern nach Schönfließ und nach Pankow in Ost-Berlin – gezwungenermaßen.

31 Jahre später war die alte Verbindung mit Berlin wiederhergestellt. Die S-Bahn fährt auf der Nordbahntrasse von 1877 seit 1992 wieder durchgehend. Die »politische« Umgehungsstrecke von 1953/1961 wurde dennoch nicht aufgegeben. Der Hohen Neuendorfer Mittelbahnsteig wurde generalüberholt, man kann fast von einem Neubau sprechen. Unverändert blieben das Empfangsgebäude und der Zugang seitlich bzw. unter der Straßenbrücke. Hier wurde der alte Lasten- in einen Personenaufzug umgebaut. Der 1961 geschlossene Südzugang zum Bahnsteig ist aber nicht mehr eingerichtet worden.

Hohen Neuendorf im Landkreis Oberhavel kennt man seit 1349 (»Nygendorp«), heute zählt die Großgemeinde (mit Bergfelde und Borgsdorf) 16200 Einwohner. Nicht die einzige, aber eine einzigartige Sehenswürdigkeit in Hohen Neuendorf: das Länderinstitut für Bienenkunde in der Friedrich-Engels-Straße. Das hat der wenige Kilometer weiter östlich gelegene Ort Summt trotz seines Namens nicht zu bieten.

| | |
|---|---|
| 1.9.1877 | Eröffnung |
| 15.4.1924 | Schließung |
| 11.12.1924 | Eröffnung eines neuen Bahnhofs, etwas weiter südlich gelegen; Empfangsgebäude am Nordende, zusätzlicher Zugang am Südende |
| 5.6.1925 | Elektrischer Betrieb |
| 6.1928 | Bezeichnung jetzt »Hohen Neuendorf (b Berlin)« |
| 4.1945 | Stillegung |
| 6.1945 | Wiedereröffnung, nur Dampfbetrieb |
| 18.8.1945 | Elektrischer Betrieb |
| 13.8.1961 | Unterbrechung der Verbindung nach Frohnau; Schließung des Südzugangs |
| 19.11.1961 | Anbindung des S-Bahn-Inselbetriebs an das Ost-Berliner Netz über den elektrifizierten Außenring |
| 31.5.1992 | Wiederanbindung der Nordbahntrasse von/nach Frohnau |

KURZZEICHEN: HN (FRÜHER HON)
LAGE: IM EINSCHNITT, GEGEN SÜDEN EBENERDIG
NACH BIRKENWERDER 2220 METER,
NACH BERGFELDE 3300 METER,
NACH FROHNAU 4150 METER

# Hohenschönhausen

Anfangs rollte die S-Bahn nur eingleisig in Hohenschönhausen (Foto Dezember 1984)

Lang und gesichtslos ist der Bahnhof, kurz und geschichtslos seine »Vita«, aber ganz unbedeutend ist die Station Hohenschönhausen nicht. Vom ersten Spatenstich für den Abzweig von Springpfuhl nach Wartenberg Anfang Januar 1982 bis zur Eröffnung des Bahnhofs Hohenschönhausen als vorläufiger S-Bahn-Endpunkt Ende Dezember 1984 vergingen nur knapp drei Jahre. Die Verlängerung nördlich des Haltepunkts Hohenschönhausen, der mit dem Namenszusatz »Nord« geplant war, erfolgte exakt ein Jahr später, am 20. Dezember 1985. Seit diesem Tag verkehrt die S-Bahn in Hohenschönhausen zweigleisig. Der Mittelbahnsteig liegt unter der Falkenberger Chaussee, ist in voller Länge überdacht und besitzt vier Zu- bzw. Abgänge.

Eine Aufwertung erfuhr der S-Bahnhof durch die Umsteigemöglichkeit zur Fernbahn. Hier im Nordosten der Stadt verläuft die S-Bahn parallel zum Berliner Außenring, und an der Station Hohenschönhausen wurde ein Übergang geschaffen. Zwei Seitenbahnsteige gingen im April 1986 in Betrieb, für die damaligen »Sputnik«-Züge. Den Spitznamen verdanken sie ihrem West-Berlin umkreisenden Linienlauf. Heute ist es die Regionalbahn, zu der vom S-Bahnhof umgestiegen werden kann. Das inzwischen unzureichende Wegeleitsystem und die mangelhafte Beleuchtung auf allen drei Bahnsteigen wurden im Spätsommer 1998 verbessert.

Ein junger Berliner Bezirk ist Hohenschönhausen, entstanden 1985 aus den damaligen Weißenseer Ortsteilen Hohenschönhausen, Wartenberg, Malchow und Falkenberg. Hohenschönhausen selbst, mit heute etwa 120000 Einwohnern, hat seine Wurzeln im Mittelalter, im 13. Jahrhundert. Auf Berlins einstiger Gemüsekammer, genannt »Hohenschöngrünkohl«, entstand 1984-89 die jetzt zunehmend buntere und wohnlichere Plattenbausiedlung. Die MfS-Untersuchungshaftanstalt – ein Wort, das mit dem Namen Hohenschönhausen untrennbar verbunden war – schloß die Eisentore am 30. November 1990. Letzter prominenter Insasse war Erich »Ich-liebe-Euch-doch-alle« Mielke. Inzwischen Rentner, wohnt er in einer Plattenbauwohnung – in Hohenschönhausen.

KURZZEICHEN: HSH
LAGE: IM GELÄNDENIVEAU, UNTER DER QUERENDEN STRASSENBRÜCKE
NACH WARTENBERG 1060 METER,
NACH GEHRENSEESTRASSE 1350 METER

| | |
|---|---|
| 20.12.1984 | Eröffnung, Elektrischer Betrieb, eingleisig |
| 20.12.1985 | Zweigleisiger Betrieb |
| 14.4.1986 | Eröffnung Fernbahnsteige |

# Hohenschöpping

Zwischen Hennigsdorf und Velten fuhr die S-Bahn ab 1927 ohne Halt durch, Zwischenstationen kamen erst im Laufe der Zeit hinzu. Einer der beiden später eingefügten Bahnhöfe war Hohenschöpping. In der Nähe waren ab Mitte der dreißiger Jahre Rüstungsbetriebe entstanden und verursachten einen beträchtlichen Berufsverkehr. Im April 1938 wurde deshalb gut zwei Kilometer südlich von Velten der Haltepunkt Hohenschöpping mit einem Mittelbahnsteig eröffnet. Er besaß keine Überdachung, nur ein winziges Abfertigungshäuschen, und war durch eine hölzerne Fußgängerbrücke von Nordosten zu erreichen.
Hohenschöpping wurde zwar – nach der Stillegung im April 1945 – schon Mitte Juni 1945 wiedereröffnet, doch hielten hier nur Dampfzüge der Relation Hennigsdorf – Kremmen. Das zweite Gleis der Strecke wurde in jener Zeit demontiert; in Hohenschöpping fehlte es jetzt auf der nordöstlichen Seite, somit war die Fußgängerbrücke entbehrlich. Die S-Bahn kehrte erst 1946 zurück, als die Havelbrücke nördlich von Heiligensee, die Schienenverbindung mit Berlin wiederhergestellt war. Keine fünf Monate später verzichtete man auf einen S-Bahn-Halt in Hohenschöpping, da die Station nur noch schwach frequentiert wurde und sich mit dem Durchfahren Strom sparen ließ. Die nächste Wiedereröffnung fand im September 1950 statt. Der Bahnhof war von den Abschnürungsmaßnahmen im August 1961 nicht direkt betroffen. Die S-Bahn fuhr weiterhin, wenn auch nicht mehr nach Berlin, sondern nur noch als Pendellinie Hennigsdorf – Velten. Erst 1983 endet die Chronik von Hohenschöpping als S-Bahnhof, als die Gleichstrom-S-Bahn-Wagen durch Züge mit Elloks ersetzt wurden. Seitdem stehen Masten für die Oberleitung auf dem Bahnsteig, doch auch Diesel-Schienenbusse hielten hier noch im Laufe der nächsten 15 Jahre. Die S-Bahn-Fahrkarte galt nach wie vor.
Das 1987 wieder gelegte zweite Gleis, das von Hennigsdorf nach Velten führt, dient nur Test- und Prüffahrten. Es besitzt neben der Oberleitung auch eine Stromschiene, und viele nagelneue S-Bahnen aus den Hennigsdorfer Fertigungsstätten sind auf ihm in den nächsten anderthalb Jahrzehnten an der immer mehr vernachlässigten Station Hohenschöpping vorbeigerollt, ein grotesker Gegensatz. Zuletzt gab es weder Wetterschutz noch Fahrplanaushang, zeitweise weder Beleuchtung noch Stationsschild. Der letzte Schienenbus der Regionalbahn verließ am 23. Mai 1998 den menschenleeren Haltepunkt, kaum jemand hat's bemerkt.
Hohenschöpping gehört zur Gemeinde Velten; der Name bezeichnet eine Stelle an der Havel, wo Wasser geschöpft oder abgeleitet wurde – »scheppinge« war einst ein Wort für das Schöpfen.

| | |
|---|---|
| 13.4.1938 | Eröffnung, Elektrischer Betrieb, kleines Stationsgebäude |
| 4.1945 | Stillegung |
| 18.6.1945 | Wiedereröffnung, Dampfbetrieb Hennigsdorf – Kremmen |
| 6.7.1946 | Elektrischer Betrieb |
| 1.12.1946 | Stillegung |
| 15.9.1950 | Wiedereröffnung, Elektrischer Betrieb |
| 21.9.1983 | Umstellung auf Oberleitungsbetrieb (letzte S-Bahn am 20.9.) |
| 24.5.1998 | Schließung |

Abstieg auf Raten: Ein Bild aus den »besseren« Zeiten des Haltepunkts (April 1980)

KURZZEICHEN: HCH
LAGE: IM GELÄNDENIVEAU
NACH VELTEN 2260 METER,
NACH HENNIGSDORF NORD 1330 METER

# Hohenzollerndamm

Jeder Stein strahlte förmlich Würde und Repräsentation aus

Noblesse oblige – ein dem Namen Hohenzollern angemessenes Bauwerk mußte es sein, in Monumentalarchitektur, das 1910 als ein zusätzlicher Bahnhof die Kette der Ringbahnstationen ergänzte. Der Königliche Baurat Heinrich Theising entwarf ein wuchtiges dreigeschossiges Empfangsgebäude, konzipiert wie ein Wohnhaus; dazu eine massive turmartige Treppenvorhalle, beide durch einen Eisenfachwerksteg miteinander verbunden – ein Jugendstil-Meisterwerk. Finanziert wurde die Station durch eine Bodengesellschaft; eine Bronzetafel am Bahnhofsturm gibt darüber Auskunft. An dem Mittelbahnsteig zu Füßen des Gebäude-Ensembles, im Eisenbahngraben unter der Straßenbrücke, hielt erstmalig im November 1928 die S-Bahn. Die Station besitzt keinen Anschluß, gemeint ist: keine Umsteigemöglichkeit zur U-Bahn, zu querenden S-Bahn-Linien oder zur Regional- bzw. Fernbahn, und zählt damit unter den Ringbahnhöfen zur Minderheit.

Der Bahnhof Hohenzollerndamm war seit seiner Eröffnung zweimal geschlossen. Zum einen in der unmittelbaren Nachkriegszeit (April bis Juli 1945) und noch einmal ab September 1980, als Folge eines Streiks des S-Bahn-Personals. Diese zweite Betriebspause dauerte bis zum Dezember 1993, seitdem ist das würdige Empfangsgebäude – mit der Sanierung war schon 1988 begonnen worden – nicht mehr seiner Funktion beraubt. Auf den seit 1910 bestehenden direkten Zugang zum Bahnsteig von der Straßenbrücke aus, vor dem eisengittergeschmückten Rundbogeneingang, wurde ein Lift gepflanzt. Ergebnis: Komfort schlägt Ästhetik 1:0. Einst gab es hier auch zwei »*sehr kunstvolle Mosaikbilder*«, wie die Baugewerks-Zeitung von 1910 zu berichten weiß, mit Bildnissen des Burggrafen Friedrich I. und des Kurfürsten Joachim II. Sie verschwanden Ende der fünfziger Jahre, als für den Stadtautobahnbau neben den Bahngleisen die Hohenzollerndammbrücke verbreitert wurde; eines befindet sich heute an einem Grunewalder Altenheim in der Koenigsallee Nr.15.

Keine Altersruhe war dem Bahnsteig vergönnt. Er wurde völlig umgebaut, faktisch ein Neubau, und

Historie und modernen Fahrstuhl miteinander zu verbinden, erfordert Kompromisse (Juni 1998)

ist bis unter die Straßenbrücke hindurch verlängert worden. Das Dach verläuft jetzt auch zu beiden Seiten des alten Treppenaufgangs. Am Nordwest-Ende etwas verkürzt, ist der Bahnsteig insgesamt somit leicht nach Südosten verschoben worden. Einen Sinn kann die Lageänderung allerdings erst ergeben, wenn auch an der Südostseite der Hohenzollerndammbrücke ein Zugang errichtet wird. Geplant ist das durchaus, sogar von einem weiteren Turm ist die Rede, durch den eine »Torsituation« auf der Straßenebene entstünde. Zur Verwirklichung fehlt allerdings ein Turm aus Banknotenbündeln.

Das Haus Hohenzollern – die Wiege »Burg Hohenzollern« steht auf einem Vorberg der Schwäbischen Alb – wurde 1061 erstmals erwähnt. Der fränkischen Linie entstammten die späteren Könige von Preußen; in der Mark Brandenburg herrschten die Hohenzollern seit 1417 ohne Unterbrechung ein halbes Jahrtausend und ein Jahr dazu, ohne jegliches Rotationsprinzip. Aus der Sicht des Chefs des Hauses Hohenzollern war, wie Prinz Louis Ferdinand noch 1993, ein Jahr vor seinem Tod, äußerte, der Verzicht auf die Kaiserkrone 1918 ein *»historischer Betriebsunfall, der nur für Wilhelm II., nicht für das Haus Hohenzollern«* gegolten habe. Noblesse oblige!

| | |
|---|---|
| 1.11.1910 | Eröffnung, dreigeschossiges Jugendstil-Empfangsgebäude |
| 6.11.1928 | Elektrischer Betrieb |
| 4.1945 | Stillegung |
| 19.7.1945 | Wiedereröffnung, Elektrischer Betrieb |
| 18.9.1980 | Stillegung (kein Verkehr nach Streikende) |
| 17.12.1993 | Wiedereröffnung, Elektrischer Betrieb, Bahnsteig unter die Straßenbrücke verschoben |

KURZZEICHEN: HO
LAGE: IM EINSCHNITT (EISENBAHNGRABEN)
NACH HALENSEE 1110 METER,
NACH HEIDELBERGER PLATZ 1200 METER

# Hoppegarten (Mark)

Eine fast ländliche Idylle: Dienstgebäude mit Wetterschutz auf dem Bahnsteig (Mai 1979)

Wo fahren sie denn? Wo fahren sie denn hin? Richtung Strausberg, Linie S5! Auch zur Galopprennbahn Hoppegarten kommt man natürlich mit der S-Bahn, aber erst seit 1947 reicht die Stromschiene bis ins märkische Turfparadies.

Die angeblich grünste Galopprennbahn der Welt, mit 437 Hektar Deutschlands größte, wurde im Mai 1868 eingeweiht, der Bahnhof Hoppegarten zwei Jahre später. Er besaß damals zwei Seitenbahnsteige, das Empfangsgebäude aus den neunziger Jahren – südlich der Gleise – steht noch, etwas verwunschen anzuschauen. Seit 1911 lautet die Bahnhofsbezeichnung »Hoppegarten (Mark)«. Westlich der Neuenhagener (heute Ernst-Thälmann-) Straße und südlich der Ostbahntrasse entstand 1923 ein separater Rennbahnhof. Er verfügte über 5 Bahnsteige (12 Gleise) für die Besucher der Pferderennveranstaltungen; sein Bau war vom Organisator, dem Galopper-Lobby-Verein Union-Club finanziell kräftig unterstützt worden. Der Rennbahnof wurde im September 1944 geschlossen und nach 1945 zur Verladung von Reparationsgütern genutzt. Im Frühjahr 1946 beispielsweise verließen hier S- und U-Bahn-Wagen ihre Berliner Heimat Richtung Moskau. Denselben Weg Richtung Osten nahmen anschließend die Gleise des Rennbahnhofs selbst, übrigens die einzigen Schienen, die an der Ostbahnstrecke zu Reparationszwecken demontiert wurden.

Bauarbeiten für eine Verlängerung der S-Bahn über Mahlsdorf hinaus Richtung Osten, Richtung Hoppegarten, waren 1938 begonnen worden. Von keinem kriegsbedingten Baustopp beeinträchtigt fand der Bahnhofsumbau statt; 1944 war der heutige, mit 19 Metern großzügig breit bemessene Mittelbahnsteig fertiggestellt, aber nicht überdacht worden. Eigentlich waren zwei parallele Mittelbahnsteige geplant, an der Breite des Brückenwiderlagers noch zu erkennen. Aber die fortschreitenden Kriegsereignisse verhinderten die Vollendung im vorgesehenen Umfang.

Recht bald nach Kriegsende lebte der Rennbetrieb allmählich wieder auf. Ende 1946 war technisch alles vorbereitet für die elektrische S-Bahn, aber der Winter war hart, der Strom kontingentiert. Die Eröffnung verzögerte sich bis zum März 1947. Am Endpunkt Hoppegarten traf stündlich (in der

Hauptverkehrszeit halbstündlich) eine S-Bahn ein. Hierfür war die nördliche Bahnsteigkante erhöht worden. Am südlichen Bahnsteiggleis gab's den Anschluß zu Dampfzügen Richtung Strausberg.
Noch vor dieser Elektrifizierung büßten Vorort- und Fernbahnstrecke doch noch das zweite Gleis ein. Auf der Strecke nach Erkner wurde das Material dringender benötigt; diese Demontage war mithin keine Reparationsmaßnahme. Seit September 1948 verkehrt die S-Bahn auch über Hoppegarten hinaus, erst alle 40, seit Jahrzehnten nun schon alle 20 Minuten. Taktverdichtungen sind heutzutage möglich: Hoppegarten ist seit November 1992 ab Berlin durchgehend zweigleisig angebunden. Der Bahnsteig stimmt ein auf das Geläuf im Grünen: Nur zu Teilen ist er gepflastert, ein breiter Grünstreifen ziert seinen östlichen Teil, jenseits des einzigen Zugangs.
Nicht vergessen werden darf noch ein dritter Bahnhof Hoppegarten. Nördlich der S-Bahn-Station dampften von Oktober 1898 bis Mai 1965 auf einer Kleinbahnstrecke Züge nach Alt-Landsberg (frühere Schreibweise).

Hoppegarten hat rein gar nichts mit »Hoppe-hoppe-Reiter«, dafür sehr viel mit dem fehlgeschlagenen Versuch des Alten Fritz zu tun, hier nahe der preußischen Kapitale Hopfen (märkisches Platt: »Hoppen«) anzubauen. Dahlwitz-Hoppegarten (einst Dolewitz) war schon um 1250 markgräfliches Dorf, später Rittergut. Die Siedlung gehört zum Landkreis Märkisch Oderland. Die Zukunft des großartigen Geläufs ist auch etliche Jahre nach der Wende nicht so rosig wie 1990 noch erwartet. Der Streit um Nutzungsdetails zwischen Union-Club, Rennverein Hoppegarten und der Treuhand-Nachfolgeorganisation erwies sich beim Bestreben, Hindernisse zu überspringen, als Pferdefuß.

| | |
|---|---|
| 1.5.1870 | Eröffnung, Seitenbahnsteige, erstes Empfangsgebäude nördlich (Jahre später ein Empfangsgebäude südlich) der Bahntrasse |
| 1.5.1911 | Umbenennung in »Hoppegarten (Mark)« |
| 1.8.1944 | Neuer Mittelbahnsteig nach viergleisigem Ausbau der Ostbahnstrecke |
| 4.1945 | Stillegung |
| 10.9.1945 | Wiedereröffnung |
| 7.3.1947 | Elektrischer Betrieb |

KURZZEICHEN: HPN
LAGE: IM GELÄNDENIVEAU
NACH NEUENHAGEN
1700 METER,
NACH BIRKENSTEIN
1800 METER

# HUMBOLDTHAIN

Das Verhältnis von geplanten oder ansatzweise begonnenen zu tatsächlich ausgeführten Bahnanlagen oder Bahnhofsbauten im Berlin der Nazi-Zeit entspricht etwa dem von tausend zu zwölf Jahren. Der S-Bahnhof Humboldthain gehörte zu dem ehrgeizigen Vorhaben der 1939 fertiggestellten Nord-Süd-Untertunnelung Berlins für die S-Bahn. Im Januar 1934 begann der Bau – im Januar 1935 war Eröffnung.
Ein bemerkenswertes Empfangsgebäude hat Richard Brademann entworfen; ein eingeschossiger Klinkerbau mit siebeneckigem Grundriß steht an der Wiesen-/Ecke Hochstraße in Wedding und vermittelt den (einzigen) Zugang am südlichen Ende des im Einschnitt gelegenen Mittelbahnsteigs. Kennzeichnend für das Erscheinungsbild ist auch die steile Böschungs-Stützmauer neben dem westlichen Gleis, mußte doch 1934 für die S-Bahn die vorhandene Trasse der Stettiner und der Nordbahn erweitert werden.
Ein Jahrzehnt nach der Einweihung, Ende April 1945, ist der Bahnhof geschlossen, drei Monate später allerdings schon wieder geöffnet worden. Später wurde er »Grenzbahnhof«; Humboldthain lag noch im französischen Sektor, und für Fahrten Richtung Friedrichstraße war er »letzter Bahnhof im Westsektor«. Ein entsprechend beschriftetes, großes Warnschild vor dem Empfangsgebäude war noch 1985 vorhanden! Die Situation war auch nach dem Mauerbau 1961 sinngemäß die gleiche, nur daß die nächste Ausstiegsmöglichkeit nun der Bahnhof Friedrichstraße in einer »Hauptstadt der DDR« war.
Im Januar 1984 wurde Humboldthain stillgelegt, die BVG hatte den West-Berliner S-Bahn-Betrieb übernommen und wollte sich mit einer Wieder-

Das siebeneckige Empfangsgebäude im Jahre 1938

eröffnung ursprünglich mehr Zeit lassen, als es die ausgesperrten Fahrgäste guthießen. Die aber setzten sich durch. Schon im Mai 1984 fuhren die Züge wieder im Bahnhof Humboldthain, der im November 1987 auch saniert wurde. Dennoch kam es ein weiteres Mal zum Schließen der Bahnhofspforten, als der Nord-Süd-Tunnel grundlegend saniert werden und Humboldthain in die fällige Streckensperrung notwendigerweise mit einbezogen werden mußte. Diese Stillegung dauerte von Anfang April 1991 bis Ende Februar 1992.

Zum 100. Geburtstag von Friedrich Wilhelm Heinrich von Humboldt (1869) wurde der Grundstein zum Humboldthain gelegt. Die 26 Hektar große Anlage, gestaltet vom Lenné-Schüler Gustav Meyer, war einer der schönsten Landschaftsparks von Berlin – und ist es jetzt wieder, nachdem die 1941/42 hingeklotzten Hochbunker teilweise zerstört, mit Trümmern aufgeschüttet und bepflanzt wurden. 85 Meter über NN bieten sich von der Humboldthöhe (38 Meter über Geländeniveau) eine ausgezeichnete Rundumsicht und ein interessanter Blick auf den südlichen Teil des Bahn-Nordkreuzes.

KURZZEICHEN: HUM
LAGE: IM EINSCHNITT, 5,6 METER UNTER STRASSENNIVEAU
NACH GESUNDBRUNNEN 860 METER,
NACH NORDBAHNHOF 1590 METER

| | |
|---|---|
| 31.1.1935 | Eröffnung, siebeneckiges Empfangsgebäude, Elektrischer Betrieb |
| 4.1945 | Stillegung |
| 6.1945 | Wiedereröffnung, Dampfbetrieb |
| 19.7.1945 | Elektrischer Betrieb |
| 9.1.1984 | Stillegung |
| 1.5.1984 | Wiedereröffnung, Elektrischer Betrieb |
| 2.4.1991 | Stillegung (Sanierung Nord-Süd-Tunnel) |
| 1.3.1992 | Wiedereröffnung, Elektrischer Betrieb |

# Innsbrucker Platz

Die Berliner Ringbahn hat seit 1877 immer mehr Stationen hinzubekommen. Die letzte war – und ist bis heute – der Bahnhof Innsbrucker Platz. Mit seinem Eröffnungsdatum 1933 ist er gleichzeitig der einzige, der nachträglich in die Ringbahn eingefügt wurde, als schon die elektrische S-Bahn verkehrte (vom Sonderfall →Schöneberg einmal abgesehen). Seine Schalterhalle am östlichen Bahnsteigende war unter dem Bahndamm eingebaut, die Fassade mit Naturstein verblendet.

Knapp zwölf Jahre konnten die Züge ihren Dienst versehen, dann mußte die Station wegen der Kriegsereignisse schließen; nach nur zwei Monaten wurde sie im Juni 1945 wieder eröffnet. Das Ende des Empfangsgebäudes besiegelte nicht der Krieg, sondern der Autobahnbau, der 1969 begann – das seinerzeit größte Tiefbauvorhaben Berlins umfaßte den Innsbrucker Platz. In Gänze krempelte man Platzbereich und Umgebung um, schuf fünf Verkehrsebenen, die oberste trägt die Gleise für S-Bahn- und Güterzüge. Nicht nur wurde die Schalterhalle abgerissen, auch der Bahnhof selbst wurde Anfang Juni 1972 stillgelegt. Auf etwa 22 Meter hohen Pfeilern fuhr die S-Bahn zeitweilig über eine gigantische Baugrube hinweg, fuhr jahrelang ohne Halt zwischen den Stationen Schöneberg und Wilmersdorf.

Erst Ende September 1979 wurde der Haltepunkt Innsbrucker Platz wiedereröffnet, da war die neue Stadtautobahn schon 17 Monate für den Autoverkehr freigegeben. Drei Jahre sollte die Station laut Planung geschlossen bleiben, fast siebeneinhalb Jahre waren daraus geworden. Das neue Empfangsgebäude ist eingebaut in Bahndamm und Brückenwiderlager, verblendet mit roten Ziegeln. Eine darin eingelassene Sandstein-Wappenplatte erinnert an den Vorgängerbau. Das neue Bahnsteigdach bestand aus Asbestzement. Dessen (seinerzeit noch nicht erkannten) potentiellen Gefahren waren die Fahrgäste jedoch nur ein knappes Jahr ausgesetzt, da wurde der Bahnhof schon wieder dichtgemacht, genauer: nicht wiedereröffnet nach einem Streik des S-Bahn-Personals. Die Südringstation dämmerte 13 Jahre, während zu ihren Füßen auf, am und unter dem Innnsbrucker Platz alle Arten von Verkehr tosten. In der Schalterhalle blühte ein Blumengeschäft.

Die vierte Eröffnung des Bahnhofs datiert von 1993. Eine Woche vor Weihnachten war es soweit,

Lange Stillegungszeiten öffnen dem Vandalismus Tür und Tor (Foto Februar 1983)

der Südring war wiederbelebt. Das Bahnsteigdach besteht jetzt aus Trapezblechen, es ruht auf Stützen *»in Schmetterlingsform«* (nur mit viel Phantasie zu erkennen). Der Dienstraum befindet sich, phantasielos, in einem handelsüblichen Container (in Containerform). Doch eine Rarität hat der Bahnhof seit Mai 1994 zu bieten: einen Schrägaufzug.

Der Innsbrucker Platz war nie ein Schmuckstück der Stadt. Seinen Namen erhielt er 1927 im Zuge des Umbaus zu einem Kreisverkehr, schon damals war der Verkehr nicht anders zu bändigen. Der 1910 eröffnete U-Bahnhof Hauptstraße wurde am Tag der S-Bahnhofs-Eröffnung 1933 ebenfalls Innsbrucker Platz benannt. Die namengebende österreichische Hauptstadt von Tirol (1805–1814 bayerisch) stiftete einen kleinen Marmorbrunnen – eine Kopie nach dem historischen Original in Innsbruck –, der etwas abseits sein Sprudelleben fristet.

KURZZEICHEN: IP
LAGE: AUF BAHNDAMM
NACH BUNDESPLATZ
930 METER,
NACH SCHÖNEBERG
620 METER

| | |
|---|---|
| 1.7.1933 | Eröffnung, Elektrischer Betrieb |
| 4.1945 | Stillegung |
| 6.1945 | Wiedereröffnung, Elektrischer Betrieb |
| 1970 | Abriß der Schalterhalle |
| 1.6.1972 | Stillegung (Umbau des Platzes, Neubau von Stadtautobahn und Bahnbrücke) |
| 30.9.1979 | Wiedereröffnung, Elektrischer Betrieb |
| 18.9.1980 | Stillegung (kein Verkehr nach Streikende) |
| 17.12.1993 | Wiedereröffnung, Elektrischer Betrieb |

# JANNOWITZBRÜCKE

»Janovenwitzbrücke« murrte der Berliner, das war 1822. *»Ohne Unterschied, ob sie etwas tragen, ziehen, schieben, wälzen oder nich*t«, mußten alle 6 Pfennig Brückenzoll an die AG des Baumwollfabrikanten August Alexander Jannowitz bezahlen, wollten sie die Spree auf der hölzernen Jochbrücke überqueren. 1831 übernahm der Staat die Brücke, nahm die Maut, bis 1840.

Brücke Nr. 2 entstand zeitgleich mit der Stadtbahnstation Jannowitzbrücke, der erste Zug hielt hier im Februar 1882. Auf dem schmalen Mittelbahnsteig wehte der von der Spree kommende Wind den Fahrgästen die Rauchgase der Lokomotiven ins Gesicht. Echt ätzend, befand man und baute schon 1885 zwischen den Fernbahn- und den Vorortgleisen eine schützende Glaswand mit Extradach. Bald wuchs der Andrang, es wurde zu eng auf dem Bahnsteig, er mußte verbreitert werden. Die Ferngleise nebenan wichen aus, übers Wasser, mit Hilfe einer auskragenden Stahlkonstruktion. Die stammt von 1903/06 und war bis 1997 noch vorhanden, wurde dann modifiziert. Ganz im Ge-

Vier Verkehrsebenen begegnen sich an der Jannowitzbrücke - S-Bahn, Bus, Schiff und U-Bahn (Aufnahme vom Anfang der neunziger Jahre)

Die Rekonstruktion mußte teilweise vom Wasser aus erfolgen (September 1997)

gensatz dazu der alte Bahnsteig: Als die elektrische S-Bahn auf der Stadtbahn 1928 sukzessive den Dampfbetrieb ersetzte, wurde er abgerissen und die heutige Bahnsteighalle errichtet. Sie entstand zwischen 1927 und 1932 nach Plänen von Hugo Röttcher, zeitgleich mit einer neuen Bahnbrücke und einer neuen Jannowitzbrücke samt darunterliegendem U-Bahnhof.

Diese dritte Jannowitzbrücke fiel Ende des Krieges den allgemeinen Brückensprengungen zum Opfer. Die S-Bahn stellte den Betrieb Ende April 1945 ein, fuhr ab Mitte November des Jahres wieder. Die gesprengte, im Wasser hängende Brücke wurde 1950 vorsichtig (wegen des darunterliegenden U-Bahn-Tunnels) aus dem Wasser gezogen und demontiert; Brücke Nr. 4, die heutige, datiert von 1952. Mit dem Mauerbau hatte sich die Möglichkeit zum Umsteigen von der S- auf die U-Bahn erledigt, die Tunnelstation wurde zum Geisterbahnhof, dessen Existenz vergessen werden sollte. Und doch hatte sie das kürzeste Dasein aller Geisterbahnhöfe bei U- und S-Bahn. Schon am 11. November (!) 1989 war sie wieder zugänglich gemacht worden, anfangs mit Grenzkontrollen. Solche hat es auf dem S-Bahnhof darüber nicht gegeben, stillgelegt werden mußte er in der Folgezeit dennoch. Die Generalsanierung der Stadtbahn, auch die der Bahnhofshalle von 1928, erforderte von Oktober 1994 für zwei Jahre eine Sperrung, während derer die S-Bahn außen auf den Fernbahngleisen ohne Halt am Bahnhof vorbeirollte.

Proper restauriert, wie sich der denkmalgeschützte Bahnhof mit seinen hellen Glasfronten und Oberlichtbändern jetzt präsentiert, fehlt ihm nur noch etwas Leben in den wieder sichtbar gewordenen Ur-Wölbbögen unter dem Bahnsteig. Den zu betreten kostet übrigens das etwa 65fache des einstigen Brückenzolls ...

| | |
|---|---|
| 7.2.1882 | Eröffnung, ein Mittelbahnsteig für den Vorortverkehr |
| 1885 | Glaswand zwischen Vorort- und Fernbahngleisen |
| 1903/06 | Erweiterung des Viadukts auf der Spreeseite durch eine auskragende Stahlkonstruktion (wegen Verbreiterung des Mittelbahnsteigs) |
| 1927/33 | Neubau einer Bahnsteighalle |
| 11.6.1928 | Elektrischer Betrieb |
| 4.1945 | Stillegung |
| 15.11.1945 | Wiedereröffnung, Elektrischer Betrieb |
| 17.10.1994 | Stillegung (Stadtbahn-Sanierung) |
| 21.10.1996 | Wiedereröffnung, Elektrischer Betrieb |

KURZZEICHEN: JB, FRÜHER JAN
LAGE: AUF GEMAUERTEN WÖLBBÖGEN, PARALLEL ZUR SPREE
NACH OSTBAHNHOF 1150 METER,
NACH ALEXANDERPLATZ 1040 METER

# Jungfernheide

Die drei S-Bahnsteige im Juni 1974

Die Ringbahn – neben der Stadtbahn die wichtigste innerstädtische Strecke – wurde in zwei Abschnitten zwischen 1871 und 1877 in Betrieb genommen. An der Kreuzung mit der Spree am äußersten Ende von Charlottenburg in der Nähe der Jungfernhaide (damalige Schreibweise) wurde im Mai 1894 der gleichnamige Bahnhof mit einem Mittelbahnsteig eröffnet.

Im Jahre 1908 wurde Jungfernheide auch Haltepunkt für die Vorortzüge von Lehrter Bahnhof nach Nauen und Wustermark. Deshalb gesellte sich ein zweiter Mittelbahnsteig (B, nördlich parallel zu A) hinzu.

Das nächste einschneidende Datum war die Elektrifizierung der Ringbahn Ende der zwanziger Jahre – im Februar 1929 wurde Jungfernheide S-Bahnhof. Im Dezember desselben Jahres wurde auch der Zubringer zu den Siemenswerken, die S-Bahn-Strecke Gartenfeld – Jungfernheide, fertiggestellt und am Bahnhof Jungfernheide an die Ringbahn angeschlossen. Hierfür war der Bau eines dritten Bahnsteigs (C) notwendig geworden. Er befand sich 200 Meter östlich der beiden älteren Brüder, in der Achse des Bahnsteigs B, und besaß Aufbauten und Aufgänge in grüner Farbe.

Die Anlage mit drei Mittelbahnsteigen gehörte zu den interessantesten Bahnhöfen im Berliner S-Bahn-Netz, gab es doch Züge, mit denen man von Jungfernheide nach Jungfernheide fahren konnte! Die von Gartenfeld kommenden S-Bahnen hielten zuerst am Bahnsteig B und fuhren dann hinüber zum Bahnsteig C. So war ein Umsteigen in alle Richtungen bequem möglich. Es herrschte also, bis zur Schließung im April 1945, pulsierender Verkehr – mit den S-Bahn-Zügen der Ringbahn und denen nach Gartenfeld sowie den Vorortzügen an der Lehrter Bahn, die allerdings während des Zweiten Weltkriegs größtenteils bis →Spandau West zurückgezogen worden waren.

Die Unterbrechung während der Besetzung Berlins im Jahre 1945 dauerte nur knapp fünf Monate, im September fuhren wieder S-Bahn-Züge am Bahnhof Jungfernheide. Im August 1951 wurde auch der Vorortbahnsteig (A) für den S-Bahn-Betrieb hergerichtet, jetzt fuhren die rot-gelben Züge auch nach Spandau West (über →Siemensstadt-Fürstenbrunn).

Mit dem Niedergang der S-Bahn in West-Berlin nach dem Mauerbau wurde die Anlage immer mehr vereinfacht, Ende Dezember 1975 der Bahnsteig C stillgelegt. Im Rahmen des U-Bahn-Baus (Linie U7 Richtung Spandau) riß man ihn ab (und verbreiterte den Bahnsteig B). Die auf dem entstandenen Freigelände vorgesehene Kehranlage wurde nicht mehr gebaut, denn nach dem S-Bahner-Streik im September 1980 gingen auf dem Bahnhof Jungfernheide die Lichter aus. Zu diesem Zeitpunkt hatte die Verknüpfung mit der U-Bahn unmittelbar bevorgestanden; im Untergrund begann nur zwei Wochen später der Betrieb.

Für zwei Jahre provisorischer Nutzung wurde der Bahnsteig B Anfang 1992 noch einmal hergerichtet. Bis Mitte 1994 endeten bzw. starteten hier Regionalbahnzüge von/nach Nauen. Der erneute Dämmerzustand nach dieser Zwischennutzung dauerte noch ein Jahr, dann begann das große Abreißen. Die Anlagen wurden bis auf die Grundmauern abgetragen und völlig neu gebaut. Etwa auf dem Platz des früheren S-Bahnsteigs B, für eine bessere Umsteigemöglichkeit zur U-Bahn geringfügig nach Osten verschoben, befindet sich der heutige, zur Hälfte überdachte S-Bahnsteig; Mitte April 1997 wurde er eröffnet. Zwar gibt es keinen direkten Zugang zum Tegeler Weg mehr, doch jeweils drei Zugänge von der Max-Dohrn- und, nach und nach, auch von der Olbersstraße wurden bis Mitte 1998 eröffnet. Auch der älteste, der Bahnsteig A, entsteht gegenwärtig wieder, für die Regionalbahn.

Noch ist der S-Bahnhof Jungfernheide Endstation für alle S-Bahn-Züge, eine ungewohnte, unnatürliche Funktion. Erst mit der vollständigen Lückenschließung, mit einer Ringbahn, die diesen Namen ohne Abstriche und Einschränkungen verdient, wird in Jungfernheide Normalität einkehren.

*»Dem Jungfernkloster zu Spandau gehörte bis zur Reformation die Haide, welche sich bis zu den Besitzungen der Stadt Spandau hinzieht und seit Joachim II. dem Staat anheim gefallen ist«*, schrieb 1883 Emil Dominik. Der Staat baute 1829 einen Artillerieplatz, ließ das Schießen üben. Der Volkspark Jungfernheide wurde ab 1920 von Gartenbaudirektor Erwin Barth angelegt, 1923 in Teilen eröffnet und 1930 fertiggestellt. Er gehört mit künstlichem See nebst Insel, Sporteinrichtungen, Spielwiesen, Wildgehege, Kindererholungsstätten, Badeanstalt und Freilichtbühne zu den größten Berlins. Im November 1992 wurde der Volkspark Jungfernheide in das Berliner Baudenkmalbuch eingetragen mit der Begründung, er gelte *»als eines der bedeutendsten Beispiele für die Gartenkunst zur Zeit der Weimarer Republik.«*

| | |
|---|---|
| 1.5.1894 | Eröffnung, Mittelbahnsteig in Hochlage, Empfangsgebäude im Viadukt unter den Gleisen |
| 1.1.1908 | Zweiter Mittelbahnsteig (B) |
| 1.2.1929 | Elektrischer Betrieb |
| 15.11.1929 | Dritter Mittelbahnsteig (C) und zweiter Zugang zur Olbersstraße; Einführung der Siemensbahn (Elektrischer Betrieb) |
| 4.1945 | Stillegung |
| 21.6.1945 | Wiedereröffnung, Dampf-Vorortverkehr |
| 5.9.1945 | Elektrischer Betrieb |
| 28.8.1951 | Bahnsteig A für Vorortverkehr geschlossen; Einführung der elektrifizierten Strecke von Spandau West |
| 16.12.1975 | Schließung Bahnsteig C (anschließend Abriß) wegen U-Bahn-Bau; Verbreiterung Bahnsteig B |
| 18.9.1980 | Stillegung Bahnsteig B (kein Verkehr nach Streikende) |
| 31.5.1992 | Wiedereröffnung Bahnsteig B (Endstation für die nicht elektrifizierte Regionalbahn Richtung Dallgow) |
| 2.8.1992 | Verbindungsgang vom Bahnsteig B zur U-Bahn (gebaut 1980) geöffnet |
| 25.6.1994 | Stillegung Bahnsteig B (Regionalbahn nach Westkreuz verlegt) |
| 15.4.1997 | Wiedereröffnung (Bahnsteigneubau), Elektrischer Betrieb |

KURZZEICHEN: JUN
LAGE: AUF BAHNDAMM
NACH BEUSSELSTRASSE 2600 METER,
NACH WESTEND 2200 METER,
NACH SIEMENSSTADT-FÜRSTENBRUNN (BIS 1980) 2070 METER,
NACH WERNERWERK (BIS 1980) 1940 METER

# Kaiser-Friedrich-Strasse

■ Siehe auch:
→ Braunauer Strasse
Heute:
→ Sonnenallee

Ein Geschichtsspiegel, nicht nur einer der Bahnhistorie, ist in besonderem Maße der Bahnhof Kaiser-Friedrich-Straße an der Ringbahn. Allein seine drei Namen (Majestät/ brauner »Gröfaz«/Gestirn, neutral) sagen viel über ihre jeweilige Epoche aus. Alle Funktionen (Station am Vollring/Endstation am zerbrochenen Ring/17 Jahre Stillegung – wahrhaft kennzeichnende Abschnitte) bündeln sich in dem zur Kaiserzeit eröffneten Bauwerk.
Im Zuge der »Elektrisierung« der Ringbahn floß Gleichstrom ab November 1928 auch in den Gleisen des (Mittel-)Bahnsteigs Kaiser-Friedrich-Straße in Neukölln. Das Empfangsgebäude im Stil der beginnenden Moderne, wie es sich auch heute noch präsentiert, liegt jedoch an der Saalestraße. Es war am 1. Oktober 1912 eingeweiht worden, ein Bau des Architekten und Rixdorfer Stadtbaurates Reinhold Kiehl.
Der 1. Oktober 1939 brachte die Bahnhofsumbenennung in Braunauer Straße. Die Unterbrechung nach den Zerstörungen des Krieges war nur kurz. Lediglich von Ende April bis Mitte Juni 1945 fuhren keine Züge. Bald darauf, im Herbst, wurde die Station in Sonnenallee umbenannt. Ab 1953 warnten dann Tafeln: Letzter Bahnhof im Westsektor.
Die Tage einer Station am Vollring waren für den Bahnhof Sonnenallee bald gezählt, mit dem 13. August 1961 wurde der Ring zerhackt. Der Bahnhof wurde zur Sackgasse, von und nach Treptower Park fuhr nichts mehr. Der durch den anschließenden Boykott forcierte Niedergang wurde komplettiert, als nach einem S-Bahner-Streik am 18. September 1980 der Betrieb nicht mehr aufgenommen wurde. Der westliche Halbring, in den letzten zwei Jahrzehnten noch von hier bis Gesundbrunnen in Betrieb, war tot.
Volle acht Jahre dauerte es dann nach der Wende 1989, bis die S-Bahn-Verbindung Neukölln – Treptower Park wieder geknüpft werden konnte. Feierliche Einweihung war am 18. Dezember 1997; hier verkehrt nun eine Linie, die zwar immer noch nicht auf einem Vollring, doch immerhin auf gut drei Vierteln davon »kreist«. Seit der Wiedereröffnung gelangt man auch erstmals direkt vom Bahnsteig zur Sonnenallee; ein neuer Abgang, Richtung Norden über den Straßenzug, macht's möglich.
Ursprünglicher Namensgeber der Station war der »99-Tage-Kaiser« Friedrich Wilhelm Nikolaus Karl, Vater von »Willem Zwo«. Er starb 1888 an Kehlkopfkrebs. Eines der Emaille-Bahnhofsschilder »Kaiser-Friedrich-Straße« fand übrigens später auf einem anderen S-Bahnhof weitere Verwendung: Weiß überpinselt, prangte nun der schwarze Schriftzug »Yorckstraße« darauf.

| | |
|---|---|
| 1.10.1912 | Eröffnung als »Kaiser-Friedrich-Straße«, Empfangsgebäude |
| 6.11.1928 | Elektrischer Betrieb |
| 1.10.1939 | Umbenennung in »Braunauer Straße« |
| 4.1945 | Stillegung |
| 18.6.1945 | Wiedereröffnung, Elektrischer Betrieb |
| Herbst 1945 | Umbenennung in »Sonnenallee« |
| 18.9.1980 | Stillegung (kein Verkehr nach Streikende) |
| 18.12.1997 | Wiedereröffnung, Elektrischer Betrieb |

# Karl-Bonhoeffer-Nervenklinik

Der Bahnhof mit dem (wenn man von Klammerzusätzen absieht) wohl längsten Stationsschild im S-Bahn-Netz trägt seinen Namen erst seit 1994; er erhielt ihn bereits ein Jahr vor (!) seiner Wiedereröffnung. Bis zur Stilllegung 1984 hieß die S-Bahn-Station Wittenau (Kremmener Bahn). An dem Empfangsgebäude war stets nur »Wittenau Kremm. B.« zu lesen.

Wie viele jüngere Berliner Fahrgäste mögen wohl in den Nachkriegsjahrzehnten über den Sinn der Abkürzung »Kremm. B.« gerätselt haben? West-Berliner durften die DDR ab 1952 nicht mehr betreten – wer kannte später schon den Ort Kremmen an der Bahntrasse, nordwestlich von Dörfern mit so verwunderlichen Namen wie Bärenklau, Vehlefanz und Schwante? Zumal die S-Bahn, Endziel Velten, dort nicht hinfuhr. Des Rätsels Lösung, »Kremmener Bahn«, war auch nicht unbedingt den Bahnsteigschildern zu entnehmen, dort stand die Abkürzung »Kremmen. Bahn«.

Am über 100 Jahre alten, anheimelnd anzuschauenden Empfangsgebäude, das 1893 erbaut wurde, als Wittenau noch Dalldorf hieß, steht »Wittenau Kremm. B.« nach wie vor in riesigen Lettern schwarz auf weiß aufgetüncht, offenbar denkmalgeschützt. Das moderne Schild »Karl-Bonhoeffer-Nervenklinik« befindet sich – viel tiefer – daneben, untergeordnet gar der Bier-Werbung für die Gaststätte, die heute in dem gelben Haus aus Ziegelmauerwerk residiert.

Der deutsche Psychiater und Neurologe Karl Bonhoeffer (1868 – 1948) wirkte maßgeblich an der Charité, er arbeitete u. a. über Geistesstörungen bei chronischem Alkoholismus und Aphasie. Er ist der Namengeber der Reinickendorfer Klinik, die im Volksmund salopp und naßforsch »Bonnies Ranch« genannt wird. Karl Bonhoeffer war der Vater des bekannten Widerstandskämpfers, des evangelischen Geistlichen Dietrich Bonhoeffer (1906 – 1945).

Eröffnet als: ■
→ Wittenau (Kremmener Bahn)

Wie heißt der Bahnhof nun? Wittenau Kremm. B., Engelhardt oder Karl-Bonhoeffer-Nervenklinik? (Mai 1998)

KURZZEICHEN: KBO
(FRÜHER WIK)
LAGE: AUF BAHNDAMM
NACH EICHBORNDAMM
810 METER,
NACH ALT-REINICKENDORF
1480 METER

# Karl-Maron-Strasse

■ Heute:
→ Poelchaustrasse

Kein neuer Bahnhof ohne die zu jener Zeit üblichen Spruchbänder (Oktober 1979)

Historie, Patina, Atmosphäre – die Stationen an der vergleichsweise jungen S-Bahn-Strecke Richtung Ahrensfelde können nichts davon bieten, kaum etwas ist hier stimmungsvoll. Volle Zustimmung gab es aber für den S-Bahn-Bau, als Mitte der siebziger Jahre in Marzahn ein neuer Stadtteil emporwuchs. Noch unter dem Namen »Springpfuhl Nord« geplant, wurde der Bahnhof Karl-Maron-Straße zwischen Springpfuhl und Marzahn im September 1979 eröffnet.

Leise Ironie der Geschichte: Karl Maron, dessen Name durch Straßen- und Bahnhofs-Umbenennung 1992 aus dem Stadtbild verschwand, war 1945/48 als stellvertretender Oberbürgermeister von Berlin aktiv tätig gewesen beim Ändern von Straßennamen. Der SED-Fraktionschef, Vopo-Generalinspekteur und spätere DDR-Innenminister starb 1975; die nach ihm benannte Straße wurde 1978 angelegt. Straße und S-Bahnhof heißen seit Januar 1992 nach dem Theologen Harald Poelchau.

Vom Bahnhof Friedrichsfelde Ost über Springpfuhl nach Marzahn war die S-Bahn Ende 1976 verlängert worden. Aufgrund einer Planungsänderung wurde ein Teil dieser Trasse in der Folgezeit nach Osten verschoben, dabei nördlich des Bahnhofs Springpfuhl die neue Station eingerichtet. Ende September 1979 wurde der Bahnhof dem Verkehr übergeben. Ein wellblechüberdachter Mittelbahnsteig mit einer Handvoll Bänken und Papierkörben, fernüberwacht (TV) vom Bahnhof Marzahn aus – das war alles, aber auch eine kleine Premiere wies die Station auf: Neben den üblichen Treppen am Ausgang wurde, erstmalig in Berlin, für Kinderwagen und Rollstühle eine Auffahrrampe in Form eines Wendelganges geschaffen.

**28.9.1979** Eröffnung, Elektrischer Betrieb
**31.1.1992** Umbenennung in »Poelchaustraße«

Nach dem Mauerbau wurden neben dem S-Bahnhof insgesamt zwei »Sputnik«-Bahnsteige errichtet (April 1991)

Eine Pferderennbahn als Publikumsmagnet ist nicht zu unterschätzen. In Karlshorst waren die zu ihrem Turf-Mekka pilgernden Menschenmassen sogar Anlaß dazu, daß die königlich-preußische Eisenbahn-Verwaltung einen separat angelegten Rennbahnhof eher eröffnete als den »normalen« Haltepunkt an diesem Ort. Der letztere verdankt dem ersteren sozusagen sein Entstehen.

Seit etwa 1872 rollte auf der damaligen Niederschlesisch-Märkischen Eisenbahn bereits eine Art Vorortverkehr nach Cöpenick und Erkner – jedoch am seit 1825 bestehenden Vorwerk Carlshorst vorbei (Schreibweisen mit C bis 1901). Hier gab es schon seit 1862 eine (Hindernis-) Pferderennbahn; das Gelände der jetzigen Trabrennbahn wurde zeitgleich mit dem Rennbahnhof am 9. Mai 1894 eröffnet. Die Rennbahnstation, ein Kopfbahnhof mit anfangs 6 Gleisen, lag westlich der heutigen Treskowallee. An der durchlaufenden Schlesischen (Frankfurter) Bahn, ebenfalls ebenerdig und westlich der Straße, wurde erst im Mai 1895 der eigentliche Bahnhof Carlshorst, mit zwei Seitenbahnsteigen, eröffnet.

Die Strecke wurde 1902 hochgelegt, es entstand nun, östlich der Treskowallee, der heutige Mittelbahnsteig, etwa zur Hälfte geschützt durch eine hölzerne Dachkonstruktion auf zwei Reihen gußeiserner Säulen. Das Empfangsgebäude bauten die Architekten Suadicani und Cornelius in den Bahndamm und die Brückenwiderlager der jetzt entstandenen Straßenunterführung ein, mit einem Rundbogenportal zur Straßenseite. Dieser Zugang an der Westseite blieb jahrzehntelang der einzige. Im Juni 1928 wurden die Dampfloks von den ersten S-Bahn-Zügen abgelöst; für sie legte man auch eine Kehranlage (östlich des Bahnsteigs) an, so daß der nicht elektrifizierte Rennbahnhof für den Personenverkehr allmählich entbehrlich wurde. Als »Station Hippodrom« nutzten ihn 1945 die sowjetischen Besatzer für militärischen Güterverkehr. Der S-Bahn-Betrieb gegenüber war seit April eingestellt; als im Juni 1945 schon Deutschlands erste Trabrennen in Karlshorst liefen, wurden neben der Rennbahn gerade beide S-Bahn-Gleise der Vorortstrecke nach Erkner demontiert. Nach mühseligen Wiederaufbauarbeiten fuhr die erste Nachkriegs-S-Bahn in Karlshorst, als Sonderzug festlich geschmückt, erst wieder am 3. Januar 1948, zwei Tage später begann der Regelbetrieb. Drei Jahre danach entstand der südliche Zugang, seitdem ist das zur Straße führende Rundbogenportal verschlossen.

Von dem um 1960 geplanten Vorhaben, auf dem Gelände des gegenüberliegenden, dahindämmernden ehemaligen Rennbahnhofs einen Fernbahnhof zu errichten, wurde Abstand genommen. Mitte September 1961, vier Wochen nach der zementierten Teilung der Stadt, wurden neben dem S-Bahnsteig östlich der Treskowallee (1961 bis 1992 Hermann-Duncker-Straße) an den Fernbahngleisen eilends zwei behelfsmäßige Seitenbahnsteige in Betrieb genommen. Sie liegen gegeneinander versetzt, für die Fahrtrichtung stadteinwärts befindet sich der Bahnsteig östlich der S-Bahn. Dafür mußte deren Kehranlage verkleinert werden. Das bis heute nahezu unveränderte Provisorium, durch eine längere Stahlbrücke für die Fahrgäste mit der S-Bahn verbunden, diente den »Sputnik«-Zügen, der einzigen Bahnverbindung nach Potsdam ohne »Feindkontakt«, und ist heute Haltepunkt für den Regionalverkehr.

Die Kolonie Karlshorst ist eine Gründung von 1895, die, zur Gartenstadt ausgebaut, nach der Jahrhunderwende als schönster Vorort (»Dahlem des Ostens«) galt. Hier wohnte jahrelang Hedwig Courths-Mahler. 1920 wurde die Stadt Lichtenberg mit dem Ortsteil Karlshorst nach Berlin eingemeindet. Wenig Kriegszerstörungen sind zu vermelden, denn schon vor Kriegsende hatte die Rote Armee Karlshorst als Quartier für ihr Oberkommando festgelegt. Im Offizierskasino der Pionierschule 1 der ehemaligen Wehrmacht, in der Zwieseler Straße, wurde in der Nacht zum 9. Mai 1945 die Unterzeichnung der bedingungslosen Kapitulation Deutschlands vorgenonmmen. Vier Wochen darauf wurde Karlshorst Sitz der sowjetischen Militäradministration SMAD, die später nach Wünsdorf verlegt wurde. »*Auf dem Bahnhof Karlshorst stiegen den S-Bahnzügen öfter sowjetische Offiziersfrauen zu, erkennbar an ihrer fülligen Gestalt, ihrem schrillen Outfit, ihren durchdringenden Stimmen und dem penetranten Geruch des Parfums ›Rotes Moskau‹, der sie umgab*«. (Rolf Schneider). Karlshorst war lange Jahre geteilt – »Klein-Moskau« blieb jenseits der Treskowallee hinter grün gestrichenen Bretterwänden verborgen. Heute muß das Kapitulationsmuseum östlich des S-Bahnhofs, selbst fast ein Museumsstück, unverdientermaßen um Akzeptanz kämpfen.

| | |
|---|---|
| 1.5. 1895 | Eröffnung als »Carlshorst«, ebenerdig, Seitenbahnsteige westlich der heutigen Treskowallee |
| 1901 | Bezeichnung jetzt »Karlshorst« |
| 1902 | Schießung; Neubau Mittelbahnsteig in Hochlage östlich der Treskowallee |
| 11.6.1928 | Elektrischer Betrieb |
| 4. 1945 | Stillegung |
| 5.1.1948 | Wiedereröffnung, Elektrischer Betrieb |
| 12 9.1961 | Inbetriebnahme von zwei Seitenbahnsteigen an den Ferngleisen |

KURZZEICHEN: KH
LAGE: AUF BAHNDAMM
NACH WUHLHEIDE
2270 METER,
NACH BETRIEBSBAHNHOF
RUMMELSBURG
2470 METER

# Karow

Bahnhofsgebäude wie das von Karow unterstreichen die Vorort-Idylle (März 1992)

Bei der Eröffnung der Eisenbahnstrecke nach Stettin 1843 gab es zwischen Berlin und Bernau, auf 23 Kilometern Länge, zunächst keinen einzigen Zwischenhalt. 1896 waren es schon derer sechs; die Siedlung Karow besitzt seit 1882 Schienenanschluß. Als die Bahntrasse zwischen 1910 und 1916 angehoben, also auf einen Damm verlegt und viergleisig ausgebaut wurde, entstand auch das bezaubernde Empfangsgebäude, das wegen seiner baugeschichtlichen Bedeutung nicht ohne Grund unter Denkmalschutz steht.

Ernst Schwartz und Karl Cornelius entwarfen den zweigeschossigen, fast einem Landhaus ähnelnden Bau, den man an seinem Eckturm mit runder Glockenhaube sofort erkennt. Wer zu einer Schalterhalle erhaben hinaufschreiten will, kann die geschwungene Freitreppe nutzen, flankiert von schmiedeeisernen Leuchten und zwei großen Steinkugeln.

Etwa ein Jahrzehnt nach der Einweihung war die Station Karow mit ihrem Mittelbahnsteig und dem einstieligen Holzdach schon ein S-Bahnhof. Die Karower gehörten zu den Berlinern, die schon 1924 eine S-Bahn benutzen konnten, die Strecke nach Bernau wurde als allererste elektrifiziert. Die kriegsbedingte Betriebspause dauerte von Mitte April bis Mitte August 1945, danach mußten die S-Bahn-Züge 20 Jahre mit nur einem Gleis auskommen. Anfang Februar 1976 besaß die Strecke in Karow wenigstens am Bahnsteig wieder ein zweites Gleis (auf der nordwestlichen Seite). Jetzt starteten vom S-Bahnsteig zusätzlich dieselgetriebene Vorortzüge nach Basdorf und weiter auf die »Heidekrautbahn«-Strecke. Jener Linienlauf war auch für die S-Bahn vorgesehen, sogar Zielschilder »Wandlitzsee« existierten schon in den elektrischen Zügen. Doch dazu kam es nie.

Echten zweigleisigen S-Bahn-Betrieb kennt Karow wieder seit Mitte Dezember 1986. Heute wird über einen Bahnhof Karow Nord (oder Buch Süd) zwischen Karow und Buch nachgedacht, der die neuen Wohnungsbauprojekte erschließen soll. Dem Baubeginn darf mit Spannung entgegengesehen werden. Vorerst wäre bereits ein zusätzlicher Nordost-Zugang am Bahnsteigende eine Verbesserung – wenn er denn käme. Immerhin ist das stolze alte Empfangsgebäude inzwischen ans örtliche Abwassernetz angeschlossen: Die bisher genutzte Abwassergrube konnte geschlossen werden – anno 1998.

Die Herkunft des Namens Karow gibt Rätsel auf. War Ritter Friedrich von Kare aus Karow bei

Ansicht des Bahnsteigs im Mai 1978

Genthin Namensgeber des etwa 1240 gegründeten Ortes? Bis 1574 gab es als Schreibweisen ein ganzes »Care«-Paket: »Caro«, »Kahro«, »Charow«, bis 1901 dann »Carow«. Seit 1920 gehört Karow zu Berlin, seit 1986 ist es dem Bezirk Weißensee zugeordnet.

KURZZEICHEN: KAR
LAGE: AUF BAHNDAMM
NACH BUCH
2700 METER,
NACH BLANKENBURG
3260 METER

15.11.1882 Eröffnung als »Carow«
1901 Bezeichnung jetzt »Karow«
1910/16 Hochlegung, Mittelbahnsteig, viergleisiger Ausbau; Empfangsgebäude
8.8.1924 Elektrischer Betrieb
4.1945 Stillegung
11.6.1945 Wiedereröffnung, Dampfbetrieb
13.8.1945 Elektrischer Betrieb
1.2.1976 Einführung dieselgetriebener Züge aus Basdorf an den S-Bahnsteig
15.12.1986 Zweigleisiger S-Bahn-Betrieb

# Kaulsdorf

Gleich gegenüber dem Nordausgang erwartet in einem klassizistisch angehauchten Haus mit Garten den Hungrigen eine »Gaststätte zur S-Bahn«. Mit vielen Fotos und kleinen Exponaten wird auch der Geschichtshungrige zum Thema S-Bahn bedient, zwischen Schultheiss und Sol-Ei.

Gewiß älter als die Restauration ist der Bahnhof Caulsdorf, wie er zur Eröffnung 1869 hieß. Ein Güterbahnhof kam 1881 hinzu, Kaulsdorf lautet seitdem der Name. Im Zusammenhang mit dem Bau neuer Zuführungsgleise für die Ostbahn-Strecke, an der Kaulsdorf liegt, erhielt die Station 1901 ein Empfangsgebäude mit vorgelagertem Bahnsteig sowie einen Mittelbahnsteig anstelle der zwei Seitenbahnsteige der bisherigen einfachen Durchgangsstation. Der heute noch vorhandene Fußgängertunnel stammt von 1903, ein geschlossener Eisenfachwerk-Gang führte zu ihm.

Die S-Bahn erreichte Kausldorf im November 1928, als die Strecke vom →Schlesischen Bahnhof bis hierher weiter elektrifiziert wurde. Doch nur kurze Zeit blieb Kaulsdorf S-Bahn-Endstation und Umsteigepunkt zu den Dampf-Vorortzügen. Die S-Bahn-Verlängerung nach Mahlsdorf kam im Dezember 1929, die neue Umsteigemöglichkeit dort im Dezember 1930. Kaulsdorf war nun »reiner« S-Bahnhof. Aus dieser Zeit stammt, nach dem Abbau des »Hausbahnsteigs« und des alten Mittelbahnsteigs, der heutige Inselbahnsteig für die S-Bahn. Er überstand den Krieg unbeschadet mit einer Zwangs-Betriebspause der S-Bahn von Mitte April bis Mitte Juli 1945.

In der Nachkriegszeit, bis zum Frühjahr 1949, gab es in Kaulsdorf eine Direktverbindung mit Dieseltriebwagen nach Grünau. Diese Züge benutzten Fern- und Gütergleise; eine Rampe des Güterbahnhofs diente auch als provisorischer Bahnsteig.

Kleine Experimente sind noch erwähnenswert für den Verlauf der folgenden Jahre: Richtung Mahlsdorf erprobte die Reichsbahn ab Mitte Dezember 1962 erstmalig Betonschwellen für S-Bahn-Gleise, und Anfang Oktober 1986 erhielt der Bahnsteig an seinem Ostende einen zweiten Ausgang in Form einer stählernen Fußgängerbrücke, damit eine neu errichtete Bus-Wendeschleife nördlich des Bahnhofs bequemer zu erreichen sei. *Sei*, sei gesagt, denn die Fahrgäste verweigerten die Benutzung; im Juni 1990 verschwand die Brücke ersatzlos. Der desolat gewordene Tunnel unter den gesamten Gleisanlagen ist 1993 umfassend saniert worden.

1997 jährte sich zum 650. Mal der Tag, an dem Kaulsdorf auf der Urkunde eines brandenburgischen Markgrafen erstmals als Dorf genannt wurde. Geschichtsträchtig, da ungewöhnlich in Brandenburg, wurde um 1800 die Gewinnung von Zucker aus Runkelrüben *»in Caulsdorff ohnweit Berlin«*. Seit 1920 gehört es zu Berlin, seit 1986 zum Bezirk Hellersdorf. Heute steht das gesamte Ensemble des alten Dorfangers, südwestlich der S-Bahn, unter Denkmalschutz, und Kaulsdorf ist bekannt für den Schilkin-Wodka aus dem Gutshaus Dorfstraße/Ecke Alt-Kaulsdorf. (Ob der auch in der »Gaststätte zur S-Bahn« verausgabt wird, möge man selbst herausfinden.)

| | |
|---|---|
| 25.8.1869 | Eröffnung als »Caulsdorf«; Seitenbahnsteige |
| 15.10.1881 | Bezeichnung jetzt »Kaulsdorf« |
| 1901 | Empfangsgebäude mit Haus- und einem Mittelbahnsteig; Erweiterung der Gleisanlagen in Zusammenhang mit dem Bau der »VnK«-Strecke |
| 1903 | Fußgängertunnel |
| 6.11.1928 | Elektrischer Betrieb |
| 1930 | Rück- bzw. Umbau der Bahnsteige; neuer Mittelbahnsteig für die S-Bahn |
| 4.1945 | Stillegung |
| 7.1945 | Wiedereröffnung, Elektrischer Betrieb |
| 6.10.1986 | Zusätzlicher Ausgang (Fußgängerbrücke nach Norden) |
| 6.1990 | Abriß der Fußgängerbrücke |
| 1993 | Sanierung des Fußgängertunnels, währenddessen hölzerne Notbrücke |

Nicht spurlos sind 80 Jahre am Bahnhof Kaulsdorf vorübergegangen (Aufnahme vom Juli 1983)

KURZZEICHEN: KD
LAGE: IM GELÄNDENIVEAU
NACH MAHLSDORF 1400 METER,
NACH WUHLETAL 1060 METER

# Kohlhasenbrück

Dokument einer schweren Zeit: Die zerstörte Teltowkanalbrücke sorgte für eine Unterbrechung und machte Notbahnsteige erforderlich. Das Foto von 1946 zeigt die behelfsmäßige Plattform auf der Nordseite des Teltowkanals

Gegen Kriegsende wurde auch die S-Bahn-Brücke über den Teltowkanal zwischen Wannsee und →Babelsberg-Ufastadt durch Sprengung zerstört. Der durchgehende S-Bahn-Verkehr war unterbrochen. Als Notmaßnahme wurden 1946 in Kohlhasenbrück behelfsmäßige hölzerne Bahnsteige beiderseits des Kanals errichtet. Es gab mithin zwei Haltepunkte mit dem Namen Kohlhasenbrück:

- östlich des Teltowkanals, parallel zur Neuen Kreisstraße sowie
- westlich des Teltowkanals und noch westlich der Bäkestraße.

Beide Notbahnsteige »Kohlhasenbrück« waren von Februar bis Juli 1946 in Betrieb. Trotz des notwendigen Fußmarsches zwischen den beiden Haltepunkten – über eine Behelfsbrücke – stellte diese Betriebslösung der S-Bahn einen großen Fortschritt gegenüber den zuletzt betriebenen wenigen Dampfzügen Wannsee – Potsdam dar. Nach der Fertigstellung der Kanalbrücke verkehrte die S-Bahn wieder durchgehend zwischen Potsdam und Berlin; die provisorischen Bahnsteige, deren Existenz vielleicht weitgehend unbekannt ist, waren entbehrlich geworden.

Ende 1987 – Berlin war noch geteilt – kam der Gedanke, einen Haltepunkt Kohlhasenbrück zu errichten, erneut auf. In Anbetracht der über dreieinhalb Kilometer langen Strecke zwischen der damaligen S-Bahn-Endstation Wannsee und den Ortsteilen Kohlhasenbrück und Albrechts Teerofen wurde erörtert, stündlich einen S-Bahn-Zug bis zu einem noch zu errichtenden Haltepunkt Kohlhasenbrück verkehren zu lassen. Der Senat von Berlin verwarf die Anregung jedoch im Hinblick auf die zu erwartende geringe Akzeptanz bei gleichzeitig geschätzten Kosten von über 10 Mio. DM. Die Nachkriegs-Behelfsbauten blieben eine Episode, die damalige Notzeiten widerspiegelte.

Kohlhasenbrück ist eine kleine Siedlung am Teltowkanal im Berliner Bezirk Zehlendorf. Auch hier war im 16. Jahrhundert, wie – benachbart –

Zwischen Potsdam und Kohlhasenbrück mußte die S-Bahn pendeln, sie endete am südlichen Notbahnsteig vor der Bäkebrücke (1946)

bei Albrecht, ein Teerofen zur Pechgewinnung in Betrieb. Der Name selbst ist zurückzuführen auf den Starrkopf Hans Kohlhase aus Cölln, der einen durch Raub erbeuteten Silberschatz im Jahre 1540 bei einer Brücke über die Bäke vergraben haben soll. Heinrich von Kleist verschaffte ihm literarische Weihen mit »Michael Kohlhaas«.

Beide Bahnsteige (dies- und jenseits des Teltowkanals):

| | |
|---|---|
| 16.2.1946 | Eröffnung, Elektrischer Betrieb |
| 7.7.1946 | Schließung wegen Wiederherstellung der Teltowkanalbrücke |

# Köllnische Heide

Erst vier Jahre nach der Fertigstellung wurde das Empfangsgebäude eröffnet. Foto aus den dreißiger Jahren

Der Bahnhof Köllnische Heide wird gern mit den Stationen der Ringbahn in einem Atemzug genannt, doch er gehört nicht unmittelbar dazu. Wer vom Ring kommend Richtung Grünau fahren will, kann durch eine abzweigende Strecke direkt auf die Görlitzer Bahn gelangen, muß nicht »über's Eck« fahren und am Bahnhof Treptower Park umsteigen. Die »Abkürzung« wurde 1896 erbaut und 1913 hochgelegt, versehen mit zwei Gleisen. Einen Bahnhof gab es auf dieser Verbindung anfangs nicht.

Obwohl schon zwischen 1913 und 1916 erbaut, wurde das Empfangsgebäude des Bahnhofs Köllnische Heide, gehalten im Stil der Moderne, kriegsbedingt erst im August 1920 eröffnet. Der Bahnhof mit seinem Inselbahnsteig erlebte noch acht Jahre Dampfbetrieb, bevor im November 1928 die erste S-Bahn nahte. Von Mitte April bis Mitte Juni 1945 war der Verkehr vorübergehend unter die Räder gekommen; bis 1961 aber lief der Betrieb reibungslos auf diesem Neuköllner Bahnhof, der knapp vor der Bezirksgrenze zu Treptow liegt – also nahe an einer Sektorengrenze, die dann Staatsgrenze genannt und 1961 abgeriegelt wurde.

Die vormalige Durchgangsstation an einer Verbindungsstrecke war zur Endstation an einer unterbrochenen Trasse geworden – für Züge, die nun, von Zoo über Charlottenburg und Halensee kommend, wenige Meter hinter dem Bahnsteig Köllnische Heide vor einem Prellbock standen. Auch ohne diesen wäre recht bald eine Weiterfahrt unmöglich gewesen, denn der gesamte Bahndamm wurde im Grenzgebiet restlos abgetragen. Die S-Bahn-Züge (w)endeten am nördlichen, ab 1975 am südlichen Gleis und ab 1980 gar nicht mehr. Stilllegung nach Streik des Personals – der Tiefpunkt war erreicht.

Das 1975 bereits einmal aufgefrischte, interessante Empfangsgebäude mit den charakteristischen hohen, eng geteilten Fenstern über dem Eingang erwachte zu neuem Leben, als 1993 die Wiedereröffnung des Südrings konkrete Formen annahm. Der Fußgängertunnel, der sich dem Bahnhofsgebäude anschließt, wurde bis zur Straße Krebsgang

Einst Durchgangsbahnhof, dann Endstation, schließlich Stillegung: ein Bild des Verfalls. Die Aufnahme entstand im März 1990

Krebsgang verlängert, den Bahnsteig hatte man erst einmal fast völlig entfernt. Nur die einstieligen Bahnsteigdachstützen ragten zeitweise noch aus Sandhügeln, auf denen der neue Bahnsteig entstand.

Im Dezember 1993 war es soweit mit dem Lückenschluß, seit der Wiedereröffnung fahren die vertrauten Triebwagenzüge wieder zwischen Treptow und Neukölln über die Grenze hinweg: eine banale Bezirksgrenze wie 1920, als der Bahnhof Köllnische Heide 15 Wochen nach der Schaffung Groß-Berlins zum ersten Mal eröffnet worden war.

Zu Cölln, der historischen Schwesterstadt Berlins, gehörte seit 1590 das gesamte Heiderevier links der Spree; der kleine Restbestand »Köllnische Heide« – südlich des S-Bahnhofs Oberspree (!) – erinnert namentlich bis heute daran.

| | |
|---|---|
| 16.8.1920 | Eröffnung; Mittelbahnsteig, Empfangsgebäude (gebaut 1913/16) |
| 6.11.1928 | Elektrischer Betrieb |
| 4.1945 | Stillegung |
| 6.1945 | Wiedereröffnung, Elektrischer Betrieb |
| 18.9.1980 | Stillegung (kein Verkehr nach Streikende) |
| 17.12.1993 | Wiedereröffnung, Elektrischer Betrieb |

KURZZEICHEN: KHD
LAGE: AUF BAHNDAMM
NACH BAUMSCHULENWEG 1710 METER,
NACH NEUKÖLLN 1770 METER

# Kolonnenstraße

Eine Station aus der Vergangenheit und ein Phantom der Zukunft – beides ist der S-Bahnhof Kolonnenstraße. Er wurde 1881 unter dem Namen Schöneberg eröffnet, und obwohl schon damals von Anfang an dort Ringbahnzüge hielten, hat er nichts mit dem heutigen S-Bahnhof Schöneberg an der Ringbahn zu tun. Er lag vielmehr direkt nordöstlich der heutigen Julius-Leber-Brücke, die im Zuge der Kolonnenstraße in Höhe der Siegfriedstraße (seit 1961 Czeminskistraße) zahlreiche Bahngleise überquert. Letzte Rudimente lassen sich, zugewuchert, noch immer erkennen! Einst stand neben dem überdachten Bahnsteig ein Empfangsgebäude aus roten Ziegeln nebst rundem Turm mit spitzem Dach, eine kleine Bahn-Burg.

■ Eröffnet als →Schöneberg

Dieser Bahnhof Schöneberg (später Kolonnenstraße) wurde schon 1891 umgebaut, für Umsteiger gab es eine Verbindung zum Bahnhof Großgörschenstraße in Form einer Fußgängerbrücke. Ab 1929 hielt die S-Bahn an dem Mittelbahnsteig, auf dem Weg zum →Potsdamer Ringbahnhof. Dreieinhalb Jahre später erfolgte die Umbenennung von Schöneberg in Kolonnenstraße. Das war geboten, denn der jetzige Umsteigebahnhof Schöneberg, weiter südlich gelegen, nahm bald darauf – im März 1933 – seinen Betrieb auf. Das alte Empfangsgebäude des Bahnhofs Kolonnenstraße wurde im Zuge einer Umgestaltung 1936 abgerissen und durch ein Provisorium ersetzt. Den Bahnhof selbst legte man im Juli 1944 mit der Einstellung der Ringbahnfahrten zum Potsdamer Ringbahnhof still. Nach dem Zweiten Weltkrieg sind die Ringbahnzüge nicht mehr zum Potsdamer Ringbahnhof geführt worden.

Pläne für eine Wiederbelebung gibt es seit reichlich anderthalb Jahrzehnten. Bereits 1985 wurde der Baubeginn wegen fehlender Finanzen auf 1987 verschoben, es folgten Verzögerungen, neue Architektenwettbewerbe, Planfeststellungsverfahren, Umplanungen, wendebedingte Neuplanungen und immer wieder mal Verschiebungen – zeitlicher und geographischer Natur. Aus der Sicht verantwortlicher Politiker ist die Entscheidung für einen Bahnhofsneubau wohl mit folgendem glasklaren Statement (Originalzitat!) zu beschreiben: *»Ich*

Heute ist alles überwuchert, doch Anfang der fünfziger Jahre waren die Überreste des S-Bahnhofs Kolonnenstraße nach Schließung und Kriegszerstörung noch gut zu erkennen

*glaube, sicher sagen zu können, daß ich davon ausgehe, daß dies mit höchster Wahrscheinlichkeit nicht der Fall sein wird.«*

Bahnhof Kolonnenstraße – ein Phantom der Zukunft? Der Name Kolonnen- (bis 1902 Colonnen-)straße entstand schon um 1860; die Straße folgte einem alten Kolonnenweg (Anmarschweg zum Exerzierplatz Tempelhofer Feld) und war Mitte der achtziger Jahre des 19. Jahrhunderts eine der wenigen dicht bebauten Straßen in Schöneberg.

Zwischen Langenscheidt- und Sedan- (heute Julius-Leber-) Brücke, im Hintergrund sichtbar lag der Bahnhof Kolonnenstraße (1936)

| | |
|---|---|
| 15.10.1881 | Eröffnung als »Schöneberg«; nur für Ringbahnzüge; Empfangsgebäude |
| 1882 | Halt auch von Zügen der Potsdamer Bahn |
| 1891 | Umbau, Mittelbahnsteig, Errichtung einer Fußgängerbrücke zum Bahnhof Großgörschenstraße |
| 18.4.1929 | Elektrischer Betrieb |
| 1.12.1932 | Umbennung in »Kolonnenstraße« |
| 1936 | Empfangsgebäude bei Bahnhofsumgestaltung abgerissen, durch Provisorium ersetzt |
| 3.7.1944 | Schließung |

# Königs Wusterhausen

Das südöstlich von Berlin gelegene Wusterhausen – von slawisch Wustrow: umflossener Ort – ist im Jahre 1305 als Standort einer wendischen Burg erstmals urkundlich erwähnt worden. Das spätere Wendisch-Wusterhausen wurde während der Residenzzeit des »Soldatenkönigs« als »Königs≈Wusterhausen« (damalige Schreibweise) geadelt. Friedrich Wilhelm I. zelebrierte im bekannten Schloß des Ortes das fast noch bekanntere »Tabaks-Collegium«, eine Gedankenaustausch-Runde; hier waren auch seine noch bekannteren, sechs Fuß langen Kerls, die »Leibbatallion-Grenadiers«, stationiert.

Seit 1866 hat Königs Wusterhausen, gern und oft nur »KW« genannt, einen Bahnhof, damals war er eine Zwischenstation an der Eisenbahnlinie nach Görlitz. Das zweigeschossige Backsteingebäude mit seinen zahlreichen Schmuckelementen entstand ab 1893, Erweiterungsbauten links und rechts folgten bis 1910. Der Bahnhof besitzt – ein Kuriosum – eine zum Gleis am Hausbahnsteig hin offene Schalterhalle; hier ist es oft im Wortsinne »zugig«.

Während KW ab Dezember 1920 mit den über die Großfunkstelle ausgestrahlten ersten Radio-Sendungen seinen Namen in alle Welt trug, 1935 auch Stadtrecht erhielt, ließ die elektrische Neuheit S-Bahn noch lange auf sich warten. Sie endete in Grünau, bis nach dem Kriege, und danach fehlte der Görlitzer Bahn recht schnell ein Schienenpaar. Dennoch wurde die Elektrifizierung vorangetrieben, nicht zuletzt durch Spendenunterstützung der Bevölkerung. Ende April 1951 war es soweit, war KW an das S-Bahn-Netz angebunden. Kurz vor dem Bahnhof konnten sich an einer Ausweichstelle die Züge auf der eingleisigen Strecke begegnen.

Bis heute ist der Bahnhofsbereich bahnbetrieblich ein rechter Flaschenhals, zweigt doch hier auch noch die Strecke nach Beeskow ab. Auf nur drei Gleisen (am Hausbahnsteig und dem parallel gelegenen Mittelbahnsteig) müssen Fernzüge, Re-

Das Empfangsgebäude zu DDR-Zeiten (1980)

gionalbahnen und die S-Bahn, in insgesamt sechs Richtungen, durchgeschleust werden. Die S-Bahn kehrt stumpf auf dem mittleren dieser drei Gleise, nur die des Inselbahnsteigs sind mit einer Stromschiene versehen. Die Zugkreuzung war 1970 von Königs Wusterhausen in den Bahnhof Zeuthen verlegt und die Stromversorgung 1987 durch ein neues Unterwerk verbessert worden.

Das Empfangsgebäude mit seinen runden Eingangsportalen, unter Denkmalschutz seit 1992, wurde 1997/98 nach allen Regeln der Kunst wieder aufgemöbelt und ist jetzt ein wahres Schmuckstück, wertet die Umgebung auf. Zeitweilig war es verhüllt wie ein Christo-Kunstwerk, nur der Bahnhofsnamen-Schriftzug lugte noch hervor. Zwei auf dem Bahnhofsvorplatz gleich neben dem Backsteingotik-Bau stehenden Berliner U-Bahn-Oldtimern darf kein historischer Bezug zugemessen werden, sie dienen als Blickfang und Boutiquen.

| | |
|---|---|
| 13.9.1866 | Eröffnung, Fachwerkbau |
| um 1900 | Empfangsgebäude |
| 4.1945 | Stillegung |
| 21.6.1945 | Wiedereröffnung |
| 30.4.1951 | Elektrischer Betrieb |

KURZZEICHEN: KW
LAGE: IM GELÄNDENIVEAU
NACH WILDAU
2670 METER

Slawen, die dem Verlauf der Spree gefolgt waren, landeten als erste im Müggelland. Auf der Schloßinsel entstand eine Wallburg, die im 12. Jahrhundert Sitz des Slawenfürsten Jacza von Copnic wurde. »Copanic« ist ein slawisches Wort, bedeutet »Inselort«. Die Gründungsurkunde für Köpenick wurde 1209 ausgestellt.
Als 1842 an der ebenerdigen Bahnstrecke Berlin – Frankfurt (Oder) der Bahnhof »Cöpenick« mit zwei Seitenbahnsteigen errichtet wurde, war die Bahnhofstraße nur ein Feldweg. Der damalige Bürgermeister hätte die Station lieber näher an der Altstadt gesehen, aber die Ackerbauern fürchteten den Funkenflug der Dampfzüge, fürchteten um ihre Scheunen und den großen Heuplatz. Sie setzten sich durch, der Bahnhof wurde einige hundert Meter entfernt gebaut. Zwölf Züge hielten damals bereits täglich in Cöpenick, die Fahrzeit nach Berlin betrug 25 Minuten.

Mit der Hochlegung der Strecke 1902 und dem viergleisigen Ausbau entstand der heutige Mittelbahnsteig. Die Oberbauräte Suadicani und Cornelius errichteten kein herkömmliches Empfangsgebäude, sie bauten die Schalterhalle in den Bahndamm und die Brückenwiderlager der Straßenunterführung am westlichen Bahnsteig ein. Prominentester Fahrgast 1906: Wilhelm Voigt. Er fuhr – als »Hauptmann« in der zweiten, sein Gefolge in der dritten Klasse – mit der Bahn zum Rathaus, *»entnahm der Stadtkasse 4000 Mark, verhaftete den Bürgermeister und den Rendanten, die er unter militärischer Eskorte nach der Berliner Hauptwache schickte, und fuhr selbst mit der Stadtbahn davon.«* (Berliner Morgenpost, 17.10.1906). Der Bahnhof ist seit 1928 S-Bahn-Station, die Stadt ist seit 1920 der mit Abstand größte Berliner Bezirk mit zugleich der geringsten Bevölkerungsdichte. Die Schreibweise »Köpenick« mit K fand erst 1933 Niederschlag auf den Bahnhofsschildern.

**Anfang der dreißiger Jahre entstand diese Ansicht der Gebäudefassade**

Der Zweite Weltkrieg führte auch in Köpenick zur Stillegung des Bahnhofs, im April 1945; wenige Wochen darauf war die gesamte Vorortstrecke →Schlesischer Bahnhof – Erkner demontiert. Erst im April 1946 konnte der Verkehr wieder aufgenommen werden, die Dampfzüge auf der Fernbahnstrecke wurden für den Halt in Köpenick mit umständlichen Rangiermanövern an die Bahnsteigkante des S-Bahnhofs herangeführt. Die S-Bahn selbst hielt erst im Januar 1948 wieder Einzug; das zweite S-Bahn-Gleis erreichte Köpenick im Juli 1951.

KURZZEICHEN: KP
LAGE: AUF BAHNDAMM
NACH HIRSCHGARTEN 1480 METER,
NACH WUHLHEIDE 2180 METER

Eine Sanierung des Bahnhofs wurde im Laufe der Zeit immer dringlicher und schließlich 1983 durchgeführt. Das frühere Empfangsgebäude aus der Zeit vor der Hochlegung der Bahn, jenseits der Ferngleise in Höhe des überdachten Teils des Bahnsteigs zu sehen, steht jetzt ganz im Schatten eines großen Kommerztempels. Für den Inhalt der Stadtkasse aber, die der »preußische Hauptmann« im Rathaus ergaunert hatte, erhielte er heute gerade mal vier Jahres-Umweltkarten ...

| | |
|---|---|
| 23.10.1842 | Eröffnung als »Cöpenick«, ebenerdige Seitenbahnsteige, Empfangsgebäude |
| 2.1902 | Hochlegung, viergleisiger Ausbau, Mittelbahnsteig für den Vorortverkehr |
| 11.6.1928 | Elektrischer Betrieb |
| 15.9.1933 | Bezeichnung jetzt »Köpenick« |
| 4.1945 | Stillegung |
| 18.4.1946 | Wiedereröffnung, Dampfbetrieb |
| 5.1.1948 | Elektrischer Betrieb |

# Landsberger Allee

■ SIEHE AUCH:
→LENINALLEE

Im südöstlichsten Zipfel des Stadtbezirks Prenzlauer Berg befindet sich der Bahnhof Landsberger Allee, 1895 in die Ringbahnstrecke eingefügt. Damals besaß er ein Empfangsgebäude mit Klinkerfassade, mit roten und gelben Ziegeln, wie es für jene Zeit üblich war – »Akademismus« wird dieser Stil heute auch genannt. Ein Zugang zum überdachten Mittelbahnsteig bestand nur an der südlichen Seite.

Seit 1929 ist die Station elektrifiziert, hält hier die S-Bahn. Die kriegsbedingte Betriebspause ab Ende April 1945 dauerte nur wenige Wochen; das Empfangsgebäude war zum Teil zerstört, wurde vereinfacht wiederhergerichtet. Ab Ende Juni 1945 hielt die S-Bahn wieder an der Station Landsberger Allee, auf ihrem Linienweg »Vollring«. Beide Begriffe sollten in den Folgejahren verschwinden: Aus Landsberger Allee wurde im April 1950 Leninallee, aus dem Vollring im August 1961 ein rudimentärer Torso. Im Jahre 1964 hat der Bahnhof Leninallee einen zweiten Zugang am Nordende des Bahnsteigs erhalten. Für diesen Zugang von der Storkower Straße wurde ein neues Empfangsgebäude errichtet, ein ansprechender Flachbau aus Stahlbeton, mit einem geschlossenen Brückensteg.

Um die Umsteigebedingungen zu den Straßenbahnen auf der Leninallee zu verbessern, begann man im März 1987, den Bahnsteig nach Süden zu verlängern. Er rückte an die erneuerte, verbreiterte Straßenbrücke heran. Das Vorhaben nahm mehrere Jahre in Anspruch. Teile der noch vorhandenen Reste des alten, südlichen Empfangsgebäudes wurden 1989 und 1990 weggesprengt; erst nach der Wende war der Umbau vollendet. Ein direkter Zugang zu den Straßenbahn-Haltestelleninseln in Straßenmitte und zu den Bürgersteigen ist vom neuen Bahnsteigteil unterhalb der Brücke möglich. Im Oktober 1991 war endlich alles fertig, doch – zwei weitere Umbauten sollten noch folgen.

Ein folgenreicher, wenngleich als »Umbau« winziger, war die Rückkehr der Bahnhofsschilder Landsberger Allee im Januar 1992; ein größerer Umbau wurde 1996/97 vorgenommen. Jetzt wurde u. a. das Bahnsteigdach erneuert, es ist nun teilweise gläsern, vor allem aber wurde in Bahnsteigmitte ein dritter Zugang geschaffen. Für ihn mußte das gerade zehn Jahre alte Aufsichtsgebäude weichen, denn dort beginnt ein 34 Meter langer Fußgängertunnel; er verbindet den Bahnsteig mit der neu entstandenen hypermodernen Radsporthalle »Velodrom« und dem Schwimmstadion.

Die Landsberger Allee durchquert mit ihren gut 14 Kilometern Länge auf dem Weg vom Zentrum bis zum östlichen Stadtrand nicht weniger als fünf Berliner Bezirke. Sie trägt ihren Namen seit 1875, mit Ausnahme des Zeitraums 1950 bis 1992. Einst stellte sie den alten Heerweg nach Alt-Landsberg unweit Strausberg dar; das heutige Altlandsberg, mit Stadtrechten seit etwa 1230, wurde von Friedrich I. 1708 zur Residenz ausgebaut.

| | |
|---|---|
| 1.5.1895 | Eröffnung; Mittelbahnsteig, verklinkertesEmpfangsgeäude am Südausgang (1945 weitgehend zerstört) |
| 1.2.1929 | Elektrischer Betrieb |
| 4.1945 | Schließung |
| 6.1945 | Wiederöffnung, Elektrischer Betrieb |
| 6.4.1950 | Umbenennung in »Leninallee« |
| 1968/69 | Zweiter Zugang am Nordende des Bahnsteigs (zur Storkower Straße) mit einem Empfangsgebäude |
| 1972 | Neue Schalterhalle am Südausgang |
| 1986/91 | Verschiebung des Bahnsteigs unter die Straßenbrücke, Schaffung direkter Umsteigebeziehungen zur Straßenbahn, neuer südlicher Zugang |
| 31.1.1992 | Rückbenennung in »Landsberger Allee« |
| 1996/97 | Umbau des Bahnsteigdaches, dritter Zugang (Tunnel zum Velodrom) |

KURZZEICHEN: LST
(1950-1992 LA)
LAGE: IM EINSCHNITT
NACH GREIFSWALDER STRASSE
1580 METER,
NACH STORKOWER STRASSE
870 METER

# Lankwitz

Vom 1895 eröffneten »Urahn« des Bahnhofs Lankwitz ist nichts mehr vorhanden. Der hieß »Lankwitz, Victoriastraße« und lag ebenerdig nördlich der Victoriastraße, die seit 1937 Leonorenstraße heißt. Schon 1899 ersetzte ihn der heutige Bahnhof Lankwitz auf der anderen Straßenseite. Auch von ihm ist genaugenommen kaum noch etwas vorhanden, sein zweigeschossiges, vieleckiges Empfangsgebäude an der Kaulbachstraße mit den vielen Anbauten und einem Erker existiert nur noch auf alten Photographien. Der Mittelbahnsteig der Station war von Norden her erreichbar, durch die zwei Zugänge eines Fußgängertunnels unter dem Bahndamm. Zwischen 1898 und 1901 wurde die Strecke der Anhalter Bahn Richtung Groß-Lichterfelde Ost auch viergleisig ausgebaut.

Elektrischen Zugverkehr ist für die Lankwitzer seit Beginn des 20. Jahrhunderts nichts Besonderes. Ein Probebetrieb mit 550 Volt lief bereits schon 1903 an und bewährte sich ausgezeichnet, von den hierbei gesammelten Erfahrungen profitierte das System S-Bahn. Im Juli 1929 löste die »echte« S-Bahn die Versuchszüge ab.

Die S-Bahn mußte 1945 pausieren, von April bis August, und rollte danach unermüdlich weiter (bis 1984). Das interessante Empfangsgebäude aber war im August 1943 völlig zerstört worden. Der S-Bahn-Betrieb konnte im August 1945 wieder aufgenommen werden. Im Sommer desselben Jahres war Lankwitz kurzfristig sogar Fernbahnhof, die wenigen Züge begannen und endeten hier, bis nach dem Wiederaufbau der Teltowkanalbrücke im August 1945 der Anhalter Bahnhof die Endbahnhof-Funktion noch einmal übernahm.

In Richtung Süden fuhr die S-Bahn in Lankwitz ab 1951 bis →Teltow, ein Jahrzehnt später aber nur noch bis Lichterfelde Süd, den letzten Bahnhof in West-Berlin. Die Fahrgastzahlen sanken rapide, die Melancholie des Verfalls breitete sich aus. Doch auch nach dem S-Bahner-Streik im September 1980 wurde der Verkehr nicht eingestellt. Im BVG-S-Bahn-Konzept war nach der Übernahme der Betriebsrechte von der DR im Januar 1984 die Strecke nach Lichterfelde Süd allerdings nicht mehr vorgesehen. Der Bahnhof Lankwitz war stillgelegt.

Nicht nur sproß Unkraut zwischen den rostenden Gleisen, es schossen auch phantasiereiche neue Nutzungsideen ins Kraut.

1986: Eine »O-Bahn« soll in Lankwitz fahren, ein spurgebundener elektrischer Omnibus, der von der Straße auf die Trasse wechseln kann.

1988: Die U-Bahn soll in Lankwitz fahren; vom Rathaus Steglitz kommend, könnte sie ab Bahnhof Lankwitz auf der S-Bahn-Trasse bis Lichterfelde Süd verkehren.

1989 wird von der S-Bahn-Wiederinbetriebnahme gesprochen, anfangs geplant mit einem großen

Ansicht des Bahnhofsgebäudes von der Brucknerstraße in den dreißiger Jahren; es wurde bereits 1943 zerstört

Der Wiederherstellung des S-Bahnhofs Lankwitz ging eine gründliche Sanierung voraus (April 1993)

Umsteigeknoten zwischen der U- und der S-Bahn im Bahnhof Lankwitz.

Ende Mai 1995 ist die Wiederbelebung Realität, die Wende im November 1989 hatte auch hier den indirekten Anschub gegeben. Die Ausstattung des wiedereröffneten Bahnsteigs ist eher spartanisch ausgefallen. Nach wie vor ist nur ein Gleis vorhanden (das östliche), lediglich zwei Dachstummel zeugen noch von den typischen Entwürfen der Jahrhundertwende mit zweistieligen Dachträgern. Längsgeteilt ist der Bahnsteig, durch die mit einem Zaun abgetrennte, ungenutzte Hälfte konnte jedoch ein zusätzlicher, treppenloser Zugang zur Brucknerstraße gelegt werden. Ein geplanter Bahnhofsneubau, der die direkte Anbindung an die Leonorenstraße vorsieht, soll später einmal realisiert werden.

Das Dorf Lankwitz, eine ehemalige Landgemeinde aus dem 13. Jahrhundert, gehörte bis 1747 zu Spandau und ist seit 1920 Ortsteil des Bezirks Steglitz. Der Ortsname ist wendischen Ursprungs, »Lankovica« – sprich Lankowiza – bedeutet eine sumpfige Wiese, einen »Ort an der Uferaue«. Das Rinnsal Lanke fließt nur noch unterirdisch, von seiner Quelle in der Amalienstraße unter der S-Bahn hindurch zum Lankwitzer Hafen. Lankwitz wurde im August 1943 zu über 80 Prozent zerstört, hier findet man kaum noch Altbausubstanz.

| | |
|---|---|
| 1.12.1895 | Eröffnung Bahnhof »Lankwitz, Victoriastraße« (ebenerdig, nördlich der heutigen Leonorenstraße) |
| 1.10.1899 | Eröffnung Bahnhof »Lankwitz« (Ersatz für den vorherigen Bahnhof), Mittelbahnsteig auf Bahndamm südlich der heutigen Leonorenstraße, Empfangsgebäude |
| 4.6.1903 | Elektrischer Probebetrieb (550 V) |
| 2.7.1929 | Elektrischer Betrieb (S-Bahn, 800 V) |
| 4.1945 | Stillegung |
| 17.8.1945 | Elektrischer Betrieb |
| 9.1.1984 | Stillegung (Übernahme durch die BVG) |
| 28.5.1995 | Elektrischer Betrieb |

KURZZEICHEN: LAK
LAGE: AUF (NIEDRIGEM) BAHNDAMM
NACH LICHTERFELDE OST 1280 METER,
NACH SÜDENDE 1350 METER

## Lehnitz

Die Trasse der Nordbahn Richtung Oranienburg wurde als eine der ersten »S-Bahn-tauglich« hergerichtet. Die »Perle des Nordens« Lehnitz, südöstlich von Oranienburg, besaß einen Haltepunkt mit zwei Seitenbahnsteigen seit 1878, aus dem 1925 bereits eine S-Bahn-Station wurde. Ein kleines Stationsgebäude gehörte dazu (1981/82 wurde es abgerissen). Ausflügler, Angler und Ruderfreunde schätzten Lehnitz ebenso wie begüterte Industrielle, die hier Villen errichteten.

Nach dem Zweiten Weltkrieg war die elektrische S-Bahn für vier Monate unterbrochen, sie hält seit Mitte August 1945 wieder in Lehnitz. Doch gab es nun nur ein einziges Gleis für Fern- und S-Bahn, die Demontage hatte einen betrieblichen »Flaschenhals« geschaffen. Ab Februar 1950 standen zwar im Raum Lehnitz zwei Gleise für S- und Fernbahn zur Verfügung, gleichwohl entwickelte sich allmählich ein empfindlicher Kapazitäts-Engpaß. Einige Wochen nach dem 13. August 1961 verkehrte die S-Bahn im Inselbetrieb zwischen Oranienburg und Hohen Neuendorf, bis sie Anschluß ans restliche Ost-Netz über Blankenburg erhielt.

Ein Ausbau der Nordbahntrasse und somit Veränderungen im Bereich des Bahnhofs Lehnitz wurden erforderlich, zogen sich aber über viele Jahre hin. Zunächst entstand aus der zweigleisigen Gemeinschaftsstrecke je eine eingleisige Strecke für die S-Bahn und die Fernbahn. 1964 konnte deshalb der Seitenbahnsteig Richtung Oranienburg stillgelegt werden. 1977 begann der viergleisige Ausbau, dazu gehörte auch eine neue zweigleisige Brücke über den Oder-Havel-Kanal. Die gesamte Trasse wurde leicht nach Westen verschoben.

Im März 1980 war ein völlig neuer S-Bahnhof Lehnitz im Brutal-Beton-Stil fertiggestellt. Er befindet sich, jetzt in Hochlage, südöstlich der alten Seitenbahnsteige, deren zweiter (Richtung Berlin) nun auch stillgelegt wurde. An dem neuen Mittelbahnsteig hielten die S-Bahn-Züge für beide Rich-

Im Hintergrund ist der neue Bahnsteig zu erkennen; vorher hielt die S-Bahn an diesem Seitenbahnsteig (April 1980)

Während der eingleisigen Phase war der Zaun das letzte hölzerne Element – heute herrscht purer Beton auf dem S-Bahnhof Lehnitz vor (April 1980)

tungen am westlichen Gleis, an der gegenüberliegenden Bahnsteigkante fuhren die Fernzüge durch. Zu dem nördlichen Zugang gesellte sich 1983 ein südlicher, treppenlos als Rampe ausgeführt, der das S-Bahn-Gleis überquert und deshalb schrankengesichert ist.

Der vollständige zweigleisige Ausbau für S- und Fernbahn, auch über die neue Oder-Havel-Kanal-Brücke nördlich des Bahnhofs Lehnitz – die strikte Trennung beider Betriebsarten also – dauerte noch bis April 1989. Erst seitdem ist der Bahnsteig in Lehnitz ein echter Mittelbahnsteig für die S-Bahn-Züge Richtung Nord und Süd. Von der alten Trasse, den Seitenbahnsteigen, den Schranken am Mühlenbecker Weg und dem alten Stationsgebäude ist nichts mehr vorhanden.

Geblieben ist die Anziehungskraft des Ausflugsziels am Lehnitzsee, der wie schon vor über hundert Jahren Wassersportfreunde anlockt. Schließlich heißt Lehnitz ja »Ort am See«, jedenfalls in der alten westslawischen Sprache »Altpolabisch«.

| | |
|---|---|
| 10.4.1878 | Eröffnung, Seitenbahnsteige |
| 4.10.1925 | Elektrischer Betrieb |
| 4.1945 | Stillegung |
| 6.1945 | Wiedereröffnung, Dampfbetrieb |
| 18.8.1945 | Elektrischer Betrieb |
| 1964 | Schließung des Seitenbahnsteigs Richtung Oranienburg |
| 17.3.1980 | Eröffnung Mittelbahnsteig in Dammlage südwestlich des alten Bahnsteigs; S-Bahn nur am westlichen Gleis, Schließung des Seitenbahnsteigs Richtung Berlin |
| 1983 | Niveaugleicher Ausgang am Bahnsteig-Südende |
| 17.4.1989 | Zweigleisiger S-Bahn-Betrieb am Mittelbahnsteig, da Strecke nun viergleisig |

KURZZEICHEN: LEN
LAGE: AUF BAHNDAMM
NACH ORANIENBURG
1720 METER,
NACH BORGSDORF
2960 METER

## Lehrter Stadtbahnhof

Der Lehrter Bahnhof wird im neuen Jahrtausend zu den wichtigsten Bahnhöfen Berlins zählen. Daß der dann größte Kreuzungsbahnhof Europas weiterhin Lehrter Bahnhof heißen wird, will niemand verbindlich erzählen. Auf die S-Bahn kann man auch im neuen, futuristischen Zentralbahnhof zählen. Die 1882 eröffnete Stadtbahnstrecke ist seit 1911 namentlich in die Stationsschilder integriert: »Lehrter Stadtbahnhof«. Doch seinen 120. Geburtstag im alten Gewand feiern zu können, wird ihm wohl nicht mehr vergönnt sein.

Seinen Namen erhielt der Lehrter vom gleichnamigen Fernbahnhof, eröffnet im Juli 1871, stark zerstört im November 1943, stillgelegt im August 1951 und gesprengt sowie abgerissen 1957 bis 1959. Die »Personengleise« der Fernbahn Richtung Lehrte, jenem heute nicht übermäßig bekannten Städtchen östlich von Hannover, lagen unter dem Mittelbahnsteig des Stadtbahnhofs: *»Eine besondere Eigentümlichkeit der Halle der Station besteht darin, daß der Mittelteil derselben auf der Eisenconstruction der Unterführung der Lehrter Personengleise steht«*, (Zeitschrift für Bauwesen, 1885). Die Eisenkuppeln der Bahnsteighalle von 1882 existieren heute schon lange nicht mehr. Der Qualm der Dampflokomotiven ließ sie zerkrümeln, erzwang schließlich ihren Abriß.

Die Bahnsteighalle des Stadtbahnhofs wurde 1926/28 erneuert, Teile der »Eisenconstruction« waren schon 1912 ausgetauscht worden. Der Umbau gestaltete sich schwierig und aufwendig, mit zahlreichen Zwischen-Bauzuständen. Der Bahnsteig wurde Richtung Osten verlängert. Die S-Bahn konnte kommen, im Juni 1928 fuhr die erste. 1932 wurde der östliche Zugang, das Sockelgeschoß am Wilhelmsufer (seit 1933 Friedrich-List-Ufer, heute nicht mehr existent) modernisiert. In der Hitlerzeit war der Lehrter Stadtbahnhof auserkoren, als Bahnhof »Stadtkreuz« neben einer »Großen Halle des Volkes« zur Miniatur-Modelleisenbahn-Station degradiert zu werden. Nichts davon wurde realisiert – im Gegenteil, die weiteren Ereignisse führten zur Stillegung Ende April 1945. Erst Mitte Oktober des Jahres summten wieder die Elektromotore der S-Bahn auf den Schienen des Lehrter Stadtbahnhofs.

Die zunehmende Teilung der Stadt bedeutete für

In Kürze leider ein Bild aus der Vergangenheit: Ansicht des 1882 eröffneten Lehrter Stadtbahnhofs von der Fernbahnseite (März 1998)

den Lehrter Stadtbahnhof, aus Richtung Osten erster Bahnhof in West-Berlin zu sein: Unbeschreibliche, heute kaum noch nachvollziehbare Emotionen löste der Anblick des Stationsschildes aus bei denen, die nicht nur geographisch Richtung Westen wollten. Erleichterung und Herzklopfen hielten sich die Waage, denn der Lehrter Stadtbahnhof war ebenso letzter Bahnhof in West-Berlin. Nach der Teilung auch des S-Bahn-Netzes 1961 war er Ausgangspunkt einer »*Reise in ein fernes Land*« (Marion Gräfin Dönhoff), das gleich hinter dem Bahnhof begann – sei es für eine »Einreise« (DDR-Deutsch) oder für profanes Umsteigen im Exterritorial-Käfig Bahnhof Friedrichstraße.

Die sichtbarsten Kriegsschäden am Lehrter Bahnhof wurden 1957 beseitigt, die Übergänge zum Fernbahnhof verschlossen. Doch die Substanz verfiel. Setzungen und Risse zeigten sich, Warnschilder dienten als einzige Gegenmaßnahme. Der östliche Zugang war 1972 bis 1984 geschlossen. Ab 1984 mußte auf dem Lehrter Bahnhof das Fahrpersonal zwangsweise den Führerstand wechseln: Die seit jenem Jahr betriebstechnisch zuständigen BVG-S-Bahner durften die Reise in das ferne Land nie antreten, mußten auf dem Lehrter »die Kurbel abgeben«. Sie hatten den Gegenzug zu übernehmen; sinngemäß ebenso hielten es die zurückfahrenden Reichsbahner: ein Acht-Stunden-Tag im Pendeldienst auf 1320 Metern Schiene durchs deprimierende Niemandsland.

Bitter nötig hatte der Bahnhof inzwischen eine Auffrischung; zur 750-Jahr-Feier Berlins 1987 wurde sie ihm gewährt. Die klassische Bahnhofskonstruktion, Erscheinungsbild 1882/1928, war gelungen restauriert worden. Daß die zur Reno-

vierung aufgebrachten Millionen in eine nur für ein gutes Jahrzehnt wirksame Konservierung gesteckt wurden, war noch nicht zu erahnen. Die Mauer fiel, das beiderseits ferne Land war jeweils ganz nah, auch wenn im Sommer 1991 (!) noch immer Schilder in der Bahnsteighalle auf einen »Übergang Invalidenstraße« hinwiesen.
Die Tage des Bahnhofsbauwerks im Look der Eröffnungszeit sind gezählt. Bald werden wieder »Personengleise« unter einem neuen S-Bahnsteig liegen, diesmal in 16 Metern Tiefe. Von ihnen soll man umsteigen können in einen modernen S-Bahn-Glaspalast, der der Erinnerung an die Vergangenheit keine Chance einräumen wird. Es taucht immer wieder die Frage auf: Hätte man den alten S-Bahnhof nicht in den futuristischen Bau integrieren können? Beim alten Reichstag mit seiner modernen Glaskuppel wurde die Synthese auch gewagt. Der neue Lehrter hingegen, der »*städtebauliche Nukleus*« (DB-Wortwahl), wird mit dem alten Stadtbahn-Haltepunkt nur noch den Namen gemein haben.
Vielleicht nicht einmal den.

| | |
|---|---|
| 7.2.1882 | Eröffnung als »Lehrter Bahnhof«; Mittelbahnsteig für den Stadtbahnverkehr, rechtwinklig über den Fernbahngleisen, 129 m lange Halle, als Doppelhalle (auch für den Stadtbahn-Fernverkehr) konzipiert, jedoch nicht ausgeführt |
| 1.5.1911 | Umbenennung in »Lehrter Stadtbahnhof« |
| 1926/28 | Neue Hallenkonstruktion, Bahnsteigverlängerung Richtung Osten auf 160 m |
| 11.6.1928 | Elektrischer Betrieb |
| 4.1945 | Stillegung |
| 15.10.1945 | Wiedereröffnung, Elektrischer Betrieb |
| 3.1972 | Stillegung des östlichen Zugangs |
| 2.1984 | Wiedereröffnung des östlichen Zugangs |
| 1986/87 | Grundlegende Sanierung, Verlegung des nördlichen Zugangs |
| 12.1995 | Schließung des östlichen Zugangs |

KURZZEICHEN: LEH
LAGE: AUF STADTBAHNVIADUKT SOWIE EISENBRÜCKEN ÜBER DIE (EHEM.) HAMBURGER UND LEHRTER BAHN
NACH BELLEVUE 1700 METER,
NACH FRIEDRICHSTRASSE 1410 METER

# LENINALLEE

ERÖFFNET ALS:
→LANDSBERGER ALLEE
HEUTE:
→LANDSBERGER ALLEE

Die Rückbenennung in Landsberger Allee hat dieser Zugangsbau nicht mehr erlebt. Foto aus den fünfziger Jahren

Der neue Kubus im sachlichen Stil der ausgehenden sechziger Jahre kaschiert kaum die Backstein-Vergangenheit

Keine größere Stadt in der DDR, in der nicht ein Straßenzug nach Lenin benannt war! Die Ausnahme war Magdeburg, keine Ausnahme bildete Ost-Berlin. Die Landsberger Allee, Landsberger Straße, Landsberger Chaussee und die Chaussee nach Altlandsberg erhielten durchgehend am 6. April 1950 den Namen Lenins, als »*Symbol der Dankbarkeit für die Hilfe, welche die Sowjetunion der Stadt Berlin und dem deutschen Volk angedeihen ließ*«. Die seit 1895 bestehende, 1929 zum S-Bahnhof gewordene Ringbahnstation Landsberger Allee im Bezirk Prenzlauer Berg erfuhr selbstverständlich ebenso die Weihe, fortan nach Wladimir Iljitsch Uljanow (1870–1924) benannt zu sein.

Der Leiter der Oktoberrevolution und Begründer der UdSSR wohnte übrigens, als er 1895 einige Monate in Berlin verbrachte, nicht am Bahnhof Landsberger Allee, sondern am Bahnhof Bellevue. 68 Jahre nach seinem Tode verschwanden die Schilder »Leninallee« aus dem Berliner Stadtbild, wurde auch der S-Bahnhof rückbenannt in Landsberger Allee.

# Lichtenberg

Eröffnet als:
→Lichtenberg-Friedrichsfelde

Mehr und mehr verblaßt die Erinnerung: das alte Empfangsgebäude an der Lichtenberger Brücke, aufgenommen in den fünfziger Jahren

Bahnhof seit 1881, S-Bahn-Station seit 1928, Tor zum Osten in DDR-Zeiten – »Lichtenberg« wurde assoziiert mit Zügen nach Warschau, Minsk, Moskau, weniger mit S-Bahnen nach Wuhletal, Marzahn, Mahlsdorf. In der Nachwendezeit hatte sich der Bahnhof zunächst einen üblen Ruf erworben, zu dem Skinheads und Taschendiebe ihren Teil beitrugen. Wer den Bahnhof heute aufsucht, spürt nichts mehr von Kriminalität. Auch die Ära der internationalen Ankünfte und Abfahrten ist seit Mai 1998 so gut wie vorüber. Die S-Bahn, obwohl in Lichtenberg mit drei Linien vertreten, steht weiterhin im Schatten des Fernbahnbetriebs. Sie besitzt hier eher eine Zubringerfunktion; nicht zu unterschätzen ist auch der Umsteigeverkehr zur U-Bahn.

Die erste Ansiedlung Lichtenberg, früheste Aufzeichnungen datieren von 1288, lag vermutlich an einer »lichten Höhe«, wo der sonst die umliegenden Hügel bedeckende Wald fehlte. In Lichtenberg steht Berlins (nach Steglitz) ältestes Rathaus, fertiggestellt 1898. Die Gemeinde wurde jedoch erst 1907 auf »Allerhöchsten Erlaß« mit Stadtrechten ausgestattet und 1920 schließlich, zusammen mit Biesdorf, Kaulsdorf, Mahlsdorf, Hellersdorf, Marzahn und Friedrichsfelde, 17. Verwaltungsbezirk von Berlin. Die heutigen Umrisse des Bezirks stammen von 1979, als Lichtenberg diese Ortsteile bis auf den letztgenannten verlor und dabei auf ein Drittel seiner ursprünglichen Größe schmolz. Größte Attraktion des Bezirks: der 1955 eröffnete Tierpark.

Die S-Bahn hält in Lichtenberg nur an einem der vielen Bahnsteige (Juli 1989)

KURZZEICHEN: BLO
LAGE: IM GELÄNDENIVEAU (WEITLINGSTRASSE)
NACH FRIEDRICHSFELDE OST 1650 METER,
NACH NÖLDNERPLATZ 1150 METER

# LICHTENBERG-FRIEDRICHSFELDE

Zur Eröffnung 1881 hieß der Bahnhof noch »Lichtenberg (Friedrichsfelde)«, kurz darauf ersetzte ein Bindestrich die Klammern. Auch die Station selbst wirkte lange Zeit mehr als Trennstrich denn als Klammer für den Fernverkehr in ganz Berlin - etliche Jahrzehnte später, unter anderen Vorzeichen. Als Ausgangspunkt für Fernzüge diente Lichtenberg früher schon einmal, 1898 (bis 1903, Richtung Wriezen).

Karl Cornelius stellte 1903 ein Empfangsgebäude fertig, wie es dem Zeitempfinden entsprach, einen ziegelverblendeten Mauerwerkbau mit Spitzbogenfenstern. Ebenfalls 1903 erhielt Lichtenberg einen zweiten Bahnsteig (B); der südliche (A) wurde 1928 zum S-Bahnsteig. Die Eröffnung der U-Bahn Ende 1930 bedeutete durch die jetzt entstandenen Umsteigemöglichkeiten zur S- und Fernbahn eine Aufwertung des Bahnhofs. Ein gemeinsamer Zugang entstand an der heutigen Weitlingstraße. Doch mit dem jetzigen Aussehen hatte der Bahnhof Lichtenberg, wie er ohne den Zusatz »Friedrichsfelde« seit 1938 heißt, noch nicht viel gemein. Bis die S-Bahn ab Lichtenberg Richtung Kaulsdorf ohne jegliche Beeinträchtigung von anderen Zügen völlig eigenständig auf ihren Schienen fahren konnte, war das Jahr 1944 erreicht, wenig später standen dann schon alle Räder still.

Im Juli 1945 regte sich der S-Bahn-Verkehr wieder, und die politische Entwicklung sorgte dafür, daß dem Bahnhof Lichtenberg die Rolle eines bedeutenden Fernbahnhofs zufallen sollte. Die in West-Berlin gelegenen Endpunkte des Fernverkehrs, die alten Kopfbahnhöfe, legte die Reichsbahn bis 1952 still, Auffangmöglichkeiten mußten in Ost-Berlin geschaffen werden. Unter diesem Gesichtspunkt war es folgerichtig, daß in Lichtenberg 1952 ein weiterer Fernbahnsteig (C) gebaut wurde, nachdem zuvor dem Bahnhof Karlshorst eine solche Entlastungsfunktion zugedacht gewesen war. Auf diesem neuen Bahnsteig C fanden Dachkonstruktionen im Krieg stillgelegter S-Bahnhöfe neue Verwendung. Mehr schlecht als recht konnte der Bahnhof Lichtenberg die ihm zugedachte Funktion wahrnehemen.

Eine Umgestaltung der Bahnhofsanlagen wurde zwingend erforderlich. Einerseits entwickelte sich die Station mehr und mehr zum innerstädtischen Haupt-Fernbahnhof in Ost-Berlin, andererseits war sie in der Ausstattung weitgehend auf dem Stand der fünfziger Jahre verblieben. Kurz, sie genügte den gestiegenen Betriebsanforderungen bald nicht mehr. 1972 erst wurde der Groß-Umbau angegangen. Er kam fast einem Neubau gleich und zog sich über zehn Jahre hin, beinhaltete u. a. den Abriß und Neubau aller Bahnsteige; ein dritter Fernbahnsteig (D) kam 1981 hinzu.

Die tiefgreifende Neugestaltung konnte nur in Etappen erfolgen. Sämtliche Altbausubstanz wurde bei vollem Betrieb beseitigt und durch neue Anlagen ersetzt. Es begann Ende 1973 mit dem Abriß des alten Empfangsgebäudes, das den Krieg fast unbeschadet überstanden hatte. Die Arbeiten standen auch in Zusammenhang mit dem Neubau der Straßenbrücke Frankfurter Allee über die Gleisanlagen; deren nördliche Hälfte konnte im Oktober 1977 dem Verkehr übergeben werden. Ein alle vier Bahnsteige verbindender Fußgängertunnel wurde angelegt, der S-Bahnsteig A im Juni 1979 abgerissen. Ein Behelfsbahnsteig zur Überbrückung hatte seit Anfang 1979 zur Verfügung gestanden, bis der heutige S-Bahnsteig im Dezember 1980 in Betrieb ging. Ein neues, rund 130 Meter langes Empfangsgebäude bestimmt seit 1982 das Bild an der Weitlingstraße, eine große verglaste Halle mit Vordach.

Die Bedeutung von Lichtenberg im Ende 1987 noch geteilten Berlin zeigte sich u. a. an der Anzahl der abgehenden und ankommenden Fernzüge (225) im Vergleich mit Schöneweide und dem Hauptbahnhof: Letztere erreichten zusammen nur gut 40 Prozent des Verkehrsaufkommens von Lichtenberg. Im wiedervereinigten Berlin hielten Ende 1991 rund 350 Fern- und Regionalbahnzüge an den Bahnsteigen B – D, die überragende Stellung als Ausgangspunkt jedoch büßte der Bahnhof spätestens mit der wieder durchgehend befahrbaren Stadtbahnstrecke im Sommer 1998 ein; er wird zunehmend Schwerpunkt regionaler Züge.

Im August 1996 wurde Lichtenberg noch einmal gründlich saniert, heutigen Erfordernissen angepaßt. Denn trotz seines Namens ist der Bahnhof Lichtenberg ein eher dunkler Ort geblieben. Die Modernisierungsmaßnahmen – Vorarbeiten begannen schon 1991 – sollen dem entgegenwirken und dauern noch an. Auf dem Bahnsteig A halten etwa 900 S-Bahn-Züge werktäglich.

Friedrichsfelde, Ortsteil des Bezirks Lichtenberg, wurde 1265 als Rosenfelde erstmals erwähnt und heißt seit 1699 nach Kurfürst Friedrich III., der 1696 dort ein gerade entstandenes kleines Lustschloß seines in Ungnade gefallenen Generaldirektors der Marine, Benjamin Raule, hatte »beschlagnahmen« lassen.

| | |
|---:|---|
| 1881 | Eröffnung als »Lichtenberg (Friedrichsfelde)« |
| 10.11.1882 | Bezeichnung jetzt »Lichtenberg-Friedrichsfelde« |
| 18.4.1903 | Eröffnung eines zweiten Bahnsteigs (B) für die Stadtbahnzüge; Empfangsgebäude |
| 6.11.1928 | Elektrischer Betrieb |
| 15.5.1938 | Umbenennung in »Lichtenberg« |
| 4.1945 | Stillegung |
| 7.1945 | Wiedereröffnung, Elektrischer Betrieb |
| 5.10.1952 | Eröffnung eines dritten (zweiten Fern-) Bahnsteigs (C) |
| 1973/74 | Abriß Empfangsgebäude |
| 1976/81 | Neubau von S-Bahnsteig (A) und drei Fernbahnsteigen (B,C,D) |
| 15.12.1982 | Eröffnung des neuen Empfangsgebäudes (Bauzeit 1978/82) |

# Lichtenrade

*Um vielfachen Wünschen des beteiligten Publikums nachzukommen, hat das Königliche Eisenbahn-Betriebs-Amt (Berlin – Dresden) unmittelbar bei Lichtenrade, bei Bude 156 der Berlin – Dresdener Eisenbahn, eine Haltestelle eingerichtet. Die Haltestelle ist am 1. d. Mts. dem Verkehr übergeben, sie führt den Namen Lichtenrade und halten daselbst vorläufig in jeder Richtung 3 Züge (...)«* (Teltower Kreisblatt Nr. 45 vom 6. Juni 1883).

Ein einfacher Seitenbahnsteig war das, 30 Meter Kies, angelegt südlich der (1906 entstandenen) Bahnhofstraße, an einer noch eingleisigen Strecke. Kostenpunkt: 300 Mark (!). 1892 wurde das – noch erhaltene – zweigeschossige Bahnhofsgebäude in gelbem Ziegelmauerwerk errichtet, nördlich der heutigen Bahnhofstraße, ein reiner Zweckbau ohne repräsentative Ansprüche. Die Dresdener Bahn war inzwischen zweigleisig ausgebaut worden.

Ein bemerkenswertes Kapitel aus der Jahrhundertwende waren die Schnellfahrversuche zwischen Marienfelde und Zossen auf einem Parallelgleis der sogenannten Militärbahn. Mit 210 km/h sausten spezielle Elektrolokomotiven anno 1903 auch durch Lichtenrade. Dritte Ausbaustufe auf dem Weg zu einem Bahnhof, der den Namen auch verdient, war 1910 die Inbetriebnahme des (heutigen) überdachten Mittelbahnsteigs, zu erreichen an seinem Südende durch einen Tunnel mit je einem »Gewächshaus«-geschützten Zugang an der Bahnhofs- und Prinzessinnenstraße. So ließen sich, als Nebeneffekt, auch bei geschlossener Schranke die Gleise überwinden.

Über 130 Stationen besaß das S-Bahn-System 1939 bereits – ein ebenso großer Netz- wie Nutzeffekt –, als im Mai jenes Jahres endlich auch der Bahnhof Lichtenrade einbezogen wurde. Knapp sechs Jahre nur fuhr die S-Bahn hier, da mußte der Verkehr durch die Kriegsereignisse auch schon wieder eingestellt werden. Anfang September 1945 startete sie erneut, wenn auch nur noch auf einem Gleis, und bot ab 1948 sogar für einige Zeit einen Triebwagenanschluß in Richtung Grünau an der selben Bahnsteigkante.

Bis 1961 gehörte das »Kling-Plimm« der Schranken neben dem Bahnsteig noch zum Alltag, dann konnten sie abgebaut werden, denn ein Zugverkehr über Lichtenrade hinaus Richtung Süden fand nicht mehr statt. Die DDR-Abriegelungsmaßnahmen hatten den Bahnhof zur Endstation gemacht.

Von 1961 bis 1992 endete die S-Bahn direkt vor der Bahnhofstraße in Lichtenrade (September 1963)

Noch 1963, und länger, waren es gleich zwei Warnschilder, die hier an inzwischen vergangene Zeiten erinnerten:
»*Achtung! Schnellfahrabschnitt! Das unbefugte Überschreiten des Gleises ist mit Lebensgefahr verbunden.*« und:
»*Westberliner, achtet bei Eurer Fahrt auf die Grenzbahnhöfe! Warnt ortsunkundige oder schlafende Mitreisende vor der Weiterfahrt in die Ostzone.*«
Letzterer Hinweis war 1961 ebenso gegenstandslos geworden wie ersterer schon 1910 durch den seit 1961 ebenfalls nicht mehr zwingend erforderlichen Zugangstunnel. Dieser jedoch war (zum Erreichen des Bahnsteigs) noch jahrelang in Betrieb. Auch die S-Bahn blieb in Betrieb, benutzte ab der Jahreswende 1977/78 aber nur noch eines der beiden Bahnsteiggleise. Doch sie fuhr weiter, sowohl 1980 nach dem Streik des Bahnpersonals als auch 1984 nach der Übernahme der Betriebsführung durch die BVG. Der Bahnsteig wurde saniert und sein direktes Erreichen vom Bürgersteig aus ermöglicht. Behindertenfreundlicher Zugang, indirekt verursacht durch den Mauerbau – auch das hat es gegeben. Die Gewächshaus-Tunnelzugänge wurden zu einer Bus-Wartehalle bzw. einem Fahrradunterstand umfunktioniert.
Wieder zweigleisig ist die S-Bahn-Strecke – seit August 1990 – aber nur nördlich von Lichtenrade. Die Prellböcke am Bahnsteig-Südende waren insgesamt gut drei Jahrzehnte in Funktion – bis Lichtenrade Ende August 1992 mit der Wiedereröffnung der Strecke nach Blankenfelde erneut zum Durchgangsbahnhof wurde. Allerdings: Richtung Süden geht's nach wie vor nur eingleisig, Abfahrt nur vom westlichen Bahnsteiggleis. Der direkte Bahnsteigzugang blieb also erhalten. Und die Schranke kehrte zurück. Zuvor hatte der Bahnhof noch zusätzliche Abstellgleise erhalten.
In den nächsten Jahren soll es auch wieder Fernverkehr auf der Dresdener Bahn geben, die Planfeststellungsverfahren sind in Vorbereitung. Doch ein Halt in Lichtenrade wird nur der S-Bahn vorbehalten bleiben.

Als diese Aufnahme im Februar 1966 entstand, warnte ein Schild noch immer vor den Schnellfahrversuchen von 1903 (vorn rechts)

Lichtenrade, Ortsteil des Bezirks Tempelhof seit 1920, wurde um 1230 gegründet. Kirche und Dorfteich von damals gibt es noch. Der Dorfanger ist ein gutes Stück vom Bahnhof entfernt – 1883 dürfte die umgekehrte Betrachtungsweise die bedeutende gewesen sein, auch wenn das Teltower Kreisblatt von »unmittelbar bei Lichtenrade« sprach. Um die Jahrhundertwende beliebt als Ausflugsort an Sommersonntagen, ist Alt-Lichtenrade spätestens in den sechziger Jahren durch Neubausiedlungen immer mehr eingeengt worden. Sogar der Dorfteich schrumpft angeblich stetig.

| | |
|---|---|
| 1.6.1883 | Eröffnung; Seitenbahnsteig an eingleisiger Strecke, südlich der heutigen Bahnhofstraße |
| 1892 | zweigleisiger Ausbau,Bahnhofsgebäude nördlich der heutigen Bahnhofstraße |
| 20.9.1910 | Mittelbahnsteig, nördlich der Bahnhofstraße |
| 15.5.1939 | Elektrischer Betrieb |
| 4.1945 | Stillegung |
| 19.8.1945 | Wiedereröffnung, Dampfbetrieb |
| 8.9.1945 | Elektrischer Betrieb |
| 13.8.1961 | Endbahnhof Richtung Süden |
| 31.8.1992 | Auch wieder Verkehr Richtung Süden |

KURZZEICHEN: LRD
LAGE: IM GELÄNDENIVEAU (BAHNHOFSTRASSE)
NACH MAHLOW 3080 METER,
NACH SCHICHAUWEG 1340 METER

# Lichterfelde Ost

Von den drei Bahnhöfen namens Lichterfelde ist er mit Abstand der älteste und der bedeutendste, ebenso der älteste S-Bahnhof. Lichterfelde Ost wurde 1868 als »Lichterfelde« eröffnet, mit einem kleinen Stationsgebäude, kannte 1876 bereits echten Vorortverkehr und hieß ab 1884 »Groß-Lichterfelde«: Die Rittergüter und die Dörfer Lichterfelde und Giesensdorf hatten sich 1877/78 zu einer Gemeinde zusammengeschlossen. Ab 1881 konnte hier in die erste elektrische Straßenbahn der Welt umgestiegen werden.

Das Kürzel B. H. erschien 1886 als Zusatz auf den Stationsschildern, stand für (die Strecke) Berlin - Halle. »Groß-Lichterfelde Ost« galt als Name ab 1899; allmählich war ein kleiner Lichterfelder »Hauptbahnhof« entstanden, der nun auch über einen zweiten Mittelbahnsteig verfügte – jedoch immer noch zu ebener Erde gelegen. Nach dem viergleisigen Ausbau wurde die Strecke (Berlin) →Potsdamer Ringbahnhof – Groß-Lichterfelde Ost (9,3 km) als gesonderte Vorortbahn 1901 in Betrieb genommen, mit Zügen im 20-Minuten-Takt, zu Spitzenzeiten alle 10 Minuten. Günstige Voraussetzungen also, mit elektrischer Traktionsart zu experimentieren: Ab 1903 endete bzw. begann in Groß-Lichterfelde Ost ein elektrischer Probebetrieb (550 Volt), ein Vorläufer der S-Bahn, der als deren Keimzelle betrachtet werden kann und ihr den Weg geebnet haben dürfte.

In der Zeit zwischen 1913 und 1916, also teilweise während des Ersten Weltkriegs, wurde der Bahnhof nochmals erweitert und auf einen Damm gelegt, er erhielt einen zweiten Fernbahnsteig. Karl Cornelius errichtete 1915/16 das dem Bahndamm vorgelagerte eingeschossige Empfangsgebäude an der Bahnhofstraße, den reich ornamentierten Durchgang und das sehenswerte Portal mit seinen schweren Pforten und verzierten Bronzegriffen an der Lankwitzer Straße. Ein zu Recht re-

»Mit seiner grandiosen Aufmachung könnte der Bahnhof auch als Hauptsitz einer Bank dienen«: Ostzugang im Juli 1993

Zwischen den Zeiten: der alte Fernbahnsteig (vorn), er soll neu erstehen, und der bereits wiedereröffnete, modernisierte S-Bahnsteig (Februar 1995)

präsentatives Erscheinungsbild in gediegener Eleganz, besaß Groß-Lichterfelde doch nun eine bedeutende Fernbahnstation an der viergleisigen Anhalter Bahn, einen eigenen »Anhalter Bahnhof« sozusagen, sechsgleisig im Bahnhofsbereich. Gleichwohl reduzierte sich der Bahnhofsname 1925 auf »Lichterfelde Ost«; seit 1920 ist Lichterfelde ein Ortsteil des Berliner Verwaltungsbezirks Tempelhof.

Mit der Umstellung vom 550-Volt-Probebetrieb mit seinen teilweise umgebauten Abteilwagen auf die 800-Volt-S-Bahn-Norm reihte sich die Station Lichterfelde Ost, als südliche Endstation, 1929 in das Berliner S-Bahn-System ein. Zwar wurde die S-Bahn noch 1943 bis Lichterfelde Süd verlängert, doch Ende April bis Mitte August 1945 war kein Bahnverkehr mehr möglich.

Der Niedergang des Bahnhofs begann in der Nachkriegszeit spätestens 1952 mit dem Verlust der Fernzüge im Rahmen der Stillegung der innerstädtischen Fernbahnstrecke. Nur die S-Bahn rollte unverdrossen weiter, ihr Bahnsteig war als einziger noch in Funktion. *»In Lichterfelde Ost ist die Diskrepanz zwischen Glanz und Elend am prägnantesten. Der Bahnhof, im puren neoklassizistischen Stil der Jahrhundertwende, könnte mit seiner grandiosen Aufmachung geradezu als Hauptsitz einer Bank dienen. Allein: Der Verfall ist weit fortgeschritten«* (Neue Zürcher Zeitung). Die S-Bahn hielt durch bis 1984, der Betreiberwechsel (DR → BVG) brachte auch in Lichterfelde Ost das vorläufige Ende ihres Verkehrs.

An Plänen, teils auch skurrilen, zur Wiederbelebung hat es in den folgenden zehn Jahren nicht gefehlt (siehe →Lankwitz). In der Gepäckaufbewahrung wurde 1986/87 Theater gespielt. Doch im Mai 1995 konnte die S-Bahn zurückkehren. Das in der Zwischenzeit (1988) nach dem historischen Vorbild ausgezeichnet restaurierte Bahnhofsensemble (bei gleichzeitigem Teil-Abriß der verrotteten Fernbahnsteige) war wieder S-Bahn-Endstation geworden, wie schon 1929 bis 1943. Fast auf den Tag genau zum 130. Geburtstag des Bahnhofs erfolgte Ende September 1998 die (erneute) Verlängerung der S-Bahn nach Lichterfelde Süd. Für die Zukunft ist ein »Umklappen« des S-Bahnsteigs, eine Verschiebung Richtung Süden, über die Königsberger Straße vorgesehen. Ein erster Halt von – vorerst – Regionalbahnzügen ist, an einem gesonderten Bahnsteig, für das Jahr 2001 angepeilt.

KURZZEICHEN: LIO
LAGE: AUF BAHNDAMM,
ZUGANG DURCH TUNNEL AM SÜDLICHEN BAHNSTEIGENDE
NACH OSDORFER STRASSE
1590 METER,
NACH LANKWITZ
1390 METER

Von Lichterfelde, dem 1375 erstmals erwähnten Angerdorf an der Bäke, zu sprechen, ohne den Namen seines Kolonisators, des Grundstücksspekulanten von Carstenn (1822-1896) zu nennen, ist beinahe unlauter. Er begründete den Villenvorort, nachdem er u.a. die Güter Giesensdorf und Lichterfelde 1865 erworben und anschließend parzelliert hatte. Auch den Bau des ersten kleinen Stationsgebäudes für den 1868 eröffneten Haltepunkt Lichterfelde hatte von Carstenn aus eigener Tasche bezahlt, gestaltete es jedoch derart, daß es im Falle einer Stillegung der Station als Scheune hätte genutzt werden können. Bei der Eingliederung nach Berlin 1920 galt Groß-Lichterfelde als einer der schönsten Vororte im Kreis Teltow, ein Platz »zum Abheben« – so empfand es wohl auch Otto Lilienthal vor über hundert Jahren.

| | |
|---|---|
| 20.9.1868 | Eröffnet als »Lichterfelde« |
| 7.1884 | Umbenennung in »Groß-Lichterfelde« |
| 1.9.1886 | Umbenennung in »Groß-Lichterfelde B. H.« |
| 1.1.1899 | Umbenennung in »Groß-Lichterfelde Ost«; zweiter Mittelbahnsteig, für den Fernverkehr |
| 1901 | Eigenständige Vorortstrecke von Berlin, Potsdamer Ringbahnhof |
| 4.6.1903 | Elektrischer Probebetrieb (550 V) |
| 1915/16 | Hochlegung, Empfangsgebäude, dritter Mittelbahnsteig |
| 21.3.1925 | Umbenennung in »Lichterfelde Ost« |
| 2.7.1929 | Elektrischer Betrieb (S-Bahn, 800 V) |
| 4.1945 | Stillegung |
| 17.8.1945 | Wiedereröffnung, Elektrischer Betrieb |
| 9.1.1984 | Stillegung (Übernahme durch die BVG) |
| 28.5.1995 | Wiedereröffnung, Elektrischer Betrieb |

# Lichterfelde Süd

Manuell-mechanische Fahrkartenausgabe auf Schwerkraft-Basis: Reichsbahn-»Weltniveau« (Januar 1984)

In Lichterfelde-Süd lag – fast will man sagen: verborgen – Berlins unbekanntester Fernbahnhof. »Groß-Lichterfelde Süd« hieß die Station zur Eröffnung 1893; nach der Eingemeindung zu Berlin 1920 entfiel das »Groß-« (auf den Bahnhofsschildern aber erst 1925). Lichterfelde Süd wurde als allerletzte im Groß-Berliner Stadtgebiet gelegene Station in den günstigen, seit 1891 geltenden Vororttarif einbezogen. Ein Kuriosum: Dies geschah erst 1938. In all den Jahrzehnten zuvor war der Bahnhof nur mit – anfangs recht wenigen – Fernzügen zu deren vergleichsweise viel höheren Fahrpreisen zu erreichen.

Ein Stationsgebäude existierte bis kurz vor Kriegsbeginn. Die S-Bahn hat es nicht mehr gesehen, sie kam erst im August 1943 nach Lichterfelde Süd. Dabei handelte es sich um die letzte Neu-Elektrifizierung vor dem Kriegsende. Die bisher vorhandenen zwei Seitenbahnsteige wurden durch zwei Mittelbahnsteige ersetzt, die Strecke in Richtung Teltow hochgelegt. Eine derart großzügige Anlage mit zwei Mittelbahnsteigen berücksichtigte bereits eine geplante S-Bahn-Zweigstrecke nach Teltow Stadt und weiter nach Stahnsdorf. Die östliche der beiden Plattformen in Lichterfelde Süd be-

Blick aus dem Führerstand nach Süden. Seit 1961 zeigt das Flügelsignal »Halt« für die Strecke nach →Teltow. Links Reste des ehemaligen Vorortbahnsteigs von 1943 (Aufnahme vom Beginn der achtziger Jahre)

nutzte bis 1951 die dampfbetriebene Vorortbahn nach Ludwigsfelde. Als Empfangsgebäude diente eine Baracke (die 1968/69 abgelöst wurde von einem Abfertigungsgebäude auf dem westlichen Bahnsteig). Gerade mal 20 Monate lang fuhr die S-Bahn bis zur Endstation Lichterfelde Süd; von Mitte April bis Mitte August 1945 war sie zwangsstillgelegt.

In dem Bestreben der DR, S-Bahn-Endpunkte aus dem zunehmend als »feindlich« angesehenen West-Berlin herauszunehmen, dehnte sie den S-Bahn-Betrieb im Juli 1951 bis Teltow aus – eine Realisierung bestehender Planungen aus der Hitlerzeit, die nicht mehr vollendet worden waren. Der östliche Mittelbahnsteig verfiel, wurde überwuchert. Ziemlich genau ein Jahrzehnt lang war Lichterfelde Süd keine S-Bahn-Endstation; nach dem Mauerbau 1961 setzte der Prellbock einen Kontrapunkt für den Betriebsablauf. Die Fahrgastzahlen bewegten sich in der Kategorie des »Tröpfelns«. Die Ende der sechziger Jahre neu entstandene, große »Thermometer-Siedlung« lag nicht weit entfernt, doch zu ungünstig zum Bahnhofszugang. Zudem herrschte S-Bahn-Boykott. Von den »Beschäftigten« auf dem 67 Hektar großen, benachbarten US-Militär-Übungsgelände »Parks Range« war naturgemäß keiner als potentieller Fahrgast einzustufen.

Ein bezeichnendes Licht auf Zustand und Umfeld der S-Bahn im West-Berlin der siebziger, achtziger Jahre wirft die damals praktizierte Prozedur des Fahrkartenverkaufs. Wer willens war, das gelbe Pappkärtchen zu erwerben, machte sich am Stellwerkshäuschen bemerkbar. Sodann wurde von oben – »Rapunzel« ließ grüßen – ein Körbchen herabgelassen, dorthinein die Groschen zu legen waren, und die Reichsbahn ließ die Fahrkarte hernieder. Das märchenhafte, gleichwohl wahre Verkaufs-Procedere war beendet, als die BVG, ab 1984 mit den S-Bahn-Betriebsrechten ausgestattet, den S-Bahnhof Lichterfelde Süd stillegte. Ein Rock'n'Roll-Tanzclub etablierte sich als Nutzer des Abfertigungsgebäudes auf dem Bahnsteig und baute sich eine kleine Wellblechbaracke als Übungshalle gleich noch hinzu.

Die Wiederinbetriebnahme von Lichterfelde Süd war Ende der achtziger Jahre zwar ins Auge gefaßt worden, kam aber nicht recht voran. Eine geplante Bahnsteigverlegung nach Norden, verbunden mit aufwendigen Fußgängertunneln, ließen das Projekt zu teuer erscheinen, daraufhin wurde es erst einmal völlig fallengelassen. Die Zeitspanne der Stillegung wuchs auf knapp anderthalb Jahrzehnte. Wenige Meter östlich der alten Lage befindlich, wurde Lichterfelde Süd im September 1998 zum dritten Male S-Bahnhof.

Die Entwicklung der Besiedlung in Lichterfelde Süd verlief bei weitem nicht so umfangreich wie in Lichterfelde Ost unter Johann von Carstenn. Hier war es in den achtziger Jahren des 19. Jahrhunderts die Volksbau-Aktiengesellschaft, die Ländereien erworben hatte und vermarkten wollte. Sie blieb eher glücklos – die »Aussperrung« vom Vorortverkehr mit seinen günstigen Tarifbedingungen seitens der Bahn kann als ursächlich dafür angesehen werden. Lichterfelde Süd ist seit 1920 ein Ortsteil des Berliner Verwaltungsbezirks Steglitz.

| | |
|---|---|
| 1.8.1893 | Eröffnet als »Groß-Lichterfelde Süd« |
| 21.3.1925 | Umbenennung in »Lichterfelde Süd« |
| 1942/43 | Zwei Mittelbahnsteige ersetzen die bisherigen Seitenbahnsteige |
| 9.8.1943 | Elektrischer Betrieb |
| 4.1945 | Stillegung |
| 17.8.1945 | Wiedereröffnung, Elektrischer Betrieb |
| 9.1.1984 | Stillegung |
| 25.9.1998 | Wiedereröffnung, Elektrischer Betrieb |

KURZZEICHEN: LIS
LAGE: IM GELÄNDENIVEAU
NACH TELTOW (1951-1961) 2600 METER,
NACH OSDORFER STRASSE 1070 METER

# Lichterfelde West

Mit Anklängen an eine italienische Belvedere-Villa zeigt sich das Empfangsgebäude (Mai 1997)

Stadtflucht ist kein aktueller Begriff von heute. Schon in den 1870er Jahren hatte eine anhaltende Bevölkerungswanderung von Berlin in die Dörfer vor den Toren der Stadt eingesetzt, hatte auch Lichterfelde zu einem gefragten Wohnort wohlhabender Berliner werden lassen. Gleich an zwei Eisenbahnstrecken grenzte die Siedlung - an die Anhalter Bahn im Osten und an die Potsdamer Bahn im Westen. Der Bahnhof Lichterfelde Ost war bereits 1868 eröffnet worden; an Preußens erster Eisenbahnstrecke Berlin – Potsdam folgte die Eröffnung vier Jahre darauf: Hier war es der Bahnhof Lichterfelde West, der 1872 noch »Lichterfelde (Potsdamer Bahn)« hieß, 1884 »Groß-Lichterfelde (Potsdamer Bahn)« und 1886 »Groß-Lichterfelde B. M.«. Der Zusatz bezeichnete die Strecke: Berlin – Magdeburg.

Das beeindruckende asymmetrische Empfangsgebäude im Stil einer italienischen Belvedere-Villa an der heutigen Hans-Sachs-Straße steht im alten Glanze da. Sein Äußeres zeigt sich fast genau so wie 1872, als es seiner Bestimmung übergeben wurde. Zweigeschossig, mit gelben Ziegeln verblendet, ein dreigeschossiger Uhrturm mit Aussichtslaube, der die Bedeutung unterstreicht – erhaben eben. Und doch büßte das Gebäude bereits 1891 einen Teil seiner Funktion ein: Fernverkehrs-Fahrkarten waren nicht mehr erhältlich, die Fernzüge – jetzt auf einem nur ihnen vorbehaltenen Gleispaar – fuhren vorbei.

Der Seitenbahnsteig Richtung Zehlendorf wurde entfernt, man ersetzte ihn durch den (heute von der S-Bahn genutzten) Mittelbahnsteig zwischen den neu errichteten Vorortgleisen. In Groß-Lichterfelde hielten jetzt nur noch Vorortzüge, sie erreichten Richtung Süden das Ziel Potsdam nicht direkt (über Düppel), sondern über Schlachtensee und Wannsee. Die Bezeichnung »Wannseebahn« ist ein Begriff in Berlin. Der Seitenbahnsteig vor dem Empfangsgebäude (Richtung Berlin) blieb zwar vorerst erhalten, diente aber nur noch der Abfertigung »Allerhöchster Persönlichkeiten«, also Kaiserlichen Sonderzügen.

Anfang 1899 benennt die Eisenbahndirektion Berlin den Bahnhof wieder etwas anders: »Groß-Lichterfelde West« (die bahneigene Schreibweise ohne Bindestrich vor Himmelsrichtungs-Bezeichnungen ist bis heute üblich). Erste zaghafte Elektrifizierungsversuche starten 1900, sind auf der Wannseebahn aber, wegen des Mischbetriebs mit den Dampfzügen, noch nicht so erfolgreich und werden 1902 eingestellt. Bessere Ergebnisse konnten ab 1903 auf der Anhalter Bahn (siehe →Lichterfelde Ost) erzielt werden. Ab dem Jahre 1925 - das ehemalige »Groß-Lichterfelde« ist seit fünf Jahren Ortsteil des Berliner Bezirks Steglitz – heißt der Bahnhof nunmehr »Lichterfelde West«. Im Mai 1933 rollten endlich auch über die Wannseebahn die elektrischen Züge der S-Bahn, aus Lichterfelde West erhielten sie, von einem neuen, hier errichteten Gleichrichterwerk, ihre »Speisung«.

Vom Bahnsteig aus ließen sich auch die speziellen, jetzt als elektrische S-Bahn verkehrenden Züge beobachten, die zwischen Zehlendorf und dem →Potsdamer Bahnhof im Berliner Zentrum vorbeieilten. In Lichterfelde West hielten sie nicht, denn sie fuhren auf den (dafür elektrifizierten) Fernbahngleisen. 1945 endete die Episode dieser Bankierzüge genannten »Expreß-S-Bahnen«.

Nach dem Zweiten Weltkrieg kehrte die S-Bahn recht bald wieder zurück (Schließungszeitraum: Mitte April bis Anfang Juni 1945); der Bahnhof Lichterfelde West erhielt jetzt einen neuen Nachbarn. Im bisherigen Güterbahnhof etablierte sich ab Dezember 1946 die Eisenbahn der US-amerikanischen Militärs (Rail Transportation Office). Ein eigenes Abfertigungsgebäude, ein Anbau zum Güterschuppen, entstand 1950. Die Güter-Laderampe wurde überdacht, wie noch heute zu besichtigen: ein Relikt aus der Vier-Sektoren-Zeit Berlins. Hier starteten die amerikanischen Militärzüge Richtung Helmstedt (Niedersachsen).

Das alte, seit 1872 unversehrt gebliebene Empfangsgebäude wurde im Juli 1965 durch einen Brand schwer in Mitleidenschaft gezogen, als Zugang zur S-Bahn ab September 1980 auch nicht mehr benötigt, denn sie fuhr nun gar nicht mehr. Nach dem Streik der S-Bahner war der Betrieb nicht mehr aufgenommen worden. Der Bau wurde aber 1984/85 sehr ansprechend wiederhergestellt und seit der Wiedereröffnung des S-Bahnhofs Lichterfelde West Anfang Februar 1985 präsentiert er sich in alter Schönheit. Allerdings dient er jetzt, abgesehen von der Zugangsmöglichkeit zum S-Bahnsteig, bahnfremden Zwecken. Das Bezirksamt Steglitz hat ihn gemietet und betreibt seit Juni 1985 einen »Bürgertreffpunkt«; auch Burger und Currywurst gibt's in den schmucken Räumlichkeiten.

Die Sanierung des Zugangstunnels zum nordöstlichen Bahnsteigende, 1985 wegen bevorstehender Wahlen wohl unter Zeitdruck ausgeführt, erforderte schon 1989/90 eine intensive Nachbearbeitung. Nach der politischen Wende 1989 und der Wiedervereinigung verließen alsbald auch die letzten amerikanischen Züge – oftmals vielbestaunte Sonderwagen waren zu sehen gewesen – den Bahnhof Lichterfelde West. Seitdem herrscht hier die S-Bahn allein.

| | |
|---|---|
| 15.12.1872 | Eröffnung als »Lichterfelde (Potsdamer Bahn)«, Seitenbahnsteige; Empfangsgebäude |
| 7.1884 | Umbenennung in »Groß-Lichterfelde (Potsdamer Bahn)« |
| 1.9.1886 | Umbenennung in »Groß-Lichterfelde B. M.« |
| 1891 | Mittelbahnsteig nach Verlegung besonderer Wannseebahn-Gleise |
| 1.1.1899 | Umbenennung in »Groß-Lichterfelde West« |
| 13.7.1900 | Elektrischer Probebetrieb (750 V) |
| 1.7.1902 | Elektrischer Probebetrieb eingestellt |
| 21.3.1925 | Umbenennung in »Lichterfelde West« |
| 15.5.1933 | Elektrischer Betrieb |
| 4.1945 | Stillegung |
| 6.6.1945 | Wiedereröffnung, Elektrischer Betrieb |
| 12.1946 | Funktion auch als amerikanischer Militärbahnhof (bis 1993) |
| 8.7.1965 | Empfangsgebäude teilweise ausgebrannt (Wiederherstellung 1984/85) |
| 18.9.1980 | Stillegung (kein Verkehr nach Streikende) |
| 1.2.1985 | Wiedereröffnung, Elektrischer Betrieb |

KURZZEICHEN: LIW
LAGE: IM GELÄNDENIVEAU
NACH SUNDGAUER STRASSE 1500 METER,
NACH BOTANISCHER GARTEN 1100 METER

# Lindenthaler Allee

■ Eröffnet als
→Zehlendorf West
Heute:
→Mexikoplatz

»Wie ein riesiger Champignon ...« (Juni 1992)

Ein Vierteljahrhundert hielt die S-Bahn am Bahnhof Zehlendorf West, seit 1933, dann wurde er 1958 umgetauft in Lindenthaler Allee. Vermutlich wollte die Reichsbahn Verwechslungen mit dem benachbarten, bedeutenderen Bahnhof Zehlendorf ausschließen, löste sich gleichzeitig von einer der unglücklichen, an der Himmelsrichtung orientierten Benennungen.

Verläßt man den Bahnhof nicht durch das bizarre Jugendstil-Empfangsgebäude, sondern geradezu in der Achse der Gleise – der Zugang schmückt die Frontseite dieses Bandes –, so befindet man sich erst am Anfang der Lindenthaler Allee, die sich noch weit nach Süden erstreckt. Die frühere Lindenallee (bis 1934) und Theodor-Fritsch-Allee (bis 1947) ist nach dem kleinen Ort Lindenthal bei Leipzig benannt. Mitte der sechziger Jahre wurde sie ihrer ursprünglich vier Baumreihen – Linden natürlich - zugunsten breiterer Autofahrbahnen beraubt. Auf den S-Bahnhofs-Schildern findet sich der Name Lindenthaler Allee seit 1987 nicht mehr, er wurde abgelöst von »Mexikoplatz«.

Blauer Bock! Der Hesse denkt an Ebbelwoi, der Märker südlich Berlins eher an ein kleines Mahlower Bahn-Unikum, das die S-Bahn-lose Zeit überbrückte. Doch der Reihe nach.

Der Bahnhof Mahlow liegt an der Fernbahnstrecke nach Dresden und wurde wie diese am 17. Juni 1875 eröffnet. Sein Bahnsteig befand sich an der Rückseite des heutigen Bahnhofsgebäudes; später wurde ein Mittelbahnsteig errichtet. Die S-Bahn erreichte – für damalige Verhältnisse – recht spät Mahlow. Ab 15. Mai 1939 war hier ihr südlicher Endpunkt. Gebaut wurden auch eine Kehr- und Abstellanlage, denn die Verlängerung Richtung Süden, nach →Rangsdorf, erfolgte erst am 6. Oktober 1940.

Bei Fliegerangriffen 1943 trafen Bomben den Mahlower Bahnhof; das Empfangsgebäude und das Bahnsteigdach wurden stark beschädigt. Der S-Bahn-Verkehr mußte Ende April 1945 eingestellt werden. Dampfzüge wurden ab August des Jahres eingesetzt; ab 8. September 1945 fuhr die S-Bahn wieder. Bald war fast nur sie in Mahlow präsent: 1951 war südlich der Station ein Teil eines neuen Außenrings um (West-)Berlin fertiggestellt, der die Dresdener Bahn kreuzte, vor allem aber mit ihr auch verbunden wurde. Das bedeutete: Ab 18. Mai 1952 durchfuhren keine Fernzüge mehr Mahlow, sie zweigten nunmehr »vorher ab«. Für die S-Bahn aber wurde Mahlow ein Kontrollbahnhof, hieß doch ihre nächste Station Richtung Norden Lichtenrade – im amerikanischen Sektor Berlins gelegen.

Der S-Bahn-Betrieb konnte nun leichter abgewickelt werden, war doch auf der eingleisigen Strecke der gemischte Verkehr mit der Fernbahn entfallen, und nach Wiederaufbau des zweiten Gleises gab es ab 1959 nach Blankenfelde sogar ein eigenes S-Bahn-Gleis. Der Verbindung Rangsdorf – Velten (Fahrzeit zwei Stunden und acht Minuten!) war jedoch kein langes Bestehen vergönnt, sie zerbrach mit dem Mauerbau im August 1961. Einige wenige Wochen noch hielt sich ein isolierter Pendelverkehr nach Rangsdorf, dann wurden die elektrischen Züge nach (Ost-) Berlin verbracht. Der kurz vor jenem 13. August begonnene Wiederaufbau des jetzigen Bahnhofsgebäudes in vereinfachter Form konnte, kurios genug, jetzt voll-

Das Anfang der sechziger Jahre in vereinfachter Form wieder aufgebaute Empfangsgebäude im Dezember 1992

Der neue S-Bahnsteig (hinten) und das alte Empfangsgebäude der Militärbahn (September 1998)

endet werden. Noch heute ist auf der westlichen Seite, etwas weiter südlich, das Bahnhofsgebäude der einst parallel verlaufenden, ehemaligen Militärbahn (siehe Rangsdorf) zu erkennen. Bis zum 26. Mai 1963 pendelten Dampf- und Dieselzüge nach Wünsdorf, dann schlug die Geburtsstunde des »Blauen Bocks«.

Den Namen prägte die kleine blaue Diesellok, die einen einzigen Personenwagen nach Blankenfelde zog (und zurück schob) – Höchstgeschwindigkeit ab 1985: 20 km/h! Gut zweieinhalb Kilometer Strecke bedeuteten den kürzesten Personenzugumlauf in der DDR. So manches Mal soll die Fahrt etwas unsanft an dem einen oder anderen (Prell-) Bock geendet haben ... Der zur Zeit der gleichnamigen Fernsehserie aufgekommene Begriff »Blauer Bock« hielt sich hartnäckig, auch als sich das Bahnpersonal auf den Bock knallroter Schienenbusse oder anderer Fahrzeuge geschwungen hatte, die die kleine blaue Lok längst abgelöst hatten. Das Ende seiner Ära war nach der Wende 1989 abzusehen; die S-Bahn rollte wieder von Lichtenrade Richtung Süden.

Mit den Bauarbeiten zum Lückenschluß begann man fast genau 50 Jahre nach der Eröffnung der S-Bahn-Strecke Mahlow – Rangsdorf, im Oktober 1990. Der letzte »Blaue Bock« fuhr am 16. September 1991. Völlig neu wurde nun der Mahlower S-Bahnsteig gestaltet. Er hatte 1985 bei einem Sturm sein Dach eingebüßt und befand sich in äußerst tristem Zustand. Für die ab Lichtenrade eingleisige Strecke schuf man am neuen S-Bahnhof Mahlow eine Ausweichmöglichkeit. Als dritter Lückenschluß Berlin – Umland konnte die S-Bahn am 31. August 1992 in Mahlow wieder heimisch werden. An beiden Bahnsteigkanten treffen sich jetzt die Züge der S2. Und auch eine Renovierung des Empfangsgebäudes wurde Mitte Oktober 1997 abgeschlossen. Mahlow, das kleine, 1287 gegründete märkische Dorf am Südrand Berlins – 1945 bis 1952 Sitz der Teltower Kreisverwaltung – ist wieder direkt mit der Hauptstadt verbunden.

KURZZEICHEN: MAH
LAGE: EBENERDIG
NACH BLANKENFELDE 2570 METER,
NACH LICHTENRADE 3080 METER

| | |
|---|---|
| 17.6.1875 | Eröffnung |
| 15.5.1939 | Elektrischer Betrieb |
| 4.1945 | Stillegung |
| 19.8.1945 | Wiedereröffnung (Dampfbetrieb Anhalter Bahnhof – Zossen) |
| 8.9.1945 | Elektrischer Betrieb |
| 9.1961 | Elektrischer Betrieb eingestellt (anschließend Dieselbetrieb) |
| 16.9.1991 | Pendelbetrieb »Blauer Bock« eingestellt wegen Bahnhofs- und Streckenumbaus |
| 31.8.1992 | Elektrischer Betrieb |

Die von Berlin ausgehende Preußische Ostbahn, eröffnet 1867, erhielt 1895 zwischen den Stationen Caulsdorf und Hoppegarten einen Haltepunkt Mahlsdorf. Er bestand aus zwei Seitenbahnsteigen und hieß von 1911 bis 1929 »Mahlsdorf (Kr. Niederbarnim)«.

Die S-Bahn war im November 1928 auf der Ostbahntrasse schon bis Kaulsdorf nahegerückt, erreichte Mahlsdorf aber erst im Dezember 1930. Zuvor mußten der Bahnhof hochgelegt und die kreuzende Hönower Straße abgesenkt werden, es hatte dort ein hoffnungslos überlasteter beschrankter Bahnübergang bestanden. Der neue Vorortbahnhof erhielt gleich zwei Mittelbahnsteige, erreichbar vom östlichen Bahnsteigende. Die nördliche Plattform (A) diente als Kopfbahnsteig für die nun hier endende S-Bahn, die südliche (B) war den Dampfzügen Mahlsdorf – Strausberg zugedacht. Westlich des Bahnhofs wurde eine Kehranlage für die S-Bahn eingerichtet. Es entstand ein dreigeschossiges Empfangsgebäude, in seiner rotgeklinkerten Sachlichkeit ähnelt es vielen der über Berlin verstreuten BEWAG-Umspannwerke.

Vollendet war der Neubau schon 1929, als die Hönower Straße noch nicht abgesenkt war, so daß er anfangs kurzzeitig durch den 1. Stock betreten werden mußte. Von Dezember 1930 (erste S-Bahn) bis Ende Mai 1931 gab es vom S-Bahnsteig noch keine Verbindung zum Empfangsgebäude, in diesem Zeitraum war die S-Bahn nur über eine Holzbrücke vom Vorortbahnsteig B aus erreichbar.

Die Fassade des neuen Empfangsgebäudes setzt sich im westlichen Widerlager der Straßenunterführung nach Süden fort, bis heute ist erkennbar, daß hier Platz gelassen wurde für eine Verlängerung beider S-Bahn-Gleise Richtung Osten. Bevor es dazu kam, wenn auch in abgewandelter Form, versuchte im Frühjahr 1941 ein S-Bahn-Zug auch ohne Inanspruchnahme von Gleisen seine Fahrt Richtung Osten fortzusetzen, er durchbrach sein Stumpfgleis am Bahnsteig A, ein Waggon stürzte auf die Hönower Straße.

Zu dieser Zeit waren die Arbeiten für besondere Vorortgleise Mahlsdorf – Strausberg schon im Gange, sie liefen auch während des Krieges weiter. Das südliche S-Bahn-Gleis am Bahnsteig A

1929 entstand ein neues Empfangsgebäude im sachlichen Stil. Ursprünglich sollte das jetzige Kopfgleis verlängert werden; die Aussparung neben der Brücke zeigt das noch heute (Aufnahme aus der Mitte der dreißiger Jahre)

Im Frühjahr 1941 wollte ein Zug die Verlängerung der Strecke eigenmächtig vornehmen

KURZZEICHEN: MDF
LAGE: AUF BAHNDAMM
NACH BIRKENSTEIN
2600 METER,
NACH KAULSDORF
1400 METER

wurde 1943, anfangs über eine Behelfsbrücke, verlängert; östlich des Bahnhofs und der Hönower Straße baute man eine weitere Kehranlage für die S-Bahn. Für die Fernbahngleise, 1943 abgekoppelt vom Bahnsteig B, wurde eine zusätzliche Brücke über die Straße geschlagen. Dabei ging der Südausgang des Empfangsgebäudes verloren, er existierte nur 13 Jahre. In den verbliebenen leeren Raum zog ein Blumengeschäft ein.

Gegen Kriegsende eingestellt, konnte der elektrische S-Bahn-Verkehr nach Mahlsdorf im Juli 1945 wiederaufgenommen werden. Mit dessen Ausdehnung nach Hoppegarten 1947 war Mahlsdorf nicht länger S-Bahn-Kopfbahnhof, doch am Bahnsteig A verblieb weiterhin ein stumpf endendes Gleis, erkennbar auch von der Straße am freien Raum über den Widerlagern. Die S-Bahn rollte vom Bahnsteig B (er war etwas erhöht und mit einer Stromschiene versehen worden) weiter Richtung Osten, ab 1948 bis Strausberg. Die westliche Kehranlage wurde ab etwa 1955 nicht mehr planmäßig genutzt, diente nur noch gelegentlich zum Abstellen überholungsbedürftiger Züge und wurde im Frühjahr 1971 entfernt.

Die S-Bahn hat inzwischen längst von beiden Bahnsteigen Besitz ergriffen; Mitte der sechziger Jahre wurde erstmals die Abfertigung aller Züge nur vom Bahnsteig B via TV vorgenommen. 1986/87 erhielt Mahlsdorf eine gelungene Rekonstruktion, die rote Verklinkerung des Empfangsgebäudes setzt sich »wie aus einem Guß« unter der Bahnüberführung fort. Daß der frühere Vorortbahnsteig B einst ein ebenso langes Dach besaß wie sein nördlicher Bruder, ist dem heutigen kurzen Reststummel nicht anzusehen.

Erstmals urkundlich erwähnt wurde »Malterstorp«, wie Mahlsdorf damals hieß, 1345 beim Verkauf des Dorfes an einen Ritter. Eine im Mittelalter erbaute Fernstraße Berlin – Frankfurt/Oder machte den Ort zwar zur beliebten Raststation, zerschnitt ihn aber zunehmend. Seit 1920 gehört Mahlsdorf zu Berlin, bis 1979 zum Bezirk Lichtenberg, bis 1986 zum Bezirk Marzahn, seitdem zu Hellersdorf. »Alt-Mahlsdorf« ist ein zu idyllisch klingender Name für die vielbefahrene Betonpiste Bundesstraße 1/5. Südlich von ihr, am Hultschiner Damm 333, befindet sich im alten Gutshaus das Berliner Gründerzeitmuseum, das seinen speziellen Charme trotz einiger Tiefpunkte bewahren konnte. Übrigens ist eine sehr bekannte Figur »gebürtiger« Mahlsdorfer: das Sandmännchen des DDR-Fernsehens. Einige Folgen des trotz Spitzbarts sehr populären Wichtels sind sogar im Hause seines Schöpfers am Hultschiner Damm produziert worden.

| | |
|---|---|
| 1.9.1895 | Eröffnung, Seitenbahnsteige |
| 1.5.1911 | Umbenennung in »Mahlsdorf (Kr. Niederbarnim)« |
| 1929 | Hochlegung des Bahnhofs bei gleichzeitiger Absenkung der Hönower Straße; Bau besonderer S-Bahn-Gleise Kaulsdorf – Mahlsdorf |
| 6.12.1929 | Umbenennung in »Mahlsdorf« |
| 15.12.1930 | Elektrischer Betrieb, neues Empfangsgebäude, zwei Mittelbahnsteige (Kopfbahnhof für S-Bahn und Plattform für Dampfzüge nach Strausberg) |
| 1941 | Zugunglück: S-Bahn-Zug durchbricht Stumpfgleis, ein Waggon stürzt auf die Straße |
| 1943 | Südliches S-Bahn-Gleis wird Richtung Osten verlängert (anfangs Behelfsbrücke); neue Kehranlage östlich der Hönower Straße |
| 4.1945 | Stillegung |
| 7.1945 | Wiedereröffnung, Elektrischer Betrieb |

Die Einwohner rund um die evangelische Kirche der Südende-Gemeinde sind privilegiert, sie können zwischen zwei Bahnhöfen wählen, die jeweils nur ein paar hundert Schritte voneinander entfernt sind – Südende oder Attilastraße. Letzterer hieß bis 1992 Mariendorf und liegt an der Eisenbahnstrecke Berlin – Zossen – Dresden. Die gibt es seit 1875. An ihr entstand 1895 ein Haltepunkt auf dem Bahndamm, der Ursprung des Bahnhofs Mariendorf. Er ersetzte den einst (seit Juni 1875) an der Bahn **B**erlin – **D**resden bestehenden Bahnhof »Südende B.D.«, 900 Meter weiter nördlich an der Gabelung von Dresdener und Anhalter Bahn gelegen. Die Schalterhalle der Station Mariendorf wurde 1914/15 zur ebenen Erde versetzt und liegt seitdem unterhalb der Gleise. Seit dieser »Tieferlegung« führt der Zugang von der Mitte der zu beiden Seiten geöffneten Halle hinauf zum südlichen Ende des Mittelbahnsteigs. Erst im Mai 1939, verhältnismäßig spät also, löste die S-Bahn die dampfgetriebenen Vorortzüge ab, doch fährt sie seitdem ohne Unterbrechung (von vier Monaten Stillegung als Kriegsfolge abgesehen) regelmäßig im nordöstlichen Teil Mariendorfs. Im Sommer 1947 brannte die hölzerne Notbrücke über den Teltowkanal, südlich des Bahnhofs, ab. Es wurde ein Notbahnsteig am Südufer erbaut, die Fahrgäste konnten nur zu Fuß von dort zum Bahnhof Mariendorf gelangen.
1979 wurden alle Bahnsteighäuschen entfernt, ihre ehemaligen Standorte sind noch erkennbar an zwei- statt einstieligen Dachstützen. Ersatz schuf ein neuer Dienstraum, zugleich Bahnsteigsperre und Fahrkartenverkauf, vor dem Treppenaufgang. Im Zuge der Erkenntnis, eine Schnellbahnstation möglichst lagegenau zu bezeichnen, wurde der Name Mariendorf Ende Mai 1992 durch Attilastraße ersetzt. Bewahrt hat sich der Bahnhof einen Hauch Idylle einer Vorortstation - mit seinem Blumenbeet am Nordende des Bahnsteigs und der gärtnerischen Platzgestaltung am südwestlichen Zugang.
Im Jahre 1435 erwarben die Städte Berlin und Cölln vom Johanniterorden das 1337 erstmals beurkundete Mariendorf. 1831 verkauften sie das Dorf, doch 1920 kam Mariendorf zurück: Mit anderen Gemeinden zum Bezirk Tempelhof zusammengeschlossen, brachte der Industrievorort 20 700 Einwohner in die neugebildete Stadtgemeinde Groß-Berlin ein.

# MARIENDORF

HEUTE: ■
→ATTILASTRASSE

| | |
|---|---|
| 15.2.1895 | Eröffnung |
| 1914/15 | Umbau, Verlegung der Schalterhalle unter die Gleise |
| 15.5.1939 | Elektrischer Betrieb |
| 4.1945 | Stillegung |
| 16.8.1945 | Wiedereröffnung, Elektrischer Betrieb |
| 9.7.1947 | Notbrücke über den Teltowkanal abgebrannt; am Südufer Errichtung eines Notbahnsteigs »Mariendorf (Teltowkanalbrücke)« |
| 1.8.1947 | Notbahnsteig in Betrieb genommen |
| 26.8.1947 | Inbetriebnahme der wiederhergestellten Teltowkanalbrücke; Schließung des Bahnhofs »Mariendorf (Teltowkanalbrücke)« |
| 31.5.1992 | Umbenennung in »Attilastraße« |

Ganz so gepflegt wie Mitte der dreißiger Jahre geht es auf dem Vorplatz der heutigen Station Attilastraße nicht zu

# Marienfelde

Eine Stele auf dem Bahnhofsvorplatz erinnert an die Schnellfahrversuche von 1903

Nähert man sich dem S-Bahnhof Marienfelde von der Straße, vom Kiepertplatz, bietet sich der Anblick eines uneinheitlichen Sammelsuriums – Reste der Gebäude verschiedener Jahrzehnte, quasi Narben der Bahnhofsgeschichte. Ein wenig versteckt findet sich ganz links der »Gewächshaus«-Zugang zum Bahnsteig; im Flachbau rechts daneben gab es einmal eine Fahrkartenausgabe. Diese Anlage stammt von 1903; der Bahnhof existiert jedoch schon seit 1875.

Er war zeitgleich mit der Eröffnung der zunächst eingleisigen Strecke Berlin – Zossen – Dresden in Betrieb genommen worden. Ein zweigeschossiges Ziegelmauerwerk-Empfangsgebäude mit einem turmartigen Treppenhaus und ein Güterschuppen markierten den Eisenbahn-Haltepunkt in der seinerzeit noch weithin unbebauten Landschaft. 1890 wurde das Empfangsgebäude durch einen Anbau erweitert. Ein umfangreicher Ausbau der Bahnhofsanlagen fand von 1900 bis 1903 statt, aus dieser Zeit datieren der heutige Mittelbahnsteig, sein Zugangstunnel sowie ein Güterschuppen-Anbau. Ein nördlicher Zugang zur Großbeerenstraße/Berliner Straße entstand 1912. Der neue Bahnsteig war zunächst nicht überdacht, dazu kam es erst 1914. Bis 1919 führten über den Bahnhofsvorplatz die zusätzlichen Gleise einer Militäreisenbahn, heute parken Autos auf deren ehemaliger Trasse. Gleich neben den Parkplätzen erinnert eine Stele mit Bild- und Texttafeln an einen frühen Geschwindigkeitsrekord der Eisenbahn: Schon am 28. Oktober 1903 hatte bei Schnellfahrversuchen zwischen Marienfelde und Zossen ein Dreiphasen-Drehstrom-Triebwagen das ICE-würdige Tempo von 210,2 km/h erreicht.

1939 endlich – das System S-Bahn hatte sich in Berlin längst erfolgreich etabliert – schlug auch in Marienfelde die Stunde der Stromschiene. Die Gleichstrom-S-Bahn rollte an, doch nur vier Jahre hielt sie im Schatten des alten Empfangsgebäudes mit seinem Charme einer italienischen Villa. Ein

Bombentreffer zerstörte den Bau bereits 1943, auch die kleine Fahrkartenausgabe im Anbau war getroffen. Die S-Bahn hielt bis Mitte April 1945 den Betrieb aufrecht, konnte ihn nach der kriegsbedingten Stillegung aber erst im September des Jahres wieder aufnehmen. Der Bahnsteig und seine Zugänge waren unversehrt geblieben. Der nördliche Zugang wurde geschlossen und abgetragen, nachdem 1979 die neue Unterführung der Marienfelder Allee fertiggestellt worden war. Noch erkennbar ist hingegen, daß vom Tunnel des südlichen Zugangs aus, zumindest seit Ende der dreißiger Jahre, auch das Industriegelände östlich der Bahntrasse erreicht werden konnte.

Von den Folgen des S-Bahner-Streiks 1980 war der Bahnhof Marienfelde nicht betroffen; auch die Übernahme durch die BVG 1984 änderte nichts am regelmäßigen S-Bahn-Betrieb. Für die Züge, die sich in Marienfelde begegneten, waren am Bahnsteig immer zwei Gleise in Betrieb, auch während der langen Phase der Eingleisigkeit südlich von Marienfelde (1945 bis 1990).

Wegen des angrenzenden Güterbahnhofs war Marienfelde in den Nachkriegsjahrzehnten stets von einer gewissen Bedeutung für die Bahn. Wer mit dem Bus am Bahnhofsvorplatz ankommt, kann die Parade der unterschiedlichen Überbleibsel der diversen Bahnhofsbauten der Reihe nach abnehmen – noch, denn die Wiederinbetriebnahme der Fernstrecke »Dresdner Bahn« ist beschlossene Sache. Für die S-Bahn bedeutet dies, daß sie einen völlig neuen Bahnsteig erhalten wird; der jetzige wird vielleicht gerade noch seinen hundertsten »Geburtstag« erleben.

Marienfelde ist seit 1920 ein Ortsteil des Berliner Bezirks Tempelhof; 1344 als Marghenvelde erstmals urkundlich erwähnt. Die Dorfkirche mit ihrem trutzigen Westturm, erbaut 1220, gilt als der älteste Sakralbau der Mark Brandenburg, somit auch Berlins – älter als Berlin/Cölln selbst, aber eben nur »angeheiratet«! 1345 kauften Berlin/Cölln die Landgemeinde Marienfelde und andere Orte dem Johanniterorden ab. Markante Häuser, insbesondere rar gewordene Herrenhäuser mit Säulenveranden, finden sich in der ehemaligen Villenkolonie noch heute.

| | |
|---|---|
| 17.6.1875 | Eröffnung, Empfangsgebäude (1890 erweitert) |
| 15.3.1903 | Inbetriebnahme eines Mittelbahnsteigs (Überdachung erst 1914) |
| 1875-1919 | Gleise der Militäreisenbahn über dem Bahnhofsvorplatz |
| 15.5.1939 | Elektrischer Betrieb |
| 4.1945 | Stillegung |
| 19.8.1945 | Wiedereröffnung, Dampfbetrieb (Anhalter Bahnhof – Zossen) |
| 8.9.1945 | Elektrischer Betrieb |
| 1979 | Schließung des nördlichen Zugangs |
| 13.11.1979 | Inbetriebnahme einer Straßenunterführung Marienfelder Allee, als Ersatz für Schranke |

KURZZEICHEN: MF
LAGE: IM GELÄNDENIVEAU
NACH BUCKOWER CHAUSSEE
1750 METER,
NACH ATTILASTRASSE
2890 METER

# Marx-Engels-Platz

■ Eröffnet als:
→Börse
Heute:
→Hackescher Markt

**Die Stammväter des »wissenschaftlichen Sozialismus« paßten nie so recht zu der fast im Originalzustand erhaltenen Stadtbahnstation**

Einer der schönsten Bahnhöfe der Stadtbahn, fast noch original wie zur Eröffnung 1882, hieß einst Börse, heißt jetzt Hackescher Markt und trug 1951 bis 1992 den Namen Marx-Engels-Platz. Der gleichnamige Platz, heute wie vorher Schloßplatz und Lustgarten, hatte schon die verschiedensten Namen im Laufe der Jahrhunderte, darunter solche zur Benennung von Bahnhöfen noch weniger geeignete wie beispielsweise »Gang am Wasser« und »Die Freiheit zwischen der Hundebrücke und der Mühle«.

Marx (1818 – 1883) und Engels (1820 – 1895), der sozialistische Theoretiker und der Mitbegründer des Marxismus, sind auf einer parkartigen Freifläche am Spreeufer in Form einer Denkmalanlage noch präsent und als solche gar zunehmend populär. Das Marx-Engels-Monument des Bildhauers Engelhart dort ist den Berlinern als »Sakko & Jacketti« und »Rentnerdenkmal« ein Begriff.

Oben auf dem S-Bahnhof hatte man in den fünfziger bis siebziger Jahren versucht, mit einer roten Plaste-Innenverkleidung der Bahnsteighalle und mit riesigen Medaillons der Namensgeber den Stammvätern des »wissenschaftlichen Sozialismus« gerecht zu werden.

# Marzahn

So alt der Bahnhof auch ist – vor über hundert Jahren wurde er eröffnet –, so verhältnismäßig jung ist er als S-Bahn-Station. Im Zuge der Umwandlung der Vorort- bzw. Fernbahn nach Wriezen in eine S-Bahn-Strecke anläßlich der Errichtung der Trabantenstadt Marzahn wurde der Bahnhof Ende 1976 Haltepunkt für die elektrischen Züge.

Planungen zum Ausbau der Trasse für den S-Bahn-Verkehr gehen bis auf das Jahr 1939 zurück, wurden aber erst Ende der sechziger Jahre wieder aufgegriffen, als sich zunehmend Industrie ansiedelte und bald darauf Wohnbauten folgten. Ein »neunter« Stadtbezirk Marzahn sollte hier entstehen. Zur Verkehrserschließung durch die S-Bahn mußten die bestehenden alten Gleisanlagen weit südlich des Bahnhofs teilweise stark verändert werden. Doch der Bahnhof selbst befindet sich an der alten Stelle.

Bereits 1969/70 wurde er als S-Bahnsteig neu erbaut, als Ersatz für den alten, niedrigen Mittelbahnsteig, und erhielt eine Fußgängerbrücke nach beiden Seiten der Bahn, überdacht und verglast. S-Bahn-Verkehr an seinen Bahnsteigkanten war für 1973 angekündigt worden, aber die umfangreichen Gleisbauten und -verlegungen im Süden, rund um das Biesdorfer Kreuz, wo die S-Bahn-Trasse hinter Friedrichsfelde Ost abzweigt, führten zu einer mehrjährigen Verzögerung. Am 30. Dezember 1976 (laut Kursbuch für den 13. 12. vorgesehen) war es soweit: Der Eröffnungszug rollte ein. »*Was der Parteitag beschloß, wird sein!*« war auf die Ersttagsfahrkarte aufgedruckt.

Die S-Bahn, vorerst eingleisig, vermittelte in Marzahn eine Übergangsmöglichkeit zu den Vorortzügen nach Werneuchen/Wriezen, die auf der gegenüberliegenden Seite des Mittelbahnsteigs hielten. Nennenswertes Fahrgastaufkommen war anfangs nicht zu verzeichnen, befand sich die Wohnbebauung im Einzugsbereich des Bahnhofs doch noch im Anfangsstadium. Baustellenflair herrschte vor, Bauarbeiter stellten oft das Gros der Insassen der nur alle 20 Minuten verkehrenden Züge. Ende Dezember 1978 führten dann schon zwei S-Bahn-Gleise nach Marzahn; der noch hier endende Vorortverkehr wurde nach nebenan, auf einen nördlich anschließenden Notbahnsteig verdrängt.

Mitte Dezember 1980 wurde die S-Bahn-Strecke, vorerst eingleisig, Richtung Norden verlängert, der Bahnhof Marzahn war jetzt für die S-Bahn nicht mehr Endstation. Das alte Empfangsgebäude aus der Eröffnungszeit war Anfang 1980 beseitigt wor-

Noch im Juli 1977 war vom Bahnsteig der Blick auf das Empfangsgebäude von 1898 möglich

den. Diesen eingeschossigen roten Ziegelrohbau hatte man 1910/11 erweitert; der ursprünglich eingleisige Haltepunkt war 1914 mit einem zweiten Gleis und später einem Mittelbahnsteig ausgestattet worden.

Die Wohnbebauung östlich der Bahntrasse dehnte sich Anfang der achtziger Jahre immer mehr aus, damit einher ging auch der Neubau der S-Bahn-Strecke Richtung Ahrensfelde. Ende Januar 1981 hielten ein letztes Mal Vorortzüge in Marzahn, seitdem ist er ein lupenreiner S-Bahnhof. Das Umsteigen zwischen S-Bahn- und Vorortzügen wurde zum Bahnhof →Otto-Winzer-Straße verlegt. Mit einer zusätzlichen Fußgängerbrücke am Bahnsteig-Nordende wurde Anfang 1983 ein weiterer Zugang geschaffen und der Umsteigeverkehr zu Straßenbahn und Bus erleichtert. Seit 1991 ist diese Brücke ebenso überdacht wie nunmehr der ganze Bahnsteig. Doch schreien die Anlagen inzwischen förmlich nach Renovierung.

»Morczane« (Marzahn) wurde gegen 1300 erstmals urkundlich erwähnt; Friedrich der Große wies es Pfälzer Siedlern zu. Das Barnim-Dorf kam 1920 zu Groß-Berlin, ist aber kein homogen gewachsener Stadtteil. Die »auf die grüne Wiese« gesetzten sechs- bis 18geschossigen Plattenbauten bildeten zu ihrer Entstehungszeit das größte Neubaugebiet Europas. Zum eigenen Stadtbezirk (neunter in Ost-Berlin, somit 21. Berlins) avancierte Marzahn am 5. Januar 1979. Für die Marzahner ist es eine längst abgenudelte alte Platte, wenn die Plattenbauten nach wie vor zur Charakterisierung ihres Bezirks herhalten müssen. Schließlich gibt es, auch und noch, Alt-Marzahn mit Dorfaue, Kirche, Fachwerkscheune und Bockwindmühle. Die allerdings stammt von 1994.

| | |
|---|---|
| 1.5.1898 | Eröffnung, Seitenbahnsteig, keine Kreuzungsmöglichkeit für Züge; Empfangsgebäude (1980 abgerissen) |
| 1914 | Mittelbahnsteig; Kreuzungsmöglichkeit |
| 4.1945 | Stillegung |
| 25.11.1945 | Wiedereröffnung |
| 30.12.1976 | Elektrischer Betrieb |

Der Fortschritt ist unaufhaltsam und nur eine Frage der Zeit. Die Aufnahme entstand im Dezember 1982

KURZZEICHEN: MAR
LAGE: IM GELÄNDENIVEAU
NACH RAOUL-WALLENBERG-STRASSE
860 METER,
NACH POELCHAUSTRASSE
980 METER

# Mehrower Allee

Eröffnet als:
→Otto-Winzer-Strasse

Der Bahnsteig im Februar 1992

Die letzte S-Bahn-Station vor dem Endbahnhof Ahrensfelde der Linie S7 heißt seit dem 31. Januar 1992 nicht mehr Otto-Winzer-Straße, wie zur Eröffnung im Dezember 1980, sondern Mehrower Allee. Diese Allee im Bezirk Marzahn wurde 1978 gebaut. Bahnhof und Straße erhielten ihren Namen nach einer Gemeinde im Landkreis Barnim in Brandenburg. Das Dorf Mehrow wurde 1327 erstmals urkundlich erwähnt. Es liegt östlich von Ahrensfelde, nicht weit von der Stadtgrenze Berlins entfernt, noch innerhalb des Autobahnrings A10.

Kurzzeichen: MEA
Lage: im Geländeniveau
nach Ahrensfelde 1800 Meter,
nach Raoul-Wallenberg-Strasse 880 Meter

# Mexikoplatz

- Eröffnet als:
  →Zehlendorf West
  Siehe auch:
  →Lindenthaler Allee

Der Abgang zur Lindenthaler Allee, zwischen den Gleisen (September 1998)

Mexikoplatz ist bereits der vierte Name des Bahnhofs, der dritte in seiner S-Bahn-Zeit. Nach »Zehlendorf, Beerenstraße«, »Zehlendorf West« und »Lindenthaler Allee« wird seit März 1987 dort »Mexikoplatz« ausgerufen. Namensgebend war der zweifelsohne schönste Bahnhofsvorplatz Zehlendorfs, wenn nicht Berlins, umsäumt von würdigen Mietshäusern, dem Villenvorort angemessen.

Der Platz wurde 1904, zeitgleich mit dem Bau des Bahnhofs und des sich behäbig aufplusternden Empfangsgebäudes, angelegt, trug aber mehr als ein halbes Jahrhundert keinen Namen. Den erhielt er erst im September 1959, just ein Jahr nachdem der S-Bahnhof erst einmal in Lindenthaler Allee umgezeichnet wurde. Jetzt wiederum benötigte die Bahn 28 Jahre, ihren Stationsnamen dem Platz anzugleichen. Der Beschluß zum Namenswechsel ging 1987 von der Zehlendorfer Bezirksverordnetenversammlung aus, eine kurzfristig gefällte und sehr schnell umgesetzte Entscheidung im Jahr des 750er Stadtjubiläums Berlins.

Die Bezeichnung Mexiko geht auf den obersten Gott der Azteken zurück, der den Beinamen Mexitli besaß. Geschrieben »Mexico« (mit c), gesprochen eigentlich »Mechiko«, steht der Name für das heute drittgrößte lateinamerikanische Land und zugleich für seine Hauptstadt.

Kurzzeichen: MEX, früher LDA, davor ZFW
Lage: Auf Bahndamm, Mittelbahnsteig, Zugang am westlichen Bahnsteigende
Nach Schlachtensee 1400 Meter,
nach Zehlendorf 1940 Meter

# Mühlenbeck-Mönchmühle

»Das soll ein S-Bahnhof sein? Doch bestimmt nicht in Berlin?!« Naheliegende Fragen, beide mit »ja« zu beantworten – aber nur ganz knapp. Ja – es ist ein S-Bahnhof, wenn auch klein, einfach und noch recht jung; ja – er liegt außerhalb Berlins, wenn auch nur ein paar hundert Meter hinter Blankenfeldes Nordzipfel. Die Antwort zu einer vielleicht folgenden dritten Frage, wie die kleinen Ansiedlungen der Gemeinde Mühlenbeck-Mönchmühle zur Ehre einer S-Bahn-Anbindung kamen, läßt sich nur aus der jüngeren Geschichte ableiten, und die ist nicht bahnbetriebstechnischer, sondern politischer Natur.

Nach nur 72 Tagen Bauzeit wurde am 19. November 1961 eine neue S-Bahn-Verbindung (Oranienburg –) Hohen Neuendorf – Blankenburg (– Pankow) in Betrieb genommen. Die Strecke war aus DDR-Sicht unabdingbar, sie mußte gebaut werden, als Ersatz für die durch den Mauerbau zuvor gekappte Verbindung (Oranienburg –) Hohen Neuendorf – Frohnau (– Friedrichstraße). Große Teile des seit 1952 bestehenden nördlichen Außenrings wurden einbezogen und mit Stromschiene versehen. Es bestand lange Zeit Gemeinschaftsverkehr mit Fernzügen, mit allen daraus resultierenden Nachteilen.

Zwei Bahnhöfe legte die Reichsbahn für die S-Bahn auf der etwa 14 km langen Strecke neu an: Bergfelde (eröffnet schon 1962) sowie, nach der Trennung der S-Bahn von der Fernbahn zwischen Karow und Schönfließ, Mühlenbeck-Mönchmühle. Erst nach dem Bau besonderer S-Bahn-Gleise an der südlichen Seite des Außenrings konnte letzterer im September 1984 in Betrieb genommen werden, mit einem Seitenbahnsteig, da hier die S-Bahn-Strecke – noch heute – eingleisig ist. Nur wenige Meter am Südende der spartanisch ausgeführten Station sind überdacht.

Die aus politischen Erwägungen entstandene Strecke ist als S-Bahn-Verbindung seit der Wende 1989, spätestens seit dem Lückenschluß Frohnau – Hohen Neuendorf, kein zwingendes Erfordernis mehr, wird aber gleichwohl weiterhin betrieben. So gibt es einen komfortablen Schienenanschluß, im 20-Minuten-Abstand, für Mühlenbeck nördlich und dessen Ortsteil Mönchmühle südlich der Bahntrasse: In nur 19 Minuten können die Mühlenbeck-Mönchmühler (heißen sie so?) zur Schönhauser Allee gelangen.

Durch Berlin fließt immer noch die Spree, durch Mühlenbeck nebst Mönchmühle fließt immer noch das Tegeler Fließ. Mühlenbeck wurde 1375 erstmals erwähnt – Familie Molenbeck gehörte zu den Besitzern. Das Kloster Lehnin kaufte den Flecken 1415. Die stillgelegte Heidekrautbahn spendierte der Ansiedlung einst gleich zwei Bahnhöfe: Mühlenbeck und Schildow-Mönchmühle. Stillgelegt wurde nach der Wende auch die große Lagerhalle am S-Bahnhof. Sie war zu DDR-Zeiten streng bewacht, denn sie beherbergte die Schätze aus dem Imperium von Schalck-Golodkowski. Hier bunkerte der umstrittene Ost-West-Schacherer devisenbringende Möbel, die von Begüterten oder Ausreisewilligen als Pfand eingefordert wurden.

**2.9.1984 Eröffnung, Elektrischer Betrieb**

Drangvolle Enge wird der Bahnsteig vermutlich nie erleben (Mai 1995)

KURZZEICHEN: MKM
LAGE: IM GELÄNDENIVEAU
NACH SCHÖNFLIESS 3350 METER,
NACH BLANKENBURG 9360 METER

# Neubabelsberg

■ Siehe auch:
→Babelsberg Ufastadt
Heute:
→Griebnitzsee

Die Schaffung von Groß-Berlin im Oktober 1920 bedeutete, daß die Stadtgrenzen weit ins Umland hinausgeschoben wurden. Im äußersten Südwesten grenzte die Hauptstadt mit ihrem Ortsteil Kohlhasenbrück nun an Neubabelsberg, das erst am 1. April 1939 ein Stadtteil Potsdams wurde. Zuvor hatte Neubabelsberg zu →Nowawes gehört, das seinerseits erst seit 1938 Babelsberg heißt. Der heutige S-Bahnhof Babelsberg liegt über zwei Kilometer weiter westlich und hieß damals Nowawes.
Die Station Neu-Babelsberg, 1874 eröffnet, hatte ab 1878 eine Attraktion zu bieten. Das Empfangsgebäude war der Deutsche Pavillon der Weltausstellung in Wien 1873, der hierher gebracht worden war. Der Bahnhof (Schreibweise ab April 1883: Neubabelsberg) erhielt 1891 zwei weitere Gleise, Vorort- und Fernverkehr waren nunmehr getrennt.
Im Juni 1928 folgte hier erstmals eine S-Bahn den Spuren der ersten preußischen Eisenbahn Berlin – Potsdam von 1838. Anfangs mit nur fünf Zügen täglich, im gemischten Verkehr mit Dampfzügen, ab Oktober 1928 dann »reinrassig« elektrisch. Alsbald errichtete Richard Brademann für das Hochbauamt der Reichsbahn ein neues Empfangsgebäude aus roten Klinkern; 1932 war es fertig und steht bis heute nahezu unverändert.
Der Aufschwung der Ufa-Filmstudios führte im April 1938 zur Bahnhofs-Umbenennung in Babelsberg-Ufastadt. Sieben Jahre darauf fuhr hier der letzte Zug. Im Februar 1946 setzte der S-Bahn-Betrieb wieder ein; die Züge hielten an einem Bahnhof, der seit April 1949 den Namen Griebnitzsee trägt. Vom Februar 1951 bis zum Oktober 1952 war die Station geschlossen – in diesen Zeitraum fielen die DDR-Abschnürungsmaßnahmen, die Reisen zwischen Ost (=DDR) und West (=West-Berlin) erschweren sollten. Zu dieser Abriegelung, die Ost-Berlin noch nicht betraf, gehörte ab 1952 auch, daß West-Berliner nicht in die DDR durften, deshalb stiegen in Griebnitzsee auch uniformierte Kontrolleure (Volksmund: »Krümelsucher«) in die Züge. Kein Jahrzehnt darauf wurde die Mauer errichtet.
S-Bahn-Zugverkehr gab es in Griebnitzsee nach dem 13. August 1961 nur noch als Pendelverkehr von hier nach Potsdam Stadt. Er hielt nicht lange: Abgeschnitten vom Rest-Netz, wurden die verbliebenen rot-gelben Wagen ab 9. Oktober 1961 abtransportiert, und drei Wochen darauf war Griebnitzsee zum dritten Mal geschlossen. Der Bahnhof spielte fortan, ab Dezember 1961, eine neue, unrühmliche Rolle: als Kontrollstation für den Interzonen-, den späteren Transit-Verkehr der Fernzüge. Ein- und Ausstieg waren nicht möglich, hermetisch war die Station von der Umgebung abgeriegelt. Lange, hohe Betonmauern entlang der Gleise machten ihn uneinsehbar, simples Weglassen machte ihn auf DDR-Landkarten unsichtbar.
Nach dem Mauerfall war die Strecke Wannsee – Potsdam Stadt die erste wiedereröffnete Strecke zwischen West-Berlin und seinem Umland. Keine zwölf Wochen nach dem denkwürdigen Abend des 9. November 1989 hielten in Griebnitzsee ab den frühen Morgenstunden des 22. Januar 1990 wieder (Diesel-) Züge, die bestiegen oder verlassen werden durften! Anfangs gab es noch (bis zu 36 Min.) lange Aufenthalte, denn die Kontrollprozeduren verebbten erst allmählich. Es war die Zeit der heute schon fast vergessenen weißen »Zählkarten«...
Fehlte noch die S-Bahn. Sie ist im alten Villenvorort Neubabelsberg seit dem 1. April 1992 wieder regelmäßig präsent. Zuvor war der alte S-Bahnsteig modernisiert worden, neue »Gewächshaus«-Überdachungen ersetzten die maroden alten. Und der Bahnhof hat inzwischen auch einen Südzugang, für die Studenten der hier neu entstandenen Universitäts-Fachbereiche und für die Einwohner der ehemaligen West-Berliner Exklave Steinstücken. Nicht zuletzt besitzt auch die Regionalbahn einen Endhaltepunkt an der ehemals Neubabelsberger Bahnstation.

| | |
|---|---|
| 1.6.1874 | Eröffnung als »Neubabelsberg« |
| 1878 | Empfangsgebäude (v. d. Weltausstellung Wien 1873) |
| 1891 | Umbau, Trennung von Vorort- und Fernverkehr |
| 11.6.1928 | Elektrischer Betrieb |

| | |
|---|---|
| 1932 | Neues Empfangsgebäude |
| 1.4.1938 | Umbenennung in »Babelsberg-Ufastadt« |
| 4.1945 | Stillegung |
| 16.2.1946 | Wiedereröffnung, Elektrischer Betrieb |
| 1.4.1949 | Umbenennung in »Griebnitzsee« |
| 2.2.1951 | Stillegung |
| 10.1952 | Wiedereröffnung, Elektrischer Betrieb |
| 9.10.1961 | Elektrischer Betrieb eingestellt |
| 29.10.1961 | Stillegung |
| 10.12.1961 | Kontrollbahnhof für den Interzonenverkehr |
| 22.1.1990 | Wiedereröffnung, Dieselbetrieb |
| 1.4.1992 | Elektrischer Betrieb |

# Neuenhagen

In Neuenhagen, gelegen an der Ostbahnstrecke Richtung Strausberg, wurde der Bahnhof nicht einfach in eine S-Bahn-Station umgewandelt, vielmehr wurde ihm die S-Bahn regelrecht »vor die Nase gesetzt« – und dann fuhr sie nicht einmal.

Schon zur Eröffnung der Preußischen Ostbahnstrecke 1867 wurde der Bahnhof Neuenhagen mit zwei Seitenbahnsteigen eingerichtet, er erhielt ein ansehnliches dreigeschossiges Empfangsgebäude mit dunkelgelben Klinkern. Die Ostbahnstrecke baute man im Zweiten Weltkrieg kräftig aus, sie galt als kriegswichtig. Zur Kapazitätssteigerung der Trasse entstanden besondere Vorortgleise zwischen Mahlsdorf und Strausberg. In Neuenhagen legte man sie einfach quer über den Bahnhofsvorplatz, dort wurde ein neuer Mittelbahnsteig errichtet. Da nunmehr der Zugang zum alten Empfangsgebäude von 1867 versperrt war, stellte man einen einfachen Flachbau als neues Zugangsgebäude daneben, die Kriegs-Mangelwirtschaft ist der Baracke heute noch anzumerken. Im August 1944 gingen die neuen Vorortgleise in Betrieb, zur Elektrifizierung kam es jedoch nicht mehr. Diese Absicht hatte man schon etwas früher fallenlassen müssen, da die Stromversorgung nicht ausgereicht hätte. Ende April 1945 mußte dann sogar jeglicher Verkehr eingestellt werden.

Nach der Wiedereröffnung des Bahnhofs Neuen-

Die Trasse des ehemaligen zweiten Gleises zwischen dem Bahnsteig und dem Flachbau von 1944 ist links deutlich zu erkennen (Januar 1993)

hagen im September 1945 wurde alsbald das Ziel Elektrifizierung wieder ins Auge gefaßt. Die Gleise waren zwar teilweise zerstört, aber nicht von den Sowjets demontiert worden (jetzt war die Strecke »nachkriegswichtig« gewesen – zum Abtransport von Reparationsgütern). Erst 1947 »fledderte« die Reichsbahn den Schienenbestand der nun unbedeutend gewordenen Ostbahn, die Gleise wurden auf der Strecke nach Erkner dringender benötigt. Dieser Umstand erschwerte das Vordringen der S-Bahn, die dennoch, von Mahlsdorf kommend, im März 1947 Hoppegarten und Anfang September 1948 schließlich, sehr zur Genugtuung der Anwohner, auf dem Weg nach Fredersdorf, später Strausberg, Neuenhagen erreichte.

Der gerade vier Jahre alte Mittelbahnsteig wurde (und wird bis heute) nur an der Südkante bedient, die S-Bahn-Züge halten zwischen Bahnsteig und altem Empfangsgebäude. Die Zugangsbaracke aus der Kriegszeit erhielt einen Durchbruch zum Bahnsteig. Der bisherige Zugang über eine Holzbrücke war überflüssig geworden, es gab kein Gleis mehr zu überqueren. Erkennbar ist die Trasse des ehemaligen (nördlichen) Gleises noch recht gut; mit wenigen Treppenstufen wird sie beim Betreten des Bahnsteigs überquert.

Im folgenden halben Jahrhundert hat sich am Zustand des Bahnhofs Neuenhagen nichts Wesentliches verändert. Sehenswert ist die 20000-Einwohner-Gemeinde im Landkreis Märkisch Oderland gleichwohl – aus mehreren Gründen. Wo werden schon Rathaus und Wasserturm in einem geboten? 1926 war dieses 40 Meter hohe Backstein-Kuriosum fertiggestellt; es fällt nicht leicht, beim Anblick die Assoziation »Wasserkopf« beiseite zu drängen. Der Schriftsteller Rudolf Ditzen wohnte Anfang der dreißiger Jahre in Neuenhagen; »sein« Reihenhaus, Nr. 10, liegt an einer Ringstraße unweit des Wasser-Rathauses, die seit 1960 nach ihm – Hans Fallada – benannt ist. Hier entstand u.a. sein Roman »Kleiner Mann – was nun?«

KURZZEICHEN: NG
LAGE: IM GELÄNDENIVEAU
NACH FREDERSDORF
4340 METER,
NACH HOPPEGARTEN
1860 METER

| | |
|---|---|
| 1.10.1867 | Eröffnung, Empfangsgebäude, Seitenbahnsteige |
| 1.8.1944 | Mit der Inbetriebnahme besonderer Vorortgleise neuer (Mittel-)Bahnsteig auf dem Bahnhofsvorplatz; weiteres Empfangsgebäude (Flachbau) |
| 4.1945 | Stillegung |
| 10.9.1945 | Wiedereröffnung |
| 1.9.1948 | Elektrischer Betrieb |

## Neukölln

Richardsdorf wurde im Jahre 1360 von den Johannitern gegründet, 1797 wurde der Name Rixdorf eingeführt. So hieß auch der Eisenbahn-Haltepunkt an der Ringbahn zur Eröffnung 1872. Für die Trasse war anfangs die Landstraße nach Rudow unterbrochen gewesen, eine hölzerne Brücke (»Rixdorfer Galgen«) für Fußgänger wurde über den Gleisen errichtet.

Um 1890 entstand der hochgelegte Mittelbahnsteig mit Zugängen unter den Gleisen an beiden Bahnsteigenden (der östliche existiert heute nicht mehr). Einige Jahre später baute man ein Empfangsgebäude mit gelben Ziegeln, eingebaut in den Bahndammviadukt. Zu dieser Zeit kam der berühmte Schlager »In Rixdorf ist Musike« auf; das mochte zutreffen, aber mit dem Image des Ortes stand es nicht zum besten. Die Rixdorfer – über 200000 waren es zur Verleihung der Stadtrechte 1899 – strebten *»zur Pflege des städtischen Ansehens«* eine Umbenennung an, wollten den schlechten Ruf als Hort von Armut, Kriminalität und *»schlechten Sitten«* aufpolieren. Die neue Namensgebung, Neukölln, war 1912 vollzogen und betraf natürlich auch den Ringbahnhof. Bei der Eingemeindung in den Stadtverband von Groß-Berlin 1920 war Neukölln namengebend für den 14. Verwaltungsbezirk. Er ist heute mit 320000 Einwohnern der bevölkerungsreichste aller Berliner Bezirke.

Der Ringbahnhof Neukölln wurde 1928 eine S-Bahn-Station und anschließend baulich stark verändert. Ende 1930 war am westlichen Bahnsteigende ein neues Empfangsgebäude aus roten Klinkern vollendet, der Bau im Stil der »Neuen Sach-

Ein Bild aus der Zeit, als mit der Straßenbahn noch auf drei Ebenen Schienenverkehr am S- und U-Bahnhof Neukölln herrschte

lichkeit« besitzt einen Übergang zur U-Bahn, die hier seit Dezember 1930 die Ringbahn unterfährt. Der bekannte »U-Bahnhofs-Architekt« Alfred Grenander zeichnete für die Gestaltung dieses gemeinsamen neuen Zugangsbauwerks verantwortlich.

Wie auf dem gesamten S-Bahn-Ring wurde auch in Neukölln gegen Ende April 1945 der Bahnverkehr eingestellt, Mitte Juni kehrten die Züge hier zurück. Einen vollständigen Ring befuhren sie noch bis 1961, einen Teilring noch bis 1980. Auf den S-Bahner-Streik 1980 folgte unmittelbar die Stillegung des gesamten restlichen Ring-Torsos in West-Berlin, somit auch die Stillegung des Bahnhofs Neukölln. 1984 wurde dennoch die Vorhalle des S-Bahnhofs (Eingang zur U-Bahn) renoviert.

Intakt ist er immer noch nicht, der S-Bahn-Ring, der Bahnhof Neukölln aber wurde Ende 1993 wieder in Betrieb genommen. Das Empfangsgebäude ist restauriert, die Fassade fast im ursprünglichen Zustand wiederhergestellt. Die Bahnsteigüberdachung, zweistielig gestützt, glänzt wie 1890. Am (verlängerten) westlichen Bahnsteigende wurde ein weiterer Zugang geschaffen, ein Aufzug führt auf eine Mittelinsel der Karl-Marx-Straße und zum U-Bahnsteig. Ein interessantes Detail des überdachten Stegs zum Aufzug wird deutlich, wenn man Richtung Osten in den S-Bahnhof einfährt: Der kurze Verbindungssteg besitzt Form und Aussehen eines Personen-Eisenbahnwaggons.

| | |
|---|---|
| 1.1.1872 | Eröffnung als »Rixdorf« |
| um 1890 | hochgelegter Mittelbahnsteig |
| 1895 | Empfangsgebäude |
| 15.3.1912 | Umbenennung in »Neukölln« |
| 6.11.1928 | Elektrischer Betrieb |
| 1930 | Gemeinsames Zugangsbauwerk S-/U-Bahn |
| 4.1945 | Stillegung |
| 18.6.1945 | Wiedereröffnung, Elektrischer Betrieb |
| 18.9.1980 | Schließung (kein Verkehr nach Streikende) |
| 17.12.1993 | Wiedereröffnung, Elektrischer Betrieb |

KURZZEICHEN: NKN
LAGE: AUF BAHNDAMM
NACH SONNENALLEE 950 METER,
NACH KÖLLNISCHE HEIDE 1810 METER,
NACH HERMANNSTRASSE 850 METER

# Neu-Lichtenberg

■ Heute:
→Nöldnerplatz

Zur Eröffnung 1902 hieß der Bahnhof, von Beginn an ohne Empfangsgebäude, mit Mittelbahnsteig und anschließendem Zugangstunnel, noch »Rummelsburg Ost«. Er wurde auf der Strecke der Ostbahn zwischen die Bahnhöfe Stralau – Rummelsburg und →Lichtenberg-Friedrichsfelde eingefügt; die Trasse wird auch als »verlängerte Stadtgleise« bezeichnet.
Zum S-Bahnhof wurde die Station 1928; der neue Name »Neu-Lichtenberg« war ihr schon 1914 verordnet worden (und sollte 40 Jahre gültig bleiben). Ab Ende April 1945 war der Bahnhof, wie alle anderen im Berliner Netz auch, geschlossen; die Wiederinbetriebnahme erfolgte hier im Juli 1945. Nördlich des Bahnsteigs befinden sich zahlreiche Gleise, die zum Güterbahnhof Lichtenberg gehören; in den Nachkriegsjahrzehnten waren dort regelmäßig besondere, gepflegte Waggons abgestellt: Teile des DDR-Regierungszuges, sorgfältig beaufsichtigt. An dieser Nordflanke ist die geringe Hochlage des Bahnhofs nicht erkennbar, das S-Bahn-Gleis Richtung Ostkreuz liegt im Geländeniveau. Gegenüber dem parallel der Bahnhofs-Südseite verlaufenden Archibaldweg ergibt sich eine nur geringfügige Hochlage, so daß an den beiden Zugängen am westlichen Bahnsteigende dennoch auf- und abwärts führende Treppen vorhanden sind.
Eine grundlegende Renovierung wurde der Station 1983 zuteil; die dabei verwendeten großflächigen, leicht rosafarbenen Bahnsteigplatten, die oft das typische Kleinmosaikpflaster ersetzten, sind ein unverkennbarer Beleg für die Auffrischungsarbeiten jener Zeit auf den S-Bahnhöfen im Osten Berlins.
Der Bahnhofsname Neu-Lichtenberg steht im Zusammenhang mit dem schnellen Wachstum der Gemeinde Lichtenberg. Bereits seit 1391 von Berlin verwaltet, zählte Lichtenberg 1908 schon 70000 Einwohner und erfuhr 1912 durch die Eingemeindung von Boxhagen-Rummelsburg weiteren Zuwachs – Hintergrund der ersten Bahnhofsumbenennung von 1914.

| | |
|---|---|
| 1.10.1902 | Eröffnung als »Rummelsburg Ost«, Mittelbahnsteig |
| 1.10.1914 | Umbenennung in »Neu-Lichtenberg« |
| 6.11.1928 | Elektrischer Betrieb |
| 4.1945 | Stillegung |
| 7.1945 | Wiedereröffnung, Elektrischer Betrieb |
| 12.12.1954 | Umbenennung in »Nöldnerplatz« |

# Niederschöneweide - Johannisthal

Der lange Name klingt etwas veraltet, mit ihm assoziiert man Dampfrösser auf weithin unbebauten Feldern im Randgebiet Berlins gegen Mitte des 19. Jahrhunderts. Der Name scheint nicht so recht zu einem Bahnhof für elektrische S-Bahn-Züge zu passen, und doch ist beides zutreffend, diente der Bahnhof auch ihnen – allerdings nur kurze Zeit.

In den Jahren 1865/68 wurde die Eisenbahnstrecke Berlin – Görlitz erbaut. Sonntags eingesetzte Extrazüge – Anfänge des Ausflugsverkehrs – hielten bereits 1868 an einem Ort, der als »Neuer Krug« bezeichnet wurde. 1874, als die Strecke, zunächst bis Grünau, zweigleisig ausgebaut wurde, hielten hier alle Züge regelmäßig. 1888/89 mauserte sich der Haltepunkt zu einem Bahnhof: Er erhielt nordöstlich der Gleise ein Empfangsgebäude und einen Fußgängertunnel zum Bahnsteig. Eine südöstlich der Station abzweigende Strecke nach Spindlersfeld ging 1891 in Betrieb. Ab 1879 hatte sich die Bezeichnung wiederholt – von »Johannisthal (Nieder Schönweide)« bis »Niederschöneweide - Johannisthal« – geändert.

In den Jahren 1902 bis 1906 errichtete man einen recht großzügigen Bahnhofsbereich in Hochlage: Sechs Gleise waren nunmehr vorhanden. Drei Mittelbahnsteige, zwei davon für den Vorort-, einer für den Fernverkehr, wurden im Mai 1906 eröffnet. Das Empfangsgebäude wurde 1907 erweitert. Niederschöneweide - Johannisthal war der größte Personenbahnhof an der Görlitzer Bahn zwischen Berlin und Königs Wusterhausen geworden. Geplant war sogar ein weiteres Gleispaar, ein dafür vorgesehener, zusätzlicher Bahnsteig (»A«) blieb jedoch unvollendet. Sein Treppenaufgang am Sterndamm ist noch immer zu erkennen; die drei bestehenden Bahnsteige wurden kurioserweise noch bis in die fünfziger Jahre mit B, C und D bezeichnet.

Im November 1928 hielt der elektrische Betrieb, die S-Bahn, Einzug; für die Stromversorgung wurde in Stationsnähe ein Gleichrichterwerk errichtet. Südöstlich des Bahnhofs, in einiger Entfernung, war 1927 für die S-Bahn das erste reine Triebwagen-Ausbesserungswerk in Deutschland entstanden. Die große Werkstatt ist bis heute ein sehr wichtiger S-Bahn-Stützpunkt. Anfang Oktober 1929 schließlich erhielt der bedeutend gewordene Bahnhof, einst hervorgegangen aus »Neuer Krug« und »Bude 7«, endgültig den heutigen Namen »Schöneweide«.

Die S-Bahn hatte hier nach der Betriebseinstellung im April 1945 keine Demontage ihrer Gleise hinnehmen müssen. Der Bahnhof war schon Mitte Juni 1945 wieder geöffnet worden, zunächst für einige Dampfzüge, ab Juli auch wieder für die S-Bahn. Ein geregelter, sich bald stabilisierender Verkehr an ihren beiden Bahnsteigen war und ist die Norm. Ein »Jahrhundertsturm« über Berlin deckte im November 1972 einen Teil des Daches vom Fernbahnsteig ab, aufgebaut wurde es bei einer Bahnhofsmodernisierung 1973 nicht mehr. Im Gegenteil: Im Zusammenhang mit einer weiteren Rekonstruktion des Bahnhofs 1985 wurde das Dach des S-Bahnsteigs Richtung Osten auf die gleiche, geringe Länge gestutzt. Der Fernbahnsteig war 1973 um 100 Meter verlängert worden; Schöneweide besaß zu DDR-Zeiten eine wichtige Funktion im dezentralen Fernbahn-Gefüge Ost-Berlins. So wurde 1974 auch ein Fußgängertunnel unter dem Bahnhofsvorplatz angelegt.

1987 wurde das Aufsichtsgebäude des Bahnhofs Grünau zerlegt und am Bahnsteig A in Schöneweide wiedererrichtet; überhaupt wurde, im Gegensatz zum 1985 elektrifizierten Fernbahnsteig, bei den S-Bahnsteigen sehr auf eine Wiederherstellung historischer Formen geachtet. Inwieweit der Anfang der neunziger Jahre vor das Empfangsgebäude gesetzte moderne Anbau in das Bild paßt, mag dahingestellt bleiben.

Der Ortsteil Niederschöneweide, im Gegensatz zu Oberschöneweide am linken Spreeufer gelegen, trägt seinen Namen amtlich seit 1871. Er entwickelte sich aus der 1764 entstandenen »Colonie Schöneweide« und bestand anfangs aus nicht mehr als ein paar Gehöften, Ställen und dem Wegegasthaus »Neuer Krug«. Erst »Amtsbureau« (1885) und Bahnhofs-Empfangsgebäude (1888) bildeten einen Mittel- und Bezugspunkt; über die Spree schlug man eine (hölzerne) Brücke erst

Heute: ■
→Schöneweide

1891. Zum Zeitpunkt der Eingemeindung nach Berlin, in den Bezirk Treptow im Jahre 1920, wurden annähernd 10000 Einwohner in Niederschöneweide gezählt.

Der Name Johannisthal (unmerklich, doch gibt es hier tatsächlich ein Tal) läßt sich auf den ersten Erbpächter Johann Wilhelm Werner zurückführen. Von 1757 datiert die älteste Akte. Ein Kur- und Badeort sollte Johannisthal werden, aber der Bau des Teltowkanals (1906) grub den Plänen das Wasser ab, der Flugplatz (1909) ließ das Vorhaben auffliegen. Johannisthal wurde statt dessen zum Zentrum des europäischen Motorflugs. Noch bis 1952 waren Flugzeuge – zuletzt sowjetische Fliegereinheiten – im Einsatz auf dem jetzigen Großlagerplatz im Bezirk Treptow.

| | |
|---|---|
| 24 .5.1868 | Halt weniger Züge an Sonntagen in »Neuer Krug« |
| 1.6.1874 | Ständiger Haltepunkt |
| 15.5.1876 | Bezeichnung »Bude 7 Johannisthal Neuer Krug« |
| 15.5.1879 | Bezeichnung »Johannisthal (Neuer Krug)« |
| 15.10.1880 | Bezeichnung »Johannisthal (Nieder Schöneweide)«, anfangs (Nieder Schönweide) |
| 1888/89 | Bau eines Empfangsgebäudes |
| 1.10.1895 | Bezeichnung »Nieder Schöneweide (Johannisthal)«, aber auch »Niederschöneweide (Johannisthal)« und »Niederschöneweide - Johannisthal« |
| 1902/06 | Hochlegung der Bahnstrecke |
| 1903/06 | Experimente mit elektrischem Oberleitungsbetrieb (Strecke nach Spindlersfeld) |
| 1.5.1906 | Inbetriebnahme von zwei weiteren Mittelbahnsteigen |
| 1907 | Erweiterung des Empfangsgebäudes |
| 6.11.1928 | Elektrischer Betrieb |
| 6.10.1929 | Umbennung in »Schöneweide« |
| 4.1945 | Stillegung |
| 6.1945 | Wiedereröffnung, Dampfbetrieb |
| 11.7.1945 | Elektrischer Betrieb |
| 1973 | Umbau der Schalterhalle und Neubau eines Verbindungstraktes zwischen Schalterhalle und Unterführung |
| 1974 | Fußgängertunnel unter dem Bahnhofsvorplatz |
| 1987 | Rekonstruktion der Bahnsteige |

## Nikolassee

Ein Postkartenmotiv! Läge Nikolassee nicht so fernab touristischer Attraktionen, würden die Verschlüsse der Kameras von Besuchern aus Nah und Fern vor dem Bahnhofsgebäude ohne Unterlaß schnackeln. Die Architekten Fritz Brüning und Paul Vogler setzten 1902 ein rot-weißes Schloß auf den märkischen Sand. Es galt, potentielle Bauherren in das weitgehend unbesiedelte Gelände zu locken, hier, an den spitzwinklig sich kreuzenden Gleisen der Wannseebahn und der Wetzlarer Bahn. Ein gemeinsamer Haltepunkt mit zwei Mittelbahnsteigen wurde errichtet, finanziert von der Grundstücksgesellschaft »Heimstätten AG«, die sogar für die Betriebskosten der ersten fünf Jahre aufkam.

Die vielen Zinnen, Bögen, Ziergiebel, Vorbauten, die offensichtliche Asymmetrie und der alles beherrschende Turm machen den Backsteingotik-Bau zu einem Prunkstück. Sogar die Baukosten sind überliefert: 530000 Mark. Die Villenkolonie

Der Verbindungsgang zwischen beiden Bahnsteigen im Mai 1978

Eines der bezauberndsten S-Bahnhofs-Motive, aufgenommen im Mai 1992

Nikolassee war zur Bahnhofseröffnung 1902 gerade angelegt worden, sie bildete mit Schlachtensee ab 1920 den Ortsteil Nikolassee des Berliner Bezirks Zehlendorf.

Die S-Bahn erreichte den Bahnhof in zwei Etappen. Zuerst, im Jahre 1928, wurde die Wetzlarer Bahn, also der auf dem Bahndamm gelegene Bahnsteig der Strecke Grunewald – Wannsee elektrifiziert. Jahre später erst zog die Wannseebahn nach, ihr tiefer gelegener, knapp unter dem Geländeniveau befindlicher Bahnsteig war 1933 für das S-Bahn-System hergerichtet worden. Bald darauf entstand neben der Borussenstraße der mittlere Zugang zu beiden Bahnsteigen, verbunden durch einen gedeckten, eisernen Steg.

Auch die Wiedereröffnungsdaten der beiden Bahnsteige nach der gegen Kriegsende erfolgten Schließung sind unterschiedlich. Die Wannseebahn verkehrte wieder ab Anfang Juni 1945, einige Wochen darauf erst folgte die verlängerte Stadtbahn. In den Jahrzehnten danach, gekennzeichnet durch wachsende Bedeutungslosigkeit der S-Bahn in West-Berlin, lief Nikolassee, immerhin Umsteigebahnhof und Ausflugs-Startpunkt, zwar nie wirklich Gefahr, zu veröden, doch die Vernachlässigung der Baulichkeiten wurde deutlich und sichtbar. Der S-Bahner-Streik im September 1980 setzte dem Verkehr auf dem Wannseebahnsteig ein Ende, der Betreiberwechsel von der DR zur BVG im Januar 1984 hatte auch die Schließung des oberen Bahnsteigs zur Folge.

In der kurzen Phase der völligen Stillegung begann jedoch die Restaurierung, die sichtbar erfolgreich vollendet wurde. Anfang Mai 1984 kehrte S-Bahn-Leben an den oberen Bahnsteig zurück; seit Anfang Februar 1985 ist auch auf dem unteren, dem Wannseebahnsteig, die S-Bahn wieder allgegenwärtiger Gast. Die Dächer und Zugänge beider

Der obere Bahnsteig im Februar 1978

Bahnsteige, auch das Kleinmosaikpflaster und die Blumenrabatten, sind durch und durch typisch für das Erscheinungsbild der Berliner S-Bahn.

Bahnhof Nikolassee ist für Berliner mit eingepackter Badehose und mitgenommenem kleinen Schwesterlein der Ausgangspunkt zum berühmten Strandbad Wannsee. Im Nikolassee selbst hingegen darf man gar nicht baden. Südlich des Bahnhofs liegt er, eingezwängt zwischen S- und Fernbahn sowie Autobahn, er gehört den Wasserwerken. Daß seine Begrenzung den anmutigen Namen Nymphenufer trägt, hilft wenig; sumpfig und teilweise verlandet, ist von der eigentlichen Wasserfläche des fünfeinhalb Hektar kleinen Sees nur an einigen Stellen etwas zu entdecken. Seinen Namen verdanken See, Ortsteil und Bahnhof dem heiligen Nikolaus († 546), Schutzpatron der Apotheker, Bäcker, Kaufleute, Juristen, Gefangenen (!) sowie der Schüler und Kinder – von letzteren wohl nur am 6. Dezember wahrgenommen bzw. »für wahr genommen«.

KURZZEICHEN: FRÜHER NI, HEUTE NIO (VERLÄNGERTE STADTBAHN) UND NIU (WANNSEEBAHN)
LAGE: AUF BAHNDAMM (NIO), ETWAS UNTER STRASSENNIVEAU (NIU)
NACH WANNSEE 1510 METER (AB NIO), 1570 METER (AB NIU);
NACH GRUNEWALD 7820 METER;
NACH SCHLACHTENSEE 1700 METER

| | |
|---|---|
| 1.5.1902 | Eröffnung, Empfangsgebäude, je ein Mittelbahnsteig, verbunden (nur) durch einen Tunnel |
| 11.6.1928 | Elektrischer Betrieb (Wetzlarer Bahn, oben) |
| 15.5.1933 | Elektrischer Betrieb (Wannseebahn, unten) |
| 1934/36 | mittlerer Zugang zu beiden Bahnsteigen durch Fußgängersteg |
| 4.1945 | Stillegung |
| 6.6.1945 | Wiedereröffnung, unterer Bahnsteig, Elektrischer Betrieb |
| 11.7.1945 | Wiedereröffnung auch des oberen Bahnsteigs, Elektrischer Betrieb |
| 18.9.1980 | Stillegung des unteren Bahnsteigs (kein Verkehr nach Streikende) |
| 9.1.1984 | Stillegung auch des oberen Bahnsteigs (Übernahme durch die BVG) |
| 1.5.1984 | Wiedereröffnung des oberen Bahnsteigs, Elektrischer Betrieb |
| 1.2.1985 | Wiedereröffnung auch des unteren Bahnsteigs, Elektrischer Betrieb |

# NÖLDNERPLATZ

ERÖFFNET ALS:
→NEU-LICHTENBERG

Über dem Zugang ist soeben ein Zug Richtung Lichtenberg eingefahren. Ein Empfangsgebäude hat der Bahnhof nie besessen (Februar 1976)

Zwischen der Ringbahn und dem heutigen Bahnhof Lichtenberg wurde die ursprüngliche Gleistrasse der 1867 eröffneten Ostbahnstrecke zum Beginn des 20. Jahrhunderts teilweise hochgelegt und erweitert. In diesem Zusammenhang wurde 1902 auf diesem Abschnitt der größtenteils überdachte Mittelbahnsteig angelegt, der anfangs Rummelsburg Ost hieß und ab 1914 Neu-Lichtenberg. Er wurde 1928 in das S-Bahn-Netz einbezogen und erhielt 1954 den heutigen Namen Nöldnerplatz. Die Benennung bezieht sich auf den (vor dem Zweiten Weltkrieg in dieser Form nicht vorhandenen) Platz sowie auf die Nöldnerstraße, die sich allerdings nicht in unmittelbarer Nähe der Station befinden. Beide wurden 1947 benannt nach dem kommunistischen Widerstandskämpfer Erwin Nöldner aus Lichtenberg, hingerichtet 1944 im Zuchthaus Brandenburg.

KURZZEICHEN: NPL (FRÜHER NL)
LAGE: IM GELÄNDENIVEAU (NORDSEITIG), LEICHT ERHÖHT GEGENÜBER STRASSENNIVEAU (SÜDSEITIG)
NACH LICHTENBERG 1150 METER,
NACH OSTKREUZ 860 METER

# Nordbahnhof

■ Eröffnet als:
→Stettiner Bahnhof

Einst Anbau des großen Fernbahnhofs, steht (und besteht) das S-Bahn-Empfangsgebäude jetzt für sich allein (Kurz vor Beendigung der Restaurierungsarbeiten im April 1994)

Zerfurcht ist das Viertel um den Nordbahnhof. Baulücken, Brachgelände, die Mauer-Gedenkstätte in der Bernauer Straße unweit des Ostausgangs – es ist schwer vorstellbar, daß hier einmal ein Fernbahnhof Mittelpunkt pulsierenden Lebens war. Der damals noch Stettiner heißende Bahnhof erhielt 1898 an der Westseite einen Anbau, einen Flügelbahnhof für Vorortzüge Richtung Norden, von dem aus im August 1924 Berlins erste S-Bahn nach Bernau ihre Fahrt aufnahm.

Daß an diesem Ort heute nichts mehr auf die S-Bahn hindeutet, vielmehr eine Ödnis neben der Straße »Am Nordbahnhof«, gegenüber der Post, zu besichtigen ist, liegt nicht allein an dem Bombenhagel des Zweiten Weltkriegs. Schon 1936 verließ die S-Bahn ihren »Ur-Bahnhof« und tauchte ab in den Untergrund; der neue S-Bahnhof liegt 6,40 Meter unter der Erde. Die elektrischen Züge endeten nicht mehr am Stettiner Bahnhof, sondern unterquerten Berlins Zentrum im neuen Nord-Süd-Tunnel.

Seit Ende Januar 1946 ist der Tunnelbahnhof nach kriegsbedingter Pause wieder in Betrieb, seit Anfang Dezember 1950 heißt er nicht mehr Stettiner Bahnhof. Meinten die Machthaber in jenem Teil Berlins, den sie (damals noch) »demokratischer Sektor« nannten, dem Sachverhalt, daß Stettin nun nicht mehr in Deutschland lag, durch Tilgung des Stadtnamens auf den Bahnhofsschildern Rechnung tragen zu müssen?

Der Mauerbau 1961 erzwang für den S-Bahnhof Nordbahnhof das Dasein als ohne Halt durchfahrener »Geisterbahnhof«. Hart an der Sektorengrenze gelegen, mündete einer der vielen Ausgänge direkt an der Grenze auf die Gartenstraße (französischer Sektor). Eine Inbetriebnahme zu »Mauerzeiten« wäre denkbar gewesen, ähnlich wie am Bahnhof Wollankstraße praktiziert und bei den Bahnhöfen Potsdamer Platz und Bornholmer Straße (letztlich vergeblich) angestrebt. Doch der Zugang blieb vermauert, 1977 wurden die nebeneinanderliegenden Gleise im Bahnhof sogar durch einen Maschendrahtzaun getrennt, um auch die geringste Fluchtmöglichkeit auszuschalten.

Seit 1990 ist der S-Bahnhof Nordbahnhof (nach anfänglichen Unterbrechungen, für Restaurierungsarbeiten) wieder geöffnet; Bahnsteige und Empfangsgebäude wurden weitestgehend dem Eröffnungszustand von 1936 angeglichen. Als exakter Ausgangspunkt für Berlins erste S-Bahn kann er aber nicht mehr bezeichnet werden, weder vom Namen noch von der Lage her.

KURZZEICHEN: NB, FRÜHER NOU, DAVOR NON
LAGE: UNTERIRDISCH (6,40 METER UNTER STRASSENNIVEAU), NÖRDLICH DER INVALIDENSTRASSE, WESTLICH PARALLEL ZUR GARTENSTRASSE
NACH HUMBOLDTHAIN 1590 METER,
NACH ORANIENBURGER STRASSE 870 METER

# NOWAWES

Älteren Potsdamern noch geläufig, klingt »Nowawes« für Berliner Ohren doch recht fremd; der Ort wurde oft als »Nudelberg« verspottet. Der Dorfgründer Friedrich II., berichtete Heimatforscher Kurt Pomplun, soll einmal nach dem Namen der neu entstehenden Siedlung gefragt haben. »*No, wa weeß*« erwiderte ein Maurer, und der König meinte: »*So soll es denn auch Nowawes heißen.*«
Preußen-König »Eff Zwo« hatte 1750 die Ansiedlung protestantischer Weber aus Böhmen gefördert, die ihr Viertel nach der 1375 erstmals erwähnten Siedlung Neuendorf »Nová ves« genannt hatten. Siedlerhäuschen gibt es noch heute, in der »Jute-«, »Wolle-« und »Spindelstraße«.
Der erste Bahnhof entstand 1862; »Neuendorf« war anfangs nur Hofstation und wurde zwischen 1866 und 1868 für den öffentlichen Verkehr freigegeben. »Nowawes-Neuendorf« hieß er ab 1890, ein Jahr später wurde die Strecke viergleisig ausgebaut (Trennung zwischen Vorort- und Fernverkehr), dabei wurde auch der Bahnhof umgebaut. Nach der Eingemeindung von Neuendorf nach Nowawes 1907 lautete der Bahnhofsname ab März 1908 schlicht Nowawes. Die Strecke wurde ab 1910 hochgelegt, der Bahnhof befindet sich seit 1913, neu errichtet, auf dem Bahndamm.
1924 erhielt Nowawes Stadtrecht, und im Juni 1928 kam die elektrische S-Bahn mit ihrem Zielbahnhof Potsdam hierher. In jenem Jahr wurden Schloß und Park Babelsberg zu Nowawes eingemeindet. Der 1. April 1938 brachte die Eingemeindung von Kleinglienicke und der Villenkolonie →Neubabelsberg zur Stadt Babelsberg, gleichzeitig nannte man den Bahnhof ebenfalls Babelsberg. Übrigens wurde erst ein Jahr später, am 1. April 1939, Babelsberg von Potsdam vereinnahmt!
Die kriegsbedingte Einstellung des S-Bahn-Verkehrs im April 1945 dauerte bis zum 16. Februar 1946; die Verbindung nach Berlin hielten die Stromschienenzüge dann bis zum Mauerbau 1961. Acht Wochen lang nach jenem 13. August konnten die Babelsberger von hier aus nur noch jeweils eine Station mit einer echten S-Bahn fahren, Richtung Osten bis Griebnitzsee, Richtung Westen bis Potsdam Stadt. Dann wurden die Fahrzeuge von

HEUTE: ■
→BABELSBERG

Von 1928 bis 1938 hielt die S-Bahn am noch Nowawes benannten Bahnhof Babelsberg

dieser 4,23 km langen »Linie« abtransportiert, und ein Wiedersehen mit den Gelb-roten gab es erst am 1. April 1992. In der Zwischenzeit bedienten anfangs Dampfzüge, später Triebwagen, zuletzt meistens kleine Reichsbahn-Schienenbusse (die berühmten »Blutblasen« oder »Ferkeltaxen«) die Strecke Richtung Charlottenhof und teilweise weiter nach Potsdam Hauptbahnhof (wie Potsdam-Pirschheide damals hieß) bzw. nach Werder und auf den westlichen Außenring.
Zahlreiche der alten S-Bahn-Waggons, die in den Jahren seit der Wiedereröffnung 1992 hier wieder hielten, haben einst noch das Bahnhofsschild »Nowawes« gesehen.

| | |
|---|---|
| 1862 | Eröffnet als »Neuendorf« (nur Hof-Station) |
| 1866/68 | Freigabe für den öffentlichen Verkehr |
| 1.5.1890 | Umbenannt in »Nowawes-Neuendorf« |
| 1.3.1908 | Umbenannt in »Nowawes« |
| 1913 | Neuer, hochgelegter Bahnhof |
| 11.6.1928 | Elektrischer Betrieb |
| 1.4.1938 | Umbenannt in »Babelsberg« |
| 4.1945 | Stillegung |
| 16.2.1946 | Wiedereröffnung, Elektrischer Betrieb |
| 9.10.1961 | Elektrischer Betrieb eingestellt |
| 1.4.1992 | Erneut Elektrischer Betrieb |

## Oberspree

Von der Görlitzer Bahn, der S-Bahn-Strecke Richtung Königs Wusterhausen, zweigt südlich des Bahnhofs Schöneweide eine eingleisige Bahnstrecke ab, die in Spindlersfeld stumpf endet. 1892 wurde die vier Kilometer lange Stichstrecke in Betrieb genommen. Der Bahnhof Oberspree, etwa in der Mitte gelegen, erhielt eine Ausweiche, damit sich die Züge begegnen konnten. Eine alte Postkarte zeigt: Es gab sogar ein zweigeschossiges Empfangsgebäude.
Lange vor dem S-Bahn-Verkehr war schon elektrischer Betrieb in Oberspree zu verzeichnen. Für Versuchsfahrten hatte man 1903 eine Oberleitung zwischen →Niederschöneweide-Johannisthal und Spindlersfeld installiert. Mit speziellen Fahrzeugen, ausgelegt für einphasigen Wechselstrom 6000 V/25 Hz, wurden fortan neue Antriebsmöglichkeiten getestet. 1904 durften bereits Fahrgäste in die Probefahrzeuge einsteigen. Daß der Versuchsbetrieb 1906 endete, lag nicht in der grundsätzlich unzweifelhaften Bewährung dieser Traktionsart begründet.
Die »große Elektrisierung« der Stadt-, Ring- und Vorortbahnen erreichte 1929 auch den vergleichsweise verträumten Treptower Bahnhof Oberspree. Die S-Bahn bedient seitdem regelmäßig, abgesehen von einer vierteljährigen Unterbrechung nach Kriegsende, den »Appendix« der Strecke nach Königs Wusterhausen.
Fahrkarten sind seit den sechziger Jahren nur noch am Aufsichtshäuschen unter dem kurzen Bahnsteigdach erhältlich. Das Bahnhofsgebäude wurde 1970 abgerissen, es hatte schon lange nicht mehr seiner ursprünglichen Zweckbestimmung gedient. In jenem Jahr entfielen auch die planmäßigen Zugkreuzungen, die übrigens im Linksverkehr durchgeführt wurden; nur zu den »Weltfestspielen der Jugend« 1973 war das südliche Gleis noch einmal in Betrieb. Seitdem ist aus dem Mittelbahnsteig seiner Funktion nach ein Seitenbahnsteig geworden. Im Mai 1976 wurde über das unbenutzte Gleis ein neuer Zugang gebaut. Bisher war der Bahnsteig nur über eine Holzbrücke erreichbar gewesen.
1976 begann auch die zehn Jahre währende Phase einer selten angewandten betrieblichen Besonderheit: Es verkehrten an Wochenenden und nachts zwischen Schöneweide und Spindlersfeld fahrplanmäßig sehr kurze, nur aus zwei Wagen bestehende Züge. Aufgrund ihrer Funkbezeichnung »Otto«, abgeleitet vom internen Zuggruppen-Kennbuchstaben O, trugen sie bald den Spitznamen »Mini-Otto« davon.
Das südliche Gleis des Bahnhofs Oberspree wurde im September 1984 demontiert. Die Holz-

Das zweite Gleis, an der rechten Bahnsteigkante, ist schon lange entbehrlich, es wurde 1984 demontiert (Juni 1991)

brücke, zum Überqueren des nördlichen Gleises nach wie vor unverzichtbar, mußte im August 1996 wegen irreparabler Mängel gesperrt und anschließend abgerissen werden. Lange Umwege waren von den Fahrgästen (und den Anwohnern) in Kauf zu nehmen, bis Ende Dezember 1997 die jetzige Stahlbrücke eingeweiht wurde.

Die S-Bahn-Stichstrecke Schöneweide - Spindlersfeld schlängelt sich entlang des linken Ufers der Spree, deren Abschnitt zwischen Nieder- und Oberschöneweide noch zur Oberspree zählt. Die Bezeichnung »Sprewa« erhielt sie vor etwa tausend Jahren von Otto dem Großen (nicht verwandt mit dem erwähnten »Mini-Otto«), »sprew« bedeutet »spritzen, sprudeln«. Auch »Srjipawa«, »Sorbenfluß«, ist als Namensursprung denkbar. Auf ihrem 48 Kilometer langen Lauf durch Berlin transportiert die Spree 40000 Liter Wasser je Sekunde in die Havel – knapp dreieinhalb Milliarden Liter pro Tag.

| | |
|---|---|
| 1.4.1892 | Eröffnung, Empfangsgebäude |
| 15.8.1903 | Elektrischer Versuchsbetrieb mit Oberleitung (6 kV) |
| 4.7.1904 | Versuchsbetrieb auch mit Fahrgastverkehr |
| 1.3.1906 | Versuchsbetrieb wird eingestellt |
| 1.2.1929 | Elektrischer Betrieb |
| 4.1945 | Stillegung |
| 26.7.1945 | Wiedereröffnung, Elektrischer Betrieb |
| 31.5.1970 | Wegfall der planmäßigen Zugkreuzungen |
| 9.1984 | Abbau des südlichen Gleises |

KURZZEICHEN: OSP
LAGE: IM GELÄNDENIVEAU
NACH SPINDLERSFELD
1850 METER,
NACH SCHÖNEWEIDE
2200 METER

# Olympiastadion

- Eröffnet als:
  →Rennbahn
  Siehe auch:
  →Stadion - Rennbahn Grunewald
  Siehe auch:
  →Reichssportfeld

**Nach gut 17jähriger Zwangspause wurde der Bahnhof im Januar 1998 mit Fahnenschmuck wiedereröffnet**

Zwei Dutzend Jahre nach der Durchführung der XI. Olympischen Spiele in Berlin 1936 hieß der S-Bahnhof am Olympiastadion endlich ebenfalls Olympiastadion. 1909 unter dem Namen Rennbahn erbaut, hatte er einst nur Zubringerfunktion zur großen Pferdesportstätte Grunewald. S-Bahnhof seit 1928, liegt der zweite Name Stadion - Rennbahn Grunewald (ab 1930) ebenso hinter ihm wie die Benennung Reichssportfeld (ab 1935).

Eine betriebliche Hoch- und Glanzzeit wie während der Olympischen Spiele gab es nach dem Krieg nur noch selten, erst recht nicht nach dem Mauerbau 1961. Selbst bei der Fußball-WM 1974 blieben die Zuschauerzahlen und somit die Beförderungsleistungen unter den erwarteten Werten. 1980 gingen die Signallichter aus; nach einem S-Bahner-Streik war der Zugverkehr nicht wieder aufgenommen worden und ruhte bis Januar 1998. Seitdem geht es stetig bergauf; aus einem Sonderbahnsteig sollen im Mai 1999 deren vier geworden sein.

Für einen Ansturm auf das Olympiastadion erscheint die S-Bahn eher gerüstet als die marode Arena selbst. Die war am 1. August 1936 mit der olympischen Eröffnungszeremonie eingeweiht worden. Der Erbauer Werner March wollte entgegen dem Wunsch der Nazis nach massiver Repräsentationsarchitektur »*die empfindliche märkische Landschaft nicht zu sehr belasten*« und versenkte daher das Stadion teilweise in der Erde. Hitler war der neue Bau nicht monumental genug. Er verweigerte die erneute Vergabe des (schon 1916 für den Vorgängerbau vorgesehenen) Namens »Deutsches Stadion«. March wurde kurz vor der Vollendung gefeuert und Hitler-Architekt Speer »germanisierte« das Stahlbetonrund mit Muschelkalkverkleidungen.

Ursprünglich für 120000 Zuschauer entworfen, bietet das Stadion nach einer Umwandlung von Steh- zu Sitzplätzen noch Raum für 75490 Zuschauer. Etwa sechzig Jahre nach der Einweihung zeigt das imposante Oval ernsthafte Verschleißerscheinungen. Zwar ist es zur Fußball-WM 1974

Anno 1936 fuhr rund alle 100 Sekunden ein Zug. Blick auf die alten Sonderbahnsteige in den achtziger Jahren

durch teilweise Überdachung und Flutlicht aufgewertet worden, eine Grundsanierung aber war unterblieben. Nach zahllosen Großveranstaltungen, Fußball-Länder- und Pokalendspielen, Polizeischauen, ISTAF-Sportfesten, selbst Rolling-Stones-Konzerten, kam so mancher Stein ins Rollen; inzwischen fallen manchmal schon mehr Steine von den Wänden als Tore auf dem Rasen.

Die Zukunft der »*hochbrisanten gesellschaftspolitischen Bausubstanz*« (F.A.Z.) hängt auch ab von der deutschen Bewerbung um die Ausrichtung der Fußball-Weltmeisterschaft 2006. Eine Diskussion um Modernisierung, Überdachung oder gar – horribile dictu – Abriß sowie um die Finanzierbarkeit solcher Optionen ist im Gange. Die größte Zuschauerzahl in den letzten Jahren erzielte übrigens weder Hertha BSC noch Michael Jackson, sondern – der Papst. Am 23. Juni 1996 las er hier für 130000 Katholiken eine Messe.

Eine kleine Posse für sich ist die Benennung des **U**-Bahnhofs am 31. Mai 1992. Damals nämlich, als noch nicht an die Wiedereröffnung des S-Bahnhofs zu denken war, wurde der U-Bahnhof »Olympia-Stadion« mit dem Klammerzusatz »Ost« versehen. Wenn überhaupt, hätte diese Zufügung der Himmelsrichtung erst zur S-Bahn-Stations-Eröffnung einen Sinn bekommen – wenn diese, konsequenterweise, »Olympiastadion (Süd)« benannt worden wäre. Das geschah nicht, und die unterschiedlichen Schreibweisen, obendrein mit und ohne Bindestrich, finden sich auf den Netzplänen nun direkt untereinander.

KURZZEICHEN: OLS
LAGE: 6,5 METER UNTER STRASSENNIVEAU
NACH PICHELSBERG 1080 METER,
NACH HEERSTRASSE 1390 METER

# ORANIENBURG

Ein beeindruckendes Bahnhofsgebäude; rechts vorn der Kopfbahnsteig der S-Bahn (Anfang der dreißiger Jahre)

Oranienburg hieß einst Bötzow. Unter dem Namen Bochzowe wird es 1216 erstmals erwähnt. Das bekannte barocke Schloß war 1650 ein Geschenk des Großen Kurfürsten an seine holländische Gattin Luise Henriette von Nassau-Oranien. »*In kürzester Frist tat auch die zu Füßen des Schlosses gelegene Stadt ihren alten Namen Bötzow beiseit und nahm den Namen Oranienburg an*«, vermerkt Fontane. Das Königshaus verkaufte das Schloß 1802: Fabriken wurden eingerichtet. Der Chemiker F. F. Runge entdeckte 1833 hier das Anilin. Die Eisenbahn machte 1877 erstmals Station in Oranienburg.

Weit über eine Stunde Fahrzeit benötigten in der Anfangszeit die Dampfzüge von Gesundbrunnen nach Oranienburg, 38 Minuten sieht der S-Bahn-Fahrplan heute vor. Ein zweites Gleis lag seit 1891 am Bahnhofsgebäude in Oranienburg; 1900 entstand für den Vorortverkehr ein zweiter Bahnsteig. Den gestiegenen Anforderungen genügte auch das bald nicht mehr, 1910 bis 1915 wurden die Bahnhofsanlagen auf einen Damm gelegt und wesentlich ausgebaut. Dabei entstand an der Westseite ein besonderer Kopfbahnsteig für den Vorortverkehr, auch das alte Empfangsgebäude wurde erweitert.

Die Nordbahnstrecke nach Oranienburg gehörte zu den ersten, die in den zwanziger Jahren in das neue System S-Bahn einbezogen wurden. Bereits im Oktober 1925 endeten hier, am bis heute nördlichsten aller Bahnhöfe im Berliner S-Bahn-Netz, die ersten elektrischen Züge. Für die damals eingesetzten Triebwagen prägte der Bahnhof sogar den Namen: »Bauart Oranienburg«. Südlich des Bahnhofs entstand eine eigene Werkstatthalle für die elektrischen Züge.

Zur unrühmlichen Geschichte der Stadt gehören Konzentrationslager (das erste in Deutschland überhaupt wurde im März 1933 eingerichtet) und die Rüstungswerke, die u.a. den Luftwaffen-Bomber Heinkel He 111 bauten. Mitte März 1945 beendete der wohl massivste aller alliierten Bombenangriffe endgültig diese Produktion. Im April

Abfahrbereit stehen zwei S-Bahn-Züge am Bahnsteig (Mai 1992)

wurde der S-Bahn-Verkehr eingestellt und konnte erst Mitte August 1945 wieder aufgenommen werden.

Der Mauerbau 1961 änderte in Oranienburg wenig am S-Bahn-Betrieb, wohl aber am Fahrtziel. Berlin war auf direktem Wege nicht mehr zu erreichen, nur von und nach Birkenwerder pendelten die S-Bahn-Züge, bevor sie ab November 1961 in einem großen Bogen über Schönfließ und Pankow die Ost-Berliner Mitte erreichten. Dort wiederum wurden die Oranienburger S-Bahn-Züge manchmal schon am Geruch erkannt. Hatten sie eine Zeitlang auf den Abstellgleisen an der Triebwagenhalle Oranienburg gestanden, setzten sich Abgase einer nahegelegenen Lackfabrik in den Wagen fest: eine zusätzliche, olfaktorische Orientierungshilfe.

Seit Ende Mai 1992 ist Oranienburg durch die S-Bahn wieder direkt mit Berlin verbunden, fährt nach Gesundbrunnen, Friedrichstraße und Steglitz; 52 Kilometer mißt ihr Laufweg bis Wannsee. Neben dem S-Bahn-Mittelbahnsteig mit seinen Prellböcken halten in Oranienburg an zwei Fernbahnsteigen täglich über hundert Regional- und Fernbahnzüge. Höchste Zeit, das sehr marode gewordene Empfangsgebäude zu sanieren, Ende 1998 sollen die überfälligen Arbeiten dafür beginnen.

| | |
|---|---|
| 10.7.1877 | Eröffnung |
| 1910-15 | Hochlegung des Bahnhofs, Anlage eines besonderen Kopfbahnsteigs für den Vorortverkehr |
| 4.10.1925 | Elektrischer Betrieb |
| 4.1945 | Stillegung |
| 7.1945 | Wiedereröffnung (Dampfbetrieb) |
| 18.8.1945 | Elektrischer Betrieb |

KURZZEICHEN: OR
LAGE: AUF BAHNDAMM (KOPFBAHNHOF)
NACH LEHNITZ 1720 METER

# ORANIENBURGER STRASSE

Vieles war noch behelfsmäßig nach der Wiedereröffnung im Juli 1990; Hauptsache, die Bahn fuhr hier wieder

Als nach dem Mauerfall der Nord-Süd-Tunnel der Berliner S-Bahn wieder voll funktionstüchtig war, zeigte sich bei der bald danach anstehenden erneuten Sperrung für die Totalsanierung sehr deutlich, wie wichtig dieses Tunnelbauwerk für den Verkehr in der Mitte Berlins ist. Die »Schienenersatzverkehre« waren höchst unzulängliche Behelfsmaßnahmen.

Der nördliche Teil der Schienenverkehrsader unter der City und mit ihm die unterirdische S-Bahn-Station Oranienburger Straße wurde Ende Juli 1936 eröffnet. Von allen unterirdischen Bahnhöfen der Nord-Süd-S-Bahn besitzt die Station Oranienburger Straße als einzige nur einen Zugang, in Bahnsteigmitte. Die Gleise liegen in der Ebene-2, über dem Mittelbahnsteig befindet sich ein Verteilergeschoß. Der Bau war wegen der geringen Breite der Artillerie- (heute Tucholsky-)straße, unter der der Bahnhof liegt, nicht einfach zu bewerkstelligen gewesen, Rammen konnten nicht eingesetzt werden.

S-Bahn-Architekt Richard Brademann errichtete hier erstmalig einen unterirdischen S-Bahnhof, und der Bau unterscheidet sich in seiner Sachlichkeit nicht wesentlich von den Untergrundstationen, die U-Bahn-Hausarchitekt Grenander in den Jahren zuvor, bis 1930, entworfen hatte. Helle Übersichtlichkeit, geprägt durch gelb- und orangefarbene (Namensbezug!) Keramikplatten kennzeichnet den einfachen Durchgangsbahnhof.

Als der S-Bahn-Betrieb hier am 21. April 1945 eingestellt werden mußte, begann eine äußerst wechselvolle Geschichte des Haltepunkts Oranienburger Straße erst in heutiger Zeit deutet alles wieder auf eine Normalisierung hin. Zunächst lief der Tunnel – Züge verkehrten schon über eine Woche nicht mehr – voll Wasser. Durch die sinnlose (das Wort läßt sich nicht steigern) Sprengung am Landwehrkanal wurde der gesamte Tunnel geflutet. Erst am 16. November 1947 fuhr wieder ein Zug, nachdem das letzte Tunnelteilstück zwischen Friedrichstraße und →Stettiner Bahnhof wieder

befahrbar gemacht worden war. Der letzte Zug, der noch Fahrgäste aufnahm oder entließ, passierte Oranienburger Straße in der Nacht auf den 13. August 1961. »Organe« zur Grenzsicherung wurden »heimisch« auf dem verwaisten Bahnsteig, den die Züge jetzt ohne Halt durchfuhren. Oberirdisch, an der Straßenkreuzung zu Füßen des erhabenen Postfuhramt-Gebäudes, blieben die verrammelten Zugänge sichtbar, doch die Erinnerung an ihre Funktion verblaßte, ein Empfangsgebäude hatte es ja nie gegeben.

Von Januar bis Mai 1984 rumpelten nicht einmal mehr die »Transit«-S-Bahn-Züge unter dem Pflaster der Oranienburger Straße – die Station glitt vom Koma in den Scheintod. Die jetzt im Tunnel (Ost) von der BVG (West) betriebene S-Bahn war hier kurzzeitig stillgelegt worden. Der Status »Geisterbahnhof« lebte anschließend wieder auf, doch bis zur Wiedereröffnung Anfang Juli 1990 sollten noch sechs Jahre vergehen. Nur provisorisch war der Bahnhof hergerichtet worden. Der Zustand erinnerte an 1947, Spuren des Wassereinbruchs waren nach wie vor sichtbar. Noch immer waren an den Schutzgittern der Treppenköpfe, den Eisen-Kunstgußplatten aus Lauchhammer, die mühsam unkenntlich gemachten Hakenkreuze zu erahnen. Der Bahnhof, wie der gesamte Tunnel, mußte von Grund auf überholt werden. So kam es noch ein weiteres Mal zur Sperrung; diese eingangs erwähnte Stillegung dauerte von April 1991 bis Ende Februar 1992. Die behutsame, den Denkmalschutz berücksichtigende Modernisierung hat die »greifbaren« Ablagerungen der Geschichte dennoch fast alle verschwinden lassen.

Die 30000-Einwohner-Stadt Oranienburg im Niederbarnim ist Namensgeberin der Straße, die vor 1824 Alter Spandauer Heerweg hieß. Hier liegen Gegensätze nahe beieinander: Synagoge und »Tacheles«, Postfuhramt und Straßenstrich; hier wohnten Alexander von Humboldt und Fontanes Emilie. Am 8. Dezember 1845 begleitete Fontane sie abends zu ihrer Haustür, da waren sie seit wenigen Minuten verlobt.

Zugang gegenüber dem Postfuhramt (Juli 1993)

| | |
|---|---|
| 27.7.1936 | Eröffnung; Elektrischer Betrieb; Mittelbahnsteig mit einem Zugang in Bahnsteigmitte, zwei Aufgänge vom Verteilergeschoß zur Straße |
| 21.4.1945 | Stillegung |
| 16.11.1947 | Wiedereröffnung; Elektrischer Betrieb |
| 13.8.1961 | Stillegung (Züge fahren ohne Halt durch) |
| 9.1.1984 | Einstellung des Zugverkehrs (Übernahme durch die BVG) |
| 1.5.1984 | Wiederaufnahme des Zugverkehrs (Elektrischer Betrieb) ohne Halt |
| 2.7.1990 | Wiedereröffnung |
| 2.4.1991 | Stillegung (Sanierung) |
| 1.3.1992 | Wiedereröffnung, Elektrischer Betrieb |

KURZZEICHEN: ORS, FRÜHER ORU
LAGE: UNTER STRASSENNIVEAU: VERTEILERGESCHOSS EBENE -1, BAHNSTEIG EBENE -2
NACH NORDBAHNHOF 870 METER,
NACH FRIEDRICHSTRASSE 800 METER

# Osdorfer Strasse

Der Südausgang zur Osdorfer Straße (Oktober 1998)

Planungen, in den seit August 1943 erstmals von der S-Bahn befahrenen Streckenabschnitt von Lichterfelde Ost nach Lichterfelde Süd eine Zwischenstation einzufügen, gibt es schon seit den siebziger Jahren, als die Straße verbreitert wurde. Damals zog man die S-Bahn-Gleise und die neu gebauten Bahnbrücken auseinander, um Platz für einen neuen Bahnhof zu schaffen. Näher diskutiert wurden die Bahnhofspläne seit der Übernahme der S-Bahn-Betriebsrechte in West-Berlin durch die BVG. Seit jenem Januartag 1984 wurde die Trasse nicht mehr befahren. Konkreter sind die Planungen seit dem Mauerfall, verwirklicht wurden sie aber erst in jüngster Zeit. Nordöstlich der Osdorfer Straße entstand ein einfacher Mittelbahnsteig, ohne Überdachung, mit einem Zugang zur Hildburghauser Straße am nördlichen und zwei weiteren am südlichen Bahnsteigende. Hier ist der Aufgang von beiden Bürgersteigseiten der Osdorfer Straße möglich, ein rundum verglaster, 31 Meter langer Gang führt zwischen den Gleisen von der südlichsten der Treppen zum Bahnsteig. Mit diesem Haltepunkt wurde – nach der Eröffnung von Bernau-Friedenstal – innerhalb einer verhältnismäßig kurzen Zeit zum zweiten Mal ein S-Bahnhof völlig neu gebaut.

Osdorf ist eine kleine Gemeinde bei Teltow, südlich von Berlin. 1369 erstmalig erwähnt, wurde Osdorf 1881 von Berlin gekauft. Die nahe Hauptstadt legte hier Rieselfelder an. Der Straßenname ist bereits vor 1878 amtlich festgelegt worden.

KURZZEICHEN: OSD
LAGE: AUF BAHNDAMM
NACH LICHTERFELDE SÜD 1070 METER,
NACH LICHTERFELDE OST 1590 METER

**25.9.1998 Eröffnung, Elektrischer Betrieb**

# Ostbahnhof

Eröffnet als:
→Schlesischer Bahnhof
Siehe auch:
→Hauptbahnhof

Der aktuelle Name am inzwischen längst gesprengten Gebäude, eine Aufnahme aus den fünfziger Jahren

Blick in die Bahnhofshalle in den siebziger Jahren

KURZZEICHEN: BHF
(BHF AUCH NACH DER RÜCKBENENNUNG; OSB BIS 1987)
LAGE: AUF DEN WÖLBBÖGEN DER STADTBAHNSTRECKE
NACH WARSCHAUER STRASSE 1330 METER,
NACH JANNOWITZBRÜCKE 1150 METER

Eröffnet als →Schlesischer Bahnhof« trifft selbstverständlich nur für den S-Bahn-Betrieb zu. Sie rollte 1928 erstmals in die Halle einer altehrwürdigen Station, die schon seit 1842 besteht und anfangs Frankfurter Bahnhof hieß, Schlesischer Bahnhof ab 1881. Im Jahr 1950, mit dem Namenswechsel zu Ostbahnhof, lebte die Bezeichnung eines historisch besetzten Namens wieder auf. Vor 1869 hatte es am Küstriner Platz bereits einen Ostbahnhof gegeben. Der neue Name ergab sich aus dem 1950 geschlossenen Vertrag zur Oder-Neiße-Grenze – Schlesien war weit weg gerückt. »Funktionale Gründe« wurden für die Namenswahl angegeben; auch der →Stettiner Bahnhof wurde zu jener Zeit umbenannt, in Nordbahnhof.
Nach dem Intermezzo »Hauptbahnhof« von 1987 bis 1998 ist der neue, alte Ostbahnhof im Bezirk Friedrichshain mit seinen vier S-Bahn-Gleisen neben den Ferngleisen wieder ein wichtiger, gleichwohl nicht mehr künstlich herausgehobener Mosaikstein im Gefüge der für Berlin so typischen Stadtbahn.

# Ostkreuz

■ Eröffnet als:
→Stralau-Rummelsburg

Die Quadratur des Gleises! Im Gegensatz zu seinem Pendant Westkreuz verlief die Entwicklung des östlichen Schnittpunkts von Stadt- und Ringbahn viel komplizierter. Als der Name »Ostkreuz« festgelegt wurde, 1933, hatte der vormalige Bahnhof Stralau-Rummelsburg schon weitgehend sein endgültiges Aussehen erhalten. Er sieht heute noch so aus und steht seit einigen Jahren unter Denkmalschutz. Das gilt auch für den 50 Meter hohen Wasserturm von 1912 mit seiner putzigen Pickelhaube. Fast beharrlicher als die festgefügte Unveränderlichkeit der Bahnhofsanlagen sind Wünsche, Absichtserklärungen, Planungen und Ankündigungen, »nun aber wirklich« eine tiefgreifende und umfassende Sanierung in Angriff zu nehmen.

Der Zustand des Empfangsgebäudes im Jahre 1945

Alle Bahnsteige zusammen lassen sich nur aus dem Flugzeug fotografieren ... Der Zug im Vordergrund wird auf dem Weg Richtung Warschauer Straße gleich am Bahnsteig A halten, in der Gegenrichtung fährt er ohne Halt durch

Ostkreuz steht unverändert. Zugegeben, es ist ein Kreuz, hier umzusteigen. Doch zugleich sind das Typische der Berliner S-Bahn, Flair und Atmosphäre, die ablesbaren Geschichtsringe, nirgends so greifbar, so unverfälscht wie hier. Ein dreiviertel Jahrhundert S-Bahn: Es manifestiert sich seit 71 Jahren am Bahnhof Ostkreuz.

KURZZEICHEN: OK
LAGE: BAHNSTEIGE IN VERSCHIEDENEN EBENEN
NACH FRANKFURTER ALLEE 1500 METER,
NACH NÖLDNERPLATZ 1200 METER,
NACH RUMMELSBURG 690 METER,
NACH TREPTOWER PARK 1210 METER,
NACH WARSCHAUER STRASSE 1210 METER

# Otto-Winzer-Strasse

■ Heute:
→Mehrower Allee

Mit der schrittweisen Ausdehnung der S-Bahn konnte der Vorortverkehr bis Ahrensfelde zurückgezogen werden. Im Dezember 1980 begegnen sich beide Betriebsformen am Bahnsteig

Wriezener Bahn heißt die Eisenbahnstrecke, die Berlin Richtung Nordosten verläßt und heute von der Regionalbahn nur noch bis Tiefensee bedient wird. Zur Eröffnung der Trasse 1898 dampften die Züge nach Wriezen. Zu Beginn der siebziger Jahre wurde ein Teilstück dieser Strecke Abschnitt um Abschnitt für den S-Bahn-Verkehr hergerichtet: Nach gewaltigen Umbauten an den Gleisanlagen östlich von Friedrichsfelde Ost zweigt am Biesdorfer Kreuz ein S-Bahn-Streckenast ab. Das S-Bahn-Teilstück der Wriezener Bahn endet heute in Ahrensfelde.

Das gigantische Wohnungsbauvorhaben in Marzahn gab den Ausschlag, die zur Erschließung der neuen Besiedlung zuvor nicht taugliche, eingleisige alte Strecke umzurüsten. Stück für Stück schob sich die Stromschiene voran. 1976 war der Bahnhof Marzahn S-Bahn-Station geworden, 1978 liefen die Vorarbeiten zur Umrüstung bis Ahrensfelde an. Bevor 1982 dieser Endbahnhof erreicht war, konnten Mitte Dezember 1980 noch zwei neu errichtete Zwischenhalte in Betrieb genommen werden: →Bruno-Leuschner-Straße und Otto-Winzer-Straße. »Marzahn Nord« lautete bei letzterem der Planungsname.

Zur Eröffnung war die S-Bahn-Strecke am Bahnhof noch eingleisig, Otto-Winzer-Straße fungierte als (vorläufige) Endstation. Seit der Verlängerung nach Ahrensfelde zwei Jahre später ist die Trasse durchgängig zweigleisig. Die Vorortzüge Richtung Werneuchen wurden mit jeder Teilstreckeneröffnung für die S-Bahn jeweils (fast) gleichzeitig zu den entsprechenden S-Bahnhöfen zurückgezogen. Otto-Winzer-Straße war jedoch nur vom Februar 1981 bis Dezember 1982 Endpunkt für die dieselgetriebenen Züge mit ihren Doppelstockwagen, zuvor waren sie noch bis Marzahn durchgefahren.

Ein Empfangsgebäude erhielt der Bahnhof nicht. Der Inselbahnsteig wird in der Mitte erreicht, durch eine Unterführung, die im Frühjahr 1985 mit Wandbildern verschönert wurde. Eine Stahlbeton-Treppenüberbauung an der Ostseite dient als Eingangshalle, sie wurde mit roten Ziegeln verblendet.

Ende 1992 kam es zum längst fällige Austausch der Bahnhofsnamenschilder: Mehrower Allee zum Um-, Otto Winzer zum Abgewöhnen. Gleiches galt für die 1978 angelegte Straße, die gleichfalls nach dem ehemaligen DDR-Außenminister (1902-1975) benannt war. Am 30. April 1945 war er mit Walter Ulbricht in einem russischen Transportflugzeug aus Moskau bei Frankfurt/Oder gelandet. Otto Winzer ging als »Pionier der Ersten Stunde« daran, ein kommunistisches Deutschland zu verwirklichen, war orientiert an Ulbrichts Parole: »*Es muß demokratisch aussehen, aber wir müssen alles in der Hand haben.*« In Winzers Rede anläßlich des UNO-Beitritts der DDR 1973 hatte der ehemalige Chefredakteur des »Neuen Deutschland« dann erklärt, daß der Traum von einer deutschen Wiedervereinigung endgültig ausgeträumt sei. Die S-Bahn-Züge am ehemaligen Bahnhof Otto-Winzer-Straße fahren heute über Alexanderplatz, Zoo und Wannsee nach Potsdam ...

**15.12.1980 Eröffnung, Elektrischer Betrieb**
**31.1.1992 Umbenennung in »Mehrower Allee«**

# PANKOW

Pankow stand und steht im Berliner S-Bahn-Netz auf den Stationsschildern mehrerer Bahnhöfe. Die Unterscheidung erfolgt(e) durch die Namenszusätze. Pankow-Heinersdorf hat seinen Namen nie geändert, an →Pankow Nordbahn hingegen erinnern sich nur noch wenige, zu lange heißt der Bahnhof schon Wollankstraße. Kurioserweise ist der allein stehende Stationsname »Pankow« der jüngste von allen: Die wohlbekannte Station Pankow an der Berliner Straße, südöstlich des Rathauses, trug noch bis zum Oktober 1954 den Unterscheidungszusatz »Schönhausen«.

Pankow, das seinen Namen dem Spree-Nebenfluß Panke verdankt, wurde 1311 erstmals urkundlich erwähnt, kam nach mehrfachem Besitzwechsel 1691 an das Haus Hohenzollern. In Pankow wurde die Thermoskanne erfunden, hier flimmerten die ersten Kinobilder der Projektor-Erfinder Skladanowsky über die Leinwand. 1920 erfolgte die Eingliederung zur Hauptstadt als 19. Verwaltungsbezirk, etwa 114000 Berliner wohnen hier auf 62 Quadratkilometern. In den fünfziger Jahren, lange nachdem Bolle zu Pfingsten herreiste und lange bevor Udo Lindenberg seinen Sonderzug herschickte, war Berlins nördlichster Bezirk Synonym für Ost-Berlin: Von den »Machthabern in Pankoff« sprach einst Adenauer. Hier wohnte die DDR-Prominenz. Im Schloß Niederschönhausen wurden Regierungsgäste feudal hofiert. Heute gilt wieder für alle Berliner »*Komm Karlineken, komm, wir woll'n nach Pankow geh'n, da ist es wunderschön*«.

ERÖFFNET ALS: ■
→PANKOW-SCHÖNHAUSEN

KURZZEICHEN: PKR,
FRÜHER PK
LAGE: AUF BAHNDAMM
NACH PANKOW-HEINERSDORF
1900 METER,
NACH BORNHOLMER STRASSE
780 METER

# Pankow-Heinersdorf

Es erinnert ein wenig an barocke Formen, das Empfangsgebäude des S-Bahnhofs Pankow-Heinersdorf, das die Architekten Schwartz und Cornelius 1912-16 erbauten. Einen Haltepunkt an dieser Strecke, der Stettiner Bahn, gibt es seit 1893. Der Mauerwerkbau besitzt drei Geschosse, erst zu bemerken, wenn man sich ihm nähert. Man betritt ihn in Höhe der zweiten Etage, der Eingang, an einer angeschütteten Brückenrampe, ist zu erreichen an einer kleinen platzartigen Erweiterung. Der im Geländeniveau gelegene Mittelbahnsteig ist durch einen Brückensteg mit dem Treppengebäude verbunden.

Pankow-Heinersdorf zählt zu den zehn Bahnhöfen, die als erste überhaupt zu S-Bahn-Stationen wurden. Schon 1924 fuhr man hier elektrisch, nach Bernau oder zum →Stettiner Bahnhof. Ab Ende April 1945 fuhr auch hier nichts mehr; ab Juni eingesetzte Dampfzüge wurden im August 1945 wieder von der S-Bahn abgelöst.

Der Neubau der Straßenbrücke im Zuge der Prenzlauer Promenade über die Bahngleise hatte Auswirkungen auch auf den Bahnhof Pankow-Heinersdorf, der Bahnsteig wurde 1980 Richtung Nordosten verlängert. Die alte Straßenbrücke wurde im Mai 1982 abgebaut, an der Nordseite der neuen, wuchtigen Brücke entstand zu dieser Zeit ein zweiter Bahnsteigszugang. In dem dafür errichteten Treppengebäude fand auch die Bahnhofsaufsicht ihren neuen Platz und nahm im Mai 1984 dort den Dienst auf.

Lange Jahre bot eine kleine grüne Lokomotive einen vertrauten Anblick neben dem Bahnsteig, sie stand auf dem Gelände des angrenzenden Bahnbetriebswerks Pankow mit seinem kuppelgekrönten runden Lokschuppen. Die gar nicht so alte Dampfspeicherlok (Baujahr 1942) verschwand 1997 jedoch. Im Frühjahr 1997 wurde das Empfangsgebäude vorbildlich restauriert – von den verschiedenen Beige-Tönen in der Eingangshalle über die blauen und türkisfarbenen Kacheln bis zum ausgebesserten Bahnsteigbelag, von den originalgetreuen Fenstern bis zu den »Biberschwanz«-Ziegeln auf dem Dach.

Das 1319 erstmals beurkundete Dorf Hinriksdorp (Heinersdorf) wurde 1704 vom Berliner Magistrat an die Landesherrschaft verkauft. Es gehörte später, bis zur Eingemeindung 1920, zum Kreis Niederbarnim und wurde danach Ortsteil des Verwaltungsbezirks Pankow. Seit 1986 ist Heinersdorf von Pankow abgetrennt, der Ortsteil wurde dem Bezirk Weißensee zugeschlagen. Seitdem ist die Bahnhofsbezeichnung Pankow-Heinersdorf strenggenommen unzutreffend!

Der Eingang zum S-Bahnhof Pankow-Heinersdorf im Januar 1998

KURZZEICHEN: PHD,
FRÜHER PKH
LAGE: IM GELÄNDENIVEAU,
NEBEN BRÜCKEN-ANRAMPUNG
NACH BLANKENBURG
1640 METER,
NACH PANKOW
1900 METER

| | |
|---|---|
| 1.10.1893 | Eröffnung |
| 1912/16 | Empfangsgebäude |
| 8.8.1924 | Elektrischer Betrieb |
| 4.1945 | Stillegung |
| 11.6.1945 | Wiedereröffnung, Dampfbetrieb |
| 13.8.1945 | Elektrischer Betrieb |
| 10.3.1980 | Inbetriebnahme der nördlichen Bahnsteigverlängerung |
| 5.1982 | weiterer Zugang (von der neuen Straßenbrücke) |
| 27.5.1984 | Inbetriebnahme Aufsichtsgebäude im nördlichen Zugang |

Die Entwicklung des Bahnhofs in der Zeit vor seiner Funktion als S-Bahnhof kurz zusammenzufassen, ist nicht einfach. Das heute noch sehr gut erhaltene Empfangsgebäude von 1893 bietet sich an als Fixpunkt der Chronologie dieses 1877 als »Prinzen-Allee« – bis 1891 nur Bedarfs-Haltepunkt! – eröffneten, 1879 in »Pankow (Prinzen-Allee)« und 1893 in »Pankow Nordbahn« umbenannten Bahnhofs. Der zweigeschossige gelbe Ziegelbau steht stolz an der Ecke Nordbahn-/Sternstraße und kündet davon, daß hier einst der Schwerpunkt des Bahnhofsanlage war. Nicht lange: Zehn Jahre später wurde die Strecke hochgelegt, der Haupteingang befindet sich jetzt an der Ecke Nordbahn- / Wollankstraße. Die Südwestflanke des Bahnhofs besteht aus gemauerten Viadukten, darunter eine neue Schalterhalle, auf der Nordostseite ruht die Bahnanlage auf einem Damm. Das Empfangsgebäude wurde zum Nebeneingang degradiert. Im Mai 1911 wurde als Bahnhofsbezeichnung »Pankow Nordbahn« festgelegt.

Die Nordbahn-Strecke, die nun auch hier im Stationsnamen ihren Niederschlag fand, gehört zu den ersten, die mit Stromschienen versehen wurden. Im Juni 1925 fuhren bereits die ersten elektrischen Züge. Zur Umbenennung in das heute vertraute »Wollankstraße« kam es erst im Oktober 1937. Keine tausend Tage später deutete sich an, was zum Zusammenbruch und im April 1945 zur völligen Betriebseinstellung führte.

Für einige Wochen überbrückten Dampfzüge die Zeit, bis im Juli 1945 die S-Bahn zurückkehren konnte. Die Lage des Bahnhofs ließ Wollankstraße bis zum Mauerbau 1961 in eine kuriose Besonderheit münden: Er wurde eine »Ost-West-Station«. Die Station liegt an der äußersten Südwest-Grenze des Bezirks Pankow. Verläßt man sie durch die Schalterhalle im Viadukt, befindet man sich auf dem Bürgersteig der Nordbahnstraße im Bezirk Wedding. Doch die nahezu bedeutungslose Bezirksgrenze war nach 1945 eine sowjetisch-französische Sektorengrenze geworden und wurde eine deutsch-deutsche: von Deutschen (Ost), die die Nordbahnstraße nebst Rest-Berlin zum Ausland erklärten, Staatsgrenze genannt. Diese Grenze war 1961 dicht, der Bahnhof blieb offen – nutzbar nur für West-Berliner. Die DDR-verwaltete Reichsbahn hielt den Betrieb aufrecht, ein Zugang bestand jedoch nur noch durch die erwähnte Schalterhalle. Das alte Empfangsgebäude stand – ab 1961 mit zugemauerten Fenstern – jahrzehntelang ebenso erhaben wie funktionslos auf einem winzigen »Niemandsplatz« – ganz nahe, unerreichbar fern.

Der Ausblick vom Mittelbahnsteig gewährte Einsichten in West-Wohnzimmer auf der einen und auf Ost-Grenzorgane auf der anderen Seite. Die S-Bahn-Betriebsführung oblag ab Januar 1984 der BVG (West), sie stellte für ein dreiviertel Jahr den Betrieb auf der Strecke nördlich von Gesundbrunnen ein. Die DR entfernte inzwischen einige Bahnsteigaufbauten, insbesondere zu den seit 1961 stillgelegten Nordausgängen. Andererseits wurde in diesem Zeitraum der Bahnhof vollständig renoviert, das alte Empfangsgebäude konserviert. Als



HEUTE: ■
→WOLLANKSTRASSE

Stolz und ehrwürdig: Das Empfangsgebäude an der Nordbahn-/Sternstraße hat sich seit den dreißiger Jahren nicht verändert

der Betrieb im Oktober 1984 wiederaufgenommen wurde, war die absonderliche Ost-West-Situation komplett. Die Bahnsteigaufsicht oblag DR-Personal, deren Zugabfertigungs-Befehle ergingen an BVG-Mitarbeiter. Vom Bürgersteig bis in den Zug konnten auf wenigen Metern »drei Welten« durchschritten werden, »Transit« zu Fuß.

Es hätte nicht viel gefehlt, und ein »Intershop« wäre aus dem Bahnsteigboden gesprossen; großflächige West-Zigaretten-Reklame hatte 1988 immerhin schon die DDR-«Interflug«-Werbung abgelöst. Doch der Mauerfall 1989 beendete die abnorme Situation. Im Frühjahr 1993 wurde das »verwunschene« alte Empfangsgebäude saniert, seit Juli 1994 sind die Nordausgänge zur Schulzestraße (Pankow) und zur Nordbahn-/Sternstraße (Wedding) wieder frei zugänglich.

| | |
|---|---|
| 10.7.1877 | Eröffnung als »Prinzen-Allee« |
| 10.1879 | Umbenennung in »Pankow (Prinzen-Allee)« |
| 8.1893 | Umbenennung in »Pankow (Nordbahn)« |
| 1893 | Empfangsgebäude (Nordbahn -/Ecke Sternstraße) |
| 1901-03 | Hochlegung, Mittelbahnsteig, Haupteingang jetzt zur Wollankstraße (an der Nordbahnstraße) |
| 1.5.1911 | Umbenennung in »Pankow Nordbahn« |
| 5.6.1925 | Elektrischer Betrieb |
| 3.10.1937 | Umbenennung in »Wollankstraße« |
| 4.1945 | Stillegung |
| 6.1945 | Wiedereröffnung (Dampfbetrieb) |
| 19.7.1945 | Elektrischer Betrieb |
| 13.8.1961 | Schließung der Nordausgänge nach Pankow und Wedding |
| 9.1.1984 | Stillegung (Übernahme durch die BVG) |
| 1.10.1984 | Wiedereröffnung, Elektrischer Betrieb |
| 1.7.1994 | Wiedereröffnung der Nordausgänge |

Das Empfangsgebäude von Pankow-Schönhausen in den dreißiger Jahren

Erfreuliches ist zu vermelden. Auch das stattliche Empfangsgebäude dieser Station ist mustergültig restauriert worden. Es erinnert an die Anfangszeit des Bahnhofs, ist man versucht zu sagen, doch trifft das so nicht zu. Es ist bereits das zweite Empfangsgebäude an diesem Haltepunkt. Die Station wurde schon 1880 eröffnet und besaß ab 1897, anläßlich der Hochlegung des Bahnkörpers, einen schienenfrei zugänglichen Mittelbahnsteig mit einem Bahnhofsgebäude aus gelben Ziegeln, das südlich des Gleiskörpers lag.

Der heutige, winkelförmige, zwei- und viergeschossige Bau aus dunklen Eisenklinkern wurde 1909–14 von Schwartz und Cornelius errichtet. Er steht nördlich der Gleise und erlebte 1924 die S-Bahn-Premiere, jene ersten Züge, die im erfolgreichen elektrischen Betrieb auf der Strecke nach Bernau den Grundstock für das neue, rasch expandierende S-Bahn-Netz legten. Züge, die 1945 allerdings auch in Pankow-Schönhausen nicht mehr fahren konnten, pausieren mußten von April bis August.

Zwischen dem Vollring und dem S-Bahnhof Pankow gab es seit 1952 ein Verbindungsgleis, auf dem eine Linie von der Stadtbahn nach Blankenburg fuhr – jedoch nur im unattraktiven 40-Minuten-Takt. Testbetrieb zur Netzspaltung? Ab dem 13. August 1961 sollte diese Verbindungsstrecke über Nacht sehr wichtig werden. Im Oktober 1954 fiel der Namenszusatz fort, seitdem heißt die Station nur noch Pankow.

Durch den Mauerbau änderte sich für den S-Bahnhof Pankow die Bedeutung. Der S-Bahn-, auch der Fernverkehr, konnte nicht mehr über Gesundbrunnen geführt werden. Den Ost-Berliner Anwohnern in der Nähe des für sie nun unerreichbaren Bahnhofs Wollankstraße verblieb als einziger der Bahnhof Pankow, wenn sie mit der S-Bahn ins Ost-Berliner Zentrum wollten. Unter Hochdruck wurde deshalb die Direktverbindung zum (zerbrochenen) Ring, zum S-Bahnhof Schönhauser Allee, zweigleisig ausgebaut und 1962 vollendet.

Bevor die alten Verbindungen nach dem Mauerfall wiederhergestellt werden konnten, ist als einzige bemerkenswerte Baumaßnahme dieses Zeitraums nur der Abriß der Bahnsteigaufbauten, das Auffrischen der Station und das Errichten einer Zugabfertiger-Glaskanzel zu notieren, das war 1980. Von dem neuen Nordkreuz und seinen mannigfaltigen direkten Fahrverbindungs-Möglichkeiten wird der Fahrgast auch in Pankow profitieren. Nicht zuletzt wird die Station gegenwärtig auch »unterminiert«, sie wird Umsteigepunkt zur U-Bahn, die sich langsam heranfräst. Anfang 1998 konnte die S-Bahn daher einige Monate lang nur an einer Bahnsteigkante abgefertigt werden.

Schönhausen, bis 1954 noch im Bahnhofsnamen präsent, ist ein Ortsteil des Bezirks Pankow, gehörte vor der Eingliederung zu Berlin (1920) zum Kreis Niederbarnim. Das Schloß (Nieder-) Schönhausen machte das 1375 ersterwähnte Dorf bekannt. Johann Friedrich Eosander baute es ab 1704 für Kurfürst Friedrich III., der 1691 Schönhausen und Pankow erworben hatte. König Friedrich II., sein Enkel, verstieß bei seiner Thronbesteigung 1740 seine ungeliebte Gattin Christine und schickte sie aufs Schloß in Pankow. Sie fremdelte dort, im Gegensatz zu Wilhelm Pieck: Der erste und einzige DDR-Staatspräsident residierte im Schloß bis 1964. Danach war es Gästehaus der DDR-Regierung und 1990 Tagungsort des »Runden Tisches«. Heute ist das Schloß eine repräsentative, aber bröckelnde Anlage, die niemand haben will.

| | |
|---|---|
| 15.10.1880 | Eröffnung als »Pankow« |
| 1893 | Umbenennung in »Pankow-Schönhausen« |
| 1897 | Hochlegung der Strecke, Empfangsgebäude südlich der Gleise |
| 1909-14 | Neues Empfangsgebäude nördlich der Gleise |
| 8.8.1924 | Elektrischer Betrieb |
| 4.1945 | Stillegung |
| 11.6.1945 | Wiedereröffnung, Dampfbetrieb |
| 13.8.1945 | Elektrischer Betrieb |
| 3.10.1954 | Rückbennung in »Pankow« |



Heute: ■
→Pankow

# Papestrasse

Auf der S-Bahn hat der General seinen Rang verloren. Der Bahnhof erhielt seinen Namen von der Straße nördlich der Bahnsteige, die aber befindet sich in höherem militärischen Rang, heißt *General*-Pape-Straße. Spitzwinklig kreuzen sich Ringbahn und Vorortstrecken Richtung Lichterfelde (Anhalter Bahn) und Lichtenrade (Dresdener Bahn). Die beiden Bahnsteige liegen ärgerlich weit auseinander, dazu kommt der Höhenunterschied. Beide Mittelbahnsteige wurden 1901 in Betrieb genommen.

Das Empfangsgebäude, ebenfalls 1901 fertiggestellt, ist in den südlichen Winkel der Streckenkreuzung eingeschoben. Von dem Backsteinbau mit seinen Rundbogenfenstern führen Fußgängertunnel zu den Plattformen: treppauf zur Ringbahn, treppab (unter Ferngleisen hindurch) und wieder treppauf zum Vorortbahnsteig. Das sorgte schon vor einem knappen Jahrhundert für Verdruß, sollte zwar rasch verbessert werden, blieb aber letztlich lange Zeit unverändert. Andere Ereignisse sind statt dessen zu vermerken: 1903 ein elektrischer Probebetrieb, der bis 1929 durchgeführt wurde, am Vorortbahnsteig, und südlich von ihm 1905 der Bau einer Unterführung für den Sachsendamm (so benannt seit 1907); der Tempelhofer Weg war bis dahin auf einer schmalen Holzbrücke über die Gleisanlagen geführt worden.

Häppchenweise wurde Papestraße S-Bahnhof. Die Ringbahn kam als erste, 1928. Ein Jahr später folgten am Vorortbahnsteig die Züge nach Lichterfelde Ost, sie lösten den erwähnten Versuchsbetrieb ab. Erst im Mai 1939 hatten die Dampfloks ausgeschnauft, jetzt waren auch auf der Strecke nach Mahlow S-Bahn-Triebzüge unterwegs und Papestraße somit reiner S-Bahnhof. Zu diesem Zeitpunkt war zum ersten Mal eine weitreichende Neugestaltung – Stichwort: »Südbahnhof« – für die Station vorgesehen gewesen. Einige Baumaßnahmen, die der Erleichterung des Umsteigeverkehrs dienten, wurden 1937/38 tatsächlich durchgeführt. Dazu gehörten die Verbreiterung des Vorortbahn-

Der Ringbahnsteig während der Zeit der Stillegung (Januar 1992)

Nicht mehr mit der Beschriftung »Papestraße« ausgefüllt ist das weiße Feld über dem einstigen Hauptzugang des Empfangsgebäudes (Foto von 1988)

steigs (Gleis Richtung Norden) und der Bau einer Fußgängerbrücke vom Vorort- zum Ringbahnsteig. Sie bestand aus Holz; ein kleinerer Teil, der über den Bahnhofsvorplatz hinwegführte und auf die Treppe zum Ringbahnsteig mündete, war massiv ausgeführt. Im April 1945 dann lag alles still.

Bereits im Juni 1945 kehrte die S-Bahn an den Ringbahnsteig zurück, eine Etage tiefer rollten die Züge wieder ab Mitte August. Das Empfangsgebäude hatte gelitten, ist aber heute noch funktionstüchtig. Doch der Zugang erfolgt nun, eher versteckt, durch einen Seiteneingang statt durch das (noch vorhandene) Hauptportal. Das Fahrgastaufkommen erreichte nie wieder die Höhe früherer Zeiten; zum ehemaligen Militärgelände an der General-Pape-Straße gab es keinen Zulauf mehr. Auf dem Bahnhof wurde nun hauptsächlich nur umgestiegen, und das ist seit 1963 so beschwerlich wie früher, denn die hölzerne Fußgängerbrücke über die Ferngleise brannte ab, durch Funkenflug. Der Mauerbau 1961 hatte auf den Betriebsablauf im Bahnhof Papestraße keinen nennenswerten Einfluß, wohl aber der S-Bahner-Streik 1980: Der Verkehr auf der Ringbahn wurde nach dem Ausstand nicht wieder aufgenommen, auf Papestraße rollten nur auf den Vorortgleisen noch S-Bahn-Züge. Nach dem Betreiberwechsel bei der S-Bahn in West-Berlin 1984 (die DR übergab an die BVG) blieb dieser Verkehr bestehen, nur Teile der Kehranlage wurden abgebaut.

Bald darauf war beabsichtigt, im Rahmen einer Trassenänderung nördlich und südlich des Bahnhofs den Vorortbahnsteig völlig stillzulegen. Andererseits sollte dieser noch 1987 eine südliche Verlängerung erhalten für einen Busanschluß am Sachsendamm. Alle diese Planungen wurden 1989 verworfen. Nun war von einem Verschieben der Bahnsteige die Rede, um kurze Umsteigewege zu

Der behelfsmäßige und der alte Vorortbahnsteig, im August 1997 von der Ringbahn aus gesehen

KURZZEICHEN: PAPR, FRÜHER PAR (RINGBAHNSTEIG); PAPV, FRÜHER PAV (VORORTBAHNSTEIG)
LAGE: AUF BAHNDAMM (RINGBAHNSTEIG); IM GELÄNDENIVEAU (VORORTBAHNSTEIG)
NACH TEMPELHOF 1380 METER,
NACH PRIESTERWEG 1690 METER,
NACH SCHÖNEBERG 1270 METER,
NACH YORCKSTRASSE 1960 METER

erreichen, indem beide übereinander gelegt werden sollten. Auch daraus erwuchs nichts Konkretes. Hingegen bewirkten die sich seit Jahrzehnten hinziehenden Bauarbeiten an der benachbarten Stadtautobahn, daß der Vorortbahnsteig nun doch stillgelegt wurde. Parallel zu ihm entstand ein stählerner Notbahnsteig, der im Oktober 1993 in Betrieb ging.

Wenige Wochen später wurde der Südring wiederbelebt, Papestraße war erneut Umsteigebahnhof geworden. Die gleichzeitige Restaurierung von Empfangsgebäude und Ringbahnsteig war auf Sparflamme erfolgt, ausgelegt für eine Nutzungsdauer von acht bis zehn Jahren. Dann soll Papestraße auch ein Fern- und Regional- (und Transrapid- ?) Bahnhof sein. Züge aus München, Leipzig und Prag sollen hier in S-Bahn-Nachbarschaft halten - zweite Planungsvariante des »Südbahnhofs« seit 1937. Wie man sich das vorzustellen hat, erläutert anschaulich und plastisch eine Senatsbroschüre: »*Die Gebäudestruktur des geplanten Kreuzungsbahnhofs bietet die besten Voraussetzungen für einen zukünftigen Betrieb innerhalb eines räumlich funktionellen Zusammenhangs.*« – Aha. Da über dem neuen Bahnhof dereinst auch 2500 Autoparkplätze entstehen sollen, dürfte diese Senatsformulierung eher das Aus für das Backsteingotik-Empfangsgebäude bedeuten. Dann verlöre auch die kleine Stichstraße vom Sachsendamm zum Bahnhofsvorplatz, falls sie überleben sollte, ihren Bezug: Sie heißt Suadicanistraße. Waldemar Suadicani (1874-1926) war Baurat bei der Eisenbahnbaudirektion Berlin. Zusammen mit Karl Cornelius hat er den Bahnhof Papestraße 1899/1900 erbaut. Man benenne nach ihm den neuen Südbahnhof!

Einen weniger konstruktiven Beruf hatte Alexander August Wilhelm von Pape (1813-1895), nämlich preußischer General. Er war Oberbefehlshaber in den Marken und Gouverneur von Berlin, zuletzt Generaloberst der Infanterie. Die einst dem Militärfiskus gehörende General-Pape-Straße (benannt 1897) liegt im Bezirk Tempelhof. Ihre westliche Straßenseite jedoch, ebenso der gesamte S-Bahnhof, befinden sich im Bezirk Schöneberg.

| | |
|---|---|
| 1.1.1901 | Eröffnung des Ringbahnsteigs, Empfangsgebäude |
| 1.12.1901 | Eröffnung des Vorortbahnsteigs |
| 4.6.1903 | Vorortverkehr nach Lichterfelde Ost im elektrischen Probebetrieb (550 V) |
| 6.11.1928 | Elektrischer Betrieb auf dem Ringbahnsteig |
| 2.7.1929 | Elektrischer Betrieb (S-Bahn, 800 V) auf dem Vorortbahnsteig Richtung Lichterfelde Ost |
| 1937 | Hölzerne Fußgängerbrücke über die Ferngleise der Dresdener Bahn |
| 15.5.1939 | Elektrischer Betrieb auf dem Vorortbahnsteig auch Richtung Mahlow, Ende des Dampfbetriebs |
| 4.1945 | Stillegung |
| 8.6.1945 | Wiedereröffnung des Vorortbahnsteigs (Dampfbetrieb) |
| 18.6.1945 | Wiedereröffnung des Ringbahnsteigs, Elektrischer Betrieb |
| 16.8.1945 | Elektrischer Betrieb auch auf dem Vorortbahnsteig |
| 26.4.1963 | Hölzerne Fußgängerbrücke abgebrannt |
| 18.9.1980 | Stillegung des Ringbahnsteigs (kein Verkehr nach Streikende) |
| 4.10.1993 | Eröffnung eines Notbahnsteigs für Züge Richtung Priesterweg |
| 18.10.1993 | Auch Züge Richtung Yorckstraße halten am Notbahnsteig |
| 17.12.1993 | Wiedereröffnung Ringbahnsteig |

# Petershagen Nord

Eröffnet als: ■
→Giebelsee

Peterhagen und Eggersdorf sind zwei benachbarte Gemeinden in Brandenburg, östlich von Berlin, westlich von Strausberg, die in Ost-West-Richtung zerschnitten sind von der Trasse der Ostbahn, die seit 1867 besteht. Einen Bahnhof in diesem Bereich gibt es seit Anfang August 1944, der Giebelsee genannt wurde. Stromschienen wurden 1948 gelegt, am 31. Oktober fuhr hier zum ersten Mal die S-Bahn.

Der nicht überdachte, nur zum Teil gepflasterte Bahnsteig ist einmal ein Inselbahnsteig gewesen, doch als der S-Bahn-Betrieb hier auf dem südlichen Gleis aufgenommen wurde, hatte man das andere Gleis kurz zuvor entfernt (woanders wurde es dringender benötigt). Mit den Stufen hinauf zum Bahnsteig überschreitet man die alte Trasse, die zuvor nur so kurz in Betrieb gewesen war. Seit Oktober 1949 hält die S-Bahn hier alle 20 Minuten. Die Bahnhofsbezeichnung Giebelsee wurde am 28. Mai 1967 in Petershagen Nord geändert. Bis 1965 hatte es einen Bahnhof Petershagen gegeben, etwas südlich von Giebelsee, an einer von der Ostbahn abzweigenden Strecke Fredersdorf – Rüdersdorf. Dort war zwar nie eine S-Bahn gefahren, die Strecke aber konnte mit S-Bahn-Fahrkarten benutzt werden. Heute ist sie eine reine Güterverbindung für Rüdersdorfer Zement. Der Personenverkehr wurde dort Ende Mai 1965 eingestellt, der alte Bahnhof Petershagen stillgelegt, und der Name Petershagen Nord gelangte 1967 in das Bahnhofsverzeichnis der S-Bahn.

Es sei die Prognose gewagt, daß sich das Erscheinungsbild dieser S-Bahn-Station in den nächsten Jahrzehnten nicht wesentlich ändern wird.

Über eine kleine Treppe betritt man den Bahnsteig. Sie überbrückt den Graben des einst vorhandenen zweiten Gleises, auf dem nie eine S-Bahn hielt (Januar 1993)

Kurzzeichen: PEN (bis 1967 GI)
Lage: im Geländeniveau
nach Strausberg 3280 Meter,
nach Fredersdorf 1900 Meter

# Pichelsberg

Nur die Markierung im Kleinpflaster deutet im April 1973 noch auf die einst vorhandenen, vorgelagerten Lauben hin

Eine Station von nicht gerade übermäßiger Bedeutung war der Bahnhof Pichelsberg bei seiner Einweihung am 5. September 1911 an der frisch geschaffenen Verbindung von der Heerstraße nach Spandau. Auch als die S-Bahn hier am 23. August 1928 Einzug hielt, änderte sich daran nicht viel, wohl aber mit den heraufziehenden Olympischen Spielen 1936.

Jetzt wurde das von Regierungs- und Baurat Ernst Schwartz errichtete Empfangsgebäude durch Fritz Hane architektonisch behutsam überarbeitet und vereinfacht. Auch wurde am westlichen Bahnsteigende ein zusätzlicher Ausgang über eine Eisenfachwerk-Fußgängerbrücke hinzugefügt: nicht etwa für die Anwohner südlich des Bahnhofs, sondern Richtung Norden. Poloplatz und »Dietrich-Eckart-Freilichtbühne«, wie die Nazis die Waldbühne nannten, die sie für die Olympischen Spiele erbaut hatten, konnten so besser erreicht werden. Eine zweigleisige Kehranlage wurde 1935 errichtet, um in Spitzenzeiten für die vom →Reichssportfeld herüberschwappenden Fahrzeugmengen eine zusätzliche Auffangmöglichkeit zu besitzen.

Das Empfangsgebäude erlitt 1945 schwere Kriegsschäden. Die S-Bahn fuhr zwar ab Juni 1945 wieder, aber vom Bahnhofsgebäude verblieb wenig mehr als eine Ruine. Seitdem befand sich der Zugang, schmucklos und wellblechüberdacht, daneben, und mündete auf die Mitte der Straßenbrücke Schirwindter Allee. Dort befindet er sich auch seit der Neueröffnung im Januar 1998 wieder. Vorangegangen war eine langjährige Betriebspause, ausgelöst durch einen Bahnpersonalstreik Mitte September 1980. 17 Jahre Pause bedeuteten auch 17 Jahre Verfall.

An das Empfangsgebäude mit seinem Mansarddach, dem »*kecken Türmchen mit dem sich nach dem Grün sehnenden Kupferdach*« (»Verkehrstechnische Woche«, 1913) und den ursprünglich vorgelagerten Lauben, dessen klägliche Überreste nach dem Abriß 1961 bis in die siebziger Jahre noch eine Fahrkartenausgabe beherbergt hatten, erinnerten immer noch dunkel abgesetzte, umrahmende Kleinpflaster-Linien und -Ornamente auf dem Vorplatz, doch auch diese wurden 1998 fortmodernisiert. Die Ruinenreste wurden in den achtziger Jahren abgetragen; auch der »Waldbühnen-Zugang« in klassischer »Gewächshaus«-Architektur verschwand bald darauf völlig; er wird aber wiederkommen, wenn Geld in der Bahnkasse wächst. Dann sogar nach beiden Seiten des Bahndamms. Auch der Namenszusatz »Waldbühne« ist dann vorgesehen, als Zusatzhinweis wurde er schon angebracht.

Von der Fernbahn aus konnte 1994-95 ein bis aufs Gerippe der Dachstützen abgemagerter Rest-Bahnsteig Pichelsberg besichtigt werden, als die Fernzüge über die sonst zu dieser Zeit tote Strecke umgeleitet wurden. Doch war dem tristen Bild auch das Bestreben zur Reanimierung zu entnehmen. Pichelsberg war, seit Anfang 1998 wieder geöffnet, eine Endstation geworden (mit nun einem Kehrgleis), ein Zustand von nur vorübergehender Natur, bis Ende 1998 der restliche Streckenteil Richtung Spandau wiedereröffnet wird.

Tritt man aus dem Bahnhof auf die Brücke Schirwindter Allee, lacht einem sogleich ein kleiner Biergarten »Pichelsberger Krug« entgegen. Doch so naheliegend es sich anhören mag, gerade in Pichelsberg kräftig zu »picheln«, so wenig bekömmlich wäre das Gebräu: »Pich« geht auf Pech zurück; in der Umgebung sind Teeröfen nachgewiesen worden.

| | |
|---|---|
| 5.9.1911 | Eröffnung (gleichzeitig mit der Inbetriebnahme der Strecke Heerstraße – Spandau), Empfangsgebäude |
| 23.8.1928 | Elektrischer Betrieb |
| 4.1945 | Stillegung |
| 9.6.1945 | Wiedereröffnung, Elektrischer Betrieb |
| 18.9.1980 | Stillegung (kein Verkehr nach Streikende); später Abriß der Ruine des Empfangsgebäudes |
| 16.1.1998 | Wiedereröffnung (vorläufiger Endpunkt), Elektrischer Betrieb |
| 12.1998 | Durchgangsbahnhof (Streckenverlängerung nach Spandau) |

Um 1950 war der Zustand des südlichen Zugangs noch desolat, doch der Nordzugang (im Hintergrund) war geöffnet

KURZZEICHEN: PIC
LAGE: 7,5 METER UNTER DER STRASSE
NACH STRESOW 3240 METER,
NACH OLYMPIASTADION 1080 METER

# Pländerwald

Zum »Spreepark« hier aussteigen! Der Bahnhof wurde erst 1956 angelegt (Januar 1998)

Bereits 1937 war geplant, in die 3,7 km lange Strecke zwischen den S-Bahn-Stationen →Treptow und Baumschulenweg einen Haltepunkt einzupflanzen, Dammweg sollte er heißen. Das Vorhaben wurde 1956 umgesetzt. Der Anlage eines Inselbahnsteigs kam erleichternd entgegen, daß die S-Bahn-Gleise hier schon etwas weiter auseinander lagen, bedingt durch Überwerfungsbauwerke nordwestlich der neuen Station. Als Name wurde Plänterwald gewählt, im Zusammenhang mit der damals entstehenden, gleichnamigen Wohnsiedlung.
Das durchaus großzügig zu nennende, helle zweigeschossige Empfangsgebäude war im August 1957 fertiggestellt. Der Ausgang führt von der Bahnsteigmitte nur nach Nordosten, ein Abgang zur anderen Seite wurde wegen der angrenzenden Kleingärtenanlagen als nicht erforderlich, wegen der nahen Grenze zu West-Berlin als nicht opportun angesehen. In der Zeit nach dem Mauerbau 1961 ermöglichte die herausgehobene Lage des Bahnsteigs auf dem Bahndamm eine gute Sicht hinüber zum West-Berliner Bezirk Neukölln. Bestens frequentiert war die Station dann auch ab 1969, als im nahegelegenen Plänterwald am Spreeufer ein Vergnügungsgelände namens »Kulturpark« eröffnet wurde, der heutige »Spreepark«.
Die Grundlage für das 110 Hektar große Erholungsgebiet Plänterwald hatte der erste Berliner Gartenbaudirektor Gustav Meyer schon 1876 mit der Aufforstung dieses Areals geschaffen. Er hatte den Wald gepläntert. Das süddeutsche Wort meint eine besondere forstwirtschaftliche Waldnutzung: Bäume aller Altersgruppen existieren in buntem Gemisch nebeneinander, der Wald wird zur Daueranlage. »Blender«, Bäume, die das Licht wegnehmen, werden zuerst »geblendert«, sprich gefällt. Im Frühjahr 1997 wurde sogar auf dem S-Bahnhof, am nördlichen Bahnsteigende, aufgeforstet: Eine Fichte wurde gesetzt. Der nach dem Mauerfall als sinnvoll gebotene und auch immer wieder geforderte Südwest-Ausgang läßt hingegen weiter auf sich warten.

KURZZEICHEN: PWA,
FRÜHER PW
LAGE: AUF BAHNDAMM
NACH BAUMSCHULENWEG 1700 METER,
NACH TREPTOWER PARK 2040 METER

| | |
|---|---|
| 3.6.1956 | Eröffnung, Elektrischer Betrieb |
| 8.1957 | Inbetriebnahme Empfangsgebäude |

# Poelchaustrasse

Eröffnet als:
→Karl-Maron-Strasse

Blick auf den Mittelbahnsteig und das S-Bahn-Gleis Richtung Springpfuhl (Februar 1992)

An der S-Bahn-Zweigstrecke von Friedrichsfelde Ost über Marzahn nach Ahrensfelde wurde im September 1979 zwischen Springpfuhl und Marzahn der Bahnhof Karl-Maron-Straße in Betrieb genommen. Ende Januar 1992 hatte die Wende auch hier in Marzahn, dem früheren Industriegebiet Lichtenberg-Nordost, die Straßen- und Bahnhofsschilder erreicht; Vopo-General Karl Maron verschwand. Man kam überein, mit der Umbenennung des Gefängnispfarrers Dr. Harald Poelchau zu gedenken. Poelchau (1903-1972) war ab 1941 Mitarbeiter der Widerstandsgruppe »Kreisauer Kreis«, in der Pläne für ein anderes Deutschland geschmiedet wurden, und Poelchau half »untergetauchten« Juden, die sich der Deportation entziehen wollten, durch die Beschaffung von Quartier und Arbeit. Als Gefängnispfarrer begleitete der Theologe unter der NS-Herrschaft mehr als tausend zum Tode Verurteilte zum Hinrichtungsschuppen in Plötzensee und zu den Richtstätten der Wehrmachtsjustiz. Nach 1945 war Poelchau am Aufbau des Evangelischen Hilfswerks beteiligt.

Kurzzeichen: POE (früher KM)
Lage: im Geländeniveau, Zugang von Süden
nach Marzahn 980 Meter,
nach Springpfuhl 990 Meter

POTSDAM

■ HEUTE:
→POTSDAM STADT

*Kann mir keine große Seligkeit davon versprechen, ein paar Stunden früher von Berlin in Potsdam zu sein*«, murrte König Friedrich Wilhelm III. anno 1838. Von der neuen Eisenbahn, soeben zwischen Berlin (→Potsdamer Bahnhof) und Potsdam eröffnet, hielt der Kronprinz, der spätere König Friedrich Wilhelm IV., dafür um so mehr: »*Diesen Karren, der durch die Welt läuft, hält kein Menschenarm mehr auf!*«

Preußens erste Eisenbahn endete 1838 in Potsdam; glatte 90 Jahre später endete die erste S-Bahn an diesem historischen Bahnhof. Ihr eigener Mittelbahnsteig, bis auf den heutigen Tag zwischen den hier endenden Gleisen befindlich, war 1887-90 angelegt worden. Nun also, 1928, war die alte preußische Residenzstadt wieder etwas näher an die deutsche Hauptstadt herangerückt, und es gab nicht wenige, die sich durchaus etwas davon versprachen, etliche Minuten früher von Berlin in Potsdam zu sein. Oder umgekehrt: Durch die ganze Stadt, bis nach Erkner, fuhren die neuen, schnellen, elektrischen Züge; ein fast legendär gewordener Zuglauf von 57 Kilometern Länge. Dem Kopfbahnsteig der S-Bahn vorgelagert, wurde 1936 neben dem Haupt-Empfangsgebäude ein Eingangsgebäude errichtet, es erhielt einen Laternenaufsatz mit dem S-Bahn-Symbol.

Am 14. April 1945 wurde gegen 22 Uhr das Bahnhofsgelände – wie die übrige Potsdamer Innenstadt auch – durch einen Bombenangriff der Amerikaner fast vollständig zerstört. Der S-Bahn war die Rückkehr erst im Februar 1946 möglich. Bis 1961 verband sie wieder Potsdam mit Berlin und, eher eingeschränkt, Berlin mit Potsdam: West-Berlinern war schon ab 1952 das Betreten der noch jungen DDR untersagt worden. Den (noch) halbwegs freien Zugang nach Berlin für die Potsdamer zu unterbinden, war treibende Kraft beim Neubau von Umgehungsstrecken. An einer dieser West-Berlin umfahrenden Trassen entstand im südlichen Bereich Potsdams 1958 ein neuer Bahnhof, der, obwohl an der Peripherie gelegen, 1960 vollmundig Potsdam-Hauptbahnhof genannt wurde. Eine S-Bahn fuhr dort nie, doch für den S-Bahnhof Potsdam ergab sich eine Rückwirkung – dessen Name lautet seit Oktober 1960 »Potsdam Stadt«.

Die völlige Abriegelung West-Berlins am ominösen 13. August 1961 ließ einen sinnvollen S-Bahn-Verkehr ab Potsdam Stadt nicht mehr zu. In den folgenden Wochen pendelten die Züge zwar noch nach Griebnitzsee und zurück, doch abgeschnitten vom Rest-Netz mußte der elektrische Betrieb am 9. Oktober schließlich beendet werden. Mit Dampf und Diesel betriebener »Ersatzverkehr« trat für mehr als drei Jahrzehnte an die Stelle der bisherigen S-Bahn-Verbindung. Richtung Osten (West-Berlin) war allerdings in Babelsberg Endstation.

Ganze 73 Tage nach dem Mauerfall am 9. November 1989 gab es wieder Zugverkehr zwischen Potsdam Stadt und Wannsee. Die S-Bahn mußte sich noch gedulden; bis alle Gleise und Signale, Brücken und Bahnsteige wieder für die Gelb-roten parat standen, wurde es Frühjahr 1992. Die erneute Anbindung Potsdams, jetzt brandenburgische Landeshauptstadt, war – glücklicherweise kein Aprilscherz – am 1. April 1992 perfekt. Auf den alten S-Bahnsteig kehrte das Leben zurück. Das S-Bahn-Symbol im Laternenaufsatz des unzerstört gebliebenen, nun restaurierten Bahnhofsgebäudes kündet davon – allerdings jetzt nicht mehr weithin sichtbar, sondern im mächtigen Schatten des umstrittenen, wachsenden »Potsdam-Centers«.

| | |
|---|---|
| 21.9.1838 | Einweihung |
| 22.9.1838 | Betriebsaufnahme |
| 1887-90 | Erweiterung im Zusammenhang mit dem viergleisigen Ausbau, Bau eines Kopfbahnhofes für die Züge von/nach Berlin |
| 11.6.1928 | Elektrischer Betrieb |
| 1936 | Eingangsgebäude für die S-Bahn neben dem Haupt-Empfangsgebäude |
| 4.1945 | Stillegung |
| 8.1945 | Wiedereröffnung, Dampfbetrieb |
| 16.2.1946 | Elektrischer Betrieb |
| 2.10.1960 | Umbenennung in »Potsdam Stadt« |
| 9.10.1961 | Elektrischer Betrieb eingestellt |
| 1.4.1992 | Elektrischer Betrieb |

# Potsdam Stadt

Eröffnet als: ■
→Potsdam

Ein Laternenaufsatz, wie er auch auf dem Bahnhof Feuerbachstraße zu finden ist, krönt das kleine Empfangsgebäude (Februar 1998)

Das Eisenbahnzeitalter in Preußen begann 1838 zwischen Berlin und Potsdam. Die Strecke ist inzwischen auch die älteste in Deutschland, nämlich seit die historische Verbindung Nürnberg – Fürth 1922 stillgelegt wurde. Potsdam: ein wahrhaft historischer Bahnhof!

Betrachtet man nur den jetzigen Stationsnamen, könnte man annehmen, erst kurz vor dem tausendjährigen Jubiläum des alten Poztupimi sei der Ort zur Stadt geworden, denn dieses City-Anhängsel setzte die Reichsbahn erst 1960 aufs Bahnhofsschild. Tatsächlich jedoch wollte die DR mit der Neubenennung »Potsdam Stadt« nur eine Unterscheidung schaffen zu ihrem Ende der fünfziger Jahre gebauten Bahnhof im Süden, der nun hochtrabend »Hauptbahnhof« genannt wurde. Die S-Bahn, seit 1928 in Potsdam präsent, sah den neuen Namen »Potsdam Stadt« noch genau ein Jahr, danach waren Gleise und Signale ihres besonderen Bahnsteigs für mehr als 30 Jahre der zugehörigen Züge beraubt. Teile des vormaligen S-Bahn-Areals wurden als Laderampen für den Güterverkehr benutzt.

Ein reibungsloser S-Bahn-Verkehr zwischen Berlin und Potsdam ist seit 1992 glücklicherweise wieder zum Normalfall geworden. Dabei ist die Definition »Normalfall« diffizil. Die Bahnverbindung war bekanntlich bereits viele Jahre vor dem Mauerbau von Einschränkungen, Kontrollen und Behinderungen gekennzeichnet gewesen. So muß man die Geschichte des S-Bahnhofs, in engem Zusammenhang mit der heranführenden Strecke, weit zurückverfolgen, um auf eine Phase eines ähnlich hindernisfreien Bahnbetriebs zu stoßen. Der Vergleich wird immer etwas schief sein müssen.

Potsdams Haupt-Bahnhof soll künftig einmal »Hauptbahnhof« heißen. So wurde er bereits bis zum Zweiten Weltkrieg genannt, wenn auch nicht amtlich, doch führten beispielsweise Straßenbahnen diesen Namen in ihrem Zielschild. Für die Landeshauptstadt ist die Eintragung in die »Welt-Kulturerbe«-Liste nicht »ohne Sorgen«; »sans, souci« – wie die Lettern an der Stirnseite des Schlosses wörtlich aussagen – ist vermutlich ein Wortspiel des humorvollen Alten Fritz. Nimmt man das Komma nicht als Satzzeichen, sondern liest es französisch mit, lautet die Inschrift »sans com a souci«, was soviel heißt wie »ohne wie auch mit Sorgen« ...

Kurzzeichen: PD
Lage: im Geländeniveau
nach Babelsberg
1630 Meter

# Potsdamer Bahnhof

Es gab eine Zeit vor »Daimler- City«. Der Eingang zum Potsdamer Ring- und Vorortbahnhof im Jahre 1934

Mehr als ein halbes Jahrhundert ist vergangen seit der Schließung dieses Bahnhofs. Hinweise auf seine Existenz sind so gut wie nicht mehr vorhanden. Die umwälzendste Neugestaltung, die es am Potsdamer Platz / Leipziger Platz jemals gab, läßt es illusorisch erscheinen, nur mit Hilfe der Phantasie die einstige Bahnlandschaft vor dem geistigen Auge erstehen zu lassen. Je mehr die Gegenwart lebendiger Zeitzeugen abhanden kommt, desto mehr ist man auf alte Beschreibungen und Photographien angewiesen, will man sich »ein Bild machen«.

Der Potsdamer Bahnhof war die erste Bahn-Endstation im alten Berlin, eröffnet 1838, als selbst der Begriff »Fernbahn« im heutigen Sinne noch nicht geprägt sein konnte. 1869 wurde er geschlossen, abgelöst von einem provisorischen Bahnhof an der Flottwellstraße, der 1872 dem »neuen« Potsdamer Bahnhof im Neo-Renaissance-Stil weichen mußte. Dieser, erbaut vom späteren Eisenbahndirektionspräsidenten Julius Ludwig Quassowski, erhielt 1891 zwei »Flügelbahnhöfe«. Derjenige an der Ostseite wurde *»Potsdamer Ringbahnhof«* genannt. 1901 wurde er noch mit einem Anbau versehen. Das Gebäude war natürlich nicht ringförmig, und die Ringbahn weit entfernt – warum also Ringbahnhof?

Mit »Ringbahn« wird stets die »Strecke ohne Ende«, eine Kreislinie assoziiert, ein »Vollring«. Doch diese Betriebsführung, ein Ergebnis des Zweiten Weltkriegs, entstand erst 1944. Hinsichtlich ihrer Gleislage war die Ringbahn zwar ein echter, geschlossener Ring, doch vor 1944 rollten die Züge auch auf Ring-Segmenten unter Einbeziehung der Stadtbahnstrecke. Auf dem Südring verkehrten sie stets mit einer »Einbuchtung« nach Norden, der Südring-Spitzkehre; sie kamen vorbei am Bahnhof →Kolonnenstraße, um schließlich »kopfzumachen« im Potsdamer Ringbahnhof. Die Fahrgäste sollten möglichst nahe in das Herz der Stadt gebracht werden. Außerdem ließen sich bei diesem »Kopfmachen«, dem Wenden am Prell-

bock, eventuell auftretende Verspätungen besser austarieren.
Im Potsdamer Ringbahnhof konnten die ersten S-Bahn-Züge anfangs ihre artverwandten »Stiefmütter« am Nachbargleis stehen sehen. Der elektrische Probebetrieb (500 V) nach Lichterfelde Ost hatte seit 1903 ebenfalls hier seinen Ausgangspunkt. Noch 1929 löste ihn die heutige S-Bahn ab; im Mai 1939 verdrängte sie schließlich auch die Dampfloks auf der Strecke nach Mahlow.
Die Fertigstellung des verkehrstechnisch ungemein wichtigen Nord-Süd-S-Bahn-Tunnels bewirkte im November 1939 das Abziehen des Vorortverkehrs vom Potsdamer Ringbahnhof. Die Züge rauschten unter der Innenstadt hindurch, nördliche und südliche Vororte waren direkt miteinander verbunden. Nur die S-Bahn-Linien »Ring über Ostkreuz« und »Ring über Westkreuz« bedienten jetzt noch, weiterhin über die Südring-Spitzkehre, den Potsdamer Ringbahnhof. Im Bombenkrieg ist der Potsdamer Bahnhof beschädigt worden, der Ringbahnhof war bereits 1944 so stark in Mitleidenschaft gezogen, daß man ihn nicht mehr anfahren konnte. Anfang Juli 1944 wurde er geschlossen. Jetzt erst verkehrte die S-Bahn als echter »Vollring«.
In der Trümmerwüste nach Kriegsende war man gezwungen, den Potsdamer Ringbahnhof noch einmal zu aktivieren, diesmal für die Wannseebahnzüge. Solange der Nord-Süd-S-Bahn-Tunnel noch überflutet war, fuhren diese in die Station an der Köthener Straße. Von Anfang August 1945 bis Ende Juli 1946 währte so das letzte Lebenszeichen des Potsdamer (Ring-) Bahnhofs.
Die Rede war bereits von insgesamt zwei Anbauten des Potsdamer Fernbahnhofs, beide 1891 eröffnet. An der Westflanke des großen Bahnhofsgebäudes war es der *»Potsdamer Wannseebahnhof«*, der den ebenfalls den aus den Nähten zu platzen drohenden Haupt-Trakt entlasten sollte. Dieser Bahnhof, der vor nunmehr schon sechs Jahrzehnten geschlossen wurde, lag natürlich weder in

1934: Blick vom Ringbahnsteig auf den Fernbahnhof und den Wannseebahnhof

Potsdam noch in Wannsee, sondern im Herzen Berlins. Hier hatten die Züge der Wannseebahn ihren Startpunkt.

Ähnlich wie beim benachbarten Potsdamer Ringbahnhof gab es auch beim Potsdamer Wannseebahnhof einen elektrischen Probebetrieb. Doch die Testzüge, erstmals im Juli 1900 nach Zehlendorf auf Achse, verkehrten hier nur zwei Jahre. Die Wannseebahn, ein »Spätzünder« bei der Umstellung auf das S-Bahn-System in Berlin, wurde erst ab 1933 elektrisch betrieben. Das Projekt eines die Innenstadt von Nord nach Süd durchquerenden S-Bahn-Tunnels war zu dieser Zeit schon beschlossene Sache, der unterirdische Verkehrsweg war im Oktober 1939 vollendet. Der Tunnel-Bahnhof »Potsdamer Platz« löste den Wannseebahnhof neben dem Potsdamer Fernbahnhof ab, übernahm auch die Vorortzüge, die bisher den Nachbarn Potsdamer Ringbahnhof angesteuert hatten.

War in den letzten Jahren vor der Eröffnung des Nord-Süd-S-Bahn-Tunnels der Potsdamer Fernbahnhof sozusagen flankiert gewesen von S-Bahn-Zügen in ihren jeweiligen »Flügelbahnhöfen«, so darf nicht unterschlagen werden, daß die Gelb-roten sogar in der Haupthalle selbst anzutreffen waren. Zwar ist die S-Bahn mitnichten eine Fernbahn, doch ihre Präsenz am äußersten Gleis ganz links (Gleis 3) der Fernbahnhalle war konsequent: Als »Expreß-S-Bahn«, wie sie heute wohl hieße, fuhr sie auf dem Weg nach Wannsee ohne Zwischenhalt, auf den Fernbahngleisen, bis Zehlendorf durch. »Bankierzüge« wurden sie genannt - der Name, entstanden schon früher, erläutert treffend die Haupt-Klientel. Nagelneue Züge, gebaut ab 1935, teilweise für Geschwindigkeiten bis 140 km/h (!) ausgelegt, erreichten eine Fahrzeit von nur zehn Minuten bis Zehlendorf. Die besondere Betriebsform derartiger durchgehender Züge war Anfang Mai 1903 eingeführt worden, der Wechsel von Dampf zu Gleichstrom erfolgte Mitte Mai 1933. Der Expreßverkehr mit den »Bankierzügen« mußte 1945 eingestellt werden. Mitte Februar fuhren werktags noch sechs Zugpaare. Nach dem Krieg gab es diese Schnell-S-Bahn nicht mehr.

Mit der erwähnten Schließung der Potsdamer Ringbahnhofs Ende Juli 1946 war das letzte Kapitel der Chronik des Potsdamer Bahnhofs abgeschlossen. Bis 1958 stand die Ruine noch; Agonie, Ödnis und Tristesse ringsum. Das gesamte Bahnhofsgelände gehörte zu Ost-Berlin, wurde 1961 aber nicht ummauert, sondern dämmerte als Niemandsland. Im Zuge eines Gebietsaustauschs West/Ost kam das Areal 1972 zu West-Berlin. Nichts, gar nichts ist heute mehr wiederzuerkennen vom alten Potsdamer Bahnhof. Ein guter Blick auf den ehemaligen Standort ist von der knallroten Infobox am Potsdamer (eigentlich: Leipziger) Platz möglich – noch, muß hinzugefügt werden, – hat doch auch dieser Aussichts- und Info-Kubus seine Halbwertzeit bereits überschritten.

**Potsdamer Fernbahnhof**

| | |
|---|---|
| 30.8.1872 | Einweihung (Ersatz des alten Bahnhofs von 1838) |
| 1.11.1872 | Inbetriebnahme |
| 1.5.1903 | Bankierzüge (Dampf) |
| 15.5.1933 | Elektrischer Betrieb (Bankierzüge) |
| 1945 | Schließung (Fernverkehr und Bankierzüge) |

**Potsdamer Ringbahnhof**

| | |
|---|---|
| 1.4.1891 | Inbetriebnahme |
| 1.12.1901 | auch Vorortverkehr Lichterfelde Ost und Zossen (vorher ab Anhalter Bahnhof) |
| 4.6.1903 | Elektrischer Probebetrieb (550 V) nach Lichterfelde Ost (bis 1929) |
| 18.4.1929 | Elektrischer Betrieb (Ringbahn) |
| 2.7.1929 | Elektrischer Betrieb (S-Bahn, 800V, Lichterfelde Ost) |
| 15.5.1939 | Elektrischer Betrieb (Mahlow) |
| 6.11.1939 | Vorortverkehr in Nord-Süd-S-Bahn-Tunnel |
| 3.7.1944 | Stillegung |
| 6.8.1945 | Wiederinbetriebnahme für Wannseebahn |
| 27.7.1946 | Schließung; Wannseebahn in Nord-Süd-S-Bahn-Tunnel |

**Potsdamer Wannseebahnhof**

| | |
|---|---|
| 1.10.1891 | Inbetriebnahme |
| 13.7.1900 | Elektrischer Probebetrieb (750 V) bis Zehlendorf |
| 1.7.1902 | Elektrischer Probebetrieb eingestellt |
| 15.5.1933 | Elektrischer Betrieb |
| 8.10.1939 | Schließung |

# Potsdamer Platz

Ein Teil des Verteilergeschosses im Eröffnungsjahr 1939

Als am 1. September 1939 der Zweite Weltkrieg ausbrach, näherte sich ein Projekt der Vollendung, das das Bündel der drei südlichen S-Bahn-Vorortstrecken mit dem der drei Vorortlinien im Norden Berlins verbinden sollte: die Nordsüdbahn, die im Tunnel unter dem Stadtzentrum verlaufende Schienenverbindung. Das erste Teilstück, der Nordabschnitt bis zum Bahnhof Unter den Linden, war bereits Ende Juli 1936 fertiggestellt worden. Bis zur Aufnahme des durchgehenden Verkehrs im Oktober 1939 vergingen noch einmal über drei Jahre. In der Zwischenzeit war im Tunnel eine weitere Etappe für den S-Bahn-Verkehr freigegeben worden. Die Eröffnung des Bahnhofs Potsdamer Platz am 15. April 1939 markiert jenen Zwischenschritt.

War die Bauausführung der Tunnelstation unter der verkehrsreichsten Platzanlage Europas, dem dichtbebauten Knotenpunkt Leipziger und Potsdamer Platz, ohnehin schon außerordentlich kompliziert, so kamen mehrfache Änderungen der Planungen während der Arbeiten und ein tragisches Einsturzunglück nördlich des Bahnhofs (20. August 1935) noch erschwerend hinzu. Eine vielgleisige Abstellanlage befindet sich in diesem Bereich, unter der heutigen Ebertstraße. Zur Eröffnung war letztlich jedoch eine hochmoderne, vorbildliche Station entstanden, die in der Nachkriegszeit richtungweisend werden sollte für ähnliche Einrichtungen in Hamburg, Frankfurt, Nürnberg oder München. Die beiden Mittelbahnsteige im zweiten Tiefgeschoß wurden im Richtungsbetrieb befahren. Lichtstarke, in Kalotten versenkte Lampen wurden reflektiert von opakweißen Glasplatten, mit denen Wände und Stützen verkleidet waren. Platten dieser Art hatten sich zuvor schon in Molkereien und Operationssälen bewährt!

Die mittlere Verteilerhalle in der Ebene-1 übertraf alle bisherigen unterirdischen Verkehrsbauten an Großzügigkeit, den U-Bahnhof Alexanderplatz vielleicht einmal ausgenommen. Fahrkartenausgabe, Fahrtreppen, eine Ladenstraße, Gaststätte,

Zugang zum S-Bahnhof in der Saarland- (heute Stresemann-)straße vor dem Potsdamer Bahnhof (1940)

Apotheke, gar eine Gepäckaufbewahrung gehörten zur Ausstattung; die Diensträume der Bahn waren klimatisiert. »*Das Bauwunder unter dem Potsdamer Platz läßt sich in Worten schwer schildern. Die gesamte Bahnhofsanlage, die in der Fachwelt seit Jahren Bewunderung gefunden hat, stellt der deutschen Bautechnik ein glänzendes Zeugnis aus*« jubelte die Deutsche Allgemeine Zeitung am 16. März 1939. Da war der Bahnhof aber noch gar nicht eröffnet, die Einweihung war für den 1. April vorgesehen gewesen. Die DAZ schrieb weiter: »*Schließlich geht von der Zwischendecke aus noch ein tunnelartiger Weg zur U-Bahn, so daß also ein Umsteigen von der S-Bahn zur U-Bahn und umgekehrt unter der Erde möglich ist.*« Diese Direktverbindung hat es nie gegeben, sie existiert aber in zahlreichen Fachbüchern und ebenso, vermeintlich, in der Erinnerung vieler damaliger Bahnhofsbenutzer.

Von April 1939 bis zur Herstellung der durchgehenden Verbindung zum Anhalter Bahnhof im Oktober des Jahres endeten und begannen im Bahnhof Potsdamer Platz sämtliche S-Bahn-Züge der Nordstrecken, die Züge wendeten am Bahnsteig. Zur geplanten Einfädelung der Südring-Züge ist es nicht gekommen; sie verblieben im →Potsdamer Ringbahnhof. Ohnehin war schon im April 1945 das »Bauwunder« entzaubert, geschlossen, im Mai voll Wasser gelaufen. Gerade mal 72 Monate war der Bahnhof Potsdamer Platz in Betrieb gewesen. Anfang Juni 1946 war die Wiederinbetriebnahme möglich geworden, bis 1961 fuhren – und hielten – die Züge unter einem Platz, der bei mehreren schweren Luftangriffen im November 1943 fast vollständig in Trümmer gelegt worden war. Als der nunmehrige Schnittpunkt von drei Sektoren ab dem 17. Juni 1953 als Schauplatz des Arbeiteraufstandes in die Schlagzeilen geriet, bestand auch im Untergrund für drei Wochen kein S-Bahn-Verkehr. Nach dem Mauerbau 1961 verödete der Platz vollends, wurde Berlins blinder Fleck. Die S-Bahn ratterte ohne Halt durch einen trüb erleuchteten Gei-

sterbahnhof, dessen neue Einbauten aus Trennmauern, Bunkerhäuschen mit Sehschlitzen, Eisentüren und Signalsicherungszäunen bestanden. Von den Bahnsteigkanten waren Teile abgebrochen worden.
Die jahrzehntelang eingefrorene Geschichte konnte ab 1990 besichtigt werden; an eine schnelle Wiederinbetriebnahme als Haltepunkt war nach dem Mauerfall vorerst nicht zu denken. Im Juni 1990 etablierte sich vorübergehend eine Theaterproduktion im Bahnhof, vom Donnern der durchfahrenden Züge ungerührt. Zur Wiedereröffnung am 1. März 1992 gähnten noch abschreckende, nackte, verschmutzte Wände. Häßliche metallene Bauzäune sperrten einen großen Teil des Bahnsteigareals ab und versperrten jeden Durchblick. Das mittlere Verteilergeschoß (»Verkehrshalle« hieß es zur Einweihung) wurde danach nur äußerst provisorisch instandgesetzt. Erst Ende Januar 1994 stand es, in höchst eingeschränktem Umfang, zur Verfügung. Nach und nach schritt die Sanierung voran. Die weißen Glasplatten an den Wänden kamen jetzt aus Tschechien. Die Mosaiken (Stadtansichten von Bernau und Potsdam) sind wieder sichtbar. Verschiedene der einst neun Zugänge wurden / werden abwechselnd gesperrt und geöffnet – je nach Baufortschritt der Glas-und-Beton-Megapolis »Protzdammer Platz« an der Oberfläche.
Der 1831 benannte Potsdamer Platz wird heute gehandelt als Inbegriff für das neue, gigantische Baugeschehen daselbst. Dabei wird leicht (und gern) übersehen, daß der Potsdamer Platz nie die Ausmaße hatte, die ihm jetzt per gedankenloser Definition zugeschrieben werden. Die berühmte rote Infobox, beispielsweise, steht mitten auf dem Leipziger Platz.

| | |
|---|---|
| 15.4.1939 | Eröffnung; zwei Mittelbahnsteige, drei Verteilergeschosse, Elektrischer Betrieb |
| 4.1945 | Stillegung |
| 2.6.1946 | Wiedereröffnung; Elektrischer Betrieb |
| 13.8.1961 | Schließung (Mauerbau), Züge fahren ohne Halt durch |
| 1.3.1992 | Wiedereröffnung, Elektrischer Betrieb |

Die erste Zeit nach der Wiedereröffnung war das Aussehen an Trostlosigkeit nicht zu überbieten (April 1994)

KURZZEICHEN: POP (FRÜHER POU)
LAGE: MITTELBAHNSTEIGE: EBENE -2, VERTEILERGESCHOSSE: EBENE -1, AUSGÄNGE ZU DEN BEZIRKEN MITTE UND TIERGARTEN
NACH ANHALTER BAHNHOF 830 METER,
NACH UNTER DEN LINDEN 1140 METER

# Prenzlauer Allee

Das Empfangsgebäude steht nach über hundert Jahren immernoch nahezu unverändert (Aufnahme von 1984)

KURZZEICHEN: PLA,
FRÜHER PRE
LAGE: IM EINSCHNITT (BAHNGRABEN)
NACH GREIFSWALDER STRASSE 1100 METER,
NACH SCHÖNHAUSER ALLEE 810 METER

Man spricht oft von »Straßenschluchten« – am Prenzlauer Berg fährt die Ringbahn in einer »Schienenschlucht«, tief im Einschnitt des Stadtgefüges. Die Ringbahnstation Prenzlauer Allee empfängt den Fahrgast, den »Reisenden«, wie er bei der S-Bahn so gern genannt wird, mit einem typischen Bahnhofsgebäude der Jahrhundertwende. Die Fassade des zweigeschossigen Mauerwerkbaus ist mit gelben und roten Ziegeln verblendet, historisierend der Stil, Anklänge an Romanik. Im Mai 1892 wurde der Bahnhof eröffnet.

An beiden Kanten des gut zehn Meter breiten Mittelbahnsteigs hielten Anfang Februar 1929 zum ersten Mal S-Bahn-Züge. Eine nennenswerte Unterbrechung des Fahrbetriebs hat es, abgesehen von der Zwangspause April bis Juni 1945, nicht gegeben. Allerdings sind es seit 1961 nur noch Züge auf der Trasse eines (unvollständigen) Ringes, keine Vollringzüge mehr, die hier halten. Gleich nach dem Mauerbau waren es für kurze Zeit auch einige wenige lokbespannte Züge, die zur Entschärfung der angespannten neuen Betriebssituation auf ihrem Weg Oranienburg – Greifswalder Straße auch den Bahnhof Prenzlauer Allee anfuhren.

Nach dem Mauerfall gab es zahllose Bahnhofs-Sanierungsarbeiten. Auch das Empfangsgebäude Prenzlauer Allee wurde ab 1995 einer generellen Auffrischungsprozedur unterzogen. Im zweiten Halbjahr 1997 fuhren die Züge daher am Bahnsteig ohne Halt durch, erst in Ost-, dann in Westrichtung. Fortschritte sind also sichtbar, doch bis zur Komplettierung der »Strecke ohne Ende« werden sicher noch einige Lückenschluß-Terminankündigungen verschoben werden – wetten?

Bis 1984 lag die Ringbahn am Bahnhof Prenzlauer Allee im Schatten mächtiger Gasometer. Heute findet sich ein ebenso kreisrundes Planetarium gegenüber dem S-Bahn-Empfangsgebäude, auf der Ostseite der Prenzlauer Allee. Sie ist (seit 1878) benannt nach der uckermärkischen Kreisstadt in Brandenburg, als Prencelaw 1128 erstmals erwähnt. Nach Prenzlau führte schon im Mittelalter ein 90 Kilometer langer Handelsweg, ausgehend vom Prenzlauer Tor in Berlin.

| | |
|---|---|
| 1.5.1892 | Eröffnung; Empfangsgebäude |
| 1.2.1929 | Elektrischer Betrieb |
| 4.1945 | Stillegung |
| 6.1945 | Wiedereröffnung, Elektrischer Betrieb |

Besonders klerikal geht es nicht zu am Bahnhof Priesterweg. Als die Station 1928 eröffnet wurde, gab man ihr den Namen der nächstgelegenen Straße. Kein Irdischer weiß, wann diese so benannt wurde, doch sie diente bereits im 16. Jahrhundert den Schöneberger Pfarrern als Verbindungsweg nach Lankwitz, um zum dortigen »Filialdorf« zu gelangen. Schon vor 1894, als Lankwitz keine Filiale der Pfarrei Schöneberg mehr war, hatte der Weg seine ursprüngliche Funktion eingebüßt.

Dem S-Bahnhof war größere Bedeutung zugedacht gewesen, er hat sie nie erhalten. Geplante neue Wohnanlagen und die mächtige Bahnanlage östlich der Strecke und nördlich der Station, der Rangierbahnhof Tempelhof, hatte ein großes Fahrgastaufkommen prognostizieren lassen, ebenso der geplante Postverschiebebahnhof westlich der Trasse. Krieg und Teilung unterbanden die geplante Entwicklung. Die Kleingärten überdauerten.

Reichsbahnrat Lüttich erbaute den architektonisch interessanten Bahnhof Priesterweg an der Gabelung von Dresdener Bahn (heute S-Bahn nach Mahlow) und Anhalter Bahn (heute S-Bahn nach Lichterfelde Süd) nach einem Umbau dieser Verzweigung. Konsequenterweise entstanden zwei getrennte (Mittel-) Bahnsteige, im Richtungsverkehr betrieben. Sie waren nur zu einem kleinen Teil überdacht. Auf der Strecke Richtung Mahlow / Zossen herrschte zur Bahnhofseröffnung im Oktober 1928 noch Dampfbetrieb. Die Gleise nach Lichterfelde wurden zu diesem Zeitpunkt schon seit 1903 elektrisch befahren, jedoch noch mit den besonderen Fahrzeugen des Versuchsbetriebs ( 500 V), des S-Bahn-Vorläufers. Bereits ein dreiviertel Jahr später, Anfang Juli 1929, erfolgte hier der Übergang auf das heutige S-Bahn-System. Die Elektrifizierung der Dresdener Bahn hingegen wurde erst ein Jahrzehnt später vollzogen. Es läßt sich zusammenfassen: Priesterweg ist seit 1929 S-Bahnhof, seit 1939 reiner S-Bahnhof. Die Architektur des Empfangsgebäudes wurde wohlwollend gewürdigt, sie sei ohne »*thronsaalähnliche Schalterhallen und Erfrischungsräume, die die ›Eleganz‹ zweifelhaft schwüler Vergnügungsanstalten nachahmten*«, hieß es. Expressionismus-Lob expressis verbis. Ein zweiter Zugangstunnel, an den südlichen Bahnsteigenden, war 1939 hinzugekom-

Ein Expressionismusgebäude mitten im Kleingartengelände – die Bahnhofsfassade im Februar 1995

men. Verschlossen blieben alle Zugänge von April bis Juni 1945.
Die S-Bahn kehrte Mitte August 1945 zurück. Der Betrieb blieb von den Ereignissen des 13. August 1961 nahezu unberührt, ebenso vom S-Bahner-Streik 1980. Erst die BVG-Übernahme der S-Bahn in West-Berlin 1984 halbierte den Zugbetrieb, der abzweigende Streckenast nach Lichterfelde und somit die Außengleise in Priesterweg wurden stillgelegt. 1986 wurde das Empfangsgebäude rekonstruiert und instandgesetzt, im Mai 1990 begann man mit der Sanierung der südlich an den Bahnhof anschließenden Verzweigungsbauwerke. In diesem Zusammenhang wurde der westliche Bahnsteig (A) stillgelegt, abgerissen und, völlig neu hergerichtet, Ende Juni 1992 eingeweiht. Gleiches geschah dem (östlichen) Bahnsteig B zwischen August 1992 und Dezember 1993. Beiden wurde bei dieser Gelegenheit eine längere, wenn auch nicht vollständige Überdachung zugestanden. Seit Mai 1995 schließlich fährt die S-Bahn auch wieder nach Lichterfelde: Ende des »halbierten Betriebes«. Nachdem im April 1998 noch ein Ausgang zum neuen Naturpark zwischen Prellerweg und Röblingstraße hinzukam, heißt es auf dem Bahnhof Priesterweg seitdem: drei Richtungen, vier Gleise, fünf Zugänge – alles in Betrieb.

KURZZEICHEN: PRS
(FRÜHER PR)
LAGE: AUF BAHNDAMM
NACH ATTILASTRASSE
1270 METER,
NACH SÜDENDE
1380 METER,
NACH PAPESTRASSE
1690 METER

| | |
|---|---|
| 7.10.1928 | Eröffnung, Elektrischer Probebetrieb (550 V; bis 1929), zwei Mittelbahnsteige |
| 2.7.1929 | Elektrischer Betrieb |
| 15.5.1939 | ausschließlich Elektrischer Betrieb; Bau eines zweiten Ausgangs und Modernisierung |
| 4.1945 | Stillegung |
| 8.6.1945 | Wiedereröffnung (Dampfbetrieb) |
| 16.8.1945 | Elektrischer Betrieb |
| 9.1.1984 | Verkehr nur noch an den äußeren Gleisen (Übernahme durch die BVG) |
| 5.1990 | Bahnsteig A außer Betrieb, Verkehr nur noch am Bahnsteig B |
| 29.6.1992 | Inbetriebnahme des neu gebauten Bahnsteigs A (Züge Richtung Süden) |
| 10.8.1992 | Auch Züge Richtung Norden halten am Bahnsteig A, Bahnsteig B außer Betrieb |
| 3.8.1993 | Neuer Südzugang zum Bahnsteig A |
| 6.12.1993 | Inbetriebnahme des neu gebauten Bahnsteigs B (Züge Richtung Norden) |
| 1.1995 | Neuer Südzugang auch zum Bahnsteig B |

# Putlitzstrasse

■ Heute:
→Westhafen

Mit der Erläuterung »Heute: Westhafen« beginnt ein zweifaches Dilemma. Beide Wörter können angezweifelt werden. Zum einen läßt das »heute« noch auf sich warten, die Ringbahn ist noch nicht komplett. In der nach wie vor klaffenden Lücke liegt der Bahnhof. (Daß er gegenwärtig kaum zu erahnen ist, wäre ein drittes Dilemma.) Zum anderen läßt sich sein Umbenennungsdatum nicht definieren. Als »Putlitzstraße« wurde er 1980 stillgelegt, als »Westhafen« soll er 1999 wiedererstehen. Unter diesem Namen wird er in internen Listen der S-Bahn Berlin GmbH geführt. Man wird von ihm zur U-Bahn-Linie 9 umsteigen können. Deren Bahnhof hieß Putlitzstraße bis Mai 1992. Seitdem wird er Westhafen genannt.
Der Bahnhof Putlitzstraße wurde im Oktober 1898 eröffnet. Karl Cornelius erbaute ein aufwendig gestaltetes Empfangsgebäude aus roten Klinkern im historisierenden Stil. Von dem Bau gelangte man über eine tiefergelegene Halle zu den Bahnsteigtreppen, die untereinander durch einen gedeckten Gang verbunden waren. Es gab zwei Mittelbahnsteige, die gegeneinander versetzt angeordnet waren. Westlich (also mit Zugang am östlichen Bahnsteigende) befand sich der Vorortbahnsteig für die vom Lehrter Bahnhof kommenden Züge nach Spandau und Nauen, östlich – gegenüber – der Bahnsteig der Ringbahn. Die Putlitzbrücke im Zuge der Putlitz- und Föhrer Straße, die hier die achtgleisigen Bahnanlagen überbrückte, entstand erst 1909 bis 1912.
Die S-Bahn nahm im Februar 1929 auf dem Ringbahnsteig den Dienst auf, mußte ihn im April 1945 aber wie überall einstellen. Das Empfangsgebäude war im Krieg schwer beschädigt worden. Im Juni

1945 erwachte der Vorortbahnsteig noch einmal zu einem kurzen Leben, doch mit der Schließung des Lehrter Fernbahnhofs war auch er funktionslos geworden. Der Betriebseinstellung 1951 folgte der Abriß, die letzten Rudimente des Vorortbahnsteigs verschwanden in den siebziger Jahren.

Ab Ende September 1945 bediente die S-Bahn wieder den Ringbahnsteig Putlitzstraße. Gleich nach dem Mauerbau konnte hier, wenn auch nicht direkt, zur soeben neu eröffneten U-Bahn umgestiegen werden, doch lange Übergangswege, vor allem aber der heftig einsetzende S-Bahn-Boykott, ließen nur wenige davon Gebrauch machen. 1966 wurde das Empfangsgebäude des S-Bahnhofs wegen Baufälligkeit abgerissen und durch ein barackenähnliches »Passimeter-Gebäude« auf dem Bahnsteig ersetzt.

Im Zusammenhang mit dem Neubau der Putlitzbrücke wurde der S-Bahnsteig Ende 1974 um etwa 100 Meter nach Westen bis unter die Brücke verlängert. Zusätzlich zu dem bestehenden Zugang von der östlichen Seite der Putlitzbrücke wurde 1975 ein weiterer Zugang von der westlichen Brückenseite in Betrieb genommen. Dieser diente zugleich als Übergangsmöglichkeit zum U-Bahnhof, von dessen südlichem Bahnsteigende man nun direkt auf den S-Bahnsteig gelangen konnte. Das verlängerte Teilstück dieses S-Bahnsteigs wurde 1978 sogar überdacht, und die seit Jahren recht kurzen S-Bahn-Züge (4 Wagen) hielten nur noch am Verlängerungssegment. Nicht mehr lange. Dem S-Bahn-Streik 1980 fiel der Verkehr auf der gesamten Ringbahn in West-Berlin zum Opfer. Seitdem: Kein Rad, nirgends.

Gans Edle zu Putlitz ist ein aus der Westprignitz stammendes, uraltes brandenburgisches Rittergeschlecht. Nach jenem wurde die Putlitzstraße im März 1891 benannt, nicht nach der Stadt Putlitz (bei Pritzwalk); Straße und Bahnhof müßten sonst Putlitzer Straße heißen.

| | |
|---:|---|
| 1.10.1898 | Eröffnung, Empfangsgebäude |
| 1.2.1929 | Elektrischer Betrieb |
| 4.1945 | Stillegung |
| 21.6.1945 | Wiedereröffnung (Vorortbahnsteig) |
| 29.9.1945 | Wiedereröffnung (Ringbahnsteig), Elektrischer Betrieb |
| 28.8.1951 | Schließung des Vorortbahnsteigs |
| 28.8.1961 | Umsteigemöglichkeit zur U-Bahn |
| 1966 | Abriß des Empfangsgebäudes |
| 1974 | Bahnsteigverlängerung nach Westen |
| 1975 | direkter Zugang zur U-Bahn |
| 18.9.1980 | Schließung (kein Verkehr nach Streikende) |
| 1999 | Wiedereröffnung als »Westhafen« |

Ein »Passimetergebäude« für Fahrkartenverkauf und -entwertung ergänzte Mitte der sechziger Jahre den alten Bahnsteig (1964)

# Rahnsdorf

Wer nach Rahnsdorf mit der S-Bahn kommt (und das sollte man) und hier aussteigt (das sollte man auch), bemerkt erst beim Verlassen des Bahnhofsgebäudes, daß der Zug inmitten einer Trutzburg gehalten hat. Wuchtig und zinnenbekrönt ist sie an den Bahndamm gebaut. Cornelius und Suadicani errichteten den Klinkerbau 1902, als die Strecke nach Erkner auf einen Damm gelegt wurde. Ein Haltepunkt war Rahnsdorf schon ab 1879 gewesen.

Die S-Bahn kam zweimal nach Rahnsdorf. Im Juni 1928 rollte sie zum erstenmal an, mußte im April 1945 den Betrieb einstellen und fand anschließend keine Schienen mehr vor. Im Mai/Juni 1945 waren beide Gleise der Erkner-Strecke komplett demontiert worden. Wer fahren wollte bzw. mußte, war auf spärlich verkehrende Dampfzüge angewiesen, die auch erst ab April 1946 starteten und für die seitlich an den Fernbahngleisen Notbahnsteige in Rahnsdorf angelegt worden waren.

In mühsamen Etappen ging der Wiederaufbau der S-Bahn-Strecke nach Erkner voran. Anfang September 1948 war es soweit – die S-Bahn traf zum zweitenmal in Rahnsdorf ein. Für kurze Zeit war die Station Endbahnhof, die Verlängerung nach Erkner erfolgte Anfang November. Bis die S-Bahn auch wieder zweigleisig in Rahnsdorf anrollen konnte, sollte noch über ein Jahrzehnt vergehen; im Oktober 1959 erst waren diesbezüglich die Kriegsfolgen überwunden. Der ursprünglich vorhandene Turm und das spitze Dach des Empfangsgebäudes, die zerstört worden waren, sind allerdings nicht wieder aufgebaut worden; die früher nur für starken Ausflugsverkehr vorgesehene Fahrkartenausgabe in einem im Stil angepaßten Extra-Häuschen wurde Anfang der achtziger Jahre abgerissen.

Der Name Rahnsdorf ist vermutlich von Rahna abgeleitet, der Gattin des germanischen Meergottes Aegir. Sie wurde von Fischern und Seeleuten verehrt. Als Fischerdorf wurde der Ort im Südosten Berlins, wo die Spree den Müggelsee betritt, 1375 auch erstmals erwähnt. Noch bevor Rahnsdorf 1920 Teil von Groß-Berlin wurde, waren die Villenvororte Hessenwinkel und Wilhelmshagen nach Rahnsdorf eingemeindet worden. Gleich gegenüber des »wehrhaften« S-Bahnhofsgebäudes wartet seit 1913 eine kleine, aber feine Überland-Straßenbahn auf Fahrgäste zur Woltersdorfer Schleuse. Weiter südlich, an der Dorfstraße im eigentlichen Ortskern Rahnsdorfs, kann man mit der wohl persönlichsten BVG-Linie Berlins fahren, der F24. Am Ruder der winzigen Fährlinie in Rahnsdorf: Paul Rahn.

| | |
|---|---|
| 15.5.1879 | Eröffnung; ebenerdig, Seitenbahnsteige |
| 1902 | Hochlage, Empfangsgebäude |
| 11.6.1928 | Elektrischer Betrieb |
| 4.1945 | Stillegung |
| 18.4.1946 | Seitliche Notbahnsteige an den Ferngleisen, Dampfzüge |
| 1.9.1948 | Wiedereröffnung, Elektrischer Betrieb |

Zinnenbekrönte Trutzburg: der Bahnhof Rahnsdorf im August 1996

KURZZEICHEN: RD
LAGE: MITTELBAHNSTEIG AUF BAHNDAMM
ZUGANG AM SÜDLICHEN BAHNSTEIGENDE
NACH WILHELMSHAGEN 2800 METER,
NACH FRIEDRICHSHAGEN 4580 METER

# Rangsdorf

Der Rangsdorfer Bahnhofsvorplatz in den fünfziger Jahren

So weit nach Süden wie bis Rangsdorf ist die S-Bahn nie wieder vorgestoßen. Der Bahnhof an der Strecke Berlin – Zossen (– Dresden) liegt noch ein Quentchen südlicher als Königs Wusterhausen. Ein S-Bahnhof war er nur von 1940 bis 1961.

Rangsdorf erhielt 1875 gleich zwei Bahnstrecken, jedoch nur einen Anschluß. An der Dresdener Strecke wurde eine Station – mit Empfangsgebäude – errichtet; Züge auf der fast gleichzeitig fertiggestellten »Militärbahn«, die von Berlin bis Zossen, also auch in Rangsdorf, direkt parallel lief, fuhren ohne Halt durch. Ab dem Jahr 1900 hielten auch sie, Rangsdorf bekam ein zweites Bahnhofsgebäude. Militärbahn und -gebäude waren nur bis 1919 in Funktion. Ihre Gleise wurden Mitte der zwanziger Jahre abgebaut, das Bahnhofsgebäude wird noch heute als Wohnhaus genutzt.

Die rasante Zunahme der Bevölkerung Rangsdorfs wie auch die der Besucher aus Berlin führten auf dem Bahnhofsgelände allmählich zu einer unannehmbaren Situation. Eine spürbare Verbesserung brachte die Verlängerung der S-Bahn von Mahlow. Sie endete ab Oktober 1940 in Rangsdorf; westlich der zweigleisigen Strecke Berlin – Dresden wurde auf dem Gelände der früheren Militärbahn ein Mittelbahnsteig errichtet. Die S-Bahn-Züge wendeten an der westlichen Bahnsteigkante, an der östlichen Seite starteten Anschluß-Dampfzüge nach Wünsdorf. Zu dieser Zeit entstand auch eine hölzerne Fußgängerbrücke über die Bahnanlagen.

Statt einer geplanten weiteren S-Bahn-Verlängerung bis Zossen kam es nur viereinhalb Jahre nach der Eröffnung zur völligen Stillegung des Betriebs auf dem Rangsdorfer Bahnhof. Mitte August 1945 wurde die Station wieder in Betrieb genommen. Zunächst fuhren nur Dampfzüge, Anfang Oktober 1945 kehrte auch die S-Bahn zurück. Nach dem zweiten Anlauf waren ihr diesmal 16 Jahre regelmäßigen Verkehrs vergönnt – bis zum Mauerbau. Nur einige wenige Tage über den 13. August 1961 hinaus verkehrte sie, bis Mahlow pendelnd, dann mußten die elektrischen Triebzüge passen. Auf dem nun abgetrennten, vom Restnetz isolierten Teil-Ast nach Rangsdorf gab es keine Wartungs- und Unterhaltungsmöglichkeiten. Die Stromschienen-Ära war vorüber. Von der stählernen Fußgängerbrücke, die 1965 ihre alte Holz-Vorgängerin ablöste, ist eine gute Übersicht über

das Bahngelände möglich. Dem kundigen Blick wird nicht entgehen: Der Mittelbahnsteig kann seine S-Bahn-Vergangenheit nicht leugnen.
Rangenstorpp wurde 1375 erstmals erwähnt. Der Name hat vermutlich mit rangen, zanken zu tun - schwer vorstellbar heute. Das traditionelle Berliner Ausflugsziel bietet Wald, Berge, malerische Kanäle, Bauernhöfe, den Rangsdorfer See (mit einer »Krummen Lanke«!) und – ein Schloß. Man findet es in der Seebadallee 50, wenn man nur nahe genug an den Zaun herantritt. Schloß Sanssouci steht hier, samt Ensemble. Gesamthöhe: nicht einmal 1 Meter.

KURZZEICHEN: RSF
LAGE: IM GELÄNDENIVEAU
NACH DAHLEWITZ
3680 METER

| | |
|---|---|
| 17.6.1875 | Eröffnung, Empfangsgebäude |
| 6.10.1940 | Elektrischer Betrieb |
| 4.1945 | Stillegung |
| 19.8.1945 | Wiedereröffnung, Dampfbetrieb |
| 1.10.1945 | Elektrischer Betrieb |
| 8.1961 | Elektrischer Betrieb eingestellt |

# Raoul-Wallenberg-Strasse

■ Eröffnet als:
→Bruno-Leuschner-Strasse

Blick nach Norden auf die Plattform des jungen S-Bahnhofs (Februar 1992)

Zur Eröffnung der Station Bruno-Leuschner-Straße am 15. Dezember 1980 stand hier fast noch keine der Plattenbauten, die heute als geschlossene Front die S-Bahn-Strecke auf östlicher Seite begleiten. Die Mehrheit der Fahrgäste stellten anfangs Bauarbeiter, die an diesem Werk tätig waren. Die Verkehrsanbindung an das Marzahner Großbauvorhaben war also – vorbildlicherweise – schon vor der Siedlungs-Vollendung vorhanden.
Als Durchgangsbahnhof der Linie S7 von/nach Ahrensfelde fungiert der Haltepunkt seit dem Jahresende 1982. Knapp zehn Jahre später wurde der SED-Wirtschaftsfunktionär Bruno Leuschner von den Stationsschildern entsorgt.
Das Schicksal des »Schindlers von Budapest«,

Raoul Wallenberg, seit 31. Januar 1992 Namensgeber des Bahnhofs, ist bis heute ungeklärt. Der 1912 geborene Stockholmer Bankier und Diplomat hatte als Legationsrat der schwedischen Botschaft in Budapest 1944/45 mit schwedischen Schutzpässen 20000 ungarische Juden vor der Deportation gerettet. Er wurde am 17. Januar von Truppen der Roten Armee gefangengenommen und in die UdSSR verschleppt. Die Frage nach dem Warum ist noch immer nicht hinreichend beantwortet. Unbewiesen ist die These, Raoul Wallenberg sei auch als Agent für den CIA-Vorläufer OSS nachrichtendienstlich tätig gewesen.

KURZZEICHEN: RW
(FRÜHER BL)
LAGE: IM GELÄNDENIVEAU
NACH MEHROWER ALLEE
880 METER,
NACH MARZAHN
860 METER

# Rathaus Steglitz

Der an der ältesten Eisenbahn Berlins, der »Stammbahn« von 1838 gelegene Bahnhof Steglitz, S-Bahn-Station seit 1933, hat seinen Namen im Mai 1992 in »Rathaus Steglitz« geändert. Diese Bezeichnung führt auch der im September 1974 eröffnete U-Bahnhof. Eine durchaus sinnvolle Angleichung, die sich früher nicht vornehmen ließ, befand sich der S-Bahnhof doch 1974 noch streng in Reichsbahnhand, einer Umbenennung hätte die DR nicht zugestimmt. Auch an eine direkte Umsteigemöglichkeit durch einen Fußgängertunnel (wie sie seit Juli 1991 besteht), war nicht zu denken - jedenfalls nicht ohne die Zahlung größerer Millionenbeträge. Auch nach der Übernahme der Betriebsrechte durch die BVG 1984 und der Wiederbelebung des seit 1980 stillgelegten Bahnhofs im Jahre 1985 existierten S- und U-Bahn-Station noch lange Zeit nebeneinander her. Erst die Situation nach der Wende ermöglichte Direktverbindung und Namensangleichung.

Das ehrwürdige Rathaus Steglitz ist Berlins ältestes. Der stolze Bau von 1898 mit Nischen und einem 40 Meter hohen Turm beherbergt heute Volkshochschule und Bezirksverordnetenversammlung. Er ist in Anlehnung an mittelalterliche Backsteinbauten Norddeutschlands in roten und braunglasierten Laubaner Ziegeln ausgeführt; für die Hofseite wurden nur die gelben, wesentlich billigeren Ziegel genommen – preußische Sparsamkeit. Garantiert asbestfrei! Das Bezirksamt sitzt gegenüber, im 1980 fertiggestellten »Kreisel«. In diesem 130 Meter hohen, während des Baus von Skandalen begleiteten »Schuldenturm«-Gebäude ist in 622 Räumen knapp Platz für alle Behörden-Abteilungen.

ERÖFFNET ALS: ■
→STEGLITZ

Alte und neue Bahnsteigaufbauten der Station Rathaus Steglitz, gesehen vom »Kreisel« (September 1998)

KURZZEICHEN: RST,
BIS 1992 STZ
LAGE: AUF BAHNDAMM
NACH BOTANISCHER GARTEN
1300 METER,
NACH FEUERBACHSTRASSE
1120 METER

## Rave Garden

Rave? Vergeblich sucht man im deutschen Wörterbuch zwischen »Rautenkranz« und »Ravioli«. Fündig werden konnte man zwischen Zoo und Bellevue, aber nur zur »Love-Parade« 1997. Eine Woche lang, vom 7. bis 13. Juli, war der S-Bahnhof Tiergarten umbenannt. Die S-Bahn zeigte Humor, paßte sich mit diesem quasi-hoheitlichen Akt und der »amtlichen« Beschilderung der Lebensfreude Hunderttausender Jugendlicher an, die in Berlin an- und abtanzten. Unter den zahlreichen Übersetzungen, die das englische »to rave« wiedergeben, findet sich beispielsweise »herumtoben« oder »unzusammenhängend plappern«.

■ Eröffnet als:
→Tiergarten
Heute:
→Tiergarten

Neuer Zeitgeist – alte Züge: »Umbenannter« S-Bahnhof Tiergarten im Juli 1997

## Reichssportfeld

Nur zu Veranstaltungen auf der nahegelegenen Pferderennbahn Grunewald des Union-Rennclubs war der 1909 eingeweihte Bahnhof »Rennbahn« anfangs geöffnet; der regelmäßige Betrieb dorthin begann 1911, der S-Bahn-Verkehr 1928. In »Stadion - Rennbahn Grunewald« 1930 umbenannt, erfolgte die nächste Namensänderung, in Reichssportfeld, schon 1935.
Mit der Bezeichnung gemeint war das gesamte, 132 Hektar umfassende Gelände um das Olympiastadion, einbezogen Schwimm- und Hockey- sowie Reiterstadion und Maifeld und das bereits 1922 entstandene Deutsche Sportforum. Von einem »Reichssportfeld« hatte in der Weimarer Republik noch nicht die Rede sein können, weil das Reich weder im Besitz noch Träger der bereits vorhandenen Sportanlagen war. Erst im Oktober 1933 erteilte Hitler nach einer Ortsbesichtigung Weisungen für ein »künftiges Reichssportfeld«. Hierfür kaufte das Reich dann das Gelände dem preußischen Fiskus und dem Union-Rennclub ab.
Erst 1960 hielt der Name Olympiastadion schließlich auch auf der von der Reichsbahn betriebenen S-Bahn-Station Einzug. Dabei hatte der Magistrat zu Berlin schon am 12. Juni 1950 das Reichssportfeld in seiner Gesamtheit nach dessen Kern und Bezugspunkt in Olympiastadion umbenannt; die U-Bahn-Station der BVG vollzog diesen Beschluß am 25. Juni 1950.
Die postalische Adresse des S-Bahnhofs lautete sogar 1997 noch Reichssportfeldstraße 26; erst am 21. Februar jenes Jahres wurde daraus Flatowallee.

■ Eröffnet als: →Rennbahn
Siehe auch:
→Stadion - Rennbahn Grunewald
Heute: →Olympiastadion

S-Bahnhof Reichssportfeld: Die langgezogene Pfeilerhalle an der damaligen Reichssportfeldstraße

## Reinickendorf

Durch das Wappen schnürt der Rotrock. Die Reinickendorfer Füchse sind ein bekannter Sportverein, der ganze Ort, nebst Bahnhof, heißt seit jeher Reinickendorf, und doch hat er mit Füchsen nichts zu tun! Das Tier war früheren Bauern wohl eher eine Plage und gelangte – neben Symbolen ihrer Arbeit – wohl deshalb schon frühzeitig auf das Dorfwappen. Der Sage nach war Ortsgründer Reginhard (Reinhard) um 1230 der Namensgeber: »Reinhards Dorf« wurde zu »Renekendorp«, bereits seit 1397 als Kämmereidorf im Besitz der Stadt Berlin.

Seit 1893 ist Reinickendorf im Besitz eines Bahnhofs an der Trasse nach Kremmen. Diese ebenerdige Station hieß anfangs »Reinickendorf (Dorf)« und umfaßte einen Seitenbahnsteig an der Südseite des (einzigen) Gleises sowie ein – noch erhaltenes – zweigeschossiges Empfangsgebäude mit einem Walmdach. Schon 1905 wurde ein Damm geschüttet, die Strecke, nun mehrgleisig, hochgelegt und oben ein Mittelbahnsteig errichtet. Zwei Reihen gußeiserner Säulen tragen ein hölzernes Satteldach. Das am westlichen Bahnsteigende gelegene Empfangsgebäude aus der Eröffnungszeit blieb, bodenständig sozusagen, weiter in Funktion für den Zu- und Abgang. 1911 entfiel der Klammerzusatz »Dorf« im Bahnhofsnamen, 1927 entfiel der Dampfbetrieb: Reinickendorf war S-Bahnhof geworden. Schon 1920 war aus Dorf mitsamt Umgebung bei der Eingemeindung ein Ortsteil des gleichnamigen Berliner Stadtbezirks entstanden.

Dampf und Rauch kehrten im Frühjahr 1945 noch einmal kurzfristig auf die Schienen zurück, nachdem der Betrieb gegen Kriegsende zum Erliegen gekommen war. Mitte Juli fuhr die S-Bahn wieder, doch nur noch auf einem Gleis, und hielt nur noch an der nördlichen Bahnsteigkante. Das südliche Gleis befand sich nun viel, viel weiter östlich, in der Sowjetunion. Verkürzter Linienlauf durch den

Heute: ■
→Alt-Reinickendorf

Das kunstvoll eingefaßte, alte Emaille-Schild vermittelte noch im April 1980 den Hauch von gestern

Mauerbau, anschließender S-Bahn-Boykott, zunehmende Motorisierung, Vernachlässigung der Anlagen und S-Bahner-Streik – führte noch keiner dieser Faktoren für sich genommen zur Stillegung, so war schließlich zum S-Bahn-Betreiberwechsel 1984 »Feierabend«. Der Bahnhof fiel in »Dornröschenschlaf«, jetzt sagten sich hier auf dem Bahnhof Reinickendorf wirklich die Füchse gute Nacht.

Die Wiedereröffnung 1995 wurde groß gefeiert. Schon 1994 war der Bahnhof offiziell umgetauft worden, indem man drei Buchstaben voransetzte: Alt-Reinickendorf heißt der »neue« Bahnhof seitdem. Viel erneuert wurde nicht, das meiste nur instandgesetzt. Der Zugang führt nicht mehr seitlich durch das Empfangsgebäude, sondern durch einen Rundbogen im Bahndamm auf einen »halben« Bahnsteig: In dessen Längsachse befindet sich jetzt ein absperrender Gitterzaun. Nach wie vor wird nur eine Bahnsteigkante von der S-Bahn genutzt, jetzt jedoch die südliche. Das Gleis dort wurde neu gelegt, zur Vermeidung von Beeinträchtigungen durch Güterzüge. Diese fahren auf der anderen Seite vorbei, für sie stellt der S-Bahnhof Reinickendorf eine Ausweich- bzw. Kreuzungsstelle dar.

| | |
|---|---|
| 1.10.1893 | Eröffnung als »Reinickendorf (Dorf)«, Empfangsgebäude |
| 1905 | Neuer, hochgelegter Mittelbahnsteig, Empfangsgebäude weiterhin genutzt |
| 1.5.1911 | Umbenennung in »Reinickendorf« |
| 16.3.1927 | Elektrischer Betrieb |
| 4.1945 | Stillegung |
| 11.6.1945 | Wiedereröffnung, Dampfbetrieb |
| 19.7.1945 | Elektrischer Betrieb |
| 9.1.1984 | Stillegung |
| 29.5.1994 | Umbenennung in »Alt-Reinickendorf« |
| 28.5.1995 | Wiedereröffnung, Elektrischer Betrieb |

# Reinickendorf-Rosenthal

Heute: ■
→Wilhelmsruh

Das im 13. Jahrhundert gegründete Angerdorf »Rosendalle« wurde 1356 erstmalig erwähnt. Berlin erwarb es 1882 und legte Rieselfelder an; seit 1920 gehört Rosenthal zum Bezirk Pankow. Das war nicht immer so.
Die Nordbahnstrecke, jetzige S-Bahn zwischen Gesundbrunnen und Oranienburg, wurde 1877 eingeweiht. Der heutige Bahnhof Wilhelmsruh war von Anfang an dabei, er hieß zunächst Rosenthal und ab 1893 Reinickendorf-Rosenthal. 1901 eröffnete direkt neben ihm, an der Nordflanke, die private »Heidekrautbahn« Richtung Basdorf ihren Ausgangsbahnhof. Beide Stationen lagen im Geländeniveau.
Die Hochlegung, der Inselbahnsteig – ohne Empfangsgebäude – mit dem Südausgang nach beiden Bahndammseiten zur Kopenhagener Straße, all das war wenige Jahre vor dem Ersten Weltkrieg fertiggestellt. Noch im jetzigen Erscheinungsbild vermittelt die Anlage des S-Bahnhofs einen ungefähren Eindruck davon, wie er im Jahre 1910 ausgesehen hat, denn wesentlich verändert wurde seitdem nichts. Vom Kleinbahnhof der Heidekrautbahn, Berlins direkter Verbindung zur Schorfheide, ist hingegen gar nichts mehr zu erkennen. Dabei blühte ihr Betrieb, als 1925 die Nordbahn mit Stromschienen versehen wurde und der Bahnhof Reinickendorf-Rosenthal fortan zum S-Bahn-System gehörte; System deshalb, weil sich ein Netz 1925 noch nicht entwickelt hatte. Hier im Norden wurde die neue Betriebsform ausprobiert, sie erwies sich rasch als probat.
Im Oktober 1937 präzisierte man mit der Umbenennung in Wilhelmsruh die Lage des Bahnhofs, denn Wilhelmsruh ist ein kleiner Teil des Ortsteils Rosenthal. Die Bezirksgrenze zwischen Reinickendorf und Pankow verläuft seit 1938 haarscharf neben der nördlichen Bahnhofsflanke. In der unmittelbaren Nachkriegszeit (von April bis August 1945 war der S-Bahn-Verkehr unterbrochen gewesen) hatte diese Lage des Bahnhofs noch keine direkten Auswirkungen.
Konsequenzen der Grenzlage zeigten sich ab 1961. Die unmittelbar benachbarte Heidekrautbahn-Station, im Geländeniveau verblieben, lag im Bezirk Pankow im sowjetischen Sektor. Sie befand sich somit direkt im Grenzgebiet Ost-Berlins, war also der Überwachung hinderlich. Ab November 1961 wurde sie folglich komplett abgerissen und eingeebnet. Der nördliche Zugang zu der unter den Gleisen befindlichen Eingangshalle des S-Bahnhofs wurde geschlossen. Dessen jetzige Randlage hatte wie der S-Bahn-Boykott ohnehin zu einem starken Fahrgastrückgang geführt. Im kurzen, leeren Zug Richtung Frohnau sitzend, ließ sich fortan rechterhand das bedrückende Geschehen im Grenzstreifen aus nächster Nähe verfolgen. Die Bahn ratterte auch am nördlich anschließenden Elektrowerk VEB Bergmann-Borsig vorüber, die verschmutzten Backsteinmauern der Fabrik waren in das Grenzsicherungssystem einbezogen.
Mit dem Betreiberwechsel DR → BVG im Januar 1984 wurde der S-Bahn-Verkehr in Wilhelmsruh völlig eingestellt. Die Zwangspause dauerte dank der Proteste aus der Bevölkerung nur bis Oktober. Seitdem geht es aufwärts. Noch vor der Wende wurde das 1945 demontierte zweite Gleis nördlich des Bahnhofs neu gelegt; nach 1989 öffnete man den jahrzehntelang versperrten zweiten Zugang wieder. Die Züge sind länger, voller, fahren öfter.

| | |
|---|---|
| 10.7.1877 | Eröffnung als »Rosenthal«, Seitenbahnsteige |
| 3.1893 | Umbenennung in »Reinickendorf-Rosenthal« (zeitweise auch »Reinickendorf, Rosenthaler Straße«) |
| 1908/10 | Hochlegung, Mittelbahnsteig, kein Empfangsgebäude |
| 5.6.1925 | Elektrischer Betrieb |
| 3.10.1937 | Umbenennung in »Wilhelmsruh« |
| 4.1945 | Stillegung |
| 6.1945 | Wiedereröffnung, Dampfbetrieb |
| 18.8.1945 | Elektrischer Betrieb |
| 9.1.1984 | Stillegung (Übernahme durch die BVG) |
| 1.10.1984 | Wiedereröffnung, Elektrischer Betrieb |

# Rennbahn

■ Siehe auch:
→Stadion - Rennbahn Grunewald
Siehe auch:
→Reichssportfeld
Heute:
→Olympiastadion

Der Vorläufer des heutigen Bahnhofs Olympiastadion fing eher bescheiden an: mit vielen Gleisen zwar, aber als ein nur bei Veranstaltungen geöffneter Bedarfshaltepunkt. Die hölzerne Empfangshalle des Kopfbahnhofs Rennbahn öffnete ihre Tore erstmalig am 23. Mai 1909. An diesem Tag fand das erste Pferderennen auf der neuen (Flach- und Hindernis-) »Rennbahn Grunewald« des Union-Clubs statt, Kaiser Wilhelm II. war dabei.

Die Anlage der vielen Sonderbahnsteige (damals drei und zwei seitliche) ging also eher in Betrieb als der Bahnsteig für die Strecke Heerstraße - Spandau, denn jener wurde erst im September 1911 eröffnet, mit gesondertem Empfangsgebäude und eigenem Zugang. Jetzt gab es hier regelmäßigen Zugverkehr.

Die Pferderennbahn Grunewald, nach Hoppegarten, Karlshorst und Ruhleben vierte Großrennbahn Berlins, war 1908/09 vom Union-Club und dem Verein für Hindernisrennen eingerichtet worden. Mit ihrem 2400-Meter-Geläuf war diese Flach- und Hindernisbahn eine der schönsten und besteingerichteten Europas. Mitten in das Areal war 1913 dann das »Deutsche Stadion«, in versenkter Lage, eingesetzt worden. Am 18. Oktober 1933 galoppierten die Vollblüter zum letzten Mal, nach 620 Renntagen. Die Rennbahn verschwand; geblieben ist eine der Tribünen, die am Westrand das olympische Reiterstadion begrenzt. Der Erste Weltkrieg verhinderte die VI. Olympischen Spiele, die 1916 im »Deutschen Stadion« stattgefunden hätten.

Die S-Bahn fuhr am 23. August 1928 erstmals am Bahnhof Rennbahn ein. Pferderennbahnen aber gab (und gibt) es mehrere in Berlin und Umgebung – man denke an Karlshorst oder Hoppegarten –, so daß im Mai 1930 die Lage des Bahnhofs durch eine Umbenennung präzisiert wurde, in →«Stadion – Rennbahn Grunewald«. Ein kurzlebiger Name, ab März 1935 lautete der Name des Bahnhofs im Hinblick auf die Olympischen Spiele 1936 nunmehr →Reichssportfeld.

Für die XI. Spiele der Neuzeit errichtete man nicht nur eine neue Arena anstelle des alten »Deutschen Stadions«, auch der Bahnhof Reichssportfeld wurde etwas umgebaut. Er erhielt einen zusätzlichen Zugang an der Trakehner Allee, von dem mit einer sechs Meter breiten Eisenbrücke alle sechs Bahnsteige erreicht werden konnten. Der Holzfachwerkbau des Empfangsgebäudes aus Rennbahn-Zeiten wurde 1935 abgerissen und durch die noch heute bestehende, langgezogene Pfeilerhalle ersetzt. Der neue »Langbau« schloß sich übergangslos an das Empfangsgebäude des Vorortbahnhofs an; dessen Uhrturm, Ornamentik und der Giebel des Treppenhauspavillons wurden entfernt und das Gebäude somit, wie es damals hieß, in den städtebaulichen Grundgedanken des Reichssportfeldgeländes eingeordnet.

Legendär geworden sind die beeindruckenden Verkehrsleistungen, die im August 1936 von der S-Bahn erbracht wurden. Zwischen 24 Züge pro Stunde und Richtung wurden in Spitzenzeiten gar noch je weitere 6 (Dampf-)Züge eingepaßt – eine Kapazität von 48000 beförderten Personen je Stunde; täglich zwei Millionen Sportler und Zuschauer – eine olympiareife Leistung! Das Wort Olympia selbst jedoch ließ die Reichsbahn erst ein Vierteljahrhundert später, im Mai 1960, auf die Bahnhofsschilder malen. Der heutige Name Olympiastadion ist also schon der vierte.

Den Zweiten Weltkrieg hatten die Bahnhofsanlagen weitgehend unbeschädigt überstanden, der Verkehr war zwischen April und Juni 1945 unterbrochen gewesen. Die einstige Größe und Betriebsamkeit der Anlage mit ihren zehn Bahnsteigkanten wurde danach nur noch gelegentlich annähernd erreicht. Wegen des S-Bahn-Boykotts nach dem Mauerbau 1961 wurden die rostenden Gleise der Sonderbahnsteige nur noch sporadisch blankgefahren, meist bei Fußball-Großereignissen. In den ersten Saison-Spieljahren der 1963 gegründeten Fußball-Bundesliga sorgten Hertha-BSC-Fans für Zustrom, im Juni 1974 drei Länderspiele im Rahmen der Fußball-Weltmeisterschaft.

Als im September 1980 die S-Bahn-Bediensteten in den Streik traten, bedeutete der Ausstand das Ende jeglichen Zugverkehrs für den Bahnhof. Über 17 Jahre sollte es dauern, bis im Januar 1998 wieder eine S-Bahn fuhr. Zur Wiedereröffnung war neben dem Durchgangsbahnsteig vorerst ein einziger Sonderbahnsteig neu errichtet worden, ein Inselbahnsteig, dem weitere gleichartige folgen sollen.

| | |
|---|---|
| 23.5.1909 | Eröffnung der Sonderbahnsteige, Betrieb nur bei Veranstaltungen |
| 5.9.1911 | Eröffnung des Durchgangsbahnsteigs an der Vorortstrecke Heerstraße - Spandau |
| 23.8.1928 | Elektrischer Betrieb |
| 15.5.1930 | Umbenennung in »Stadion - Rennbahn Grunewald« |
| 1.3.1935 | Umbenennung in »Reichssportfeld« |
| 4.1945 | Stillegung |
| 9.6.1945 | Wiedereröffnung, Elektrischer Betrieb |
| 29.5.1960 | Umbenennung in »Olympiastadion« |
| 17.9.1980 | Stillegung (kein Verkehr nach Streikende) |
| 16.1.1998 | Wiedereröffnung (Durchgangsbahnsteig und ein Sonderbahnsteig), Elektrischer Betrieb |

# RÖNTGENTAL

In der Spätphase der wilhelminischen Zeit entstand das Empfangsgebäude (Februar 1992)

Immer an der Panke lang fährt die S-Bahn gen Norden, nach Bernau. Gleich nach dem Überschreiten der Stadtgrenze ist der Bahnhof Röntgental erreicht. 1903 lag er noch zu ebener Erde. Um 1913 wurde die Bahntrasse auf einen Damm verlegt, Arbeiten, die sich bis 1916 hinzogen. Aus dieser Zeit stammt auch das Empfangsgebäude. Es ist ein Gemeinschaftswerk der Architekten Schwartz und Cornelius; das Duo entwarf damals fast alle Bahnhofsgebäude an der Strecke von Pankow nach Bernau. Die stattlichen, repräsentativen Bauten sind in jeder Hinsicht sehenswert. Eingangsportal, Türen, die Holzkassettendecke der Fahrkartenausgabe und ihre Leuchten sowie viele Details im Empfangsgebäude lohnen mehr als einen flüchtigen Blick; Röntgenaugen sind nicht erforderlich.

Die Stettiner Bahn war 1924 ausgewählt worden für die ersten Erprobungen mit einer neuen, elektrischen Betriebsart für Vorortzüge – eben der S-

Bahn. Auch der Bahnhof Röntgental zählt zu der guten Handvoll Stationen, die den Premierenbetrieb ab August 1924 erlebten. Das Schicksal der kriegsbedingten Stillegung gut zwanzig Jahre später teilt der verträumte Vorortbahnhof mit allen anderen S-Bahn-Haltepunkten in und um Berlin.

Dampfzüge kamen für ein paar Monate noch einmal als Lückenbüßer zu Ehren, bis ab Mitte August 1945 der Strom an den Gleisen wieder zugeschaltet werden konnte. Genauer gesagt: an dem Gleis, es war nämlich nur eines übriggeblieben. Die östliche Bahnsteigkante blieb verwaist. Ein Gleisstummel ist noch im südlichen, nicht überdachten Bahnsteigteil zu entdecken, er wurde bei der Demontage 1945 nicht etwa übersehen, sondern Ende der achtziger Jahre genutzt, um Baumaterialien heranzuschaffen, ohne den S-Bahn-Betrieb zu beeinträchtigen. Eine Rekonstruktion des Bahnhofs war, dem nagenden Zahn der Zeit geschuldet, dringlich geworden. Doch nur das Nötigste geschah. Eine gründliche Sanierung wurde schließlich Mitte 1993 vorgenommen, die auch die historische Substanz mit den liebevollen Details zur Geltung kommen läßt; der Bau eines Aufzugs kam hinzu.

Die Landhaussiedlung Röntgental (Anfang des 20. Jahrhunderts noch »Röntgenthal«) benannte sich 1899 nach dem Physiker und späteren Nobelpreisträger (1845–1923). Die »X-Ray-Strahlen« entdeckte Wilhelm Conrad Röntgen 1896. Der Ort am Niederbarnimer Naturschutzgebiet ließ sich sogar ein eigenes Wappen mit Skelett und Röntgenröhre entwerfen. Röntgental ist heute ein Ortsteil von Zepernick.

KURZZEICHEN: RGT
(FRÜHER: RÖN)
LAGE: AUF BAHNDAMM
NACH ZEPERNICK
1900 METER,
NACH BUCH
2000 METER

| | |
|---|---|
| 1.5.1903 | Eröffnung |
| 1909/16 | Hochlegung, Mittelbahnsteig, Empfangsgebäude |
| 8.8.1924 | Elektrischer Betrieb |
| 4.1945 | Stillegung |
| 21.6.1945 | Wiedereröffnung, Dampfbetrieb |
| 13.8.1945 | Elektrischer Betrieb |

# Rummelsburg

Der Bahnhof Rummelsburg, gleich hinter Ostkreuz an der Strecke nach Erkner, ist bereits der dritte, obwohl auch er schon fast ein Jahrhundert alt ist. Bahnhof Rummelsburg, der erste (von 1842), lag an der heutigen Karlshorster Straße. »Kietz-Rummelsburg«, der zweite Bahnhof, lag weiter östlich als der heutige, östlich der Schlichtallee (damals Kietzer Weg). Dieser Haltepunkt bestand von 1882 bis 1902. »Kietz-Rummelsburg« blieb vorerst auch der Name für den hochgelegten Bahnhof Nummer drei, am heutigen Standort, eröffnet ebenfalls 1902. Die Umbenennung in Rummelsburg erfolgte 1914, die Umstellung auf S-Bahn-Betrieb 1928.

Teils auf dem Bahndamm, teils auf einem Viadukt gelegen, ist der Mittelbahnsteig durch eine Unterführung von der Nöldnerstraße aus zu erreichen. Das Empfangsgebäude ist in einen Viaduktbogen eingebaut und zeigt eine rote Ziegelfassade. 1930 kam im Rahmen eines Umbaus ein Vordach hinzu. Die Bahnhofsanlage wurde im Krieg stark in Mitleidenschaft gezogen, Viaduktbogen Nr. 8 war schwer beschädigt. Die Stillegung währte nach der Schließung im April 1945 fast drei Jahre. Der Hauptgrund für die lange Betriebspause bestand jedoch darin, daß beide Gleise der Vorortstrecke nach Erkner gleich nach Kriegsende demontiert worden waren. Im Rummelsburger Kietz, rundum mit anderen S-Bahnhöfen reichlich ausgestattet, machte sich das nicht so dramatisch bemerkbar wie im Einzugsbereich der Stationen an der Außenstrecke. Der im April 1946 begonnene, noch unzureichende Ersatzverkehr mit Dampfzügen auf den Fernbahngleisen nach Erkner rollte am Bahnhof Rummelsburg vorbei. Die eingleisige Inbetriebnahme war trotz äußerster Wiederaufbau-Anstrengungen erst im Januar 1948 möglich, das zweite Gleis folgte im Juni des Jahres.

Die einzige bemerkenswerte bauliche Veränderung am Bahnhof Rummelsburg wurde im Mai

Der Nordzugang im April 1998

1984 vollendet: Ein neuer Zugang konnte in Betrieb genommen werden. Hierfür war der vorhandene Zugang von der Nöldnerstraße in südlicher Richtung durch den Bahndamm hindurch verlängert worden – eine Verkürzung des Umsteigeweges zur Straßenbahn, gleichzeitig eine Verbesserung für die Anwohner der ringsum von Bahngleisen umschlossenen Kietz-»Insel«.

»Charlottenhof« – so hieß Rummelsburg im 17. Jahrhundert. Das Dorf wurde später nach dem Schankwirt eines Gasthauses, dem Weinhändler Johann Jakob Rummel benannt. Derartige Namensübertragungen, bei denen ein Gastwirt als Taufpate stand, waren zu jener Zeit nichts Besonderes: siehe »Paulsternstraße« oder »Onkel Toms Hütte«; selbst der Münchner »Stachus«-Name entstand so. Die Gemeinde Rummelsburg wurde 1912 nach Lichtenberg eingemeindet, Lichtenberg kam 1920 zu Groß-Berlin. Verbunden mit dem Namen Rummelsburg ist auch das in den 1870er Jahren errichtete »Arbeitshaus« – zu DDR-Zeiten ein berüchtigtes Gefängnis. Die »Burg« jedoch, deren 60 Meter hoher Turm vom Bahnsteig aus gut zu sehen ist, ist keine Rummelsburg – sie entpuppt sich als stillgelegte Fabrik zur Schrotkugelherstellung.

| | |
|---|---|
| 1882 | Eröffnung als »Kietz-Rummelsburg«, Seitenbahnsteige, Lage östlich der heutigen Schlichtallee; ersetzte den seit 1842 bestehenden Haltepunkt Rummelsburg westlich der heutigen Karlshorster Straße (Schließung 7.2.1882) |
| 1902 | Inbetriebnahme eines neuen Bahnhofs westlich der heutigen Schlichtallee an der Nöldnerstraße; in Hochlage, Mittelbahnsteig |
| 1.10.1914 | Umbenennung in »Rummelsburg« |
| 11.6.1928 | Elektrischer Betrieb |
| 4.1945 | Stillegung |
| 5.1.1948 | Wiedereröffnung, Elektrischer Betrieb |
| 18.5.1984 | Südzugang nach Dammdurchbruch |

KURZZEICHEN: RH (FRÜHER RG)
LAGE: AUF BAHNDAMM UND AUF VIADUKTBÖGEN
NACH BETRIEBSBAHNHOF RUMMELSBURG 1570 METER,
NACH OSTKREUZ 690 METER

# Sadowa

■ Heute:
→Wuhlheide

Irgendwie fremdländisch klingt es – »Sadowa«, was mag dahinterstecken? Um es gleich vorwegzunehmen: eine kleine Gemeinde in der Tschechischen Republik. »Sadová« liegt im Kreis Hradec Králové, besser bekannt als das böhmische Königgrätz. Dort gewannen die preußischen Truppen 1866 die Entscheidungsschlacht gegen die österreichisch-sächsische Armee. Franzosen und Engländer nennen das Ereignis »Schlacht bei Sadowa«. Preußen benannte nach Sadowa u. a. den 1877 eröffneten Bahnhaltepunkt an der »Schlesischen Bahn« Richtung Frankfurt via Erkner.

1902 erfolgte der viergleisige Ausbau der Strecke. Sadowa erhielt einen Mittelbahnsteig und ein Empfangsgebäude aus Rüdersdorfer Kalkstein und rotem Ziegelmauerwerk mit Portalvorbauten, Walmdächern und Uhrturm – wie es heute noch steht. Die Architektur (Baumeister: Karl Cornelius) wurde in der Fachpresse gelobt für die *»reizende malerische Lösung«*. Als S-Bahnhof gab es die Station Sadowa nur ein gutes Jahr. Der elektrische Betrieb wurde im Juni 1928 aufgenommen, und im Oktober 1929 benannte man den Bahnhof in »Wuhlheide« um. Im April 1945 mußte man ihn stillegen, für lange Zeit.

Die S-Bahn-Strecke nach Erkner war gleich nach Kriegsende völlig demontiert worden, beide Gleise verschwanden. Entsprechend lange dauerte der Wiederaufbau, der sich in Etappen vollzog. Im Januar 1948 konnten die Züge erstmals bis Köpenick fahren, Wuhlheide besaß wieder S-Bahn-Anschluß. Ende April kam ein zweites Bahnsteiggleis hinzu, doch auf den zweigleisigen Verkehr mußte noch bis Juli 1951 gewartet werden. Zuvor ist Wuhlheide für ein knappes Jahr sogar Umsteigebahnhof gewesen. Auf dem westlich des Bahnhofs kreuzenden

Als »reizende malerische Lösung« fand das Bahnhofsgebäude Anerkennung, Aufnahme aus den zwanziger Jahren

Außenring hatte die Reichsbahn Mitte Juni 1948 am Schnittpunkt mit der Erknerstrecke einen provisorischen Haltepunkt angelegt. Hier pendelten überwiegend Dieseltriebwagen zwischen Grünau und Kaulsdorf. Die Verbindung wurde im Frühjahr 1949 wieder eingestellt.

Der Bahnhof Wuhlheide wurde 1983 generalüberholt, schon 1979 hatte er am östlichen Bahnsteigende, zur »Alten Försterei«, eine neue stählerne Zugangsbrücke erhalten. In jüngster Zeit wurde auch die Blechverkleidung der westlichen Zugangstreppe entfernt. Im Oktober 1993 ist Wuhlheide wieder Umsteigebahnhof geworden, nun eher in Anführungsstrichelchen: parallel zum Bahnsteig gibt es seitdem einen Haltepunkt der Parkeisenbahn Wuhlheide. Diese 1956 als »Pioniereisenbahn« eröffnete Schmalspurbahn durchquert in der Sommersaison das Kinderparadies »Freizeit- und Erholungszentrum« (FEZ) Wuhlheide im Köpenicker Forst; sie verbesserte den Anschluß an die S-Bahn 1993 durch eine neu erbaute Stichstrecke. Im Wagenpark der von engagierten Jugendlichen betriebenen Bahn finden sich in vielen Waggons Türen, Sitze, Fenster usw., die ihre Herkunft von der S-Bahn nicht verleugnen können.

| | |
|---:|---|
| 1877 | Eröffnung, Seitenbahnsteige, ebenerdig |
| 1902 | viergleisiger Ausbau; Mittelbahnsteig, Empfangsgebäude |
| 11.6.1928 | Elektrischer Betrieb |
| 6.10.1929 | Umbenennung in »Wuhlheide« |
| 4.1945 | Stillegung |
| 5.1.1948 | Wiedereröffnung, Elektrischer Betrieb |
| 15.6.1948 | Umsteigebahnhof zum Güteraußenring |
| 1949 | Personenverkehr auf dem Außenring eingestellt |
| 16.10.1993 | Parkeisenbahn-Anschluß |

## Savignyplatz

S*awínnjiplatz*« pflegen die BVG-Busfahrer auszurufen, Betonung auf der zweiten Silbe, und so sacht ooch der Berliner. Friedrich Carl von Savigny (1779–1861), Rechtslehrer und preußischer Minister, hörte er den Volksmund heute, würde vermutlich Einspruch einlegen und auf erstbetontem »*ßávinnie*« bestehen. »Sein« Platz in Charlottenburg, benannt seit 1887, wird seit 1882 von den Wölbbögen der Stadtbahn begrenzt. Der Bahnhof selbst jedoch wurde erst 1896 eröffnet, als letzter nachträglich in die Stadtbahnstrecke eingefügt.

Der Bahnhof erhielt keine Bahnsteighalle, sondern nur ein einfaches Dach nach dem Muster der Wannseebahn-Stationen, selbst dieses bedeckte anfangs nur den östlichen Teil des Perrons. Die beiden Schalterhallen wurden in den Viaduktbögen eingerichtet. Sein unverwechselbares Gesicht aber erhält der Bahnhof durch die nördlich direkt angrenzende, fensterlose und unverputzte Brandmauer, die Kehrseite der Mietshäuser. Hier wird der Eindruck einer Schlucht, eines »Bahn-Canyons« durch das Häusermeer, eindringlich verstärkt. Grauschwarz-schmutzig vom Ruß der Dampfloks war diese Rückfront, später dunkelbraun-schmutzig vom Bremsabrieb der S-Bahn-Züge, die am Bahnhof Savignyplatz 1928 Einzug hielten.

Bald darauf wurde der westliche Zugang von der Schlüterstraße umgebaut, erhielt eine Fassade aus dunkelroten Klinkern, und der östliche Zugang an der kleinen Privatstraße zum Savignyplatz wurde mit der markanten kleinen Toranlage nebst »neugotischer« Aufschrift versehen. Das war 1934. Die Zeiten, die jetzt heraufzogen, sind in dem Welterfolgs-Film »Cabaret« eindrücklich geschildert; nicht zufällig wurden einige Szenen an diesem Ort gedreht, der sich in den knapp vier Jahrzehnten bis zu den Dreharbeiten nicht allzu sehr verändert hatte. Die kriegsbedingte Betriebspause währte auf der Stadtbahn rund vier Monate.

Mitten in der westlichen City gelegen, nur wenige hundert Meter vom Kurfürstendamm entfernt, wurde der Bahnhof Savignyplatz in den Folgejahren, besonders nach 1961, immer mehr eine reichsbahntypische »Schmuddelinsel« im Herzen der »Glamourinsel« West-Berlin. Veränderungen beschränkten sich beispielsweise auf den untaugli-

Der Bahnsteig im Häusermeer am Savignyplatz (1997)

chen Versuch, Diaprojektoren als Zugzielanzeiger zu verwenden, sowie auf die baulich glatt vorbeigelungene Erneuerung der Schutzhäuschen über den Treppen.

Erst die nahende Stadtfeier »750 Jahre Berlin« (1987) änderte vieles; die S-Bahn fuhr inzwischen in West-Regie. Aktionskünster Ben Wargin bemalte die beherrschenden Brandmauern im Oktober 1986 mit einem gigantischen »Lebensbaum«. Original-S-Bahn-Türen nagelte er außerdem an das Gemäuer, in Abstand und Höhe exakt den daneben haltenden Zügen angepaßt. Heute ist das Werk etwas verblaßt, gleichwohl Blickfang, und die Türen erinnern an Triebwagen-Baureihen, die inzwischen aus dem Verkehr gezogen sind. Der Bahnhof wurde 1987-89 saniert und 1993 ein weiteres Mal aufgefrischt. Die »Gewächshaus«-Zugänge sind wiedererstanden, die Privatstraße samt östlichem Zugang ist aufgewertet, seit Januar 1990 gibt es einen Aufzug. In dichter Folge vorbeirollende Züge lassen fast vergessen, daß am Savignyplatz lange Jahre nur alle 20 Minuten alte, kurze und zumeist leere Triebwagen entlangrumpelten.

KURZZEICHEN: SAP
LAGE: AUF GEMAUERTEN WÖLBBÖGEN
NACH CHARLOTTENBURG 1170 METER,
NACH ZOOLOGISCHER GARTEN 930 METER

| | |
|---|---|
| 1.8.1896 | Eröffnung, Mittelbahnsteig (ohne Halle) |
| 11.6.1929 | Elektrischer Betrieb |
| 1934 | Umgestaltung des Eingangs Schlüterstraße |
| 4.1945 | Stillegung |
| 25.8.1945 | Wiedereröffnung, Elektrischer Betrieb |

# Schichauweg

Funktional und doch ansprechend: Blick Richtung Süden auf die beiden Bahnsteige im August 1998

W*issen Sie schon, daß Sie jetzt in Ihrer Nähe einen S-Bahnhof haben?*« war ein Faltblatt, eine Wurfsendung, betitelt, mit der die BVG den Anwohnern mitteilte, was ihnen wohl entgangen zu sein schien: Auf etwa halber Strecke zwischen Buckower Chaussee und Lichtenrade war am 1. Dezember 1990 ein neu eingefügter S-Bahnhof in Betrieb genommen worden. Das Architektenbüro Thomas Baumann hatte zwei teilüberdachte Seitenbahnsteige konzipiert. Sie liegen direkt über dem kreuzenden Straßenzug Schichauweg/Barnetstraße.

Ohne große Feierlichkeiten wurde die Station an einem Sonntagmorgen mit Betriebsbeginn eröffnet. Zugänge bestehen von allen vier Seiten des Brückenbauwerks, auf den Seitenbahnsteigen erlauben Glasfronten den Blick hinab auf die Straße. Je ein weiterer Zugang an den nördlichen Bahnsteigenden wurde Ende November 1991 eröffnet, zum Miethepfad und zur Kettinger Straße. Sinnvollerweise wurde der moderne Bahnhof noch um eine Park-and-Ride-Anlage ergänzt. Seit April 1992 erfolgt auf dem Bahnhof die Abfertigung der Züge Richtung Süden vom gegenüberliegenden Bahnsteig.

Der Schichauweg in den Tempelhofer Ortsteilen Marienfelde und Lichtenrade wurde 1930 benannt. Mit der Eisenbahn hat Namensgeber Ferdinand Schichau (1814-1896) durchaus zu tun: Der Ingenieur gründete 1837 in Elbing eine Maschinenfabrik, produzierte Schiffe und später Lokomotiven. 1923 lieferte das Schichau-Werk die 3000. Dampflokomotive ab. Ob seine Dampfrösser auch auf den Ferngleisen der Dresdener Bahn den Schichauweg querten, mögen Wagenparkexperten herausfinden.

| | |
|---|---|
| 1.12.1990 | Eröffnung, Seitenbahnsteige, Elektrischer Betrieb |
| 25.11.1991 | Zusätzliche Nordausgänge |

KURZZEICHEN: SC
LAGE: ETWAS ÜBER GELÄNDENIVEAU, RECHTWINKLIG ÜBER VERTIEFT GEFÜHRTEM STRASSENZUG SCHICHAUWEG
NACH LICHTENRADE 1340 METER,
NACH BUCKOWER CHAUSSEE 1230 METER

# Schlachtensee

Schlachtensee steht für reich und vornehm, Geld und Geschmack, für allerbeste Wohnlage. Die exklusive Villenkolonie am Südufer des Schlachtensees wurde 1894 gegründet, der Bahnhof war zu diesem Zeitpunkt schon der zweite. Von 1874 bis 1891 hatte es, zu ebener Erde, bereits einen einfachen Haltepunkt gegeben, fast noch mitten im Wald. Er besaß nur einen Seitenbahnsteig, aber bereits ein Empfangsgebäude. Dieser orangegelbe Klinkerbau mit Uhrturm und romantischen Ringbogenfenstern besitzt eine gewisse Ähnlichkeit mit dem Bau am S-Bahnhof Lichterfelde West. Das Gebäude verlor schon vor der Jahrhundertwende seine Funktion, wurde Gaststätte und Wohnhaus. Seit 1891 thront der heutige Mittelbahnsteig auf einem Bahndamm; er liegt etwas weiter östlich als sein Vorgänger. Der »Gewächshaus«-Zugang befindet sich am westlichen Bahnsteigende, die Schalterhalle liegt unter den Gleisen. Mit acht Doppelstützen ist der Bahnsteig nur zum Teil, in der Mitte, überdacht.

Die Bedeutung des Bahnhofs Schlachtensee lag anfangs in der Anbindung der Bahnfahrzeugefabrik Orenstein & Koppel, deshalb wurde auch ein Güterbahnhof angelegt. Wichtig war natürlich auch die Geländeerschließung für den angestrebten Landverkauf an wohlhabende Berliner. Später lag die Bedeutung nicht unbedingt nur in der Bahnanbindung für die Anwohner (und heute für das Einkaufszentrum an der Breisgauer Straße), sondern im Ausgangspunkt für den Ausflugsverkehr. Der Hauptausgang befindet sich ja auch im Norden, zum Ufer des Schlachtensees hin. Die Frequentierung durch Ausflügler änderte sich auch mit der Umstellung auf S-Bahn-Betrieb 1933 nicht, sondern verstärkte sich eher. Die bis dato für die Dampfzüge noch vorhandene Kehranlage konnte abgebaut werden. Zwölf Jahre rollte die S-Bahn, im April 1945 blieb auch sie auf der Strecke.

Nach dem Neubeginn im Sommer 1945 – ab 6. Juni fuhr die S-Bahn wieder – stand der Wieder-

Empfangsgebäude und italienisch angehauchter Uhrturm in den dreißiger Jahren

Ein Bild aus der Zeit der zunehmenden Vernachlässigung (März 1979)

aufbau im Mittelpunkt, unterblieb jedoch bei entbehrlichen Anlagen. Der Güterbahnhof wurde um 1970 geschlossen, und 1979 verschwanden alle zugehörigen Gleise. Unbenutzt steht das Stellwerksgebäude am Westende der Bahnhofsanlage zwischen den Gleisen. Der Uhrenturm des Empfangsgebäudes, der sehr zum Eindruck einer italienischen Belvedere-Villa beigetragen hatte, wurde in den sechziger Jahren kurzerhand gekappt. Gekappt war auch der gesamte S-Bahn-Verkehr bei einem Streik des Personals im September 1980, und er blieb es. Viereinhalb Jahre dauerte die Zwangspause; daß in dieser Phase keine noch größeren Schäden durch Verwahrlosung und Vandalismus entstanden waren, mag auf den nicht völlig eingestellten Verkehr (es gab vereinzelt Betriebsfahrten) zurückzuführen sein und vielleicht auch im vornehmen Habitus der Siedlung begründet liegen.
Zur erneuten Wiedereröffnung der Station Anfang Februar 1985 war in Schlachtensee nur das Nötigste getan worden. Die 1988 schließlich ausgeführte Renovierung des Bahnhofs ging an dem alten Empfangsgebäude von 1874 allerdings spurlos vorüber. Ungebrochen aber ist die Attraktivität des Erholungsgebiets Schlachtensee. Der etwas blutig erscheinende Name hat mit Krieg und Schlachtengetümmel nichts zu tun, sondern ist von »Slatsee« abzuleiten. Dem wiederum liegt das slawischen Wort »slatye« zugrunde, was »goldgelb« heißt und auf ehedem wohl reichlich vorhandene Seerosenfelder hinweist. Bereits 1242 wurde am Seeufer ein Dorf Slatense erwähnt. Der bis zu neun Meter tiefe See gehört zur Kette der Grunewaldseen, die alle aus Gletschern und Schmelzwassern der Eiszeit (Pleistozän) entstanden. Mit 43 Hektar ist der Schlachtensee ihr größter.

| | |
|---|---|
| 1.6.1874 | Eröffnung (Seitenbahnsteig), Empfangsgebäude |
| 1891 | Schließung, Ersatz durch Mittelbahnsteig (etwas weiter östlich), Empfangsgebäude stillgelegt |
| 15.5.1933 | Elektrischer Betrieb |
| 4.1945 | Stillegung |
| 6.6.1945 | Wiedereröffnung, Elektrischer Betrieb |
| 18.9.1980 | Stillegung (kein Verkehr nach Streikende) |
| 1.2.1985 | Wiedereröffnung, Elektrischer Betrieb |

KURZZEICHEN: SLS (FRÜHER STS)
LAGE: AUF BAHNDAMM
NACH NIKOLASSEE 1700 METER,
NACH MEXIKOPLATZ 1400 METER

# Schlesischer Bahnhof

■ Siehe auch:
→Hauptbahnhof
Heute:
→Ostbahnhof

**Reizvolle Vergleichsmöglichkeiten mit dem heutigen Ostbahnhof eröffnet diese Ansicht vom Anfang der dreißiger Jahre**

Der Berliner Endpunkt der Bahnstrecke nach Frankfurt an der Oder, eröffnet 1842, wurde anfangs Frankfurter Bahnhof genannt, später auch Bahnhof der Niederschlesisch-Märkischen Eisenbahn. Mit der Einweihung der Stadtbahnstrecke 1882 verlor er seinen Kopfbahnhof-Charakter. Als die S-Bahn ihn 1928 erstmals durchfuhr, hieß er Schlesischer Bahnhof – seit 1881 – und sollte noch zwei weitere Namen, noch drei Neubenennungen vor sich haben.

Einen Superlativ kann ihm kein anderer Bahnhof nehmen: Er ist der älteste in Berlin, der noch in Betrieb steht; -zig mal umgebaut und verändert, aber seit weit über 150 Jahren nicht in seiner Funktion verändert. Damit mag es zu tun haben, daß die S-Bahn in diesen ehrwürdigen Hallen eher eine Nebenrolle spielt, sie hält hier eben auch – Betonung auf »auch«. Zum Start ins elektrische S-Bahn-Zeitalter 1928 war der Schlesische Bahnhof wieder einmal umgebaut worden, jetzt aber nur die Nordhalle mit zwei S-Bahnsteigen und einem Fernbahnsteig. Eine Erneuerung der südlichen Halle erfolgte erst 1934-37.

1945 war das Empfangsgebäude stark zerstört. Die Kriegsschäden waren gravierend, doch Hallen und Gleisanlagen nicht übermäßig in Mitleidenschaft gezogen worden. Nach der Betriebseinstellung Ende April 1945 begann sehr früh ein militärischer Reisezugverkehr, vorübergehend – teilweise – auf russischen Breitspurgleisen; der erste S-Bahn-Zug fuhr erst im November 1945 wieder. Der in vereinfachter Form 1948-50 wiederaufgebaute Bahnhof wurde im Dezember 1950 in Ostbahnhof umbenannt. Die Bezeichnung wurde bald aussagekräftiger, als es 1950 abzusehen war. Spätestens zum Mauerbau steuerte die S-Bahn Richtung Osten die unterschiedlichsten Ziele an, doch Richtung Westen ging es nur noch maximal vier Stationen weiter.

Erschien das prägende »Ost«-Odium, die Symbiose von Name und Ausstrahlung, schließlich selbst der DR bzw. DDR als lästige Fessel? Zur 750-Jahr-Feier Berlins machten die Halbstadt-Verantwortlichen aus dem alten Schlesischen ihren »Hauptbahnhof«. Vorausgegangen waren eine 1985 begonnene umfassende bauliche Verjüngungskur und 1987 der Anschluß an das elektrische Fernbahnnetz (allerdings nur bis an den östlichen Hallenrand). Dennoch war der Ostbahnhof nun gewiß kein Hauptbahnhof geworden, weder hinsichtlich der schienentechnischen Anbindung an die Stadtbahn, noch hinsichtlich seiner Randlage an der Spree. Schon gar nicht im internationalen Vergleich. Hauptbahnhof war eine dem Wesen der Berliner Eisenbahnentwicklung zutiefst zuwiderlaufende Bezeichnung, die eine vermeintlich zentrale Weltoffenheit suggerierte. Der Name blieb ein aufgepfropfter Fremdkörper, dessen alsbaldiges Verschwinden nach dem Mauerfall selbstverständlich schien, dann aber im Mai 1998 erst verwirklicht wurde. Vorangegangen war eine durchgreifende Sanierung sämtlicher Gleise, eine Maßnahme, die die S-Bahn von Mai 1997 bis Mai 1998 zur alleinigen Nutzerin der mächtigen Bahnhofsanlage gemacht hatte.

Zum Jahr 2000 soll Berlins dienstältester Bahnhof, seit Mai 1998 wieder Ostbahnhof geheißen, kontinuierlich modernisiert und aufgewertet werden. Wegen der fehlenden Verknüpfung der Station mit U-Bahn- und Straßenbahn-Linien kommt der S-Bahn hier eine besondere Bedeutung zu bei der Beförderung der ankommenden oder abfahrenden Fernreisenden.

| | |
|---|---|
| 23.10.1842 | Inbetriebnahme als »Frankfurter Bahnhof« (Kopfbahnhof) / Eröffnung am 22.10.1842 |
| 1.9.1846 | »Niederschlesisch-Märkischer Bahnhof« (nur in Fahrplänen) |
| 1868-69 | Bau einer Bahnhofshalle |
| 1878-80 | Hochlegung des Bahnhofs und Bau einer zweiten Halle |
| 15.10.1881 | Umbenennung in »Schlesischer Bahnhof« |
| 7.2.1882 | Aufnahme des Stadtbahn-Verkehrs |
| 15.5.1882 | Aufnahme auch des Fernverkehrs: je zwei Mittelbahnsteige für Vorort- und Fernverkehr |
| 1909 | Anlage eines Seitenbahnsteiges in der Südhalle |
| 1926-29 | Erneuerung der Nordhalle, zwei Stadtbahnsteige, ein Fernbahnsteig; Abbau der Trennmauer zwischen beiden Hallen |
| 11.6.1928 | Elektrischer Betrieb |
| 1934-37 | Erneuerung der Südhalle / ein Mittelbahnsteig und ein Seitenbahnsteig für den Fernverkehr |
| 4.1945 | Stillegung |
| 5.1945 | Wiedereröffnung, zunächst nur für den sowjetischen Militärreiseverkehr (teilweise Breitspur) |
| 5.11.1945 | Wiedereröffnung für den S-Bahn-Betrieb (Elektrischer Betrieb) |
| 1948-50 | Wiederaufbau des kriegszerstörten Empfangsgebäudes in vereinfachter Form |
| 1.12.1950 | Umbenennung in »Ostbahnhof« |
| 1985-87 | Abriß des alten Empfangsgebäudes und Neubau |
| 5.1987 | Elektrifizierung der Fernbahngleise bis zum östlichen Hallenrand |
| 15.12.1987 | Umbenennung in »Hauptbahnhof«, gleichzeitig Eröffnung des neuen Empfangsgebäudes |
| 5.1997 | Einstellung des Fernverkehrs (Gleissanierung und Fernbahnsteige-Neugestaltung); »reiner« S-Bahnhof |
| 24.5.1998 | Rückbenennung in »Ostbahnhof«, gleichzeitig Aufnahme des durchgehend elektrifizierten Fernverkehrs Richtung Westen |

# Schmargendorf

■ Heute:
→Heidelberger Platz

Bahnhof ohne Bahnsteig, ohne Schienen: Schmargendorf während der Neubauphase im Juni 1991

Sechs Jahre nach der Vollendung der Ringbahn 1877 wurde der Bahnhof Schmargendorf im Dezember 1883 eröffnet. Das Empfangsgebäude war 1892 fertiggestellt, in jenem Jahr erhielt auch der Heidelberger Platz seinen Namen. Von dem roten Klinkerbau gelangte man hinab auf den Mittelbahnsteig nordwestlich der Mecklenburgischen Straße, an dessen Bahnsteigkanten ab November 1928 die S-Bahn hielt. Die Unterbrechung des Zugverkehrs gegen Kriegsende im April 1945 währte bis zum Juli jenes Jahres. Das Empfangsgebäude war unzerstört geblieben.

Seit Anfang der sechziger Jahre steht der Bahnhof im Schatten der erdrückenden Stadtautobahn-Trasse, die neben den Gleisen – und gut zehn Meter höher – den Heidelberger Platz tangiert. Der Schatten dieser Trasse wurde für die S-Bahn bald länger und tiefer. Mehr und mehr Autos und immer weniger Fahrgäste kennzeichneten die Entwicklung in der Folgezeit. Ab 1977 wurden die Züge per TV von der Fahrkartenausgabe aus fernabgefertigt. Im September 1980 führte der S-Bahner-Streik zur Betriebseinstellung, nach Streikende wurde der Verkehr nicht wieder aufgenommen. Die Ringbahn im westlichen Teil Berlins lag still und verfiel. Das Empfangsgebäude wurde 1985/86 aufwendig saniert, fiel im Dezember 1986 einer Brandstiftung zum Opfer und wurde erneut im alten Erscheinungsbild wiederhergestellt. Eine Diskothek nutzt die Räume seit September 1987, aber noch fuhren keine S-Bahn-Züge unterhalb des Gebäudes.

Bald darauf, Ende der achtziger Jahre, gab es erste zaghafte Pläne zur Wiederbelebung der Strecke. Nicht viel später fiel die Mauer, es mußte umgeplant werden. Zur Wiedereröffnung dauerte es noch bis 1993 – zum Stichtag 17. Dezember stand die Stromschiene dann wieder für die S-Bahn-Züge unter Spannung.

Der Bahnsteig war in der Zwischenzeit, Ende 1990, komplett abgetragen worden und wurde etwas weiter östlich neu erbaut, um eine halbe Bahnsteiglänge verschoben. Unmittelbar von der Nordwestseite der Straße aus ist seit diesem Umbau der alte »Gewächshaus«-Zugang zu erreichen. Die neue Lage des Bahnsteigs unter der Brücke der Mecklenburgischen Straße erlaubte die Anlage eines Zugangs auch auf der anderen Straßenseite (von Südost), diese Treppen bilden jetzt den Hauptzugang. Das über hundertjährige Empfangsgebäude gegenüber wird weiterhin fremdgenutzt. Noch ein weiterer Ausgang wurde geschaffen, ein direkter Übergang zur U-Bahn. Deren Bahnhofsname Heidelberger Platz gilt seit dem 17. Dezember 1993 auch für den neu erstellten, alten Bahnhof Schmargendorf an der Ringbahn.

Schmargendorf, seit 1920 Ortsteil des Berliner Bezirks Wilmersdorf, ist seit 1354 beurkundet (»Marggrevendorff«). Das alte Angerdorf blieb jahrhundertelang eine kleine Gemeinde im Landkreis Teltow, zählte noch 1880 ganze 468 Einwohner. Schmargendorfs Rathaus von 1902 ist ein Bilderbuchbeispiel märkischer Backsteingotik.

| | |
|---|---|
| 15.12.1883 | Eröffnung |
| 1890/92 | Bau eines Empfangsgebäudes |
| 6.11.1928 | Elektrischer Betrieb |
| 4.1945 | Stillegung |
| 19.7.1945 | Wiedereröffnung, Elektrischer Betrieb |
| 18.9.1980 | Schließung (kein Verkehr nach Streikende) |
| 17.12.1993 | Umbenennung in »Heidelberger Platz«, zeitgleich Wiedereröffnung, Elektrischer Betrieb, Bahnsteig (Totalneubau) nach Osten verschoben; direkter Übergang zur U-Bahn |

# Schöneberg

Siehe auch:
→Kolonnenstrasse

Der heutige Bahnhof Schöneberg mit seiner fast zeitlos eleganten Ringbahnhalle über dem versetzt darunterliegenden Wannseebahn-Vorortbahnsteig ist die jüngste der Schöneberger Stationen. »Schöneberg« muß eigentlich eher als Sammelbegriff für verschiedene Bahnhöfe betrachtet werden, die an unterschiedlichen Orten, zu unterschiedlichen Zeiten, und auch nicht immer unter dem Namen Schöneberg existierten. In gebotener Kürze sei versucht, das Knäuel zu entwirren.

1. An der frisch eröffneten ersten preußischen Eisenbahn (»Stammbahn«) zwischen Berlin und Potsdam bestand von November 1839 bis Mai 1841 ein Haltepunkt mit dem Namen Schöneberg, der nur Zügen diente, die lediglich bis Steglitz fuhren.

2. Mit der Eröffnung des östlichen Teiles der Ringbahn für den Personenverkehr im Januar 1872 wurde wieder ein Bahnhof Schöneberg eingerichtet. Er befand sich neben dem heutigen S-Bahn-Gleis der Wannseebahn Richtung Norden und bestand bis Oktober 1881. Ringbahnzüge aus Tempelhof Richtung →Potsdamer Bahnhof mußten »kopfmachen«, um ihn zu erreichen.

3. Für Züge vom Dresdener Bahnhof (er lag am heutigen U-Bahnhof Gleisdreieck) in Richtung →Wilmersdorf kam im März 1880 in der Nähe der Maxstraße ein weiterer Haltepunkt »Schöneberg« hinzu. Auch er wurde im Oktober 1881 aufgege-

Der erste S-Bahnhof namens Schöneberg; er hieß später →Kolonnenstraße

Der Wannseebahnsteig, überspannt im Hintergrund von der Ringbahnhalle (August 1984)

ben, bestand also nur anderthalb Jahre. (Etwa an gleicher Stelle öffnete im Mai 1897 der Bahnhof →Ebersstraße seine Pforten, eine Station an der später auch die elektrische S-Bahn hielt, bis Ende Februar 1933.)

4. Mitte Oktober 1881 wurde ein Bahnhof Schöneberg in Betrieb genommen, der direkt nordöstlich der damaligen Sedan- (heute Julius-Leber-) Brücke lag. Nicht nur Züge Richtung →Potsdamer Ringbahnhof hielten hier, auch ein Bahnsteig für die verkürzten Zugläufe auf der Stammbahn nach Potsdam kam 1882 extra hinzu. Schließung: April 1891.

5. Nach einem grundlegenden Umbau der Bahnstrecken zum →Potsdamer Bahnhof gab es am selben Orte, ab April 1891, einen weiteren Bahnhof Schöneberg, der im April 1929 erstmals die S-Bahn sah und im Dezember 1932 in →Kolonnenstraße umbenannt wurde. Sein eindrucksvolles Backsteingebäude wurde 1936 bei einer Bahnhofsumgestaltung abgerissen und durch ein Provisorium ersetzt. Die Station hielt durch bis Anfang Juli 1944.

6. Nun sind wir beim heutigen Bahnhof Schöneberg angelangt, um den es hier eigentlich geht, eröffnet am 1. März 1933. Carl Heinrich Schwennecke und Erich Zimmermann erbauten eine bemerkenswerte Umsteigestation an den sich im Winkel von 37° kreuzenden Trassen der Ring- und der Wannseebahn. Schon der Bahnsteig der Wannseebahn liegt über Straßenniveau, der Ringbahnsteig noch darüber. Die großzügige, verglaste Halle ist rund 8 Meter hoch und knapp 24 Meter breit. Die Schalterhalle wurde in das Brückenwiderlager am Nordende des Vorortbahnsteigs eingebaut. Dieser ist im südlichen Teil einstielig, im nördlichen zweistielig überdacht. Breite Treppen (schon damals auch Fahrtreppen!) erleichter(te)n das Umsteigen und geben auch den Durchblick frei nach oben oder unten - auf schrägen Linien, durch spit-

ze Winkel. Die optimale Umsteigeverbindung hatte 1933 eine Steigerung der Fahrgastzahlen von 120% zur Folge, 74% waren erwartet worden.
Eine kleine Kuriosität: Als der S-Bahnhof eröffnet wurde, fuhr die S-Bahn im »Untergeschoß« noch nicht, oben aber schon lange! Auf der Ringbahn war der elektrische Betrieb bereits im Juni 1928 aufgenommen worden. Der Wannseebahnsteig hingegen sah Dampfzüge noch für wenige Wochen; die S-Bahn auf der Wannseebahn kam aber schon im Mai des Eröffnungsjahres an die Kanten des unteren Bahnsteigs.
Nach der Kriegspause (seit Ende April 1945) wurden beide Strecken bzw. ihre Bahnsteige im Bahnhof Schöneberg im Juni 1945 wieder in Betrieb genommen; die Ringbahn einige Tage nach der Wannseebahn. Jahrelang noch fehlte viel Glas in der großen Halle, bei stürmischem Wetter peitschte der Regen querdurch. Die Wiederherrichtung der Anlagen, die Konsolidierung des S-Bahn-Verkehrs, bekamen 1961 einen jähen Knacks, obwohl der Bahnhof Schöneberg vom Mauerbau nicht direkt betroffen war. Doch der Ring war kein Ring mehr, der Boykott tat ein Übriges. Der inzwischen geschlossene direkte Zugang zum Ringbahnsteig – vermittelt durch das alte Empfangsgebäude des ehemaligen Bahnhofs →Ebersstraße – wurde ab 1972 wieder geöffnet, wegen der Nähe zum Bahnhof Innsbrucker Platz, der aufgrund von Umbauarbeiten über sieben Jahre lang stillgelegt worden war.
Nach dem S-Bahner-Streik 1980 war weder die Ring- noch die Wannseebahn wieder in Betrieb genommen worden. Auf dem Bahnhof Schöneberg bewegte sich nichts mehr. Einige Jahre später wurde er zwar reanimiert, doch war er, um im Bilde zu bleiben, weiterhin amputiert: Nur die Wannseebahn fuhr ab Februar 1985 wieder, die Zugänge nach oben, zur Ringbahnhalle, waren vernagelt. Das alte Empfangsgebäude an der Ebersstraße wurde zwar renoviert, jedoch fremdvermietet. Erst 1989, kurz vor der Wende, begannen Bauarbeiten zur Wiederinbetriebnahme der Ringbahn. Jetzt zeigte sich, wie sehr die obere Halle der Station Schöneberg gelitten hatte. Aufgrund von bis zu 17 Zentimeter starken Setzungen waren Spannungen in den Tragwerken aufgetreten, die die zulässigen Grenzen bei weitem überschritten. Die gesamte Ausstattung wurde erneuert, die Ringbahn kehrte zurück. Seit Mitte Dezember 1993 ist Schöneberg wieder Umsteigebahnhof, herrscht Betrieb wieder auf allen vier S-Bahn-Gleisen.
Gerade mal 22 Jahre, bevor Schöneberg zu Groß-Berlin kam, hatte die Gemeinde das Stadtrecht erhalten; 1898 war aus dem Dorf Schöneberg schon eine Kommune mit fast 100000 Einwohnern geworden. Die sprichwörtlichen »Millionenbauern« waren durch Landverkäufe, auch an die Eisenbahn, zu Reichtum gekommen. »Sconenberch« (Bezeichnung von 1264) steht seit 1920 als 11. Verwaltungsbezirk von Berlin für viele bekannte Begriffe: Insulaner und Sängerknaben, Sportpalast und KaDeWe; Rathaus, RIAS, rosa Kiez. Und wo erhebt sich der schöne Berg? Es ist der kleine Hügel am Kaiser-Wilhelm-Platz.

| | |
|---|---|
| 1.3.1933 | Eröffnung, Elektrischer Betrieb auf der Ringbahn |
| 15.5.1933 | Elektrischer Betrieb auch auf der Wannseebahn |
| 4.1945 | Stillegung |
| 6.6.1945 | Wiedereröffnung, Elektrischer Betrieb nur auf Wannseebahn |
| 6.1945 | Elektrischer Betrieb auch auf der Ringbahn |
| 18.9.1980 | Stillegung (kein Verkehr nach Streikende) |
| 1.2.1985 | Wiedereröffnung, Elektrischer Betrieb nur auf der Wannseebahn |
| 17.12.1993 | Elektrischer Betrieb auch auf der Ringbahn |

KURZZEICHEN: SGRR (RINGBAHN), SGRV (WANNSEEBAHN); FRÜHER SGR BZW. SGV, DAVOR SG
LAGE: WANNSEEBAHNSTEIG ETWA IM GELÄNDENIVEAU, ÜBER STRASSENNIVEAU DOMINICUSSTRASSE; RINGBAHNSTEIG SPITZWINKLIG ÜBER VORORTBAHNSTEIG
NACH FRIEDENAU 1200 METER,
NACH YORCKSTRASSE (GROSSGÖRSCHENSTRASSE) 1730 METER,
NACH INNSBRUCKER PLATZ 620 METER,
NACH PAPESTRASSE 1270 METER

# SCHÖNEFELD

■ SIEHE AUCH:
→ZENTRALFLUGHAFEN [BERLIN-] SCHÖNEFELD
HEUTE:
→FLUGHAFEN BERLIN-SCHÖNEFELD

Blick auf den Bahnsteig, Richtung Osten gesehen

»Ein Amt, ein Flughafen und 11 Bahnhöfe« heißt ein Buch über Schönefeld bei Berlin, das dem Detailversessenen kaum eine Frage offenläßt. Für die S-Bahn gilt zwar genaugenommen nur »Ein Bahnhof, zwei Bahnsteige und vier Namen«, doch das ist immer noch reichlich für eine Station, an der man erst seit 1962 einen S-Bahn-Zug besteigen oder verlassen kann bzw. darf.

»Schönefeld (b Bln)« in heutiger Lage wurde im Juli 1951 auf dem frisch errichteten Berliner Außenring (BAR) im Süden der Stadt eröffnet. Der BAR hatte zum Zeitpunkt seiner Entstehung die politische Zielsetzung, das Umfahren West-Berlins, zu ermöglichen – »*wegen der imperialistischen Stör- und Wühltätigkeit, die von Westberlin ausging*« (DDR-Lesart). Schönefeld war für die Öffentlichkeit nicht zugelassen und wurde recht schnell (1952) zum Kontrollbahnhof, auf der Reisende beispielsweise selbst dann kontrolliert wurden, wenn sie nur von Ost-Berlin ins Umland wollten. Fluggäste jedoch durften hier ein- und aussteigen. Der Mauerbau 1961 forcierte die 1959 begonnenen Überlegungen, die S-Bahn hierher zu führen. Schönefeld wurde binnen kurzem zu einem Umsteigepunkt zwischen S-, Vorort- und Fernbahn sowie zum Flughafen ausgebaut.

Der Kontrollbahnhof Schönefeld besaß zwar mehrere Bahnsteige, doch für die S-Bahn wurde südlich ein eigener Bahnsteig hinzugefügt. Am 26. Februar 1962 wurde der S-Bahn-Betrieb nach nur etwa 150 Tagen Bauzeit aufgenommen, das bedeutete gleichzeitig für den Bahnhof Schönefeld die offizielle Öffnung für jedermann. Wenig später schon glaubte man, mit der vollmundigen Bezeichnung →»Zentralflughafen Schönefeld« (ab 25. März 1962) der neuen Situation gerecht zu werden und steigerte sich nochmals am 15. Juli 1962 mit der Benennung »Zentralflughafen Berlin-Schönefeld«. Dennoch blieb die Station ein un-

befriedigendes Provisorium, obwohl noch 1962 ein bescheidenes Abfertigungsgebäude mit Auskunft, Fahrkartenausgabe und Gepäckabfertigung entstanden war. Pläne für einen europäischen Luftverkehrsknoten wurden regelmäßig verschoben. Folglich beschied man sich ab Juni 1976 mit dem Bahnhofsnamen »Flughafen Berlin-Schönefeld«.
Ab Sommer 1978 wurden die Bahnhofsanlagen tüchtig umgekrempelt. Ein Personentunnel ersetzte die bisherige Fußgängerbrücke, die die Bahnsteige verbunden hatte, diese wurden verbreitert und überdacht. Der S-Bahnsteig von 1962 wurde 1984 abgerissen und durch den jetzigen ersetzt; viele Bauzwischenzustände dominierten die Entwicklung. Ein neues Empfangsgebäude aus Stahl, Glas und Beton wurde im Juni 1984 feierlich eingeweiht. Der Fußgängertunnel hat seit November 1989 auch einen Ausgang nach Norden zur Waltersdorfer Chaussee. Die herausragende Stellung im Fern- wie Regionalverkehr hat der heutige Bahnhof nach dem Mauerfall allerdings eingebüßt. Vielleicht erringt er sie wieder nach dem Flughafen-Ausbau.
Am Namen versuchte man 1996 noch einmal herumzudoktern. Ab 2. Juni jenes Jahres sollte der Bahnhof »Berlin-Schönefeld Flughafen« heißen, damit er in Verzeichnissen unter »B« besser auffindbar würde. Doch die Bahnhofsschilder hätten bleiben sollen (und blieben auch); eine Umbenennung ohne Austausch der Stationsschilder wäre sinnlos, die Kosten wären im Verhältnis zum geringen Nutzen zu hoch gewesen.
Einen Bahnhof namens »Schönefeld (Kreis Teltow)« hatte es bereits von 1900 bis 1951 (seit 1949 als »Schönefeld [Kreis Teltow] Mitte« bezeichnet) gegeben, an der Strecke der Neukölln-Mittenwalder Eisenbahn (NME). Ein weiterer Bahnhof »Schönefeld (Kreis Teltow)« existierte zwischen 1941 und 1951 (seit 1949 als »Schönefeld [Kreis Teltow] Dorf« bezeichnet) am alten Güter-Außenring. Er war anfangs lediglich ein interner Kreuzungsbahnhof und stand dem öffentlichen Personenverkehr nur von 1948 bis 1951 zur Verfügung. Die Gemeinde Schönefeld liegt nicht in Berlin, insofern war der Bahnhofsname nur bis Juli 1962 wirklich zutreffend. Das Dorf »Schonenvelde« (Schreibweise um 1375) wurde unter dem Einfluß der Zisterzienser gegründet und ist ein typisches märkisches Dorf mit einer Kirche (die sogar von Franz Schwechten, dem Architekten des Anhalter Bahnhofs, umgestaltet wurde) und einem Dorfteich (den der Eisenbahn-Außenring 1951 mittendurch schnitt). Henschel-Flugzeugwerke (ab 1934) und Flughafen (ziviler Flugverkehr ab 1956) machten den Ortsnamen bekannt.

| | |
|---|---|
| 10.7.1951 | Eröffnung (nicht öffentlich zugelassen) |
| 1952 | Kontrollbahnhof |
| 26.2.1962 | Zusätzlicher S-Bahnsteig, Elektrischer Betrieb, gleichzeitig Öffnung für den öffentlichen Verkehr |
| 25.3.1962 | Umbenennung in »Zentralflughafen Schönefeld« |
| 15.7.1962 | Umbenennung in »Zentralflughafen Berlin-Schönefeld« |
| 1.6.1976 | Umbenennung in »Flughafen Berlin-Schönefeld« |
| 31.1.1984 | Außerbetriebnahme des S-Bahnsteigs und Abriß; S-Bahn hält provisorisch am Fernbahnsteig B |
| 29.6.1984 | Einweihung Empfangsgebäude |
| 14.12.1984 | Inbetriebnahme neuer S-Bahnsteig |

# SCHÖNEWEIDE

■ ERÖFFNET ALS:
→NIEDERSCHÖNEWEIDE - JOHANNISTHAL

Ein Verpflegungsangebot ▲ auf dem Bahnsteig wußte der Berliner schon in den dreißiger Jahren zu schätzen

Der heutige Bahnhof Schöneweide hat sich ab 1868 aus kleinen Anfängen als Bedarfshaltepunkt an einem Ausflugs-Gasthof entwickelt. Der erste Name – »Neuer Krug« – reflektierte diese Zeit ab 1868. Kurz nach der Jahrhundertwende wurde die Station zu einem der bedeutendsten Bahnhöfe an der Strecke nach Görlitz, deren Züge noch bis 1951 am Kreuzberger »Görlitzer Bahnhof« ihren Ausgangspunkt hatten. Die Bezeichnung lautete ab 1880 Niederschöneweide-Johannisthal, in verschiedenen Schreibweisen, alle umständlich, aber zutreffend. Elf Monate nach dem Eintreffen der S-Bahn wurde im Oktober 1929 der heutige Name Schöneweide eingeführt.

Die wohlklingende Ortsbezeichnung hat ihren Ursprung tatsächlich in den schönen Weiden, die es einst an der Spree gab. Schöneweide wird gegen Ende des 16. Jahrhunderts in den historischen Quellen zum ersten Mal erwähnt. Oberschöneweide (rechts) und Niederschöneweide (links der Spree) gehörten ab 1920 zum 15. Berliner Verwaltungsbezirk Treptow. 1938 gab es eine Gebietsreform (schon damals im besten Behördendeutsch »Umbezirkung« genannt) – Köpenick tauschte die Ortsteile Wuhlheide und Bohnsdorf gegen Oberschöneweide. Seitdem liegen die »beiden Schöneweides« zwar weiterhin am hier gar nicht so grünen Strand der Spree, aber in verschiedenen Bezirken. Dem Volksmund ist's egal, die derbe Metathesis »Schweineöde« ist gebräuchlich wie eh und je.

Das Ensemble der Bahnhofsbauten von der Straßenseite in den neunziger Jahren

KURZZEICHEN: SWP
(FRÜHER SW)
LAGE: AUF BAHNDAMM
NACH BETRIEBSBAHNHOF SCHÖNEWEIDE 1300 METER,
NACH OBERSPREE 2200 METER,
NACH BAUMSCHULENWEG 1900 METER

# SCHÖNFLIESS

Berlin ist eine schöne Stadt. Viele Bahnhofsnamen »beweisen« das: Schöneberg und Schönefeld, Schönhauser Allee und Hohenschönhausen, Schönholz und Schöneweide, Schönerlinde und Schönwalde. Weniger schön waren die Umstände, die zur Errichtung des Bahnhofs Schönfließ führten. Er wurde im Oktober 1953 eröffnet, zu Zeiten des Kalten Krieges. Ein S-Bahnhof war die Station damals noch nicht.

Die zu jener Zeit von der Reichsbahn eilig gebauten Umfahrungsstrecken um die Westsektoren Berlins dienten dazu, sich abzugrenzen; der DDR-Binnenverkehr auf der Schiene durfte seit 1950 West-Berlin nicht mehr berühren. Eine dieser Umgehungstrassen war der im November 1952 fertiggestellte Güteraußenring-Abschnitt zwischen Karow West und Bergfelde unweit von Hohen Neuendorf. Hier entstand im Mai 1953 der Kontrollbahnhof Schönfließ, kontrolliert wurden Reise-, aber auch Güterzüge. Das Empfangsgebäude diente den »Kontrollorganen« als Dienstgebäude, die Freigabe des Bahnhofs für den öffentlichen Verkehr erfolgte erst etwa ein halbes Jahr später. Interessanterweise waren die beiden Seitenbahnsteige von Beginn an mit 96 Zentimeter hohen Bahnsteigkanten versehen – ein nur bei der S-Bahn übliches Maß.

Eine der vielen Auswirkungen des Mauerbaus auf den Bahnbetrieb war die Kappung der Nordbahn zwischen Frohnau und Hohen Neuendorf. Abgeschnitten vom Restnetz pendelten die S-Bahn-Züge ab August 1961 zwischen Hohen Neuendorf und Oranienburg. Um sie an das S-Bahn-Netz Ost-Berlins heranzuführen, wurde die erwähnte Umfahrungstrasse für S-Bahn-Betrieb hergerichtet. Schönfließ war kein Kontrollbahnhof mehr, er war ein S-Bahnhof geworden. Hohe Bahnsteige besaß er ja schon. Die Mangelwirtschaft hatte verhindert, daß er bereits 1953 als S-Bahnhof eröffnet worden war, Planungen (und Ankündigungen) dafür gab es. Die Durchführung wäre ein weiteres Mosaiksteinchen gewesen im Hinblick auf eine noch frühere Abriegelung der Grenzen.

Die Lage der S-Bahnhofsbauten neben den Seitenbahnsteigen der Fernbahn wird auf dieser Aufnahme deutlich (Juni 1983)

Es dauerte lange, bis auf dem gesamten Umgehungsstreckenteil die Trennung von Fern- und S-Bahn-Verkehr erfolgten, der unerwünschte und nachteilige Mischbetrieb beendet werden konnte. Anfang September 1984 war es soweit, der Bahnhof Schönfließ hatte südlich der alten Seitenbahnsteige einen neuen Inselbahnsteig erhalten. Verschiedene Bauzustände waren vorausgegangen. Nach der Wende, insbesondere nach der Wiederherstellung durchgehenden Verkehrs auf der Nordbahn, verlor der Betrieb zwischen Blankenburg und Hohen Neuendorf rapide an Bedeutung. 1995 war der Bahnhof nach Angaben der S-Bahn Berlin GmbH der am geringsten frequentierte Bahnhof im Gesamtnetz. Dennoch wird die S-Bahn weiterhin die Station bedienen. Das winzige Dorf Schönfließ im Landkreis Oberhavel, östlich des Frohnauer Hubertussees, wird durchquert von einem schön fließenden Rinnsal namens Beegraben.

| | |
|---|---|
| 5.1953 | Eröffnung, (hohe) Seitenbahnsteige an den Fernbahn-Überholgleisen; Kontrollbahnhof |
| 4.10.1953 | Freigabe für den öffentlichen Verkehr |
| 19.11.1961 | Elektrischer Betrieb |
| 20.9.1982 | Inbetriebnahme eines neu erbauten Mittelbahnsteigs (zunächst nur für die Züge Richtung Berlin) |
| 2.9.1984 | Auch die Züge Richtung Oranienburg benutzen den neuen Mittelbahnsteig, Trennung von Fern- und S-Bahn |
| 12.1985 | Die Höhe der alten Seitenbahnsteige wird verringert |

KURZZEICHEN: SFL
LAGE: IM GELÄNDENIVEAU
NACH BERGFELDE
1330 METER,
NACH
MÜHLENBECK-MÖNCHMÜHLE
3350 METER

# Schönhauser Allee

Unter den Ringbahnstationen ist der Bahnhof Schönhauser Allee etwas Besonderes – hier ballt sich das Leben. Tief im Einschnitt durchquert die Ringbahn ein typisches Berliner Mietskasernen-Quartier. Die Station wurde 1879 eröffnet und erhielt zehn Jahre später am westlichen Ende ihres Mittelbahnsteigs ein kleines Empfangsgebäude im Akademismus-Stil jener Zeit. Mit seinen gelben Backsteinen und einem kleinen Uhrturm behauptete es sich bis 1962 neben den Mietshäusern an der Schönhauser Allee. Hier war es zunehmend quirliger geworden. Die elektrische Straßenbahn kam gleich nach der Jahrhundertwende, und die U-Bahn, mitten auf der Schönhauser Allee auf einer beeindruckenden Brückenkonstruktion thronend, endete ab 1913 am Hochbahnhof »Nordring«. Auf dem Ringbahnhof dampfte es noch; die Bahnstation erhielt 1913 an der Greifenhagener Straße, am östlichen Bahnsteigende, ein weiteres Empfangsgebäude.

Ein belebter Umsteigeknoten war am Bahngraben an der Schönhauser Allee entstanden. Anfang Februar 1929 unterquerten erstmals S-Bahn-Wagen den breiten Straßenzug, Ende Juni 1930 verlängerte man die U-Bahn bis Pankow und nannte auch deren Hochbahnhof Nordring 1936 Schönhauser Allee. Mit dem geschäftigen Treiben war es im Frühjahr 1945 vorbei. Das Bahnhofsgebäude hatte den Krieg zwar beschädigt, aber leidlich funktionstüchtig überstanden. Im Juni 1945 nahm die S-Bahn den Betrieb wieder auf.

»Broadway des Nordens« wurde die Schönhauser Allee genannt, sie behielt auch zu DDR-Zeiten erstaunlich viele private Geschäfte. Der Straßenzug gehörte zur »Protokollstrecke« der DDR; aus Wandlitz zum Ost-Berliner Zentrum rollten die großen Limousinen hier vorbei. Zur Anbindung der Bernauer Strecke an den Ostring wurden bereits im Dezember 1952 die Gütergleise zwischen Schönhauser Allee und →Pankow-Schönhausen elektrifiziert – vorsorgliche Maßnahme für eine ins Auge gefaßte Teilung in Berlin? Die vertiefte sich einschneidend im August 1961; jetzt rollten auch die S-Bahn-Züge direkt Richtung Bernau. Sie fuhren nun an gewohnten Zielen (wie Gesundbrunnen im französischen Sektor) vorbei. Der Mauerbau bedeutete auch: Seit August 1961 ist der Ring kein Ring mehr.

Kurz nach der Netzteilung wurde der Altbau des Empfangsgebäudes durch einen weißgekachelten

In der Schönhauser Allee fährt die S-Bahn tief im Einschnitt; auf dem Foto das Anfang der sechziger Jahre entstandene Empfangsgebäude

Stahlbeton-Neubau mit einer hohen Glasfassade ersetzt. Auch diese lichte, ansprechende Halle existiert nicht mehr, ebensowenig wie ähnliche Bauten aus jener Zeit an den Bahnhöfen Halensee und Gesundbrunnen. Zwischen S- und U-Bahn schuf man 1962 einen direkten Übergang. Zur 750-Jahr-Feier Berlins 1987 begann eine Rekonstruktion der Bahnhofsanlagen; bei den Bauarbeiten stürzte ein Teil der Bahnsteigüberdachung ein, weil Stützpfeiler unerwartet durchbrachen.

Nach der Wende kamen große Pläne über die »Schönhauser« und auch – wörtlich – über den S-Bahnhof. Zugedeckelt sollte er werden, außer Sicht geraten unter einem großen Einkaufszentrum namens »Allee-Arcaden«. Die Bauarbeiten verzögerten sich. Erst einmal mußte die Station von Grund auf saniert werden, ab Juli 1995 wurde der Bahnverkehr in beiden Richtungen über nur ein Gleis abgewickelt. Der Hauptzugang war geschlossen, der direkte Übergang zur U-Bahn unterbrochen. Das Empfangsgebäude von 1962 riß man bei dieser Gelegenheit auch gleich ab, ebenso den Zugangsbau an der Greifenhagener Straße. Seit Mai 1997 läuft der Betrieb auf der hochfrequentierten Station wieder normal. Obwohl die »Allee-Arcaden« den Bahnsteig fast zur Gänze überdecken, förmlich begraben werden, bleibt das alte, doppelstielige Bahnsteigdach erhalten.

Der ehemalige »Pankowsche Landweg« (die spätere Pankower Chaussee) ist eine große Nord-Süd-Magistrale und heißt seit 1841 Schönhauser Allee, weil sie zunehmend als Zufahrtsweg zum Schloß (Nieder-) Schönhausen für Königin Elisabeth Christine genutzt wurde (siehe auch →Pankow-Schönhausen)

| | |
|---|---|
| 1.8.1879 | Eröffnung |
| 1889/90 | Empfangsgebäude an der Schönhauser Allee |
| 1913 | Zusätzliches Empfangsgebäude an der Greifenhagener Straße |
| 1.2.1929 | Elektrischer Betrieb |
| 4.1945 | Stillegung |
| 6.1945 | Wiedereröffnung, Elektrischer Betrieb |
| 1961/62 | Abriß des kriegsbeschädigten Empfangsgebäudes an der Schönhauser Allee, Ersatz durch Flachbau |
| 1962 | Direkter Übergang zur Hochbahn |
| 1997 | Empfangsgebäude von 1913 und 1962 abgerissen, Bauarbeiten zur Überdeckelung des gesamten Bahnsteigs |

Diese Sicht auf den Bahnsteig ist inzwischen historisch, der Bahngraben ist hier mittlerweile »überdeckelt«

KURZZEICHEN: SAL
LAGE: IM BAHNGRABEN UNTER GELÄNDENIVEAU; NÖRDLICHE FLANKE DURCH WÖLBBÖGEN-STÜTZMAUER BEGRENZT
NACH BORNHOLMER STRASSE 1470 METER,
NACH PRENZLAUER ALLEE 810 METER

# Schönholz

Eröffnet als:
→Schönholz-Reinickendorf

Bahnsteig-Impressionen: Wann kommt der nächste Zug? (Dezember 1978)

Auf der Fahrt Richtung Norden erkennt man beim Hinausschauen: Ab S-Bahnhof Schönholz beherrscht anfangs Industrie, später viel Grün das Bild hinter den Abteilfenstern. Die Stadtbebauung weicht zurück. Zur Zeit der Eröffnung der Station, 1877, gab es noch viel freies Gelände; die sich ansiedelnden Industrieanlagen forcierten u. a. den Bau eines großen Güterbahnhofs neben der heutigen S-Bahn-Station.

Bis 1938 trug der Bahnhof Schönholz den Doppelnamen Schönholz-Reinickendorf. In Reinikkendorf liegt er noch immer, ganz hart an der nordwestlich parallel verlaufenden Bezirksgrenze. Diese war 1961–1989 eine Grenze zwischen zwei Welten, unpassierbar. Das bedeutete: Schönholz war vom gleichnamigen S-Bahnhof zu jener Zeit gar nicht zu erreichen (eine Situation wie in Wilhelmsruh).

Schönholz gehört zu Reinickendorfs Nachbarbezirk Pankow, ist eine Siedlung im Westen des Ortsteils Niederschönhausen. Als die Kolonie 1791 den Namen Schönholz erhielt, siedelten dort noch Leineweber und Tuchmacher am Rande einer Maulbeerplantage. Seit 1925 ist der Bahnhof Schönholz S-Bahn-Station. In allerjüngster Zeit erhielt er eine längst fällige »Verschönerungskur«.

Kurzzeichen: SNL
Lage: Auf Bahndamm
Nach Wilhelmsruh
1770 Meter,
nach Alt-Reinickendorf
2290 Meter,
nach Wollankstrasse
940 Meter

# Schönholz-Reinickendorf

■ Heute:
→Schönholz

Der heute fast ausgestorbene »Hampelmann« war Ende der zwanziger Jahre noch Standard für die Zugzielanzeige auf den Bahnsteigen

Wer mit der S-Bahn in den Norden Berlins fährt, um Schönholz zu erreichen, kann verschiedene Züge nehmen – es ist egal, ob nun Oranienburg oder Hennigsdorf im Zielschildkasten steht. Erst hinter Schönholz trennen sich die Linien. Die Strecke Richtung Tegel, die Kremmener Bahn, ist ein Abzweig, der sich erst seit 1893 von der 1877 eröffneten Nordbahn Richtung Oranienburg ausfädelt. Kurz vor der Verzweigung, die 1877 somit noch nicht existierte, entstand in jenem Jahr ein Seitenbahnsteig, der »Reinickendorf« hieß, schon 1878 »Schönholz (Reinickendorf)«, 1884 schließlich »Schönholz-Reinickendorf« genannt wurde.

Die Eröffnung der abzweigenden Kremmener Bahn ging einher mit einer Umgestaltung der Bahnanlagen in Schönholz-Reinickendorf. Es entstand ein Mittelbahnsteig, erreichbar durch einen Fußgängertunnel. Auch ein Empfangsgebäude erbaute man 1895-96. Es stand nicht lange: Als 1901-03 die Bahn auf einen Damm hochgelegt wurde, hatte es schon ausgedient, wurde beseitigt. Auf dem Damm fand nun der heutige Mittelbahnsteig Platz, mit Zugang am nordwestlichen Ende. Die Schalterhalle ist in den Bahndamm und das Brückenwiderlager der Straßenunterführung Provinzstraße eingebaut; sie liegt teils unter, teils zwischen den Gleisen, mit einer Fassade in gelben und roten Ziegeln.

Zum S-Bahnhof wurde Schönholz-Reinickendorf im Juni 1925; die Nordbahn war die zweite Vorortstrecke, die auf die neue elektrische Betriebsart umgestellt wurde. Erst die Bewährung hier im Norden verhalf der S-Bahn zum Durchbruch, zur Ausdehnung in ganz Berlin und Umgebung. Mitte Mai 1938 verkürzte man den langen Bahnhofsnamen auf Schönholz.

Nach dem Kriegsende 1945 überbrückten ab Mitte Juni 1945 Dampfzüge die Zeit bis zur Wiederaufnahme des elektrischen Betriebs am 19. Juli. Aufgrund der äußersten Randlage der Station an der Reinickendorfer Bezirksgrenze ließ sich vom

Bahnsteig aus verfolgen, wie eine inzwischen zur Sektorengrenze gewordene Teilungslinie zur »Staatsgrenze« mutierte.

Die völlige Abschnürung 1961 beraubte auch den Bahnhof Schönholz eines großen Teils seines Einzugsgebietes. Die sattsam bekannten Folgen: Fahrgastschwund, Vernachlässigung, Vertrauensschwund, Niedergang. Vom S-Bahner-Streik 1980 noch nicht betroffen, war Anfang Januar 1984 aber dennoch in Schönholz der Nullpunkt erreicht - die Station wurde dichtgemacht. Das Betriebskonzept der nun federführenden BVG sah keinen weiteren Betrieb vor. Die Betroffenen sahen das anders, sahen in der West-Übernahme eine Chance zur Wiederbelebung und erreichten durch Proteste, daß wenigstens die Nordbahn wieder befahren wurde. Anfang Oktober 1984 war es soweit, die Gelbroten kehrten zurück. Bis zur Wiederinbetriebnahme der Kremmener Bahn, der Strecke Richtung Tegel, mußte allerdings noch bis 1995 gewartet werden. Erst seitdem gilt wieder: Man kann verschiedene Züge Richtung Norden nehmen – Schönholz erreichen sie alle.

| | |
|---|---|
| 10.7.1877 | Eröffnung als »Reinickendorf«, Seitenbahnsteig |
| 1878 | Umbenennung in »Schönholz (Reinickendorf)« |
| 1884 | Änderung in »Schönholz-Reinickendorf« |
| 1893-94 | Mittelbahnsteig, Zugang durch Fußgängertunnel |
| 1895-96 | Empfangsgebäude |
| 1901-03 | Hochlegung, Mittelbahnsteig, Empfangsgebäude beseitigt |
| 5.6.1925 | Elektrischer Betrieb |
| 15.5.1938 | Umbenennung in »Schönholz« |
| 4.1945 | Stillegung |
| 6.1945 | Wiedereröffnung, Dampfbetrieb |
| 19.7.1945 | Elektrischer Betrieb |
| 9.1.1984 | Stillegung (Übernahme durch die BVG) |
| 1.10.1984 | Wiedereröffnung, Elektrischer Betrieb |

## Schulzendorf (b Tegel)

Der Ursprung der S-Bahn-Strecke Schönholz - Hennigsdorf (-Velten) ist die 1893 eröffnete, damals eingleisige Kremmener Bahn. Begünstigt durch diese Eisenbahnlinie siedelten sich in Reinickendorf, Tegel und Hennigsdorf Industriebetriebe an. Zudem entstanden neue Wohnquartiere entlang der Strecke, in Schulzendorf gab es eine kleine, aus einem Teerofen-Vorwerk entstandene Kolonie. Den Bahnhof Schulzendorf gibt es seit der Eröffnung der Strecke, 1893 hieß er noch »Schulzendorf-Heiligensee«. Vorhanden war ein im Geländeniveau gelegener Seitenbahnsteig, auch ein Empfangsgebäude hatte man errichtet: ein mit orangefarbenen Ziegeln verblendeter, zweigeschossiger Mauerwerkbau. Ab 1897 hieß der Bahnhof nur noch »Schulzendorf«,

Das Bahnhofsgebäude und sein Erweiterungsbau im August 1953

und seit 1911 ist unverändert bis heute »Schulzendorf (b Tegel)« amtlich gültig. 1910 wurde er zum Kreuzungsbahnhof erweitert; um den gestiegenen Verkehrsanforderungen gerecht zu werden, hatte schon 1901 der zweigleisige Ausbau der Kremmener Bahn begonnen, vorerst nur bis Tegel. Schulzendorf erhielt erst 1921-25 einen teilweise überdachten, hochgelegten Mittelbahnsteig, das Holzdach getragen von ebenfalls hölzernen, elegant geschwungenen Stützen. Der Zugang befindet sich am nördlichen Bahnsteigende durch eine Unterführung von der Ostseite. Verschiedene Tiermotive sind als Reliefbilder in den Stahlbetonwänden erhalten. Das Empfangsgebäude (heute Wohnhaus) wurde um einen Anbau (heute Gaststätte) erweitert. Die Station war gerüstet für die S-Bahn.

Im März 1927 fuhr sie hier zum ersten Mal, nutzte die Strecke gemeinsam mit Dampfzügen. Im April 1945 wurde der Zugbetrieb infolge von Kriegsschäden eingestellt, doch nach fünf Monaten wurde Schulzendorf wieder S-Bahn-Station. Der erste Zug nach Kriegsende rollte am 16. September ein, wegen der zerstörten Havelkanalbrücke hieß das Ziel Richtung Norden erst einmal nur Heiligensee. Bis zum Mauerbau 1961 hielten die Züge an beiden Bahnsteigkanten; als nach dem Fortfall des Endpunktes Velten der Betrieb nunmehr wieder nur noch bis Heiligensee möglich war, setzte man das südliche Gleis außer Betrieb.

Obwohl seit Mitte Oktober 1961 die Züge alle 20 (zuvor: alle 30) Minuten fuhren, kam diese Angebotsverbesserung doch zu spät. Immer mehr »heiße Luft« beförderten die Züge in der Folgezeit, es gab eine Sitzplatzgarantie. Nach der mehrtägigen Streikpause 1980 war die Nutzung der Züge fast auf Null gesunken. Der Betreiberwechsel im Westteil Berlins – Zugriff auf den Betriebsablauf hatte nun die BVG – setzte dem Verkehr auch am Bahnhof Schulzendorf Anfang Januar 1984 ein Ende.

Es ist erstaunlich, wie hoch Birken in nur einem Jahrzehnt auf Schottergrund wachsen können. Im Hundeauslaufgebiet südöstlich des Bahnhofs Schulzendorf konnten sich Spaziergänger, Pilzsucher oder Hundebesitzer davon überzeugen. Die Natur wucherte zwischen verrottenden Gleisen. Nicht, daß nach der Wende 1989 keine Szenarien für eine Wiederinbetriebnahme entworfen worden wären. Doch planerische Kurzsichtigkeit nach 1984 hatte zum einen eine autobahnähnliche Schnellstraße auf einem Teilstück der Trasse wachsen lassen, zum anderen wuchs die Zahl der Planungen, Umplanungen, Ankündigungen – das »beliebte« In-Aussicht-Stellen. Folgenlose »erste Spatenstiche« gab es auch unter den Papier-Aktivitäten.

Die letztlich für Ende 1998 angekündigte Wiederinbetriebnahme des Abschnitts Tegel – Hennigsdorf, die dritte Eröffnung des Bahnhofs Schulzendorf, realisiert man termingerecht. Das Bahnsteigdach wurde inzwischen denkmalgerecht wiederhergestellt. Es vor Ort zu sanieren, erwies sich als zu aufwendig, man hatte es in eine Werkstatt verfrachtet. Am Südende des nach wie vor eingleisigen Bahnhofs kommt ein Aufzug hinzu, somit wird es künftig einen zweiten Zugang geben, hauptsächlich für die Bewohner des nahegelegenen Diakoniezentrums. Zur Bahnhofseröffnung allerdings wird er noch nicht fertiggestellt sein.

Die Gründungsurkunde von »Schultzendorff« wurde übrigens vom Alten Fritz persönlich unterschrieben. Einem Forstrat Schultze gewährte er darin 1772 eine Erbpachtverschreibung. 1888 wurde Schulzendorf in den Gutsbezirk Tegeler Forst eingeordnet und ist seit 1920 Teil von Heiligensee im Berliner Bezirk Reinickendorf.

KURZZEICHEN: SZF
LAGE: AUF BAHNDAMM
NACH HEILIGENSEE
1620 METER,
NACH TEGEL
4420 METER

| | |
|---|---|
| 1.10.1893 | Eröffnung als »Schulzendorf-Heiligensee«, Seitenbahnsteig, Empfangsgebäude |
| 1.5.1897 | Umbenennung in »Schulzendorf« |
| 1.5.1911 | Umbenennung in »Schulzendorf (b Tegel)« |
| 3.11.1925 | Inbetriebnahme eines hochgelegten, überdachten Mittelbahnsteigs, Empfangsgebäude erweitert |
| 16.3.1927 | Elektrischer Betrieb |
| 4.1945 | Stillegung |
| 16.9.1945 | Wiedereröffnung, Elektrischer Betrieb |
| 9.1.1984 | Schließung (Übernahme durch die BVG) |
| 12.1998 | Wiedereröffnung, Elektrischer Betrieb |

# Siemensstadt

Zum »Verkehrsdenkmal« in der Siemensstadt ist der gleichnamige S-Bahnhof heute geworden. Aufnahme aus den dreißiger Jahren

Wer nicht nur einen Bahnhof, sondern gleich eine ganze S-Bahn-Strecke auf eigene Kosten bauen läßt, hat wohl ein Anrecht auf eigene Stationsnamen-Benennung. Die seit Januar 1914 offiziell so genannte Großsiedlung »Siemensstadt« im Nordwesten Berlins, an der Grenze zwischen Charlottenburg und Spandau, wurde Anfang August 1899 gegründet; sie wuchs binnen kurzem gewaltig. Schon 1909 gab es 16000 Beschäftigte, sie mußten lange Anmarschwege auf sich nehmen. Um die Mitarbeiter zu halten und leichter neue zu gewinnen, beteiligte sich Siemens schon früh an der erforderlichen verkehrstechnischen Infrastruktur (siehe →Siemensstadt-Fürstenbrunn).

Nach dem wirtschaftlichen Rückschlag durch den Ersten Weltkrieg verzeichnete die Firma Anfang 1928 mehr als 57000 Mitarbeiter. Diese Entwicklung vorausahnend, hatte man schon 1925 beschlossen, mit einer neu anzulegenden S-Bahn-Strecke die Siemensstadt zu erschließen. Die Stichbahn ab Jungfernheide und mit ihr der Bahnhof Siemensstadt wurden Mitte Dezember 1929 eröffnet. Die Bauarbeiten waren unter Aufsicht der Reichsbahn überwiegend durch die zum Siemens-Konzern gehörende Siemens-Bauunion ausgeführt worden. Finanzielle Firmenbeteiligung: 15 Millionen Reichsmark.

Der S-Bahnhof Siemensstadt wurde in unmittelbarer Nähe der Firmen-Hauptverwaltung angelegt. Elegant schwingt sich die Konstruktion mit ihrem fast völlig überdachten Mittelbahnsteig quer über den Rohrdamm; die Straßenunterführung ist hier 70 Meter breit. Ausgänge entstanden beiderseits der Brücke, an der Ostseite steht ein Empfangsgebäude als viertelkreisförmiger Anbau an das Brückenwiderlager, mit dunkelroten Klinkern; an der Westseite ein Nebenausgang mit ebenfalls viertelkreisförmiger, kleinerer Schalterhalle. Für den Entwurf zeichnete Reichsbahnbaumeister Hans Hertlein in Zusammenarbeit mit dem Siemens-Baubüro verantwortlich.

Von Anfang an hielten am Bahnhof Siemensstadt sowohl Pendelzüge, die nur die Stichstrecke befuhren, als auch auf den Nordring übergehende Züge. Im Zweiten Weltkrieg wurde die Strecke im Berufsverkehr noch stärker frequentiert, Siemens war auch Rüstungskonzern geworden. Ab April 1945 war kein Zugverkehr mehr möglich; ein Streckengleis wurde demontiert. Auf dem Bahnhof blieb einige Jahre die nördliche Bahnsteigkante verwaist.

Mit bescheidenem Pendelbetrieb kehrte die S-Bahn im September 1945 zurück. Zum Erreichen einer dichteren Zugfolge mußte ab Februar 1946 in der Hauptverkehrszeit auf dem Bahnhof Siemensstadt umgestiegen werden, der Pendelverkehr war hier noch einmal gebrochen. Die stark beschädigte Spreebrücke wie auch Strommangel waren Ursachen für einen unregelmäßigen Verkehr, so daß der Bahnhof Siemensstadt von Anfang August bis Anfang November 1946 sogar noch einmal geschlossen wurde.

Ein weiteres Mal beteiligte sich Siemens direkt am Ausbau der Strecke: 1953 stellte die Firma den für die Reparatur der Spreebrücke erforderlichen Stahl zur Verfügung. Eine wichtige Station auf dem langen Weg zur Normalisierung des Betriebs war der Wiedereinbau des zweiten Streckengleises; erst Mitte Juli 1956 wurde endlich von →Wernerwerk bis zum Bahnhof Siemensstadt der zweigleisige Betrieb wiederaufgenommen. Der Rückschlag ließ nicht lange auf sich warten. Viele Faktoren, darunter hauptsächlich die Auswirkungen des Mauerbaus 1961 und die zunehmende Motorisierung der (weniger gewordenen) Beschäftigten, hatten in den Nachkriegsjahrzehnten die Frequentierung der Station sinken lassen. Der Firmen-Hauptsitz war schon 1949 nach Bayern verlegt worden.

Die 1980 neu eröffnete U-Bahn bis Rohrdamm sorgte für den endgültigen Niedergang der S-Bahn-Strecke. Zwar war der Bahnhof Siemensstadt schon zwei Wochen vor der U-Bahn-Eröffnung beim S-Bahner-Streik geschlossen worden, doch eine Wiedereröffnung nach Streikende wurde schnell illusorisch – war doch der Stadtteil Siemensstadt, auch der Rohrdamm, nunmehr komfortabel mit dem U-Bahn-Netz verbunden.

Seit knapp zwei Jahrzehnten blicken inzwischen die stillgelegten Bahnhofsanlagen auf die Straße hinab. Angesiedelt zwischen technischem Denkmal und verkehrlichem Mahnmal ist der markante Bahnhof in der Siemensstadt noch präsent, aufgrund seiner Brückenlage bei weitem nicht so stark von Naturbewuchs überwuchert wie vergleichbar lange stillgelegte Bahnhöfe, etwa in →Düppel. An eine Wiederinbetriebnahme ist nicht zu denken.

Die heute noch rund 16000 Siemensianer arbeiten an verschiedenen Dienststellen in Berlin. Zur Neunutzung des Geländes werden branchenähnliche, innovative Unternehmen angeworben, die gewerbliche Arbeitsplätze schaffen sollen, ganz im Sinne des Konzerngründers. Der Physiker, Erfinder, Elektrotechniker und Industrielle Werner (seit 1888 »von«) Siemens (1816-1892) gründete 1847 eine Telegraphenanstalt, die Vorläuferin der späteren Siemens & Halske AG, die sich zu einem der bedeutendsten Konzerne der Elektroindustrie entwickelte. Siemens erfand 1866 die Dynamomaschine und wurde damit zum Begründer der Starkstromtechnik. Auf der Berliner Gewerbeausstellung 1879 präsentierte er die erste elektrische Eisenbahn der Welt, 1880 den ersten elektrischen Aufzug und 1881 die erste elektrische Straßenbahn, im heutigen Berlin.

| | |
|---|---|
| 18.12.1929 | Eröffnung, Elektrischer Betrieb |
| 4.1945 | Stillegung |
| 9.1945 | Wiedereröffnung, Elektrischer Betrieb |
| 5.8.1946 | Stillegung (Brückenbauarbeiten und Strommangel) |
| 7.11.1946 | Wiedereröffnung, Elektrischer Betrieb |
| 18.9.1980 | Schließung (kein Verkehr nach Streikende) |

KURZZEICHEN: SS
LAGE: AUF BAHNDAMM UND AUF BAHNBRÜCKE ÜBER DEN STRASSENZUG ROHRDAMM
NACH GARTENFELD 1340 METER,
NACH WERNERWEK 1180 METER

# Siemensstadt-Fürstenbrunn

Keine vier Fahrgäste je Stunde nutzten zuletzt noch den Bahnhof (Oktober 1972)

*Wer nie bei Siemens-Schuckert war / bei AEG und Borsig / der kennt des Lebens Jammer nicht / der hat ihn erst noch vor sich«.* Das Berliner Arbeiterlied aus der Jahrhundertwende entstand wohl nicht von ungefähr. Die sich sprunghaft entwickelnde Siemensstadt war in jenen Jahren für die Beschäftigten nur sehr beschwerlich, verbunden mit langen Fußmärschen, zu erreichen. Arbeitgeber Siemens ließ auf eigene Kosten, in Abstimmung mit der Staatseisenbahnverwaltung, jedoch gegen Charlottenburger Einspruch, einen Haltepunkt »Fürstenbrunn« errichten. Er lag zwischen den heutigen S-Bahnhöfen Jungfernheide und Stresow, besaß einen überdachten Mittelbahnsteig und wurde Anfang Juni 1905 eröffnet. Das Empfangsgebäude bestand aus einfachen Putzbauten mit hohen Satteldächern. Der neue Bahnhof war schon bald überlastet, obwohl er bereits nach kurzer Zeit eine Kehranlage für Verstärkungszüge erhalten hatte. Etwa 24000 Mitarbeiter waren 1912/13 in Siemensstadt beschäftigt, zum Schichtwechsel kam es zu chaotischen Situationen, ein unhaltbarer Zustand. Der Erste Weltkrieg vereitelte die Ausführung von Plänen zur Entlastung der bahnbetrieblichen Situation, und in den Jahren danach dehnte sich die Siemensstadt mehr nach Norden aus. Den damit entstandenen neuen Verkehrsströmen trug Siemens mit dem Bau einer »eigenen« S-Bahn-Strecke nach →Gartenfeld Rechnung (→Siemensstadt). Der Bahnhof Fürstenbrunn wurde Anfang April 1925 in Siemensstadt-Fürstenbrunn umbenannt.

Der Zweite Weltkrieg führte mit seinen umfangreichen Zerstörungen auch hier zu Substanzverlusten. Ende April 1945 standen alle Räder still, die ersten Züge dampften wieder ab Mitte Juni 1945 Richtung Nauen / Wustermark oder Lehrter Bahnhof. Nach der endgültigen Schließung des Lehrter Bahnhofs Ende August 1951 war für Siemensstadt-Fürstenbrunn der Beginn des S-Bahn-Zeitalters gekommen. Mit der Montage der Stromschiene an dem einen noch vorhandenen Vorortgleis wurde jetzt jedoch eine durchgehende elektrische Verbindung zwischen →Spandau West und Grünau

Im April 1974 war noch alles vorhanden: Empfangsgebäude, Treppenzugang und Bahnsteig

KURZZEICHEN: FÜB
LAGE: IM GELÄNDENIVEAU
NACH SPANDAU 4100 METER,
NACH JUNGFERNHEIDE 2070 METER

über den Nord- und Ostring möglich. Mitte März 1952 kam im Bereich der Station ein Kreuzungsgleis hinzu.

Durch den Mauerbau, fast genau ein Jahrzehnt nach der Inbetriebnahme als S-Bahnhof, reduzierte sich der Linienlauf auf Gesundbrunnen – →Staaken, später Beusselstraße – →Spandau. 1968 wurde das nördliche Kreuzungsleis am Bahnhof Siemensstadt-Fürstenbrunn wieder stillgelegt. Ab 1976 fuhr die S-Bahn hier nur noch alle halbe Stunde: 67 Fahrgäste waren im Tagesdurchschnitt gezählt worden. Abends zog man die Aufsicht ab – damals noch etwas Besonderes. Mitte September 1980 fuhr die S-Bahn gar nicht mehr. Streikende Reichsbahnangehörige hielten den Bahnhof geschlossen, er blieb es auch nach Beendigung des Streiks. Güterzüge, nach der Wende auch Regionalbahnen, fuhren an einer Bahnhofsanlage vorbei, die zunehmend einer Ruine glich. Das Empfangsgebäude beseitigte man im März 1987, den Bahnsteig im November 1996 – »zurückbauen« lautet der moderne Ausdruck für Abriß. Der Bahnhof Siemensstadt-Fürstenbrunn ist nicht mehr vorhanden, er war beim Bau der Hochgeschwindigkeitstrecke Lehrter Bahnhof – Hannover im Wege. Es gibt noch ein ruinenhaftes Stellwerksgebäude, direkt östlich neben ihm existierte 91 Jahre die Station.

Die Entwicklung der Siemensstadt (früher: Nonnendamm) ist unter dem gleichnamigen Bahnhof beschrieben. Der Name Siemens selbst ist übrigens auch die physikalische Einheit für den elektrischen Leitwert vom Widerstand 1 Ohm: $1S=1/\Omega=1s^3A^2m^{-2}kg^{-1}$. Der Name Fürstenbrunn leitet sich ab von der gleichnamigen Quelle, aus der sich der Große Kurfürst, später auch König Friedrich Wilhelm IV. oftmals gelabt haben sollen. Die Quelle am heutigen Ruhwaldweg und das hier entspringende Quellwasser erhielten 1857 auf Antrag des Besitzers den Namen Fürstenbrunn.

| | |
|---|---|
| 1.6.1905 | Eröffnung als »Fürstenbrunn«, Empfangsgebäude |
| 1.4.1925 | Umbenennung in »Siemensstadt-Fürstenbrunn« |
| 4.1945 | Stillegung |
| 15.6.1945 | Wiedereröffnung |
| 28.8.1951 | Elektrischer Betrieb |
| 17.9.1980 | Schließung (kein Verkehr nach Streikende) |
| 3.1987 | Abriß des Empfangsgebäudes |
| 11.1996 | Abriß des Bahnsteigs |

# Sonnenallee

Die Berliner hatten 17 Jahre warten müssen, bis die einst tote Station wieder lebendig wurde – im Dezember 1997 war es soweit, es war wieder ein gültiger S-Bahn-Fahrplan am Bahnhof ausgehängt.
Im Bereich der heutigen Sonnenallee wurde die Ringbahn im Juli 1871 für den Güterverkehr und zu Beginn des Jahres 1872 für den Personenverkehr eröffnet. Ab April 1896 wurden besondere Gleise für den Nahverkehr benutzt; im Oktober 1912 öffnete der Bahnhof seine Pforten. Bereits im Juli 1907 war er von den Rixdorfern, wie die Neuköllner damals noch hießen, beantragt worden. Den mit roten Ziegeln verblendeten Mauerwerkbau, der damals Kaiser-Friedrich-Straße hieß, krönt auf seinem Walmdach eine Wetterfahne mit einer dreiachsigen Dampflokomotive - Erinnerung an die Zeit vor 1928, die Zeit vor dem einsetzenden Betrieb mit elektrischen S-Bahn-Zügen.
Eine eher zufällige Reminiszenz an diese Anfangszeit der S-Bahn gab es zur Wiedereröffnung am 18. Dezember 1997. Für wenige Tage – bis zur endgültigen Ausmusterung kurz darauf – waren noch einmal die alten Wagen der Bauart »Stadtbahn« im Liniendienst unterwegs, die hier schon 69 Jahre zuvor, am Bahnhof Kaiser-Friedrich-Straße, Dienst getan hatten.
Sonnenallee ist bereits der dritte Name der Station, im »Dritten Reich« hatte sie nach Hitlers Geburtsort Braunauer Straße geheißen. Der südliche Teil der Straße selbst trug den sonnigen Namen übrigens schon einmal, von 1920 bis 1938. Auf dem Bahnhof wurden im Herbst 1945 die Stationsschilder Braunauer Straße gegen Sonnenallee ausgetauscht.
Der S-Bahnhof war mit dem Mauerbau zwangsweise zur Endstation degradiert und 1980 schließlich sang- und klanglos stillgelegt worden. Nun ist er zwar wieder ein Bahnhof an der Ringbahn, doch noch verdient diese ihren Namen nicht recht. Züge mit der Aufschrift »Vollring« werden wohl erst im nächsten Jahrtausend in Sonnenallee halten.

ERÖFFNET ALS:
→KAISER-FRIEDRICH-STRASSE
SIEHE AUCH:
→BRAUNAUER STRASSE

Das Empfangsgebäude des Bahnhofs liegt an der ◀ Saalestraße (Mai 1996)

KURZZEICHEN: SO
LAGE: AUF BAHNDAMM
NACH NEUKÖLLN 970 METER,
NACH TREPTOWER PARK 2670 METER

# Spandau

■ »Bahnhof I« eröffnet als:
→Spandau Hbf.
heute:
→Stresow
»Bahnhof II« eröffnet als:
→Spandau West

Seit über 150 Jahren ist die früher eigenständige, heute eigenwillige Stadt Spandau an das Eisenbahnnetz angeschlossen, seit 1910 mit Bahnhöfen links und rechts der Havel. Östlich des Flußlaufes befindet sich der älteste Haltepunkt, die historische Station von 1846. Dieser sei hier im Interesse der Übersichtlichkeit »**Bahnhof I**« genannt. Er hieß einst nur »Spandau«, später auch »Spandau (Hamburger Bahnhof«, dann stolz »Spandau Hauptbahnhof«, ab 1936 wieder nur »Spandau«. Bahnhof I diente auch der S-Bahn, von 1928 bis 1980. Als Fernbahnhof war er noch bis Mai 1997 in Betrieb, als S-Bahnhof ersteht er neu im Dezember 1998 unter dem Namen Stresow.
Die Bahnhofsbezeichnung »Spandau« trat 1997 ans andere Havelufer über. Nicht der Bahnhof, sein Name wechselte die Seiten. Die Bahn selbst tat mit einer etwas verklausulierten Formulierung kund: *»Ab Mai 1997 ist der Zugang zum Bahnhof Berlin-Spandau von der Grenadierstraße in die Klosterstraße verlegt*«. Hinter der eher lapidaren Information steckte ein handfester Umzug: Zum neuen Zugang gehörte auch ein komplett neuer Bahnhof, und zwar am rechten Havelufer!
Unter dem Namen »Spandau« steht nun an der Seegefelder Straße eine tonnenförmige Gitterschale, eine mit Drahtseilen verspannte filigrane Konstruktion. Der Entwurf stammt vom Architektenbüro Gerkan, Marg und Partner. Nennen wir die neue Station »**Bahnhof II**«. Rund 24000 ungefähr quadratmetergroße Verbundglasscheiben verleihen dem lichtdurchfluteten zweiten Bahnhof Spandau ein charakteristisches Gesicht. Vier derart verglaste Gewölbebögen (hinzu kommen wellenförmige Vordächer) überspannen neben zwei Fernbahnsteigen auch einen S-Bahn-Mittelbahnsteig. Dieser liegt etwas weiter östlich als sein Vorgänger →Spandau West und ist durch einen neuen Zugang auch von der Straße Stabholzgarten, also von der Rathausseite her, erreichbar.
Ab Dezember 1998 schließlich ist eine seit 1980 unterbrochene Verbindung wieder in Funktion: Die S-Bahn nimmt ihren alten Weg von Pichelsberg nach Spandau. Sie hält im Bahnhof I, dann im Bahnhof II. Da für das Verkehrsaufkommen westlich des Bezirkszentrums Spandau gegenwärtig auch Regionalbahnen ausreichend erscheinen, ist allerdings im neuen Bahnhof Spandau vorerst Endstation. Und damit man auch weiß, wo man sich befindet und wie das einzuordnen sei, steht weiß auf blauviolett auf den Bahnhofsschildern Berlin kleingedruckt und Spandau in großen Lettern. Wenn Vogt Everardus (anno 1197 in seiner Burg in Spandowe) das noch erlebt hätte!

Auch in Spandau bot die S-Bahn in den siebziger Jahren kein attraktives Erscheinungsbild (März 1976)

# Spandau Hbf.

Heute:
→Stresow
Siehe auch:
→Spandau

Das über 150 Jahre alte Spandauer Bahnhofsgebäude wurde fein restauriert (Mai 1997)

Berlin und Hamburg waren 1846 erstmals durch einen Schienenstrang miteinander verbunden. Der Bahnhof der Stadt Spandau an dieser Strecke hieß anfänglich nur »Spandau«, später »Spandau (Hamburger Bahnhof)«. Das dem jetzigen S-Bahnhof Stresow vorgelagerte Empfangsgebäude zählt zu den ältesten Bahnhofsbauten innerhalb der Stadtgrenzen des heutigen Berlin. Friedrich Neuhaus vollendete 1846 den zweigeschossigen Bau, der zur Eröffnung noch Anklänge an Florentiner Renaissance-Paläste spüren ließ. Von Anfang an lag der Bahnhof verkehrstechnisch ungünstig, denn die Havel trennt ihn vom eigentlichen Zentrum Spandaus am Ostufer des Flusses. Sicherheitsbedenken des Militärs in der alten Festungsstadt hatten den Ausschlag für die Randlage gegeben.

Eine Chance, mit dem Bahnhof auf die andere Havelseite zu wechseln, wurde 1904 vertan, als die Stadt Spandau für einen entsprechenden, von der Preußischen Staatsbahn favorisierten Plan nicht genügend Finanzmittel zur Verfügung stellen wollte. Der bestehende Bahnhof wurde um 1910-11 etappenweise umgebaut und stark erweitert. Auch die Trasse der Lehrter Bahn berührte nun den Bahnhof, und Vorortzüge aus Berlin kamen jetzt über die neue Strecke von Heerstraße via Pichelsberg. Auf den nun hochgelegten Bahnanlagen errichtete man drei Bahnsteige; der mittlere (und breiteste) diente dem Vorortverkehr und erhielt einen zusätzlichen Zugang von der Grenadierstraße. Umrahmt war er von zwei Fernbahnsteigen – einem nördlichen, neben dem Empfangsgebäude, für die Züge aus Berlin, und entsprechend einem südlichen für die Gegenrichtung. Die stattliche Anlage nannte man ab August 1911 in angemessener Weise »Spandau Hauptbahnhof«. Fast auf den Tag genau 17 Jahre darauf wurde auch die S-Bahn im Hauptbahnhof der Havelstadt heimisch. Im Vorfeld der Olympischen Spiele, im Mai 1936, war der Zusatz »Hbf.« nicht mehr aktuell und wurde gestrichen.

Im neuen Bahnhof Spandau an der Klosterstraße ist auch der S-Bahnsteig von Hallendächern überspannt (Juni 1998)

Recht bald regte sich nach Kriegsende auf dem Bahnhof Spandau wieder der S-Bahn-Verkehr. Die ersten Züge trafen im Juni 1945 ein, sie wendeten damals hier. Wegen der Kriegszerstörungen gab es einen S-Bahn-Verkehr westlich der Havelbrücken erst ab August 1947. Im Sommer 1951 kam eine weitere S-Bahn-Linie hinzu, die direkt von Westen Spandau erreichte, auf der Trasse der traditionellen Hamburger Bahn. Der zwischen dem S-Bahnsteig und dem Empfangsgebäude gelegene nördliche Bahnsteig war seit 1945 entbehrlich und wurde 1976 endgültig abgerissen: Fernzüge hielten schon ab Mai 1952 nicht mehr in Spandau. Ende 1961 wurden diese durchfahrenden Fernzüge, die Interzonenzüge, sogar ferngehalten von Spandau. Ein spektakuärer Grenzdurchbruch auf Schienen (siehe →Albrechtshof) beschleunigte diese ohnehin geplante Maßnahme, so daß die Züge nun weiträumig um Spandau herumgeführt wurden und Richtung Hamburg im Süden West-Berlins, in Wannsee, die Teilstadt verlassen mußten. Der Bahnhof Spandau war nach dem Mauerbau nichts weiter als ein einfacher S-Bahn-Haltepunkt, bis 1976, als nebenan wieder »Transitzüge« hielten.

Die Situation verwandelte sich im September 1980 in ihr Gegenteil; jetzt hielten hier ausschließlich Fernzüge, dafür keine S-Bahnen mehr. Sie waren nach einem Streik der Bediensteten auf der Strecke geblieben. Es begann eine S-Bahn-lose Zeit für Spandau, für den gesamten Bezirk; die »stromschienenfreie« Periode endete erst im Dezember 1998. In den Jahren davor war auch der S-Bahnsteig entbehrlich (und marode) geworden. Im August 1991 mußte das Dach abgetragen werden.

Der Abriß des S-Bahnsteigs war besiegelt, als nach der Wende die Planungen für einen neuen »Hauptbahnhof« in Spandau reiften und dessen Standort auf der »richtigen« Havelseite vorgesehen war. Die Teilinbetriebnahme des Neuen führte letztlich auch zur Beseitigung des einzig noch verbliebenen Fernbahnsteigs, dessen letztes Stündlein Mitte Mai 1997 geschlagen hatte. Danach kündete einzig und einsam nur noch das restaurierte Empfangsgebäude von 1846 von früherer Glanzzeit der Bahn im Osten Spandaus. Mit der Eröffnung eines neuen S-Bahnsteigs im Dezember 1998 ähnelt die aktuelle Situation der von 1961-1976: ein einfacher Haltepunkt im Ortsteil Stresow, dessen Namen die S-Bahn-Station nun auch trägt.

Der heute wie ein »Hauptbahnhof« von Spandau anmutende große Fern- und S-Bahnhof an der Klosterstraße gegenüber dem Rathaus hat also mit dem historischen »Spandau Hauptbahnhof« rein gar nichts zu tun. Er entwickelte sich aus dem Bahnhof →Spandau West, auf dessen altem Standort er sich auch befindet.

Das berühmte »Spandau bei Berlin«, als Lebensgefühl der Havelstädter stets auch mit »Berlin bei Spandau« zum Ausdruck gebracht, hatte seine immer etwas lockere(re) Bindung zur Hauptstadt auch dem Umstand zu verdanken, daß die Eisenbahnanbindung selten optimal gewesen ist. Der S-Bahn-Verkehr besaß daher eine nicht zu unterschätzende Klammerfunktion, die nach seiner streikbedingten Einstellung 1980 durch die 1984 eröffnete U-Bahn nicht annähernd erfüllt werden konnte. Immerhin hatte man in der Zwischenzeit, 1982, schon das Jubiläum »750 Jahre Stadt Spandau« gefeiert, fünf Jahre vor dem großen Berlin. Die erste urkundliche Erwähnung datiert sogar von 1197; die Ableitung des Ortsnamens von einem polabischen, mithin slawischen Grundwort »spad« (Scheffel) ist wahrscheinlich. Wahrzeichen Spandaus sind die 1560 angelegte Zitadelle und die bereits 1240 erwähnte Nikolaikirche. Im Jahre 1920 unwillig Berlins achter Verwaltungsbezirk geworden, sollte Spandau nach dem Bombardement des Zweiten Weltkriegs übrigens im Altstadtbereich eine Neugestaltung im Bauhausstil erhalten – so sahen es Planungen der fünfziger Jahre vor.

| | |
|---|---|
| 15.10.1846 | Eröffnung als »Spandau« |
| um 1871 | Benennung »Spandau (Hamburger Bahnhof)« |
| 1910-11 | Hochlegung, Anlage von drei Mittelbahnsteigen |
| 24.8.1911 | Umbenennung in »Spandau Hauptbahnhof« |
| 23.8.1928 | Elektrischer Betrieb |
| 15.5.1936 | Rückbenennung in »Spandau« |
| 25.4.1945 | Stillegung |
| 9.6.1945 | Wiedereröffnung, Elektrischer Betrieb |
| 28.8.1951 | Schließung für den dampfbetriebenen Vorortverkehr (Lehrter Bahnhof – Nauen/Wustermark) |
| 18.5.1952 | Kein Halt von Fernzügen mehr |
| 26.9.1976 | Wieder Halt von Interzonenzügen; Abriß des nördlichen Bahnsteigs |
| 17.9.1980 | Stillegung für den S-Bahn-Betrieb (kein Verkehr nach Streikende) |
| 19.5.1997 | Schließung auch für den Regional- und Fernverkehr |
| 12.1998 | Wiedereröffnung, Elektrischer Betrieb (S-Bahn) |

# Spandau West

■ Siehe auch:
→Spandau

Nichts, gar nichts mehr ist übrig vom Bahnhof Spandau West, vom 1910 eröffneten Spandauer Vorortbahnhof. Ein bestechend filigranes gläsernes Reptil erstreckt sich heute auf dem Gelände der sieben Jahrzehnte geöffneten Station. Dieses Glasreptil trägt den Traditionsnamen Spandau, doch von einer Umbenennung läßt sich guten Gewissens nicht sprechen - vom früheren Bahnhof Spandau West blieb kein Stein mehr auf dem anderen, kaum ein Bezug ist noch gegeben.

Der Bahnhof Spandau West hätte eine größere Rolle für die Havelstadt spielen können, die Stadtväter aber spielten nicht mit. Die Verkehrsdeputierten waren zu knauserig, als die Bahn am rechten Havelufer, mithin westlich des Flußlaufes, einen Bahnhof plante und ihn zur zentralen Station Spandaus machen wollte. Die städtische Finanzbeteiligung fiel mit 600000 Mark statt der geforderten Million zu dürftig aus. Man hielt am verkehrsungünstig gelegenen Spandauer (»Haupt«-) Bahnhof am linken Havelufer fest, obwohl westlich des Flusses inzwischen neue Stadtteile entstanden waren, für die keine Verbindung nach Berlin bestand. Deshalb eröffnete die preußische Staatsbahnverwaltung im Juli 1910 einen Vorortbahnhof in Spandau, der zunächst auch so genannt wurde. Neun Wochen später hieß er »Spandau West«. Ein 1871 ganz in der Nähe erbauter Bahnhof an der Lehrter Bahn war 1890 bereits geschlossen worden.

Ernst Schwartz errichtete im Zuge der Hochlegung der Strecke am Ostende der Bahnhofsanlage ein Empfangsgebäude – wenn man es denn so bezeichnen will –, das aus Raumgründen in den Bahndamm eingeschoben war. Die Fassade bestand aus einem Ziegelrohbau mit weißen Putzflächen. Mit drei Gleisen an zwei Mittelbahnsteigen verfügte die Station Spandau West über eine ungewöhnliche Bauform. Der nördliche Bahnsteig (A) war um etwa ein Drittel schmaler als der zehn Meter breite Bahnsteig B; beide besaßen eine einstielige Dachkonstruktion. Züge am mittleren Gleis, das beiden Fahrtrichtungen offenstand, waren somit auch von beiden Plattformen aus zu erreichen. Zugänge bestanden an allen vier Bahn-

Der Zugang zum Bahnhof lag an einem kleinen Vorplatz an der Seegefelder Straße. Aufnahme aus den sechziger Jahren

steigenden, sie mündeten jeweils auf einen Personentunnel.

Mit der Eröffnung der Vorortstrecke von Eichkamp/Heerstraße im August 1928 gelangte auch die neue S-Bahn in die Havelstadt, sie endete in Spandau West. Nach Kriegsende war die Station vom restlichen S-Bahn-Netz abgeschnitten, bedingt durch die am 23. April 1945 gesprengte Bahnbrücke über die Havel. Nur notdürftig repariert, ermöglichte diese zwar ab Mitte Juni 1945 eingeschränken Dampfbetrieb, doch erst mit der Wiederherstellung des zweiten Gleises auf der Brücke, im August 1947, konnte auch die S-Bahn nach Spandau West zurückkehren. Mit den Verlängerungen nach →Falkensee und →Staaken vier Jahre später fuhren dann S-Bahn-Züge auch über Spandau West hinaus, war die Station kein Endbahnhof mehr.

Der Rückgang der Fahrgastzahlen in der Folgezeit wurde beschleunigt durch den Mauerbau. Nur noch verhältnismäßig wenige S-Bahn-Züge verließen den Bahnhof Spandau West Richtung Westen, nach Staaken. Der Bahnsteig B wurde 1966 geschlossen. »*Auf diesem Bahnsteig nicht aussteigen!*« warnte ein stationsnamensgroßes Schild, da die Züge ja direkt zwischen zwei Plattformen hielten.

Die Reichsbahn versuchte 1978, dem fortschreitenden Niedergang mit einer gründlichen Renovierung wenigstens eine optische Verschönerungskur entgegenzusetzen. Die Eingangsfassade wurde glatt und einfach verputzt, die Verklinkerung unsichtbar, das obenaufgesetzte dickbäuchige Steingeländer entfiel. Doch zwei Jahre später entfiel auch jeglicher Zugverkehr: Der Streik des Bahnpersonals im September 1980 setzte dem S-Bahn-Betrieb auf dem Bahnhof Spandau West ein zunächst noch nicht als endgültig erkennbares Ende.

Auch nach der Wende 1989 war an eine Reaktivierung der S-Bahn nicht ohne weiteres zu denken, vielmehr stand die Neuordnung der Bahnanlagen in Spandau unter dem Gesichtspunkt einer komfortablen Wiederbelebung der Fernbahn nach Hamburg im Vordergrund. Der S-Bahnhof Spandau West verfiel auf Raten. Die Schalterhalle war nach 1980 zur Kneipe geworden; im Herbst 1990 sind die Bahnsteigdächer, im Herbst 1994 die beiden Zugangstunnel und die Bahnsteige selbst abgebrochen worden. Der neue große Fernbahnof, der sich bis zur Klosterstraße erstreckt, nahm rasch erste Formen an. Seit Mitte Mai 1997 ist das gläserne Reptil in Betrieb und beherbergt unter seinen tonnenförmigen Dächern ab Dezember 1998 auch S-Bahn-Züge. Der S-Bahnhof Spandau West jedoch ist nur noch Legende.

Eine ungewöhnliche Bauform: In Spandau West war ein S-Bahn-Gleis von zwei Bahnsteigen her erreichbar (1962)

| | |
|---|---|
| 15.7.1910 | Eröffnung als »Spandau Vorortbahnhof«; Empfangsgebäude |
| 19.9.1910 | Umbenennung in »Spandau West« |
| 23.8.1928 | Elektrischer Betrieb |
| 24.4.1945 | Stillegung |
| 15.6.1945 | Wiedereröffnung, Dampfbetrieb |
| 15.8.1947 | Elektrischer Betrieb |
| 20.1.1966 | Schließung Bahnsteig B |
| 1978 | Umbau, Renovierung |
| 17.9.1980 | Schließung (kein Verkehr nach Streikende) |
| 1994 | Abriß |
| 19.5.1997 | Provisorische Inbetriebnahme des neu gebauten Bahnhofs »Spandau« für Regional- und Fernverkehr |
| 12.1998 | (»Wieder«-) Eröffnung, Elektrischer Betrieb |

KURZZEICHEN: SPW
LAGE: AUF BAHNDAMM
NACH ALBRECHTSHOF (1951-1961) 4420 METER,
NACH STAAKEN (1951-1980) 3470 METER,
NACH SPANDAU (1928-1980) 1210 METER

# Spindlersfeld

Hinter dem Zug befindet sich der Prellbock: Seit 70 Jahren ist der S-Bahnhof Endstation (1985)

In den Jahren 1865 bis 1868 wurde die rund 210 Kilometer lange Eisenbahnstrecke Berlin – Cottbus – Görlitz erbaut. Auf der Trasse fährt heute die S-Bahn nach Königs Wusterhausen. Am damaligen Bahnhof →Niederschöneweide-Johannisthal zweigt seit 1891 eine Stichstrecke nach Spindlersfeld ab. Auf ihr wurde der Personenverkehr Anfang April 1892 aufgenommen.

Im Jahre 1902 gelang die Entwicklung eines für Bahnzwecke brauchbaren Wechselstrommotors; die preußische Staatsbahn ermöglichte dessen Erprobung im praktischen Betrieb auf der Trasse nach Spindlersfeld. Die im August 1903 aufgenommenen Probefahrten wurden Ende Februar 1906 zum letzten Mal durchgeführt, als man in Schöneweide größere Bahnhofsumbauten vornahm.

Elektrischen Betrieb hatte der Bahnhof Spindlersfeld also bereits kennengelernt, als er Anfang Februar 1929 in das S-Bahn-Netz einbezogen wurde. Der kleine Vorortbahnhof mit seinem breiten Seitenbahnsteig hat sich bis heute kaum verändert; es gibt einen eingeschossigen verputzten Mauerwerksbau als Empfangsgebäude mit Zugang von der Nordostseite sowie nördlich anschließend einen Fachwerkbau für die Güterabfertigung. Stets war die Station – von Abstellgleisen abgesehen - eingleisig, und stets war sie in Betrieb; die vierteljährige Nachkriegspause ausgenommen. Noch Anfang der neunziger Jahre war ein liebenswertes Relikt vergangener Bahnzeiten nicht nur vorhanden, sondern sogar in Funktion: ein »Hampelmann«. »Berlin-Buch« und »Kurzzug« beispielsweise war auf den ausklappbaren Zugzielanzeigeschildern zu lesen. Reste dieses »letzten Mohikaners« im Berliner S-Bahn-Netz sind auf dem Bahnhof Spindlersfeld noch vorhanden.

Spindlersfeld war einst die »Waschküche Berlins«. Diesen Ruf des Köpenicker Ortsteils zwischen Spree und Oberspreestraße begründeten Anfang des 19. Jahrhunderts die Waschfrauen und später das erfolgreiche Färberei- und Reinigungsunternehmen der Gebrüder Carl und Wilhelm Spindler, das 1873 an die Oberspree zog. Spindler war ein europaweiter Markenname; die Benennung des Köpenicker Kiezes nach dem Unternehmen hängt auch mit der auf Firmenkosten ab 1873 errichteten Werkssiedlung zusammen, der ältesten ihrer Art in Berlin. Auch der Bahnanschluß ist auf eine Initiative Spindlers zurückzuführen. Die Tore der roten Backsteinbauten des riesigen Wäschereigeländes »Blütenweiß«, zuletzt »Rewatex«, wurden 1996 geschlossen.

KURZZEICHEN: SPF
LAGE: IM GELÄNDENIVEAU
NACH OBERSPREE
1850 METER

| | |
|---|---|
| 1.4.1892 | Eröffnung, Empfangsgebäude |
| 15.8.1903 | Elektrischer Versuchsbetrieb mit Oberleitung (6 kV) |
| 4.7.1904 | Versuchsbetrieb auch mit Fahrgastverkehr |
| 1.3.1906 | Versuchsbetrieb eingestellt |
| 1.2.1929 | Elektrischer Betrieb |
| 4.1945 | Stillegung |
| 26.7.1945 | Wiedereröffnung, Elektrischer Betrieb |

# SPRINGPFUHL

Mitte der sechziger Jahre zeichnete sich in Marzahn ab, daß hier ein riesiges Wohngebiet, ein »9. Stadtbezirk der Hauptstadt der DDR« entstehen würde. Zur Verkehrserschließung der neuen Satellitenstadt war als Hauptträger eine S-Bahn-Verbindung vorgesehen. Anknüpfend an Planungen von 1937 bis 1941 entwickelte die Reichsbahn ein Konzept, das den völligen Umbau der Bahnanlagen im Bereich Lichtenberg/Wuhlheide/Marzahn zum Ziel hatte. Im Rahmen dieser Neugestaltung, insbesondere der Umwandlung der alten Nebenbahn Richtung Wriezen in eine S-Bahn-Strecke, war der Bahnsteig des Bahnhofs Springpfuhl bereits im Herbst 1971 im Rohbau fertiggestellt.

Zum Jahresende 1976 wurde die S-Bahn-Strecke zwischen Friedrichsfelde Ost und Marzahn, und mit ihr auch der Bahnhof Springpfuhl, in Betrieb genommen. »Schlammpfuhl« nannte man die Station anfangs scherzhaft angesichts des noch nicht befestigten Umlandes. Der im Geländeniveau liegende, zu Beginn nur teilweise überdachte Mittelbahnsteig ist an seinem südlichen Ende von der Straßenbrücke der Springpfuhlstraße aus zu erreichen, die 1978 in Allee der Kosmonauten umbenannt wurde. Die nicht überdachte Zugangstreppe sollte im Winter durch eine Elektroheizung schnee- und eisfrei gehalten werden. Doch die stromfressende Konstruktion war störanfällig und verwandelte oft den getauten Schnee in spiegelglattes Eis. Die Heizung wurde schließlich außer Betrieb genommen.

Mit dem fortschreitenden Ausbau des neuen Stadtbezirks wurde auch nördlich des Bahnhofs Springpfuhl die Strecke zweigleisig ausgebaut, 1978 konnte die S-Bahn alle 10 Minuten einrollen. Mitte 1980 überdachte man den Bahnsteig in voller Länge und eröffnete einen zusätzlichen, nördlichen Zugang. Seit 1984 verzweigt sich am Bahnhof Springpfuhl die S-Bahn; eine weitere Strecke nach Norden, Richtung Wartenberg, wurde eröffnet. Die Züge dieser Linie sollen eines Tages über einen neuen Bahnhof Sellheimbrücke bis zum Karower Kreuz fahren; der Buchstabe K auf dem Richtungsanzeiger am Ausfahrsignal des S-Bahnhofs Springpfuhl kündet schon heute von dem angestrebten Ziel.

Springpfuhl ist eine alte Flurbezeichnung. Ein kleiner Teich an der Märkischen Allee neben der Post, nordöstlich des Bahnhofs, besitzt den Namen und übertrug ihn auf den S-Bahnhof. Noch vor wenigen Jahrzehnten waren es mehrere Pfuhle, ihr Wasser bekamen sie von einer Quelle auf der ehemaligen Biesdorfer Feldmark.

**30.12.1976 Eröffnung, Elektrischer Betrieb**

Blick auf den Bahnhof von der Allee der Kosmonauten

KURZZEICHEN: SPH
(FRÜHER SGP)
LAGE: IM GELÄNDENIVEAU
NACH POELCHAUSTRASSE
990 METER,
NACH GEHRENSEESTRASSE
3390 METER,
NACH FRIEDRICHSFELDE OST
2560 METER

# Staaken

Nur der im Hintergrund sichtbare Teil des S-Bahnhofs Staaken wurde zuletzt noch genutzt (Mai 1978)

Sage und schreibe sieben Bahnhöfe lassen sich unter der Überschrift »Staaken« benennen, der S-Bahnhof war nur einer davon. Er ist, wie fast alle seiner Namensbrüder, heute nicht mehr vorhanden.

Mitte August 1900 wurde der erste Bahnhof in Betrieb genommen; er besaß zwei Seitenbahnsteige an der zweigleisigen Fernstrecke nach Lehrte. Diese wurde 1908 um zwei Gleise erweitert. Jetzt entstand ein Mittelbahnsteig, ein Empfangsgebäude wurde nicht gebaut. Die Plattform war über eine Treppe von der neuerrichteten Straßenbrücke im Zuge des Nennhauser Damms erreichbar. Auf der Straßenmitte dieser Brücke, die unmittelbar westlich des Bahnhofs die Gleise überspannt, sollte nach 1945 eine entscheidende Grenzlinie verlaufen.

Vorerst hielten weiter Dampfzüge an der Station; der Betrieb war jedoch durch die Kriegsfolgen bis August 1945 unterbrochen. In jenen Tagen wurde per Beschluß des Alliierten Kontrollrates der am westlichsten gelegene Teil Staakens aus dem Stadtgebiet Berlins herausgelöst und der sowjetischen Besatzungsmacht unterstellt. Die kommunale Verwaltung aber lag zunächst weiterhin beim Berliner Bezirk Spandau. Die neue Grenzlinie auf der Straßenbrücke neben dem Bahnhof Staaken hatte die nächsten Jahre lang noch keine Auswirkungen. In der Nacht auf den 2. Februar 1951 jedoch wurde das westliche Staaken von der Volkspolizei besetzt und der DDR einverleibt. Der Bahnhof Staaken lag nun hart vor der Grenze.

Im Juli 1951 begann die Reichsbahn mit der Elektrifizierung der Strecke von →Spandau West nach Staaken: Anfang August 1951 war die Station S-Bahnhof geworden. Das zwischenzeitlich demontierte zweite Bahnsteiggleis wurde wieder gelegt und jenseits der Grenze wurden zwei Gleise für Abstellzwecke mit Stromschienen versehen. Der S-Bahnhof lag im britischen Sektor, die Kehranlage in der DDR. Dort entstand auch ein dritter Bahnhof Staaken, für den Vorortverkehr Richtung Wustermark. Umsteiger von/zur S-Bahn mußten sich auf den jeweils anderen Bahnsteig begeben und sich dabei einer Ausweiskontrolle unterziehen. Dieser Zustand blieb bis zum 13. August 1961 bestehen.

Mit dem Mauerbau wurde der S-Bahn-Verkehr von Spandau West zum Bahnhof Staaken eingestellt, wegen der Lage des Bahnhofs im unmittelbaren Grenzbereich. Zur Wiedereröffnung der Station Anfang März 1962 blieb das westliche, grenznahe Drittel des Bahnsteigs mit dem Treppenaufgang zur Brücke Nennhauser Damm geschlossen. Die Plattform erreichte man jetzt über das nun ungenutzte nördliche Gleis, anfangs am Ostende des Bahnsteigs, ab März 1967 in der Bahnsteigmitte, am Aufsichtshäuschen. Im September 1976 riß die Deutsche Reichsbahn den inzwischen verrotteten Aufgang zum Nennhauser Damm ab. Zum gleichen Zeitpunkt wurde auf der DDR-Seite für den Vorortverkehr ein vierter Bahnhof Staaken in Betrieb genommen, der etwa 700 Meter weiter von der Grenze entfernt lag und den Mitte März 1976 geschlossenen dritten Bahnhof ersetzte. Auch ein fünfter Bahnhof Staaken folgte im September 1976. Er befand sich noch weiter westlich (schon nicht mehr in Staaken!) und diente nur als Kontrollbahnsteig für die Fernzüge, die ab September 1976 wieder über die Lehrter Bahn geführt werden durften. Ein- und Ausstieg war auf diesem Bahnhof »DDR Staaken« nur den »Kontrollorganen« möglich.

Vom maroden S-Bahnhof aus, noch besser von der Straßenbrücke Nennhauser Damm, konnte nun Richtung Westen ein mehr als ein Kilometer langer Betonschlauch bewundert werden, der West-Staaken (DDR) zusätzlich in Nord und Süd teilte. In dem Betonkorridor verliefen die Gleise beidseitig eingemauert. Die absurde Baulichkeit gebar auch einen mindestens genauso absurden Bahnübergang, an der Feldstraße neben dem »vierten« Bahnhof Staaken: eine schwere Rollgitteranlage anstelle von Schranken. Der in seiner Art einmalige Überweg erlangte als »Affenkäfig« traurige Berühmtheit.

Für den S-Bahnhof Staaken schlug das letzte Stündlein im September 1980, als streikendes Bahnpersonal den Verkehr unterband; der Betrieb wurde nicht wieder aufgenommen. 1986 mietete ein Privatmann den Bahnsteig einige Zeit zur Freizeitnutzung, der Zugabfertigerraum wurde zur Datsche. 1988 wurde das einsturzgefährdete Bahnsteigdach nebst Stützen entfernt.

Der Mauerfall brachte nicht nur die Wiedervereinigung der beiden Teile Staakens sowie das Ende des obsolet gewordenen fünften Bahnhofs, sondern auch den endgültigen Abriß des S-Bahnhofs Staaken. Seine letzen Reste wurden im September 1994 beseitigt, der Platz wurde für die neue Schnellfahrstrecke Berlin – Hannover benötigt.

Der Bahnhofsname aber bleibt bestehen - der Vollständigkeit halber seien alle sieben »Staaken« zusammengefaßt:

1. direkt östlich des heutigen Nennhauser Damms, Seitenbahnsteige, 1900-1908
2. gleiche Lage, Mittelbahnsteig, auch S-Bahn, 1908-1980
3. direkt westlich der Nennhauser-Damm-Brücke, Vorortbahnsteig, 1951-1976
4. direkt westlich der Feldstraße, Vorortbahnsteig, 1976-1993
5. westlich außerhalb von Staaken, Mittel-(Kontroll-)bahnsteig, 1976-1990
6. gleiche Lage wie Nr. 4, Mittelbahnsteig, 1993-1995
7. etwa gleiche Lage wie Nr. 3, Mittelbahnsteig, 1998 im Bau

Die Landgemeinde Staaken, 1273 erstmals erwähnt, war lange Zeit ein Bauerndorf. Während des Ersten Weltkriegs wurde für die Beschäftigten der Spandauer Rüstungsbetriebe die sehenswerte »Gartenstadt« angelegt. Seit 1920 ein Ortsteil Spandaus, gehörte der westliche Teil Staakens ab 1945 zum Landkreis Nauen, seit dem 3. Oktober 1990 wieder zu Berlin-Spandau. Nur hier wurde sofort mit dem Inkrafttreten des Einigungsvertrages ein Stück DDR einer Verwaltungseinheit aus dem bisherigen Westteil Deutschlands zugeschlagen.

| | |
|---|---|
| 15.8.1900 | Eröffnung, Seitenbahnsteige |
| 1908 | Bau eines Mittelbahnsteigs, Zugang zur heutigen Nennhauser-Damm-Brücke |
| 4.1945 | Stillegung |
| 8.1945 | Wiedereröffnung |
| 3.8.1951 | Elektrischer Betrieb |
| 13.8.1961 | Stillegung |
| 4.3.1962 | Wiedereröffnung, Elektrischer Betrieb |
| 17.9.1980 | Schließung (kein Verkehr nach Streikende) |
| 1988 | Abriß der Bahnsteigaufbauten |
| 9.1994 | Beseitigung der Bahnhofsreste |

KURZZEICHEN: STA
LAGE: IM GELÄNDENIVEAU
NACH SPANDAU WEST
3470 METER

# Stadion - Rennbahn Grunewald

Von den einstigen Namensgebern der Station ist heute weder die Rennbahn noch das Stadion existent. Der 1909 erbaute Bahnhof Rennbahn, seit 1928 Station des S-Bahn-Systems, hieß von 1930 bis 1935 Stadion - Rennbahn Grunewald. Doch mitnichten auf das Olympiastadion, sondern auf seinen Vorgänger, den »Wettspielplatz« Deutsches Stadion, bezieht sich die Namensgebung.
Am 8. Juni 1913 war es eröffnet worden, gebaut vom Geheimen Oberbaurat Dr. Otto March, dessen Söhne Werner und Walter zwei Jahrzehnte später am selben Ort das Olympiastadion bauen sollten. Seine eigentliche Bestimmung hat das 42000 Zuschauer fassende Deutsche Stadion nie erlebt – Austragungsort der VI. Olympischen Spiele zu sein. Die waren 1916, bedingt durch den Ersten Weltkrieg, ausgefallen.
Bis 1935 war das spätere Reichssportfeld in Berlin wegen der Rennbahn Grunewald, in deren Gelände das Stadion eingebaut worden war, auch ein Begriff für Pferdesportbegeisterung und Wettleidenschaft. Der Schienenanschluß trug dem Andrang der zu den Rennen und Veranstaltungen strömenden Menschenmassen Rechnung – mit 14 Gleisen an 10 Bahnsteigkanten.
Ein Jahr vor den Olympischen Spielen in Reichssportfeld umbenannt, heißt der S-Bahnhof erst seit 1960 »Olympiastadion«.

■ Eröffnet als:
→Rennbahn
Siehe auch:
→Reichssportfeld
Heute:
→Olympiastadion

Das 1976 gesprengte Empfangsgebäude im März 1975

S-Bahnhof Stahnsdorf: heute ein verschwundener Ort. Besucher des großen Südwestfriedhofs Stahnsdorf mögen, wenn sie sich umschauen, erahnen – oder sie wissen es noch –, daß der Bahnhof genau gegenüber dem Haupteingang lag, die Endstation einer als »Friedhofsbahn« bekannten Zweiglinie, von Wannsee kommend.

Die »Friedhofsbahn« war von der Kirche, der Berliner Stadtsynode, initiiert und finanziert und mit der Unterstützung der Eisenbahndirektion Berlin erbaut worden. Einweihungstermin des Bahnhofs »Stahnsdorf Friedhof« war der 2. Juni 1913, einen Tag später wurde er in Betrieb genommen. Das Empfangsgebäude hatte ein Architekt der Stadtsynode, der Königliche Baurat Werner, entworfen. Zu dem Mittelbahnsteig führte ein Personentunnel. Am westlichen Gleis gab es eine Leichenhalle; die Beförderung von Verstorbenen zum Südwestkirchhof war letztlich einer der Hauptgründe für die Anlage der 4,3 Kilometer langen Stichstrecke gewesen. Diese besonderen Güterzüge mit Leichenwagen verkehrten noch bis 1952-53, also auch parallel zum S-Bahn-Betrieb, der im Juli 1928 erstmals bis zum Endpunkt Stahnsdorf ausgeweitet wurde. Zuvor, im Mai 1926, war der Bahnhofsname in »Stahnsdorf Reichsbahn« geändert worden.

Bis 1945 war die Zweigbahn nach Stahnsdorf, neben dem Linienast Schöneweide – Spindlersfeld, die einzige eingleisige Strecke der Berliner S-Bahn gewesen. Ein zweigleisiger Ausbau (und eine Verlängerung ab Stahnsdorf über Teltow nach Lichterfelde Süd) kam aber über Planungen, die ab 1937 entstanden, nicht hinaus.

Erst im Mai 1948, über drei Jahre nach der Betriebseinstellung im April 1945, konnte der jetzt nur noch als »Stahnsdorf« bezeichnete S-Bahnhof wieder eröffnet werden. Die Teltowkanalbrücke nördlich der Station war zerstört gewesen und mußte erst wieder hergerichtet werden. Die S-Bahn-Züge endeten derweil schon in →Dreilinden.

Die letzten Jahre des S-Bahnhofs Stahnsdorf waren bestimmt von der sich verschärfenden Ost-

Letzte Erinnerung an einen verschwundenen Bahnhof, aufgenommen im März 1975

West-Auseinandersetzung. Ziele wie Erkner (über die Stadtbahn) oder Birkenwerder (über die Nord-Süd-Tunnelstrecke) konnten zwar, wenn nicht Pendelzüge nur bis Wannsee verkehrten, direkt erreicht werden, doch Stahnsdorf lag nun in der DDR und war für West-Berliner ab Juni 1952 fast unerreichbar. An der Grenze wurde kontrolliert, also auch in der S-Bahn; die Friedhofsbahn-Strecke wurde im Januar 1953 sogar vollständig stillgelegt. Der angegebene Grund »Gleisbauarbeiten« war ein vorgeschobener gewesen; im September 1954 fuhr die S-Bahn plötzlich wieder. Doch von den nun 14 Minuten Fahrzeit, die sie jetzt bis Wannsee benötigte, entfielen allein sechs Minuten auf einen Kontrollhalt in Dreilinden.

Der Mauerbau beendete den S-Bahn-Zugverkehr nach Stahnsdorf, und es ist nicht anzunehmen, daß er je wieder aufgenommen wird. Zu sehr hat die Veränderung der umgebenden Landschaft der Bahntrasse zugesetzt – genannt sei allein der Autobahn-Neubau 1969. Zu teuer kämen zahlreiche Brückenbauten, die für eine Wiederbelebung der Strecke errichtet werden müßten. Im Sommer 1976 wurde das Empfangsgebäude an der Bahnhofstraße – die heißt noch immer so – restlos beseitigt, es wurde auf Anordnung der DDR-Behörden gesprengt. Auf der gleislosen Trasse bestimmen Buschwerk, Bäume, Hecken, Gestrüpp und Trampelpfade das Bild und – Wohlstandsmüll.

Hier herrscht Friedhofsruhe.

Requiescat.

Der Südwestkirchhof in Stahnsdorf, 1909 angelegt und über 200 Hektar groß, ist eine der schönsten Waldfriedhof-Anlagen Deutschlands. Er ist die letzte Ruhestätte vieler bedeutender Berliner: Zille, Siemens, Gropius und Breitscheid liegen hier ebenso wie Ullstein, Jacobsohn, Humperdinck und Hanussen, nicht zuletzt Elisabeth von Ardenne, Fontanes Vorbild für »Effi Briest«.

KURZZEICHEN: STD
LAGE: EBENERDIG
NACH DREILINDEN
1950 METER

| | |
|---|---|
| 2.6.1913 | Einweihung als »Stahnsdorf Friedhof«, Empfangsgebäude |
| 3.6.1913 | Inbetriebnahme |
| 4.5.1926 | Umbenennung in »Stahnsdorf Reichsb.« |
| 10.7.1928 | Elektrischer Betrieb |
| 4.1945 | Stillegung |
| 27.5.1948 | Wiedereröffnung, Elektrischer Betrieb, Bezeichnung jetzt »Stahnsdorf« |
| 19.1.1953 | Stillegung |
| 11.9.1954 | Wiedereröffnung, Elektrischer Betrieb |
| 13.8.1961 | Schließung |
| 1976 | Empfangsgebäude abgerissen |

# Stalinallee

Eröffnet als:
→Frankfurter Allee
Heute:
→Frankfurter Allee

Mehr als eineinviertel Jahrhundert existiert der Bahnhof schon; sieben Jahrzehnte als S-Bahn-Station, zwölf Jahre davon hieß er Stalinallee statt Frankfurter Allee – bis zum November 1961. Da wuchs die Mauer bereits. Kein Wunder also, daß West-Berliner, als sie nach langen Jahren besuchsweise wieder in den Ostteil der Stadt durften, arglos oder -listig nach der »Stalinallee« fragten. Ein Zusammenzucken war noch die geringste Reaktion.
Das Gebiet der von 1949 bis 1961 so genannten Stalinallee (die ehemalige Große Frankfurter Straße und die anschließende Frankfurter Allee) war das erste große Wiederaufbauprojekt in Ost-Berlin nach dem Zweiten Weltkrieg und trug den Zusatz »Erste Sozialistische Straße Deutschlands«. Generalissimus Josef Wissarionowitsch Dschugaschwili, genannt Stalin (1879-1953), sowjetischer Revolutionär und Politiker, seit Ende der zwanziger Jahre Diktator der Partei und des Landes, setzte auf den Konferenzen von Teheran, Jalta und Potsdam die politischen Forderungen der Sowjetunion durch.
Die Stalinallee war das deutsche Arbeiterdenkmal schlechthin, die Renommiermeile des Sozialismus. 1951 wurde verkündet: *»Die Bauwerke, die unsere Architekten jetzt entwerfen und bauen werden, sind Bauwerke für Jahrhunderte, für eine Zeit, in der das einige, demokratische und friedliebende Deutschland hergestellt sein wird.«* Autor dieser Prophezeihung: Walter Ulbricht. Alles wahr geworden, nur die Fassaden-Kacheln zerkrümeln.

# Steglitz

Blick auf die Kuhligkshofstraße und das alte Bahnhofsgebäude im April 1960

Heute:
→Rathaus Steglitz

Steglitz zählt zu den ältesten Bahnhöfen in Berlin, in Brandenburg, in Preußen. Er liegt an der ältesten Strecke: Berlin - Potsdam. Sie wurde 1838 eröffnet, eingleisig, mit nur zwei Ausweichstellen, Zehlendorf und Steglitz. Schon 1839 taucht in Fahrplan und Tarif Steglitz als Haltepunkt auf; er wurde 1845 wieder geschlossen. Eine Anekdote besagt, der greise Feldmarschall Wrangel habe sich in seinem nahegelegenen Schloß vom Bahnlärm gestört gefühlt und die Schließung durchgesetzt.
Die Wiedereröffnung der Betriebsstation Steglitz datiert von 1864, fünf Jahre später sollte sie auch ein Empfangsgebäude erhalten. Was tat man? Ein

Die 1988 angelegten »Not«-Bahnsteige (im Vordergrund: für Fahrtrichtung Schöneberg) waren außerordentlich solide errichtet worden (November 1988)

Bauernhaus wurde zum Bahnhofsgebäude umfunktioniert. 1873-74 entstand ein »echtes« Empfangsgebäude an den beiden Seitenbahnsteigen. Das Jahr 1883 steht für ein *»entsetzenerregendes Unglück«*, wie das Teltower Kreisblatt berichtete: Am 2. September war der Bahnhof überfüllt, und *»der von Berlin kommende Courierzug brauste durch das Menschengedränge hindurch.«* 39 Menschen waren auf der Stelle tot. Schnell wurde ein dritter Bahnsteig angelegt und alsbald mit der Hochlegung der Strecke begonnen. Die Brücke über die Albrechtstraße war 1888 fertiggestellt, die Station besaß nun einen Mittelbahnsteig.

Bevor die S-Bahn 1933 nach Steglitz kam, sind jedoch noch der viergleisige Ausbau (1891) zu notieren und der zwei Jahre währende elektrische Probebetrieb zwischen Berlin und Zehlendorf (ab 1900). Steglitz war eine der vier Zwischenstationen. Der auf der Wannseebahn verhältnismäßig spät eingeführte S-Bahn-Betrieb kam Ende April 1945 zum Erliegen, im Juni 1945 fand die zweite Wiedereröffnung des Bahnhofs Steglitz statt.

Ein ganz spezieller Mauerbau begann 1961 im Bezirk Steglitz - neben der S-Bahn-Trasse wurde auf viereinhalb Kilometern Beton für die innerstädtische Autobahn »Westtangente« verbaut. Der neuen Pkw-Schneise fiel 1965 das alte Steglitzer Empfangsgebäude zum Opfer. Der Bahnbetrieb selbst, beim S-Bahner-Streik 1980 eingestellt, wurde nach dem Streikende auf der Wannseebahn nicht wieder aufgenommen; erneut war der Bahnhof geschlossen.

Die dritte Wiedereröffnung konnte 1985 gefeiert werden; der Bahnhof war aufwendig saniert worden. Die inzwischen in »West-Regie« rollende S-Bahn wurde gut angenommen. Dichter als im Zehn-Minuten-Takt konnten die Züge jedoch nicht fahren. Das ist noch heute so - die signaltechnischen Voraussetzungen für eine häufigere Zugfolge sind nach wie vor nicht gegeben.

1988 begann man, die nordöstlich des Bahnsteigs gelegene Bahnbrücke über die Albrechtstraße durch einen Neubau zu ersetzen. Mit ihrer deutlich unter 4 Metern liegenden, geringen Durchfahrtshöhe hatte sie schon einige »Berühmtheit« in Berlin erlangt, nicht zuletzt dadurch, daß BVG-Doppelstockbusse, die sich in die Durchfahrt verirrten, prompt »skalpiert« wurden. Der Brückenbau erforderte eine zeitlich begrenzte Stillegung des Bahnsteigs der S-Bahn, die zwischen 1988 und 1990 auf zwei seitliche, solide »Not-Bahnsteige« auswich. Das frisch sanierte Bahnsteigdach mußte nun neu errichtet werden, denn gleichzeitig wurde der Bahnsteig angehoben. Im Mai 1992 trug man der inzwischen geschaffenen direkten Umsteigemöglichkeit zur U-Bahn-Linie 9 mit einer Teil-Umbenennung Rechnung: Die S-Bahn-Station paßte ihren Namen an, sie heißt seitdem »Rathaus Steglitz«.

Etwa 600 Jahre bevor der erste Schienenstrang durch Steglitz gelegt wurde, taucht ein Heinrich von Stegelitz in einer Schenkungsurkunde auf, die 1242 ausgefertigt wurde. Um die vorige Jahrhundertwende hatte der Ort bereits seinen ursprünglich märkisch-biederen Charme gegen die Weltläufigkeit einer wohlsituierten Villenkolonie im Süden der kaiserlichen Metropole eingetauscht. Seit 1920 ist »St. Eglitz« der 12. Verwaltungsbezirk von Berlin. Der Kreis Teltow hatte sich gegen die Eingemeindung energisch gewehrt, denn mit dem »größten Dorf Preußens« verlor er neun Zehntel seiner Steuereinnahmen.

| | |
|---|---|
| 13.6.1839 | Eröffnung |
| 10.1845 | Stillegung |
| 1.5.1864 | Wiedereröffnung |
| 1873-74 | Empfangsgebäude (seit 1869 war vorübergehend ein Bauernhaus als Empfangsgebäude verwendet worden) |
| 1884-88 | Hochlegung und Brücke über die Albrechtstraße |
| 1891 | Umbau (Neue Wannseebahn) |
| 13.7.1900 | Elektrischer Probebetrieb (750 V) |
| 1.7.1902 | Elektrischer Probebetrieb eingestellt |
| 15.5.1933 | Elektrischer Betrieb |
| 4.1945 | Stillegung |
| 6.6.1945 | Wiedereröffnung, Elektrischer Betrieb |
| 1965 | Abriß des Empfangsgebäudes |
| 18.9.1980 | Stillegung (kein Verkehr nach Streikende) |
| 1.2.1985 | Wiedereröffnung, Elektrischer Betrieb |
| 10.10.1988 | Provisorischer Seitenbahnsteig Richtung Schöneberg |
| 19.12.1988 | Provisorischer Seitenbahnsteig Richtung Lichterfelde |
| 1989-90 | Brückenneubau Albrechtstraße, Bahnsteiganhebung |
| 30.4.1990 | Wiederinbetriebnahme Mittelbahnsteig Richtung Lichterfelde |
| 6.8.1990 | Wiederinbetriebnahme Mittelbahnsteig Richtung Schöneberg |
| 31.5.1992 | Umbenennung in »Rathaus Steglitz« |

Der Aufgang zum Mittelbahnsteig im März 1978

# Stettiner Bahnhof

■ Heute:
→Nordbahnhof

Als eine der wenigen Baulichkeiten des alten Stettiner Bahnhofs ist das Gebäude des Vorortbahnhofs noch erhalten. Hier starteten im August 1924 die allerersten S-Bahn-Züge nach Bernau (März 1997)

*Es war der erste Tag der großen Ferien, ganz Berlin war im Aufbruch. Väter, Jungen und Dienstmädchen standen hinter ihren Kofferbastionen.*« Hans Fallada beschrieb die Szene vor dem eindrucksvollen Stettiner Bahnhof, dem Ferienbahnhof schlechthin für Ostseereisen. 1876 war er eröffnet worden (die Fernbahn Richtung Stettin fuhr bereits ab 1842). An der westlichen Bahnhofseite wurde 1898 eine Anlage für den Vorortverkehr eingeweiht. Dieser Flügelbahnhof war ab 1924 Heimstatt für die S-Bahn. Von hier starteten am 8. August nach Bernau die allerersten S-Bahn-Züge.

Der Vorortbahnhof des »Stettiner« lag wohlgemerkt zu ebener Erde, die ersten zwölf Jahre S-Bahn-Betrieb kannten noch nicht die unterirdischen Bahnsteige der jetzigen Station Nordbahnhof. Der Stettiner Bahnhof ist 1936 zum Ausgangspunkt des Nord-Süd-S-Bahn-Tunnels geworden, so daß die Vorortlinien von Bernau, inzwischen auch aus Oranienburg und Velten, hier nicht mehr endeten, sondern – nun unterirdisch - nach Unter den Linden und später Richtung Anhalter Bahnhof geführt werden konnten. Ende Juli 1936 tauchte die S-Bahn ab in den Tunnel – ihr oberirdischer Vorortbahnhof wurde geschlossen.

Reichsbahnoberrat Lüttich, ein Schüler des S-Bahn-Architekten Brademann, hatte einen großzügig angelegten Untergrundbahnhof mit zwei Mittelbahnsteigen entworfen, angepaßt auch dem hohen Verkehrsaufkommen des Fernbahnhofs. Elfenbeinfarbene Keramikplatten, rot gegliedert, sind sein Kennzeichen. Zugänge wurden in der Bahnsteigmitte (zum Fernbahnhof und zur Gartenstraße) und an den südlichen Bahnsteigenden (zur Invalidenstraße) angelegt; zwei Gepäckaufzüge gab es an den Nordenden. Eine Betriebswerkstatt entstand nordwestlich des Bahnhofs, auch im Untergrund wurden, an beiden Bahnhofsenden, Kehr- und Abstellmöglichkeiten eingerichtet. Als Empfangsgebäude diente ein eingeschossiger, klinkerverblendeter Stahlskelettbau; ein hoher Turm trug (und trägt heute wieder) das S-Bahn-Symbol. Der Bahnhof war hochmodern – und achteinhalb Jahre später am Ende: Anfang Mai 1945 wurde durch eine gezielte Explosion am

Landwehrkanal, die den Nord-Süd-S-Bahn-Tunnel vollaufen ließ, die Strecke unbenutzbar gemacht. Der unterirdische Stettiner S-Bahnhof war überflutet.

Der Fernbahnhof hatte den Zweiten Weltkrieg leidlich überstanden, wenn auch mit zerstörten Dächern. Hier wurden nun zwei Gleise mit Stromschienen versehen, und ab Mitte Juli 1945 konnte die S-Bahn wieder verkehren. Das oberirdische Zwischenspiel war Ende Januar 1946 vorüber, als der trockengelegte Tunnelbahnhof wieder in Betrieb genommen werden konnte. Anfang Dezember 1950 hießen Fern- und S-Bahnanlagen plötzlich »Nordbahnhof«. Der Name »Stettin« wurde in der DDR nicht mehr verwendet, und »Szczeciner Bahnhof« hätte gar zu absonderlich geklungen.

Im Mai 1952 wurde der Bahnbetrieb auf dem Fernbahnhof eingestellt, weil seine Zufahrtsstrecken in West-Berlin lagen. 1955 fiel die Entscheidung für den Abriß, der aber erst 1962 beendet war. Zu diesem Zeitpunkt war die S-Bahn-Station bereits zum Geisterbahnhof geworden. Nach dem Mauerbau im August 1961 wurde der stillgelegte Bahnhof ohne Halt durchfahren, das Empfangsgebäude zweckentfremdet. Die grenznahe Lage ließ auch die nähere Umgebung veröden.

An der tristen Oberfläche, vor einem Betonwerk, das inzwischen auf dem ehemaligen Fernbahngelände lag, blieb vermutlich unbemerkt, daß ab Januar 1984 überhaupt keine S-Bahn-Züge mehr unter der Invalidenstraße fuhren. Ein ohnehin geschlossener Bahnhof war stillgelegt – ein absurder Zustand. Der neue Betreiber BVG nahm aber schon im Mai 1984 den Betrieb wieder auf, das unterbrochene Schattendasein als Geisterbahnhof setzte sich fort.

Nicht unwesentliche Instandsetzungsarbeiten waren nach dem Mauerfall vonnöten gewesen, bis Anfang September 1990 erstmals wieder an der S-Bahn-Station Nordbahnhof Fahrgäste ein- und aussteigen konnten. Es wurde offenbar, daß auch der gesamte Nord-Süd-S-Bahn-Tunnel dringend renoviert werden mußte. Eine weitere Schließung des Nordbahnhofs, von April 1991 bis Ende Februar 1992, war die Folge. Daß die Restaurierung formvollendet, fast detailgetreu erfolgte und deshalb erst im Juni 1997 abgeschlossen war, dürfte auch dem Umstand zuzurechnen sein, daß sich der Sitz der S-Bahn Berlin GmbH direkt über dem Bahnhof befindet – in einem Neubau neben dem Empfangsgebäude und in einem Haus gegenüber, an dem, wie früher, jetzt restauriert, die Aufschrift »Reichsbahnämter« prangt.

Vorort-Flügelbahnhof:

| | |
|---|---|
| 1898 | Eröffnung |
| 8.8.1924 | Elektrischer Betrieb |
| 27.7.1936 | Schließung |

Unterirdischer S-Bahnhof:

| | |
|---|---|
| 27.7.1936 | Eröffnung, Elektrischer Betrieb, zwei Mittelbahnsteige mit Übergang zur Schalterhalle des Fernbahnhofs, Empfangsgebäude |
| 21.4.1945 | Stillegung |
| 19.7.1945 | Elektrischer Betrieb (ab Stettiner Fernbahnhof) |
| 31.1.1946 | Wiedereröffnung Tunnelbahnhof; Elektrischer Betrieb |
| 1.12.1959 | Umbenennung in »Nordbahnhof« |
| 13.8.1961 | Stillegung; Züge fahren ohne Halt durch |
| 9.1.1984 | Einstellung des Zugverkehrs (Übernahme durch die BVG) |
| 1.5.1984 | Wiederaufnahme des Zugverkehrs (Elektrischer Betrieb), Züge fahren ohne Halt durch |
| 1.9.1990 | Wiedereröffnung |
| 2.4.1991 | Stillegung (Sanierung) |
| 1.3.1992 | Wiedereröffnung, Elektrischer Betrieb |

# Stolpe Süd

■ Eröffnet als:
→Hennigsdorf Süd

Unmerklich gleiten die S-Bahn-Züge Richtung Hennigsdorf seit Ende 1998 hinter dem S-Bahnhof Heiligensee über die Grenze von Berlin ins Land Brandenburg. Vierzig Jahre früher war das ganz anders. Es gab ein »West-Berlin«, angrenzend aber kein »Land Brandenburg«, und die Fahrgäste der S-Bahn mußten sich kontrollieren lassen, wollten sie über diese sich »Staatsgrenze« nennende Linie fahren. Auf daß solche Kontrollen auch gründlich genug ausfallen konnten, war im Juni 1954 von der Reichsbahn ein S-Bahn-Haltepunkt zwischen Heiligensee und Hennigsdorf angelegt worden, knapp jenseits des West-Berliner Bezirks Reinickendorf (französischer Sektor). Diese Station Hennigsdorf Süd, in den ersten vier Jahren ein reiner Kontrollbahnhof, gab man 1958 zum Ein- und Aussteigen frei und nannte sie 1959 Stolpe Süd.

Der Mauerbau im August 1961 setzte dem durchgehenden S-Bahn-Verkehr ein jähes Ende, kurz darauf verschwand – funktionslos geworden – der Bahnhof Stolpe Süd von der Bild- (und Schuß-) fläche. Wo er einst gestanden hatte, bot sich in den Monaten nach dem Mauerfall 1989 ein groteskes Bild. Mitten in einem weiträumig eingeebneten Gelände, das nichts von einem früheren Bahndamm ahnen ließ, stand völlig beziehungslos eine einsame ehemalige Bahnbrücke aus Beton und auf ihr ein Wachtturm. Mit seinen toten Fensterhöhlen war er zu diesem Zeitpunkt erfreulicherweise auch funktionslos geworden.

Ein Kuriosum der besonderen Art verbindet sich in heutigen Zeiten mit dem Namen Stolpe Süd: der Streit zwischen zwei getrennten Gemeinden. Er geht auf ein Relikt der Besatzungszeit zurück. Bis zum Ende des Zweiten Weltkriegs war Stolpe ein normales Dorf mit zwei Ortsteilen, der Siedlung Süd und dem eigentlichen Dorf. Auf den Stolper Feldern plante die französische Armee 1945 einen Militärflugplatz; das Gebiet wurde zunächst – im Gegensatz zu Stolpe Süd – von der Sowjetischen Besatzungszone (SBZ) ausgeklammert, zwei unabhängige Gemeindeorgane wurden eingesetzt. Bald verzichteten die Franzosen auf die Flugplatzpläne, auch Stolpe Dorf kam zur SBZ, später DDR. Die Süd-Siedlung (nur sie) wurde zum schwer erreichbaren Sperrgebiet, und seit Mitte der achtziger Jahre zerschneidet zusätzlich die Autobahn A111 die beiden Stolpe. Selbst die Appelle ans brandenburgische Gemeinschaftsgefühl von »Landesvater« Stolpe stolperten über Stolper Realitäten; Dorf (250 Einwohner) und Siedlung Süd (740 Einwohner) wollen nicht mehr zueinanderfinden.

Ein groteskes Bild bot sich im Mai 1990 auf dem ehemaligen Grenzstreifen: Der Wachtturm stand auf einer S-Bahn-Brücke, der dazugehörige Damm war abgetragen worden

KURZZEICHEN: STO
LAGE: AUF BAHNDAMM, SEITENBAHNSTEIGE
NACH HENNIGSDORF 1450 METER,
NACH HEILIGENSEE 1020 METER

# Storkower Strasse

Die Brücke für das S-Bahn-Gleis Richtung Norden reicht bis in den Bahnsteigbereich hinein (Januar 1994)

Eröffnet als: ■
→Zentralviehhof

Im Ost-Berlin der Nachkriegsjahrzehnte wurde Fleisch weniger gehandelt, vielmehr verteilt und zugeteilt. Die Funktion eines Zentralviehhofs im Sinne der Schlachthof-Anlage zur Zeit ihrer Erbauung war nicht mehr gegeben. Eine Umbenennung des S-Bahnhofs neben dem ausgedehnten Gelände war nur konsequent. Die 1881 eröffnete Station Zentralviehhof, S-Bahnhof seit 1929, heißt seit 1977 Storkower Straße.

Der neue Name jedoch ist fast schon irreführend. Die Straße gleichen Namens verläuft parallel zur Ringbahn. Sie beginnt schon am S-Bahnhof Greifswalder Straße, führt am S-Bahnhof Landsberger Allee vorbei und weicht von der Nähe zur Ringbahntrasse erst östlich des S-Bahnhofs Storkower Straße ab. Eindeutigkeit ist der Bahnhofsname also nicht.

Wer den Bezirk Prenzlauer Berg schnell mal eben überqueren möchte, ohne ihn zu betreten – am S-Bahnhof Storkower Straße kann er es tun. Diese kuriose »Transitfunktion« ermöglicht ein Stahlschlauch namens »Langer Jammer«, der mit mehr als einem halben Kilometer Länge in Berlin bekannter ist als der S-Bahnhof, dem er den Zugang ermöglicht. Die endlos erscheinende Fußgängerbrücke beginnt an der Eldenaer Straße im Bezirk Friedrichshain, überquert das alte Schlachthofgelände und die Gleise des langgestreckten Güterbahnhofs, schließlich den S-Bahnhof und weitere Ringbahngleise. Alle befinden sich im Bezirk Prenzlauer Berg. Die nördliche Treppe des Fußgängerstegs endet an der Storkower Straße im Bezirk Lichtenberg. Von dem Steg aus bietet sich ein guter Überblick über die Gewerbebrache.

Nicht alle der noch erhaltenen Gebäude des vormaligen Schlachthofes neben der S-Bahn-Station stehen unter Denkmalschutz. Wohnungen, Schulen und Gewerbebauten sollen auf Teilen des Geländes errichtet werden, Zugangsstraßen entstehen. Ein großer Teil des Südabschnitts des »Langen Jam-

Kurzzeichen: STO
(bis 1977 CF)
Lage: im Geländeniveau
nach Landsberger Allee
1000 Meter,
nach Frankfurter Allee
1200 Meter

Dringend renovierungsbedürftig: die »Rue de Galopp« im April 1996

mers«, der tatsächlich ein Bild des Jammers abgibt, könnte dann entbehrlich werden. Gleichzeitig wären somit neue Fahrgäste für die S-Bahn in Sicht. Vielleicht spendiert man ihnen spätestens dann ein vernünftiges Bahnsteigdach.

Die Storkower Straße erhielt 1910 ihren Namen; sie wurde 1929 bis zur Landsberger Allee, 1975 bis zur heutigen Möllendorfstraße verlängert. Die kleine märkische Stadt Storkow südöstlich von Berlin wurde 1209 gegründet und hat 6500 Einwohner. 1844 verübte der Storkower Bürgermeister Tschech ein Attentat auf König Friedrich Wilhelm IV. und wurde enthauptet. Womit eine hauchdünne Beziehung zum früheren Namen des S-Bahnhofs gesehen werden kann, der neben dem Schlachthof lag.

Obwohl der heutige Bahnhof Ostkreuz »nur« noch vier Bahnsteige besitzt – es waren einmal sechs – ist er immer noch recht unübersichtlich. Als er 1928-29 zum S-Bahnhof wurde, hatte er im wesentlichen seine Gestalt schon erhalten, die sich aus der Entwicklung der Fern-, Ring- und Vorortbahnstrecken in diesem Bereich seit den vierziger Jahren des 19. Jahrhunderts erklärt. Hauptmerkmal des Kreuzungspunktes zwischen Ostbahnstrecke (heute S5), Frankfurter Bahn (heute S3), Görlitzer Bahn (heute S6) sowie Ringbahn (heute S4) ist die Existenz zusätzlicher Verbindungskurven. An diesen Abzweigungen – zum Nordring und zum Südring, von Berlins Zentrum aus gesehen – wurden ebenfalls Bahnsteige errichtet; hierin liegt der Unterschied zum vergleichsweise »einfacher gestrickten« Gegenstück Westkreuz.

Vorerst jedoch trug das Bahnsteig-Konglomerat noch den Namen »Stralau-Rummelsburg«. Mit der Eröffnung der Stadtbahn 1882 begann die Anlage sich zu formen, es entstand ein erstes Empfangsgebäude. Umbau und Erweiterung waren 1903 beendet, ein neues Empfangsgebäude wurde errichtet (es steht heute auch nicht mehr).

Anhand der Bahnsteigbezeichnungen läßt sich die chronologische Entwicklung des Verkehrskreuzes gut nachvollziehen. Zuerst A: fast dreieckig im Winkel der sich spreizenden Verbindungskurven. B und C als die erwähnten dazugehörigen Außenbahnsteige für die jeweilige Gegenrichtung, errichtet 1895-96, anfangs durch einen Tunnel miteinander und mit A verbunden. 1903 folgte D: östlich anschließend an A, rund sechs Meter tiefer und sehr breit, denn seine zugehörigen Gleise müssen den Bahnsteig A und die Rampe seiner Gleise außen umfahren. Gleichzeitig entstanden Bahnsteig E, südlich parallel zu D, und schließlich F, der querende, hochgelegene Ringbahnsteig. Er ist der letzte in der Chronologie, denn erst 1903 wurden Vollringzüge eingerichtet. Zuvor waren alle Züge vom Nord- und vom Südring jeweils über die Verbindungskurven geführt worden.

Zum Beginn der zwanziger Jahre war die Entflechtung von Fern- und Vorortverkehr so weit vorangeschritten, daß die Voraussetzungen gegeben waren für eine eigenständige Betriebsweise, wie sie das System S-Bahn darstellt. Die Erknerstrecke (in Ostkreuz also Bahnsteig E ) erhielt als erste Stromschienen, im Juni 1928. Im November zogen die beiden Verbindungskurven nach (A, B, C) sowie die Strecke Richtung Kaulsdorf (Bahnsteig D). Schließlich der Ring – auch bei der Elektrifizierung der letzte, jedoch zeitnah: Im Februar 1929 war mit dem noch ausstehenden Bahnsteig F schließlich die gesamte Anlage Stralau-Rummelsburg zum S-Bahnhof geworden. Jetzt entstand auch die lange Fußgängerbrücke im Stil der »Neuen Sachlichkeit«.

Die Bezeichnung Ostkreuz wurde im Mai 1933 eingeführt (Westkreuz im Februar 1932). Im April 1945 fuhr kein einziger Zug mehr auf den Gleisen des Knotenpunktes. Das Empfangsgebäude am Westende des Bahnsteigs D und eine anschließende, kurze Fußgängerbrücke waren zerstört, ebenso die lange, direkte Fußgängerüberführung vom Markgrafendamm zur Sonntagstraße, die zu benutzen ohne Fahrkarte möglich gewesen war.

Schrittweise wurde ab Juni 1945 der S-Bahn-Betrieb wieder aufgenommen. Jetzt war der Ringbahnsteig der erste, der wieder elektrisch bedient wurde, kurz darauf folgte Bahnsteig D. Richtung Erkner – die Strecke war total demontiert worden – fand noch jahrelang kein S-Bahn-Verkehr statt; Notbahnsteige an den Ferngleisen der Frankfurter Bahn, auf denen Dampfzüge verkehrten, überbrückten die Situation bis Januar 1948. Im September 1946 konnte die Südringkurve wieder von der S-Bahn befahren werden (A und C), die Nordring-Verzweigung aber erst im Oktober 1951, denn auch hier waren alle Gleise demontiert worden.

Nach der Abriegelung gen Westen, der Netzspaltung 1961, berührten sämtliche S-Bahn-Linien Ost-Berlins den Bahnhof Ostkreuz. Die äußeren Bahnsteige der beiden Verbindungskurven wurden durch die nun zwangsläufig veränderten Fahrgastströme betrieblich nicht mehr benötigt und im April 1966 stillgelegt. Ende 1978 wurde Bahnsteig C abgerissen, im Frühjahr 1980 Bahnsteig B ab-



HEUTE: ■
→OSTKREUZ

getragen. 1986 wurden – nicht zum ersten Mal – Pläne zum Umbau, der 1988 beginnen sollte, veröffentlicht. 1988 wurden dann tatsächlich – nein: keine Arbeiten begonnen, sondern neue Umbaupläne publiziert. Wie heute plante man schon damals ein Verschieben der Bahnsteige der Ost-West-Strecken unter den Ring-Bahnsteig, jedoch war noch ein Linienbetrieb vorgesehen.

Nach dem Mauerfall wurden nicht die Bahnhofsanlagen, sondern die Pläne umgestaltet; in der Praxis blieb alles beim alten. Rost und Gewohnheit halten den Bahnhof zusammen. Seit 1996 ist er zur Weihnachtszeit durch Lichterketten aus Tausenden von Glühlampen illuminiert. Für das Gros der umsteigenden Fahrgäste (rund 100000 pro Tag) ergibt sich immer wieder aufs Neue ein Lottospiel, wenn sie vom Ring kommend Richtung Westen weiter wollen: Wo fährt zuerst der nächste Zug ab? Denn an insgesamt drei Bahnsteigen rollt die S-Bahn westwärts: A, D, E. Ade, Anschlußzug: Garantiert fuhr er nebenan!

Die neuesten Planungen, so sie denn verwirklicht werden (von 1999 bis 2006 soll der Umbau dauern), sehen nicht nur das Verschieben der Bahnsteige D und E unter den zu verbreiternden Ringbahnsteig F vor, sondern auch die Anlage von je einem Regionalbahnsteig im Ober- und Untergeschoß des Bahnhofs. Züge aus Richtung Schöneweide werden nicht mehr am Ostkreuz halten, Bahnsteig A kann aufgelassen werden. Die nördliche Verbindungskurve wird völlig entfallen. Wichtigste zukünftige Änderung ist die Umstellung vom Linien- auf Richtungsbetrieb; am Bahnsteig D werden die Züge Richtung Westen, am Bahnsteig E Richtung Osten halten. 17 Fahrtreppen und 12 Aufzüge sollen zum Einsatz kommen. Bei alledem muß der Denkmalschutz beachtet werden.

Stralau-Rummelsburg, der Bahnhofsname, der sich bis 1933 hielt, geht auf östlich und südöstlich anschließende Ortsteile zurück. Für den einen war der Weinhändler Johann Jakob Rummel namensgebend (siehe Kapitel Rummelsburg), der andere kommt aus dem Wendischen: »Strala« bedeutet soviel wie Pfeil, sinnbildlich für Landzunge. Die Stralauer Halbinsel wurde bekannt durch das Volksfest »Stralauer Fischzug«, 1574 erstmals abgehalten. Heute fischt man auf dem ehemaligen Fabrik- und Werftgelände nach potenten Mietern und Käufern für luxuriöse Wohnungen.

Stralau liegt im Bezirk Friedrichshain, Rummelsburg hingegen in Lichtenberg, wie auch der Bahnhof Stralau-Rummelsburg in Lichtenberg lag. Zum Bezirk Friedrichshain kam die Station Ostkreuz erst nach 1960.

| | |
|---|---|
| 7.2.1882 | Eröffnet als »Stralau-Rummelsburg«, (Ringbahn und Ostbahn), die Station ersetzte auf der Ringbahn den Bahnhof »Stralau« (etwa Höhe Persiusstraße), möglicherweise kurze Zeit noch als »Stralau«; Empfangsgebäude |
| 18.4.1903 | Bahnsteig für Strecke nach Köpenick; neues Empfangsgebäude |
| 11.6.1928 | Elektrischer Betrieb Richtung Köpenick |
| 6.11.1928 | Elektrischer Betrieb auf beiden Kurven und Richtung Kaulsdorf |
| 1.2.1929 | Elektrischer Betrieb auf dem Ring |
| 15.5.1933 | Umbenennung in »Ostkreuz« |
| 4.1945 | Stillegung |
| 6.1945 | Wiedereröffnung der Ringbahn, Elektrischer Betrieb |
| 11.7.1945 | Wiedereröffnung des Lichtenberger Bahnsteigs, Elektrischer Betrieb |
| 18.9.1945 | Notbahnsteige an den Ferngleisen der Frankfurter Bahn (bis 5.1.1948), Dampfbetrieb |
| 18.9.1946 | Wiedereröffnung der Bahnsteige an der Südringkurve, Elektrischer Betrieb |
| 5.1.1948 | Wiedereröffnung des Köpenicker Bahnsteigs, Elektrischer Betrieb |
| 10.1951 | Wiedereröffnung der Bahnsteige an der Nordringkurve, Elektrischer Betrieb |
| 12.4.1966 | Schließung der Seitenbahnsteige B und C (Süd- und Nordring) |

# STRAUSBERG

Das hölzerne Portal im Vordergrund und das Bahnsteigdach waren vor kurzem noch vorhanden (November 1992)

Als 1867 die Preußische Ostbahn von Berlin nach Küstrin eröffnet wurde, hatten die Strausberger keinen Grund zur Freude. Ihre jahrelangen Bemühungen um einen direkten Bahnanschluß waren gescheitert. Die Strecke führt südlich an der Stadt vorbei. Wenigstens einen Bahnhof, auch ein ordentliches Empfangsgebäude erhielt Strausberg, doch die Anfang Oktober 1867 eröffnete Station liegt weit von der Stadt entfernt. Die Verbindung zum Ortskern übernahm ab 1893 eine eigene Strausberger Eisenbahn.

Der Bahnsteig der heutigen S-Bahn-Station entstand 1924. Dieser Mittelbahnsteig mit dem stumpf endenden nördlichen Gleis wurde für den Vorortverkehr errichtet und westlich neben der alten Station angesetzt. Auf den Gleisen beider Bahnsteige war der Verkehr nach Kriegsende bis September 1945 unterbrochen, danach wurde schrittweise die Elektrifizierung auf der Ostbahn von Mahlsdorf Richtung Strausberg vorangetrieben. Ende Oktober 1948 war es soweit: Die bereits in den dreißiger Jahren geplante Ausdehnung war realisiert. Die 29000-Einwohner-Stadt im brandenburgischen Märkisch Oderland besaß jetzt einen S-Bahn-Anschluß nach Berlin, wenn auch nach wie vor nur peripher zum Strausberger Zentrum gelegen.

Eine Anbindung der Stadt selbst erforderte aber den Bau einer separaten Bahntrasse. Hierzu kam es erst Anfang 1955, allerdings aus militärischen Gründen. Im Sommer 1956 wurde diese Strecke für die S-Bahn elektrifiziert und der zweite Bahnsteig gegenüber dem alten Empfangsgebäude stillgelegt. Die Kante dieses Fernbahnsteigs Richtung Kietz mußte dem verlängerten, verbesserten S-Bahn-Anschluß geopfert werden, die Gleise wurden miteinander verknüpft. Trotzdem: Noch bis Mitte Mai 1968 pendelte die S-Bahn nur auf dem neuen Teilstück nach Strausberg Nord; so lange mußte auf dem Bahnhof Strausberg umgestiegen werden.

Heute bietet der S-Bahnsteig ein kahleres Bild als

noch vor kurzem. Nicht nur die historischen hölzernen Zugänge in Form eines kleinen Pavillons fielen Mitte November 1997 der Kreissäge zum Opfer. Kurze Zeit später wurde auch das Bahnsteigdach komplett entfernt. Vier gläserne Warte-»Hallen« ersetzen es nur unzureichend.
»Struzeberch« wurde 1240 erstmals in einer Chronik erwähnt. »Struz«, ein altslawisches Wort, bedeutet »Schote«; vermutlich ein Bezug zur Form des Straussees. Im Mittelhochdeutschen war »Struz« aber die Bezeichnung für den afrikanischen Großvogel Strauß. So gelangte er ins Stadtsiegel. Seitdem muß Strausberg damit leben, sich immer wieder fälschlicherweise mit »ß« geschrieben zu sehen.

| | |
|---|---|
| 1.10.1867 | Eröffnung, Empfangsgebäude |
| 1924 | Neuer Vorortbahnhof (Mittelbahnsteig), westlich vom Hausbahnsteig |
| 4.1945 | Stillegung |
| 10.9.1945 | Wiedereröffnung für den Dampf-Vorortverkehr |
| 31.10.1948 | Elektrischer Betrieb |
| 1956 | Wegen der S-Bahn-Nordverlängerung Schließung des Bahnsteigs gegenüber dem Empfangsgebäude |
| 26.5.1968 | Durchgehender S-Bahn-Verkehr Strausberg Nord – Berlin |

KURZZEICHEN: ST
LAGE: IM GELÄNDENIVEAU
NACH HEGERMÜHLE 3230 METER,
NACH PETERSHAGEN NORD 3280 METER

# Strausberg Nord

Endpunkt der »Kasernenlinie«: der Bahnhof Strausberg Nord im April 1991

Als die Stadt Strausberg 1714 zur preußischen Garnisonsstadt wurde, war eine militärische Präsenz begründet, die bis heute nicht beendet ist. In den dreißiger Jahren wurde die Tradition mit dem Bau einer Munitionsfabrik und der Anlage eines Militärflugplatzes fortgesetzt. Zu DDR-Zeiten, 1956, siedelte sich das Ministerium für Nationale Verteidigung in Strausberg an. Wohl wegen des damals noch von sowjetischer Seite akzeptierten entmilitarisierten Status' Berlins wurde dieses Ministerium außerhalb der unter Vier-Mächte-Status stehenden Stadt angelegt. Diesem Umstand verdankt die Stadt Strausberg ihre direkte Anbindung an die S-Bahn. 1954 wurde mit dem Bau einer eingleisigen Strecke (ursprünglich zweigleisig vorgesehen) begonnen, die östlich des Bahnhofs Strausberg von der Ostbahn abzweigt und nach Norden bis zu den NVA-Einrichtungen nordöstlich des Stadtkerns führt. Die Trasse wurde Anfang 1955 in Betrieb genommen. Pendelten anfangs Dieseltriebwagen auf der neuen Stichstrecke, so folgte schon bald die Elektrifizierung. Der Bahnhof Strausberg Nord wurde Anfang Juni 1956 eine S-Bahn-Station. Durch ein kleines Empfangsgebäude erreicht man den Kopfbahnhof mit seinem dachlosen Mittelbahnsteig. Gleich hinter den Prellböcken der Endstation, rund 25 Schienenkilometer von der Berliner Stadtgrenze entfernt, beginnt das Areal der »Struceberch-Kaserne«. Hier ist heute die Wehrbereichsverwaltung VII untergebracht, eine Außenstelle des Bundesministeriums für Verteidigung.

1.1.1955 Eröffnung, Empfangsgebäude
3.6.1956 Elektrischer Betrieb

KURZZEICHEN: STN
LAGE: IM GELÄNDENIVEAU
NACH STRAUSBERG STADT
2250 METER

# Strausberg Stadt

Gleich östlich vom alten Dorfkern, dort wo noch Reste der mittelalterlichen Stadtbefestigung aus Felssteinen, begonnen 1254, zu sehen sind, hält seit dem Neujahrstag 1955 auch die Eisenbahn. S-Bahn-Züge lösten die ersten Dieseltriebwagen schon Anfang Juni 1956 ab. Durch das Empfangsgebäude, einen kleinen schmucklosen Flachbau, gelangt man auf den dachlosen Mittelbahnsteig, der jedoch nur als Seitenbahnsteig genutzt wird und daran erinnert, daß die Strecke Strausberg - Strausberg Nord zur Entstehungszeit zweigleisig projektiert war.

Der besondere Reiz der märkischen Stadt Strausberg liegt in ihrer malerischen Lage am Straussee. Wenige Gehminuten vom S-Bahnhof entfernt, an der unvermeidlichen Karl-Liebknecht-Straße, befindet sich die Anlegestelle einer besonderen touristischen Attraktion der Stadt - Europas einziger elektrischer Seilfähre. 400 Meter lang spannt sich seit 1894 ihre elektrische Oberleitung über den Straussee.

1.1.1955 Eröffnung, Empfangsgebäude
3.6.1956 Elektrischer Betrieb

Straßenansicht des Bahnhofs Strausberg Stadt (November 1992)

KURZZEICHEN: STR
LAGE: IM GELÄNDENIVEAU
NACH STRAUSBERG NORD
2250 METER,
NACH HEGERMÜHLE
3570 METER

# Stresow

■ Eröffnet als:
→Spandau Hbf.
Siehe auch:
→Spandau

Ein neuer S-Bahnsteig entsteht 1998 auf bahnhistorischem Gelände. Hier lag schon 1846 Spandaus erste Station (September 1998)

Gut fünfzig Jahre war die S-Bahn zu Gast in Spandau, an einem Bahnhof, der auch einmal offiziell Hauptbahnhof der Havelstadt war, und sie hatte dort einen prominenten Platz: in der Mitte von drei Bahnsteigen, am breitesten Perron. 1928 war sie erstmals eingetroffen; als am Abend des 17. September 1980 zu Beginn eines aufflackernden Streiks der Reichsbahnbediensteten ein normaler Regelzug Spandau verließ, ahnte niemand, daß es für lange Zeit der letzte sein sollte.

Es war auch nicht zu erahnen, daß die S-Bahn bei ihrer Rückkehr weder die alten Bahnsteige noch den vertrauten Namen antreffen würde. Einzig das altehrwürdige Empfangsgebäude von 1846, aus dem Eröffnungsjahr der Strecke nach Hamburg, steht unverändert und kündet von jetzt schon mehreren Epochen des Eisenbahnverkehrs in Spandau. Alle weiteren Bahnanlagen sind verschwunden; dem Neubau eines einfachen Mittelbahnsteigs dient der historische Bahnhofsbau nun als Zugang, und die gesamte Anlage trägt zur Neueröffnung im Dezember 1998 den Namen Stresow.

Die Namenswahl ist trefflich; westlich der neuen alten Station erstreckte sich der Alt-Spandauer Kiez Stresow. Das Gebiet wurde 1330 erstmals erwähnt, Stresow ist eine slawische Bezeichnung für einen bewachten Flußübergang.

Kurzzichen: STW
Lage: Auf Bahndamm
Nach Spandau etwa 1100 Meter,
nach Pichelsberg 3240 Meter,
nach Siemensstadt-Fürstenbrunn (bis 1980) 4100 Meter

# Südende

Auf der Anhalter Bahn, ausgehend vom gleichnamigen Bahnhof, entstand schon 1876 ein Vorortverkehr nach Lichterfelde. 1880 richtete man auch in Südende einen Haltepunkt ein, er lag auf gleicher Höhe mit dem heutigen Steglitzer Damm. Bald nannte man die Station, in wechselnden Schreibweisen, Südende-Lankwitz und ab 1899 letztlich einfach Südende. Südende war der Name einer 1872 auf der Gemarkung Mariendorf angelegten Villenkolonie. Sie hatte schon 1875 einen gleichnamigen Bahnhaltepunkt zu verzeichnen, jedoch an der Dresdener Bahn (→Mariendorf). 1919, ein Jahr vor der Eingemeindung nach Berlin, besaß Südende 4000 Einwohner. Rosa Luxemburg verbrachte hier einen großen Teil ihrer letzten Lebensjahre, auch George Grosz wohnte in Südende. 1920 gelangte der Ortsteil nicht, wie Mariendorf, nach Tempelhof, sondern zum Bezirk Steglitz.

Zwischen 1898 und 1901 wurde für den Vorortverkehr der Anhalter Bahn ein besonderes Gleispaar verlegt, die Strecke wurde bis Lichterfelde viergleisig ausgebaut. Dabei beseitigte man einige niveaugleiche Straßenkreuzungen; der neue Bahnhof Südende entstand in Tieflage. Der Zugang zu dem nun im Einschnitt liegenden Mittelbahnsteig erfolgt an seinem Nordende durch ein 1900 fertiggestelltes Empfangsgebäude. Bemerkenswert an dem eingeschossigen Mauerwerkbau waren das steile Walmdach und die rot abgesetzten, gelborange leuchtenden Ziegelverblendungen.

Um einen Vergleich zwischen elektrischem und Dampfbetrieb anstellen zu können, wurde die Vorortstrecke vom →Potsdamer Bahnhof nach Lichterfelde schon 1903 auf elektrische Zugförderung umgestellt. Die Probezüge hielten auch in Südende, und da der Testbetrieb sich bewährte, wurde er beibehalten. Die Umstellung auf den S-Bahn-Betrieb 1929 war für die Südender mithin keine umwälzende Neuerung, sondern logische Fortentwicklung. Die »Lichterfelder« Vorortbahn hatte ihre Sonderrolle verloren.

Wie überall in Berlin blieben im April 1945 auch in Südende die Uhren stehen; hier waren schon im Sommer 1943 bei einem Bombenangriff vier Fünftel aller Wohnungen vernichtet worden. Das Empfangsgebäude wurde schwer beschädigt und brannte aus. Nachdem der Bahnbetrieb mit Dampfzügen Anfang Juni 1945 wieder aufgenommen werden konnte, kehrte die S-Bahn Mitte August nach Südende zurück. Südlich der Station fehlte ihr jetzt das zweite Gleis (das ist stellen-

Der nach dem Zweiten Weltkrieg noch stehengebliebene Giebelrest fiel 1957 in sich zusammen (Mai 1955)

Der Wiederaufbau des Bahnsteigs erfolgte in Anlehnung an die bauliche Historie (Oktober 1994)

weise heute noch so). 1957 stürzten Teile des nach dem Verlust des steilen Daches völlig freistehenden Giebels vom Empfangsgebäude herab und erschlugen einen Menschen. Die Reichsbahn setzte den Bau in stark vereinfachter Form instand.

Die einschneidenden Daten für den S-Bahn-Verkehr der Nachkriegszeit vermochten dem Betrieb am Bahnhof Südende wenig anzuhaben. Der Mauerbau 1961 verschärfte zwar drastisch den Fahrgastrückgang, auch der S-Bahner-Streik führte zu einer wenige Tage dauernden Betriebseinstellung, doch »Genickbrecher« für die Station im Nordosten von Steglitz war im Januar 1984 der Betreiberwechsel in West-Berlin, BVG statt DR. Die Folge: Stillegung; der Ostphase folgte die Rostphase. Den Einwohnern Südendes stand allerdings der sehr nahe gelegene, weiterhin geöffnete S-Bahnhof →Mariendorf zur Verfügung. Im Februar 1986 wurden das Empfangsgebäude und die Bahnsteigzugänge renoviert und konserviert.

Die stark veränderten verkehrlichen Erfordernisse nach der politischen Wende 1989 verschafften der schon zuvor mit Bürgerbegehren geforderten Wiederinbetriebnahme der Strecke neuen Rückenwind. 1993 starteten die Reaktivierungsmaßnahmen. Auf dem Bahnhof Südende konnte bei der anstehenden Modernisierung die Substanz der schmucklosen Reste des Empfangsgebäudes erhalten werden. Für die Schalterhalle baute man ein neues Dach mit einer Lichtkuppel. Der Zugangsturm zum Bahnsteig wurde abgerissen, jedoch in Anlehnung an das Original wiederhergestellt, ein Aufzugturm danebengesetzt. Auch der Bahnsteig ist ein kompletter Neubau, was man auf den ersten Blick nicht zu glauben vermag. Die Anlehnung an die bauliche Historie wurde unterstützt durch die Verwendung vieler der originalen alten gußeisernen Dachstützen, die vorsorglich eingelagert und konserviert worden waren. Ein größerer Teil des Bahnsteigs als zuvor ist jetzt überdacht. Mit der Einweihung der neuen alten Station zum Fahrplanwechsel Ende Mai 1995 war die elfjährige Zwangspause des Betriebs am Bahnhof Südende zu Ende.

KURZZEICHEN: SDE (FRÜHER SD)
LAGE: IM EINSCHNITT
NACH LANKWITZ 1350 METER,
NACH PRIESTERWEG 1380 METER

| | |
|---|---|
| 15.8.1880 | Eröffnung, Haltepunkt im Geländeniveau am heutigen Steglitzer Damm |
| ab 1882 | Bezeichnung »Südende-Lankwitz« |
| 1.10.1899 | Bezeichnung »Südende« |
| 4.6.1903 | Elektrischer Probebetrieb (550 V) |
| 2.7.1929 | Elektrischer Betrieb (S-Bahn, 800 V) |
| 4.1945 | Stillegung |
| 8.6.1945 | Wiedereröffnung, Dampfbetrieb |
| 16.8.1945 | Elektrischer Betrieb |
| 9.1.1984 | Stillegung (Übernahme durch die BVG) |
| 28.5.1995 | Wiedereröffnung, Elektrischer Betrieb |

# Sundgauer Strasse

Der Bahnhof Sundgauer Straße ist die letzte Station, die auf der Wannseebahn südlich von →Großgörschenstraße noch nachträglich eingefügt wurde, ihr Eröffnungsdatum ist der 1. Juli 1934. Zum Zeitpunkt der Bahnhofs-Einweihung war die Wannseebahn bereits elektrifiziert, obwohl die Umstellung auf S-Bahn-Betrieb gerade hier verhältnismäßig spät erfolgte.

Die Station erhielt ein an die Sundgauer Brücke angelehntes Empfangsgebäude mit blauroter Klinkerverkleidung, erbaut von Richard Brademann. Die Stadt Berlin setzte den Bahnhofsnamen Sundgauer Straße durch, vorgesehen war die Bezeichnung »Zehlendorf Ost«. Der Inselbahnsteig wird nach Durchqueren der Schalterhalle etwa in seiner Mitte durch zwei Treppen erreicht. Das Emblem über dem Bahnhofsnamenschild am Eingangsportal, ein Flügelrad mit Hakenkreuz, hatte keine elf Jahre nach der Bahnhofseröffnung ausgedient.

Anfang Juni 1945 fuhr die Wannseebahn wieder, nachdem auch sie gut sechs Wochen zuvor stillgelegt werden mußte. Sie besaß stets ein verhältnismäßig hohes Verkehrsaufkommen; trotz starker Einbußen durch den 1961 einsetzenden Boykott blieb der Strecke ein relativ stabiles Nutzerpotential erhalten. Um so überraschender erschien es, daß die Reichsbahn nach dem Streik vieler ihrer Bediensteten im September 1980 den Betrieb auf der einstigen Vorort-Paradestrecke nicht wieder aufnahm.

Der Bahnhof Sundgauer Straße blieb geschlossen, bis die rasch einsetzenden Plebiszite für eine baldige Wiedereröffnung Wirkung zeigten. Zuständig war seit Anfang 1984 die BVG, die die Strecke vorerst nicht reaktivierte; doch ein anstehender Wahltermin in Berlin im März 1985 bewirkte eine mit Hochdruck durchgeführte Sanierung. Auch der Bahnhof Sundgauer Straße war davon betroffen; seine Bausubstanz hatte indes nur wenig gelitten. Anfang Februar 1985 wurde die Station wieder in Betrieb genommen. Seit November 1996 erleichtert ein Aufzug, zugänglich von der Westseite der Straßenbrücke, das Erreichen des Bahnsteigs.

Der Sundgau ist eine Hügellandschaft im Oberelsaß, gelegen zwischen den südlichen Vogesenausläufern, dem Schweizer Jura und dem Oberrhein. Das Gebiet gehörte einst den Habsburgern, wurde später an Burgund verpfändet und kam nach dem Dreißigjährigen Krieg zu Frankreich. 1871 bis 1918 gehörte er zu Deutschland. Die Sundgauer Straße im Bezirk Zehlendorf, Ortsteil Dahlem, erhielt ihren Namen im Januar 1932.

| | |
|---|---|
| 1.7.1934 | Eröffnung, Empfangsgebäude, Elektrischer Betrieb |
| 4.1945 | Stillegung |
| 6.6.1945 | Wiedereröffnung, Elektrischer Betrieb |
| 18.9.1980 | Stillegung (kein Verkehr nach Streikende) |
| 1.2.1985 | Wiedereröffnung, Elektrischer Betrieb |

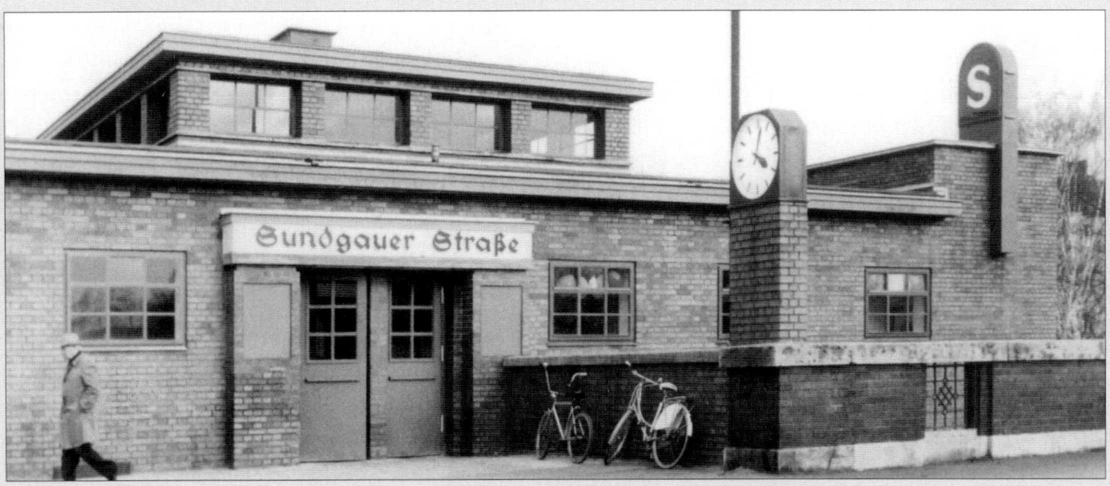


Auch heute noch präsentiert sich das Empfangsgebäude nahezu im Originalzustand (Februar 1985)

KURZZEICHEN: SDG
LAGE: IM EINSCHNITT, 4,8 METER UNTER DEM BAHNHOFSVORPLATZ
NACH ZEHLENDORF 1260 METER,
NACH LICHTERFELDE WEST 1500 METER

# Tegel

Das Empfangsgebäude von 1893 wurde 1968 abgerissen (Aufnahme aus den sechziger Jahren)

»*Pink ... ponk ... pink ... ponk.*« Seit Generationen bimmelte sie vor sich hin, die Glocke an der S-Bahn-Schranke in Berlins grünem Vorort Tegel. Die Schranke: jahrzehntelang ein Stück Alltagsleben der Tegeler. Verbindend durch gemeinsames Losspurten beim ersten »pink« (13, 33, 53), trennend durch die sanfte soziale Abgrenzung: hie Alt-, dort Neu-Tegeler. Generationen verspäteter Schüler gaben dem technischen Absperrgerät der S-Bahn die Schuld: »*Die Schranke war zu!*« Alltäglich auch der Pennälerscherz, mal eben im Vorübergehen am Glockenschwengel zu ziehen, mit der garantierten Folge, daß Dutzende Fußgänger automatisch den Schritt beschleunigten. Die Schranke, das war ein Stück Tegel.

Der Bahnhof Tegel liegt an der Kremmener Bahn und wurde bei ihrer Eröffnung Anfang Oktober 1893 mit in Betrieb genommen. Es handelte sich um einen einfachen ebenerdigen Seitenbahnsteig mit Zugang von der Westseite. Das Empfangsgebäude war ein unregelmäßiger, ein- und zweigeschossiger gelber Klinkerbau mit einem auf den Platz hervortretenden Turm, der eine Uhr trug. Schon 1905 fand der erste Umbau der Bahnsteiganlage statt: Es gab nun zwei Mittelbahnsteige, beide größtenteils überdacht. Der zweite befand sich nordöstlich des heutigen S-Bahnsteigs. Beide lagen im Geländeniveau, erreichbar durch eine Unterführung mit »Gewächshaus«-überdachten Zugängen. In Tegel hielten auch Fernzüge nach Kremmen und, ab 1913, nach Neuruppin.

Nach der Eingemeindung Tegels 1920 zu Groß-Berlin begann man mit dem zweigleisigen Ausbau der Kremmener Bahn von Tegel bis →Velten. Noch vor dem Abschluß dieser Arbeiten im Dezember 1927 verlegte man Stromschienen, die erste S-Bahn fuhr schon im März 1927. Für ihre Stromversorgung war an der Tegeler Buddestraße ein großes Gleichrichterwerk entstanden. Der markante rote Klinkerbau steht noch heute und zeugt von Richard Brademanns hervorragender Stellung unter den Architekten seiner Zeit. Die geplante Hochlegung des Tegeler Bahnhofs unterblieb, weil noch ein Güterbahnhof entstehen sollte.

Im Juni 1933 konnte im Bahnhof Tegel auf den nördlichen Bahnsteig verzichtet werden, denn nur noch wenige S-Bahn-Züge wendeten jetzt hier. Er wurde fast völlig abgerissen, nur seine westliche Kante war noch jahrzehntelang erkennbar. Der heutige S-Bahnsteig wurde an der nördlichen Kante verbreitert. Bis auf den heutigen Tag reicht deshalb die Überdachung nicht bis an das Gleis Richtung Hennigsdorf. Die Zugangstreppen des abgerissenen zweiten Bahnsteigs dienen heute als Teil des Fußgängertunnels. 1934 hielt der letzte Fernzug nach Kremmen auf dem Bahnhof Tegel.

Ein Bahn-Umsteigeknoten sollte Tegel im »Dritten Reich« werden, Verknüpfungspunkt von insgesamt vier S-Bahn-Strecken. Doch verwirklicht wurde nicht einmal die dringend erforderliche Hochlegung des Bahnhofs. Keine einzige S-Bahn-Linie konnte ab April 1945 fahren. Mit Dampfzügen wurde im Juni auf der Station der Betrieb neu aufgenommen, im Juli 1945 fuhr der erste S-Bahn-Zug wieder. Bis Mitte September war Tegel Endstation, zerstörte Brücken nördlich des Bahnhofs mußten erst behelfsmäßig hergerichtet werden. Zwischen Schönholz und Velten existierte jetzt nur noch ein Gleis, das Begegnen der Züge im Bahnhof Tegel erforderte bis Mai 1947 umständliche Rangiermanöver unter Nutzung der Kehranlage.

Mit starken Zerstörungen hatte das Empfangsgebäude den Krieg überstanden; auf dem Bahnsteig errichtete man das Dach nur provisorisch, wieder mit Holzpfeilern. Die S-Bahn fuhr jahrelang nur alle halbe Stunde, verlor ab 1958 Fahrgäste an die inzwischen eröffnete U-Bahn-Linie. Die Umstellung auf einen 20-Minuten-Takt fünf Wochen nach dem Mauerbau, während des Boykottaufrufs 1961, kam zu spät, um den Niedergang aufzuhalten. Im September 1968 wurde das Empfangsgebäude von 1893 abgerissen. Ein schlichter, mit hellgrünen Kacheln verblendeter Neubau mit Glaswänden entstand unter Einbeziehung einiger Vorgänger-Gemäuer. Nach seiner Schließung (heute werden hier Teppiche verkauft) wurde auf dem Bahnsteig mit Glasbausteinen eine kleine Schalterhalle errichtet.

Auch nach dem Reichsbahnerstreik 1980 konnte die S-Bahn in Tegel genutzt werden, dreimal je Stunde überquerte sie die vielbefahrene Gorkistraße. Die Übernahme durch die BVG allerdings setzte dem Betrieb ein Ende, der Bahnhof wurde im Januar 1984 stillgelegt. Die handbetätigte Schranke war kurz zuvor noch durch elektrisch gesteuerte, selbsttätige Balken ersetzt worden.

Auch in der folgenden, elfjährigen Betriebspause ist der Bahnhof Tegel nicht auf einen Damm verlegt worden. Der Fußgängertunnel, als Durchgang nach wie vor genutzt, war 1989-90 wegen bauli-

Nur wenige Jahre waren im neuen Bahnhofsgebäude S-Bahn-Fahrkarten erhältlich

cher Mängel geschlossen, er wurde saniert. 1994 begannen endlich die Bauarbeiten zur Wiederinbetriebnahme der Strecke nach Tegel. Noch 1993 hatte man erwogen, die Bahnstation im Regionalbahnbetrieb (mit Oberleitung) wiederzueröffnen. Der Bahnhof wurde ab 1992 saniert. Die teils neue, teils erneuerte Dachkonstruktion des Bahnsteigs ist wieder aus Holz. Eine große Einweihungsfeier fand im Mai 1995 statt, die Züge endeten nun wieder in Tegel. Zu diesem Zeitpunkt hatte eine Episode gerade ihren Abschluß gefunden, die im Zusammenhang mit dem Bahnhof Tegel nicht unerwähnt bleiben sollte: Die Nutzung der Baulichkeiten an der Ladestraße durch das französische Militär. Mehrmals in der Woche hatte von Mitte November 1946 bis Ende September 1994 ein Militärzug über die S-Bahn-Gleise eine Verbindung zwischen Frankreich und Reinickendorf (französischer Sektor von Berlin) hergestellt.

KURZZEICHEN: TG
(FRÜHER TGL)
LAGE: IM GELÄNDENIVEAU
NACH SCHULZENDORF
4420 METER,
NACH EICHBORNSTRASSE
2390 METER

Seit Dezember 1998 fährt die S-Bahn wieder über Tegel hinaus bis Hennigsdorf. Wie gehabt, muß sie ebenerdig die Gorkistraße kreuzen – und ein synthetisch erzeugtes, elektronisches Warnsignal ersetzte das mechanische »pink ... ponk«.

»*Das Teufelspack, es fragt nach keiner Regel, wir sind so klug, und dennoch spukt's in Tegel.*« Nördlicher als nach Tegel, wo ihn 1775 das unheimliche Forsthaus Ecke Eisenhammerweg und Am Anger zu diesem »Faust«-Reim inspirierte, ist der alte Geheimrat aus Weimar in seinem ganzen Leben nicht gekommen. Über den Reinickendorfer Ortsteil verfaßte der Heimatkundler August Wietholz Anfang des 20. Jahrhunderts eine Chronik, in der er nachweist, daß der Name Tegel (früher Tygel und Tiegel) nicht Ziegel, wie es oft heißt, sondern Zygel bedeutet, auch Zügel: ein Ausläufer, Ende, Anhängsel. Ein solcher Ausläufer der Havel ist der Tegeler See, und der gab dem Ort seinen Namen.

| | |
|---:|---|
| 1.10.1893 | Eröffnung, Empfangsgebäude |
| 1905 | Zweiter Mittelbahnsteig an der Nordseite des heutigen S-Bahnsteigs |
| 16.3.1927 | Elektrischer Betrieb |
| 28.6.1933 | Schließung des nördlichen Bahnsteigs, anschließend Abriß |
| 4.1945 | Stillegung |
| 11.6.1945 | Wiedereröffnung, Dampfbetrieb |
| 19.7.1945 | Elektrischer Betrieb |
| 9.1968 | Abriß des Empfangsgebäude, Ersatz durch Neubau |
| 9.1.1984 | Stillegung |
| 28.5.1995 | Wiedereröffnung, Elektrischer Betrieb |
| 12.1998 | Verlängerung nach Hennigsdorf |

# Teltow

Als im Herbst 1998 die S-Bahn wieder nach Lichterfelde Süd verlängert wurde, kam auch ein Bahnhofsname ins Gespräch, der schon vergessen schien: Teltow. Die Stadt vor den südlichen Toren Berlins soll erneut S-Bahn-Anschluß erhalten, doch mit veränderter, für Teltow günstigerer Streckenführung. Der alte Bahnhof Teltow an der Anhalter Bahn wird dennoch weiterbestehen, nur eine S-Bahn wird er nicht mehr sehen.

Am äußersten Rand von Teltow wird die Mahlower Straße – an ihrem östlichen Ende – von der Anhalter Bahn gekreuzt. Hier gibt es einen Bahnhof seit Oktober 1901. Gigantische Pläne zum Umbau der Eisenbahnanlagen entwickelte das braune Regime um 1937 auch für den Bereich südlich von Berlin; die S-Bahn sollte bis Trebbin verlängert werden. Von Lichterfelde Süd bis Großbeeren schüttete man 1941-43 einen Bahndamm auf und legte im Bahnhofsbereich Teltow einen Mittelbahnsteig an. Die neuen Gleise (zunächst zwei-, später viergleisig) wurden im November 1942 in Betrieb genommen.

Der Bahnausbau war nach dem Kriege gegenstandslos geworden. Dennoch verfolgte man das Ziel der S-Bahn-Südausdehnung weiter, nun jedoch vor dem Hintergrund der politischen Ost-West-Spannungen. Mit der Inbetriebnahme des Bahnhofs Teltow als S-Bahn-Station im Juli 1951 mußten die Züge in der nächtlichen Betriebspause nicht mehr im amerikanischen Sektor Berlins am bisherigen Endpunkt in Lichterfelde Süd stehenbleiben. Auch die permanenten Kontrollen ließen sich nun effektiver durchführen. Schließlich konnte der dampfbetriebene Vorortverkehr bis Teltow, außerhalb Berlins, zurückgezogen werden und verblieb nun in der DDR. Östlich des Bahndamms legte die Reichsbahn deshalb ebenerdig einen zusätzlichen (Kopf-) Bahnhof mit Mittelbahnsteig an. Genau ein Jahrzehnt lang waren die Einwohner Teltows an das S-Bahn-Netz angeschlossen, wenn auch nur peripher, dann war Schluß. Der Mauerbau unterbrach alle Verbindungen.

Der S-Bahnsteig rottete mehr als drei Jahrzehnte vor sich hin und verfiel, er bildete auch ein Hindernis beim Umsteigen zwischen Vorortzügen und

Im April 1993 war der 1961 geschlossene S-Bahnsteig mit seinem Treppenabgang in der Mitte noch vorhanden

Omnibus. Sein Zugang, der Tunnel unter dem Bahndamm, war deshalb stets gut genutzt. Die letzten Reste der Anlage von 1942-43 wurden 1997 abgetragen. Geschlossen hat man inzwischen auch den im Geländeniveau erbauten Nachkriegs-Bahnhof. Auf einem neu geschütteten Bahndamm gibt es zukünftig einen »Regionalbahnhof« Teltow (1998-99 herrscht Schienenersatzverkehr). Die S-Bahn hingegen soll auf ihrem Weg stadtauswärts in einigen Jahren näher an das Ortszentrum rücken; ihr bisher nur als Modell existierender Bahnhof wird »Teltow Stadt« heißen.

Teltow, die Stadt zwischen Berlin und dem Fläming, wurde um 1230 angelegt und schon 1265 urkundlich erwähnt. Der Name leitet sich vom Fluß Telte ab. Daß Teltow später auch Acker- und Gärtnerstadt war, ist durch die Teltower Rübchen belegt, die seit 1763 zum Begriff geworden sind. Die Entwicklung zum Industriestandort markiert der Bau des Teltowkanals, der 1906 eröffnet wurde. Der Kreis Teltow war zur Kaiserzeit reich und einflußreich, unzählige Gemeinden gehörten ihm an. Hätte 1906 der falsche Hauptmann es wirklich auf einen Paß abgesehen gehabt, wäre Teltow der geeignete Ort für seinen Coup gewesen. Nur hier in der Kreisstadt, nicht in Köpenick, gab es das Papier.

KURZZEICHEN: TLO
LAGE: AUF BAHNDAMM NACH LICHTERFELDE SÜD (1951-1961)
2600 METER

| | |
|---|---|
| 1.10.1901 | Eröffnung |
| 11.1942 | Inbetriebnahme eines hochgelegten Mittelbahnsteigs |
| 7.7.1951 | Elektrischer Betrieb |
| 25.8.1951 | Eröffnung eines ebenerdigen Kopfbahnhofs für die Vorortzüge nach Ludwigsfelde |
| 13.8.1961 | Schließung des S-Bahnsteigs auf dem Damm |
| 24.5.1998 | Schließung des ebenerdigen Vorortbahnsteigs; seitliche Regionalbahnsteige auf neuem Bahndamm im Bau |

# Tempelhof

Anfang Januar 1872 wurde der Personenverkehr auf dem östlichen Teil der Ringbahn aufgenommen, schon damals war Tempelhof mit von der Partie. Der Bahnhof befand sich seinerzeit ungefähr in der Höhe der heutigen Manteuffelstraße und bestand bis etwa 1895. Seitdem gibt es ihn am heutigen Orte.

Der Umstellung auf S-Bahn-Betrieb 1928 folgte für die ein Jahr später hinzugekommene U-Bahn recht bald ein Umbau des Bahnhofsgebäudes. So selbstverständlich es heute ist (oder zumindest sein sollte), einen Schnittpunkt von Schnellbahnen umsteigefreundlich zu konzipieren – die bequeme Verbindung zwischen S- und U-Bahn, die jetzt am Bahnhof Tempelhof entstand, war seinerzeit durchaus noch etwas Besonderes. Die gemeinsame Zugangshalle wurde entsprechend gewürdigt, hatte man doch die Kosten geteilt, während bisher, beispielsweise am Bahnhof Friedrichstraße, die U-Bahn die Kosten zu tragen hatte und sogar noch Mietzins für die Benutzung reichsbahneigenen Geländes entrichten mußte. Das Empfangsgebäude wurde in den Bahndamm bzw. in die Brückenwiderlager eingebaut und mit Muschelkalkplatten verblendet; die gelb gekachelte Schalterhalle erhielt ein großes, rundes Oberlicht.

Der Betriebseinstellung im April 1945 folgte die Wiedereröffnung Mitte Juni. Der Mauerbau 1961 amputierte nicht nur den Ring, am Bahnhof Tempelhof wurden die Auswirkungen des S-Bahn-Boykotts besonders deutlich: Auf dem U-Bahnhof und an allen nicht unter DR-Betriebsverwaltung stehenden Örtlichkeiten des Bahnhofs wurden sämtliche auf die S-Bahn bezugnehmenden Hinweisschilder entfernt. Selbst der Namenszusatz »Südring« auf den U-Bahnhofsschildern wurde überpinselt. Die vorbildliche und einst gefeierte Umsteigemöglichkeit zu nutzen, war jetzt verpönt. Ab September 1980 bestand sie ohnehin nicht mehr: Der S-Bahner-Streik hatte zur Stillegung des Betriebs auf dem Ring in West-Berlin geführt.

Ende 1991 nahm die geplante Wiedereröffnung mit den ersten Sanierungsmaßnahmen konkrete Formen an. Dachkonstruktion und Aufbauten des Mittelbahnsteigs wurden abgerissen und neu er-

Blick auf den südlichen Zugang im Jahre 1980

richtet, die historischen gußeisernen Stützen vom Typ »Wannseebahn« im ursprünglichen grünen Farbton neu gestrichen. Der am Westende des Bahnsteigs über beide Gleise reichende Querriegel des Stellwerksgebäudes, der dem S-Bahnhof Tempelhof seine spezielle Prägung verleiht, blickt seitdem wieder ansprechend verputzt auf die S-Bahn-Züge (und die benachbarte Güterbahnhofsanlage). Zur Erhellung der Empfangshalle mit Tageslicht wurde eine Teilfläche am östlichen Bahnsteigende mit Glasbausteinen ausgebildet. Der Südring fährt wieder seit Dezember 1993, der Status des Umsteigebahnhofs ist für die Station Tempelhof nach dreizehnjähriger Pause wiederhergestellt.

Der Tempelberg in Jerusalem prägte während der Kreuzzüge den Namen des Ritterordens der »Templer«. Sie ließen sich um 1190 an der Spree nieder und errichteten eine Ordenskomturei. So kam der Ort zu seinem sakral klingenden Namen. Auf dem Tempelhofer Feld hielten die preußischen Könige seit 1772 ihre Militärparaden ab. 1920 wurde Tempelhof 13. Verwaltungsbezirk von Groß-Berlin. Der Flughafen, der durch seinen riesigen Gebäudekomplex, später durch die Luftbrücke weltbekannt werden sollte, wurde im Oktober 1923 eingeweiht.

| | |
|---|---|
| 1895 | Eröffnung, Mittelbahnsteig; der Bahnhof ersetzte einen am 1.1.1872 eröffneten, weiter westlich gelegenen ersten Bahnhof Tempelhof |
| 6.11.1928 | Elektrischer Betrieb |
| 1929-30 | Gemeinsames Zugangsbauwerk S-/U-Bahn |
| 4.1945 | Stillegung |
| 18.6.1945 | Wiedereröffnung, Elektrischer Betrieb |
| 18.9.1980 | Stillegung (kein Verkehr nach Streikende) |
| 17.12.1993 | Wiedereröffnung, Elektrischer Betrieb |

KURZZEICHEN: TF
LAGE: AUF BAHNDAMM
NACH HERMANNSTRASSE 3430 METER,
NACH PAPESTRASSE 1380 METER

# Tiergarten

■ Siehe auch:
→Rave Garden

Bis 1930 zeigte sich der Bahnsteig noch mit der alten Halle

Der Blick auf die Siegessäule ist stets aufs Neue lohnend. Beste Position: Bahnsteig-Westende – oder, im Zug: Fahrtrichtung Ost, letzter Waggon, ersatzweise Fahrtrichtung West, erster Waggon. Voraussetzung: sonniger Spätnachmittag.

Die Aussicht war zur Eröffnung des Stadtbahnstation »Thiergarten« (Schreibweise bis 1903) noch nicht möglich. Der Bahnsteig reichte nur bis an, nicht über die Charlottenburger Chaussee - und ganz abgesehen davon stand die Siegessäule auch noch nicht am heutigen Ort. 1885, drei Jahre nach der Inbetriebnahme der Stadtbahn, wurde der Bahnhof eröffnet. Erste Erfahrungen mit dem Betrieb der anderen Stadtbahnstationen konnten bereits verwertet werden. Die Halle über dem Mittelbahnsteig war mit nur 49 Metern die kürzeste aller Stadtbahnstationen. Vorhanden ist von dieser alten Anlage nichts mehr.

Die S-Bahn hat noch acht Jahre in dem Bahnhof in seiner Ursprungsausführung gehalten. 1928 sind ihre Züge hier erstmalig eingesetzt worden; 1936 wurde die Straßenbrücke wesentlich erweitert – die Speer'sche Ost-West-Achse, heute Straße des 17. Juni, entstand. Die Bahnhofshalle riß man ab. Der gesamte Bahnhof wurde in veränderter Form neu errichtet, der Bahnsteig bis auf die Brücke verlängert. Die Eingangshalle ist in den Viadukt eingebaut, die Fassade wurde mit roten Ziegeln verblendet. Die Station erhielt eine einstielige, nach innen geneigte Dachkonstruktion (den verglasten Innenstreifen gibt es erst seit 1996).

Nach dem Ende der Kampfhandlungen in Berlin im Mai 1945 bot auch die Stadtbahn ein trostloses Bild. Der Ende April 1945 eingestellte S-Bahn-Betrieb konnte aber am 6. September wieder aufgenommen werden. Züge aus Charlottenburg endeten hier, fuhren ab Mitte Oktober weiter Richtung Lehrter Bahnhof. Der Nebenausgang zur Bachstraße (im Bogen Nr. 483) blieb nun vermauert.

Anläßlich der »Internationalen Bauausstellung Berlin« 1957 beseitigte die Reichsbahn einen großen Teil der Kriegsschäden an der Station.
Doch der Niedergang, der schleichende Verfall auch der baulichen Anlagen, setzte sich fort, verstärkt nach 1961. Der Bahnhof Tiergarten mußte aber nie stillgelegt werden, stets war die Stadtbahn-Strecke in Betrieb. Die einzige Pause war 1994-96 zu verzeichnen, als die S-Bahn-Züge auf den Ferngleisen am Bahnhof Tiergarten vorbeifuhren. Eine Generalsanierung der Strecke stand an, die Station wurde grundinstandgesetzt und bietet seitdem den heute gewohnten Anblick. Dazu gehört auch der wiedereröffnete nördliche Ausgang zur Bachstraße. Unter dem großen, grünen Bewuchs mitten auf dem kleinen Parkplatz neben dem Bahnhof verbirgt sich übrigens seit annähernd zwei Jahrzehnten ein ausrangierter BVG-Doppeldeckbus.
Zur Eröffnung war die Station Tiergarten gedacht *»für die Bewohner der östlichen Teile von Charlottenburg, für die Besucher der westlichen Teile des Thiergartens, namentlich des im Winter wegen seiner Eisbahn beliebten Neuen Sees und des Seeparks, ferner für die Lehrer und Studierenden der Königlichen Technischen Hochschule, endlich für die Beamten und Arbeiter der Königlichen Porzellanmanufaktur.«* Die Hochschule heißt heute Technische Universität, die KPM befindet sich (noch) nebenan – viel geändert hat sich nicht?
Neue Nutzer des Bahnhofs sind jeden Sonnabend und Sonntag etliche Trödelmarktbesucher und, einmal im Jahr, überschnappende junge Menschen: Letztere lassen den Bahnhof überschwappen zur »Love Parade«. Dann wird er schon mal kurzzeitig umgetauft in →»Rave Garden«.
Die einzigen Bewohner Tiergartens waren neben Wildschweinen, Füchsen und Rehen lange Zeit die »Stakensetzer«, die das (seit 1527) kurfürstliche Jagdrevier beaufsichtigten. 1840 gestaltete Gartenbaumeister Lenné das Gelände, das 1861 zu Berlin kam. Die heutige Bezirksgrenze Tiergartens stammt von 1938; sie verläuft u.a. direkt westlich des S-Bahnhofs. Man kann vom Bahnsteig auf zwei Bezirke blicken – Richtung Westen auf Charlottenburg mit dem gleichnamigen Tor.

| | |
|---|---|
| 5.1.1885 | Eröffnung |
| 11.6.1928 | Elektrischer Betrieb |
| 1936 | Abriß der Bahnsteighalle, Um- und teilweise Neubau |
| 4.1945 | Stillegung |
| 6.9.1945 | Wiedereröffnung, Elektrischer Betrieb |
| 30.10.1994 | Stillegung (Stadtbahn-Sanierung) |
| 11.11.1996 | Wiedereröffnung, Elektrischer Betrieb |

Nach der Sanierung, August 1998

KURZZEICHEN: TGN (FRÜHER TG)
LAGE: AUF STADTBAHNBÖGEN; Z.T. AUF BRÜCKE ÜBER DER STRASSE DES 17. JUNI UND AUF BRÜCKE ÜBER DIE JOSEPH-HAYDN-STRASSE
NACH ZOOLOGISCHER GARTEN 910 METER,
NACH BELLEVUE 1130 METER

# Treptow

■ Siehe auch:
→Treptower Park

Am Anfang war der Ring. Schon 1875 wurde der Bahnhof Treptow an der Ringbahn eröffnet. Seit Mitte der achtziger Jahre hielten hier auch von der Stadtbahn kommende Züge, abzweigend am heutigen Ostkreuz, auf ihrem Weg Richtung Grünau. Im Zuge des viergleisigen Ausbaus Mitte der neunziger Jahre wurde der Bahnhof um einen zweiten Bahnsteig erweitert. Schon vorher, Ende der achtziger Jahre, komplettierte ein Empfangsgebäude, ein historisierender, verklinkerter Ziegelbau an der späteren Elsenstraße, den Bahnhof. Das Großereignis »Gewerbeausstellung« führte 1896 zu einer kurzzeitigen Blüte und zu überfüllten Zügen.

Von der S-Bahn wurden die beiden Bahnsteige der Station nicht gleichzeitig, sondern nacheinander in Besitz genommen. Die Ringbahn war Vorreiter, im November 1928, die »Grünauer« Linie folgte zwölf Wochen später. 1937 änderte man den Bahnhofsnamen in »Treptower Park«. Der langgezogene Bezirk Treptow erstreckt sich im Süden bis Bohnsdorf und Altglienicke; das bedeutet, von Treptower Park noch sieben Stationen oder 23 Minuten weiterfahren und immer noch in Treptow aussteigen zu können – beispielsweise auf dem S-Bahnhof Grünbergallee. Der alte Name Treptow war nicht mehr aussagekräftig genug.

Nach Ende des Zweiten Weltkrieges wurde der S-Bahn-Verkehr an den beiden im Richtungsbetrieb bedienten Mittelbahnsteigen in zwei Etappen wiederaufgenommen. Zuerst, Mitte Juni 1945, auf den Ringbahngleisen, allerdings anfangs mit Unterbrechungen, da der östliche Bahnsteig (B) von der Roten Armee zeitweise als Verladerampe genutzt wurde. Mitte Februar 1946 folgten dann die Züge Richtung Grünau. Das völlig zerstörte Empfangsgebäude von 1912, an der Elsenstraße, riß man ab. Neu gebaut hingegen wurden weitere Bahnsteige, die man für wichtiger hielt: Nach dem Juni-Aufstand von 1953 entstanden an der Ringbahn südlich des Bahnhofs Treptower Park Kontrollbahnsteige für die S-Bahn-Züge von und nach West-Berlin (Sonnenallee). Benutzt wurden sie allerdings nie, bis zur Kappung der Verbindung im August 1961 kontrollierte das »Amt für Zoll und Kontrolle des Warenverkehrs« letztlich doch in den Zügen. Mehrminütige Haltezeiten waren dafür in die Fahrpläne eingearbeitet.

Die Zeiten der Lautsprecherdurchsage »*Letzter Bahnhof im demokratischen Sektor*« waren mit dem Mauerbau beendet. Richtung Süden gab es nur noch eine Strecke für die S-Bahn: den abzweigenden Weg Richtung Grünau. Die weiter den Ring nehmende Strecke Richtung Neukölln fiel südlich des Bahnhofs Treptower Park den Grenzbefestigungsmaßnahmen zum Opfer. Entsprechend aufwendig mußten die Ausfädelungsbauten neu erstellt werden, als nach dem Mauerfall auch dieser Lückenschluß zur Realisierung anstand. Mitte August 1995 begann man mit den Bauarbeiten. Beide Mittelbahnsteige wurden abgerissen und völlig neu wiederhergestellt, nacheinander natürlich. Nach dem Abschluß der Bauarbeiten Anfang August 1997 dauerte es nicht mehr lange, bis das kleinere Teilstück des Rings im Osten mit dem Südring in Westen verbunden werden konnte. Mitte Dezember 1997 war es soweit. Treptow und Neukölln sind auf kürzestem Schienenweg wieder miteinander verbunden.

Der Name Treptow geht zurück auf eine Kämmerer-Rechnung von 1568, ausgestellt auf »Der Trebow« - ein kleines Fischerhaus, gelegen am heutigen Standort des Ausflugslokals Zenner. Trebow (slawisch für »feuchte Niederung«) wurde zu Treptow, aus dem Gebiet um die Fischerkate 1876 eine selbständige Landgemeinde. 1920 namensgebend zu Groß-Berlin gekommen, erhielt der Verwaltungsbezirk Treptow 1938 seine heutige langgestreckte Form, die an ein »schmales Handtuch« erinnert. Die Gewerbeausstellung 1896, eine verhinderte »kleine Weltausstellung«, machte Treptow ebenso berühmt wie der um 1810 erstmals praktizierte Heißwasserausschank in Ausflugsgaststätten: »Hier können Familien Kaffee kochen!« Das Pulver aber mußte tunlichst selbst mitgebracht werden.

| | |
|---|---|
| 1.2.1875 | Eröffnung als »Treptow«, Seitenbahnsteige |
| etwa 1888 | Empfangsgebäude an der späteren Elsenstraße (im Zweiten Weltkrieg zerstört), Mittelbahnsteig |
| 1896 | Zweiter Mittelbahnsteig im Zuge des viergleisigen Ausbaus |
| 6.11.1928 | Elektrischer Betrieb (Ringbahn) |
| 1.2.1929 | Elektrischer Betrieb (Richtung Grünau) |
| 3.10.1937 | Umbenennung in »Treptower Park« |
| 4.1945 | Stillegung |
| 18.6.1945 | Wiedereröffnung, Elektrischer Betrieb (nur Ringbahn) |
| 15.2.1946 | Elektrischer Betrieb auch Richtung Grünau |
| 13.8.1961 | Kappung der Verbindung Richtung Neukölln |
| 1983 | Renovierung der Bahnsteige |
| 14.8.1995 | Grundsanierung: Stillegung des östlichen Bahnsteigs |
| 6.12.1996 | Stillegung des westlichen Bahnsteigs |
| 9.12.1996 | Wiedereröffnung des östlichen Bahnsteigs |
| 4.8.1997 | Wiedereröffnung des westlichen Bahnsteigs |
| 18.12.1997 | Lückenschluß Richtung Neukölln |

# Treptower Park

Eröffnet als: ■
→Treptow

Als ein »verschrumpeltes Würstchen« könne der Umriß des Bezirks Treptow angesehen werden, verrät ein Heimatkundebuch, so schmal und krumm ist er. Diese Form besitzt er aber erst seit einer Veränderung der Bezirksgrenzen 1938. Die S-Bahn-Station war ein Jahr zuvor von einfach »Treptow« in »Treptower Park« umbenannt worden. Der neue Name wird ihrer Bedeutung als Ausgangspunkt für Ausflüge, Wanderungen und Dampferfahrten eher gerecht.

Von dem schon seit 1875 existierenden Bahnhof führen kurze Wege zum bedachtsam und vorbildlich angelegten Park, den Lenné-Schüler Gustav Meyer ab 1864 gestaltete. Das am 8. Mai 1949 vollendete sowjetische Ehrenmal, ein beeindruckendes Zeitmonument, bröckelt in der Mitte des Parks; gegenüber kündet das Riesenfernrohr der Archenhold-Sternwarte als letztes Relikt von der großen Gewerbeausstellung 1896. Das Traditionsgasthaus Zenner (seit 1822) und die Schiffsanle-

Zum Park und zu den Dampfern: der östliche Zugang in den siebziger Jahren

KURZZEICHEN: TP
(FRÜHER TW)
LAGE: AUF BAHNDAMM
NACH PLÄNTERWALD
2040 METER,
NACH SONNENALLEE
2390 METER,
NACH OSTKREUZ
1210 METER

gestelle der Spreedampfer sind weitere Anziehungspunkte. Der Bahnhof hatte deshalb schon vor Beginn seiner »S-Bahn-Zeit« 1928 einen Ausgang Richtung Osten erhalten, zur Park- und Wasserseite hin. Die extrem breite Verkehrsader Elsenstraße auf der anderen Seite des Bahndamms kann durch einen zu DDR-Zeiten entstandenen Tunnel unterquert werden.

Der Treptower Park sandte schon Ende des 19. Jahrhunderts einen Vorboten auf den Bahnhof – eine mächtige Kastanie am nördlichen Bahnhofsende prägte das Bild dieser Station. Bei der Generalsanierung des Bahnhofs 1995-97 mußte (mußte?) sie gefällt werden. Ein, wie es heißt, »fruchtarmer« Nachfolger – noch ist er erst vier Meter hoch – schickt sich seit April 1998 an, wieder Blickfang zwischen den Gleisen und Signalen zu werden.

## Unter den Linden

Konnte die in Ost-West-Richtung Berlin durchschneidende Stadtbahn schon 1882 eröffnet werden, so dauerte es doch bis 1939, ehe auch in Nord-Süd-Richtung eine durchgehende Verbindung fertiggestellt war. Dies geschah in mehreren Etappen, der nördliche Teilabschnitt vom →Stettiner (heute Nord-)S-Bahnhof wurde bis zur vorläufigen Endstation Unter den Linden am 27. Juli 1936, vier Tage vor dem Beginn der XI. Olympischen Spiele, eröffnet.

Der Entwurf der in Lindgrün gehaltenen Station stammt von Richard Brademann, dem »Großmeister« der Berliner S-Bahn-Architektur, der in der Berliner Reichsbahndirektion zuständig war für die Gestaltung der Anlagen seit der »Elektrisierung« 1924. Ein im Mittel zehn Meter breiter Inselbahnsteig war entstanden; die Gesamtbreite des Bahnhofs mißt 17,6 Meter, die Höhe beträgt 2,94 Meter; die Tafeln an den Seitenwänden tragen den Bahnhofsnamen in erhabenen Lettern aus Kera-

Länger geschlossen als geöffnet: Unter den Linden im September 1990

mik, in Tannenberg-Schrift. Zugänge existieren an beiden Bahnsteigenden über Schalterhallen im Zwischengeschoß und nur zweieinhalb Meter schmale Treppen beiderseits der Straße Unter den Linden. Der Bahnsteig liegt nicht unter ihrem Mittelstreifen, sondern unter der südlichen Fahrbahn, da schon damals an eine Verlängerung der U-Bahn-Linie E (heute U5) Richtung Westen gedacht war, die »nebenan«, also unter der nördlichen Fahrbahn, verlaufen soll. Die Verbindungsgänge zu den nördlichen Ausgängen sind aus diesem Grund verhältnismäßig lang. Eiserne Kunstgußplatten aus der Hütte in Lauchhammer umfaßten die vier Zugänge als Schutzgitter. Da der Bahnhof anfangs als Endstation fungierte, erhielt er, südwestlich anschließend, auch eine Kehrmöglichkeit für die Züge, die bis 1961 noch gelegentlich genutzt und Mitte der sechziger Jahre abgebaut wurde.

Am 21. April 1945, der Zweite Weltkrieg stand kurz vor seinem Ende, mußte der Bahnhof Unter den Linden geschlossen werden. Die Überflutung des Nord-Süd-S-Bahn-Tunnels durch den Wassereinbruch bei der Sprengung am Landwehrkanal Anfang Mai 1945 machte die Station lange Zeit unbenutzbar. Sie konnte erst nach über einem Jahr, am 2. Juni 1946, wieder eröffnet werden, anfangs mit eingleisigem Pendelbetrieb zwischen Friedrichstraße und Anhalter Bahnhof im 15-Minuten-Takt. Die Öffnung des Bahnhofs Unter den Linden währte indes nur kurz: Schon am 1. Dezember 1946 wurde er wegen Bauarbeiten erneut geschlossen. Sein dritter Eröffnungstermin war dann der 15. Oktober 1947. Der südöstliche Zugang jedoch wurde 1950 »aus Sicherheitsgründen« stillgelegt - wegen seiner Lage direkt vor der jetzt entstehenden Sowjetischen (heute Russischen) Botschaft. Keine zwölf Jahre war er geöffnet gewesen, bis 1998 sollte er versperrt bleiben.

Die Abriegelungsmaßnahmen zur »endgültigen« Teilung Berlins am 13. August 1961 bescherten Unter den Linden das Dasein eines Geisterbahnhofs, den die Züge von Nord nach Süd und von Süd nach Nord, politisch also von West nach West, ohne Halt durchfuhren. Der Bahnhof war Teil einer »Transitstrecke« geworden. Seine Zugänge an der Oberfläche wurden nach 1961 beseitigt, die Straßendecke auf den Bürgersteigen ist geschlossen worden und ließ die Lage der Eingänge nicht mehr erkennen. Nur Eingeweihte vermochten aus der Lücke in der sonst regelmäßigen Baumbepflanzung ihre Schlüsse zu ziehen. Fast 29 Jahre lang währte dieses Erscheinungsbild.

Die beiden westlichen Zugänge, recht nah am Brandenburger Tor gelegen, befanden sich jetzt in einer für das damalige Regime hochsensiblen Zone, nur wenige Meter vor der »Staatsgrenze«. Auf dem nordwestlichen Zugang, an der gegenüberliegenden Straßenseite des Eingangs zum wiedererbauten Hotel Adlon, war ein kleines metallenes Postenhäuschen mit getönten Scheiben, etwa von der Größe zweier Telefonzellen, aufgestellt. Einen aufmerksamen Beobachter hätte es in Erstaunen versetzen können, wenn gelegentlich mehrere Grenz-«Organe« nacheinander in dem winzigen Häuschen verschwanden oder es verließen – indirekter Hinweis auf den S-Bahn-Untergrund Unter den Linden, der ebenso scharf bewacht war wie der Pariser Platz darüber.

Noch existierte die DDR, als am 1. September 1990, fünf Wochen vor dem Tag der deutschen Einheit, der Bahnhof wieder seiner Bestimmung übergeben werden konnte. Anfangs waren nur die nördlichen Zugänge geöffnet, am 2. Oktober folgte die Südwest-Treppe. Zu jenem Zeitpunkt war er in seiner Geschichte schon länger geschlossen als geöffnet gewesen.

Setzte nun keine Politik mehr der Funktion des Tunnels (absurde) Grenzen, so waren es jetzt bauliche Mängel und technische Zwänge, die erneut zu seiner Stillegung führten. Die Geschichte hatte sich auch ganz konkret abgelagert; obendrein war Asbest erkannt und gemessen worden - am 18. August 1991 schlossen sich erneut die (drei) Tore des S-Bahnhofs Unter den Linden. Eine Generalsanierung des Tunnels war Ende Februar 1992 beendet, am 1. März hieß es für den Bahnhof: Wiedereröffnung, die fünfte. Der Zugang vor der Russischen Botschaft, geschlossen nach wie vor, erhielt etwa 1994 eine häßliche Holzeinhausung, unter der sich jahrelang nichts tat. Sie verschwand erst Ende 1997, und Ostern 1998 wurde auch dieser Zugang geöffnet. Insgesamt fünfzig Jahre war er verschlossen gewesen.

Unter den Linden ist die älteste Prachtstraße Berlins. Am 16. April 1647 befahl der Große Kurfürst die Anlage einer Linden- und Nußbaumallee zwischen Schloß und Tiergarten; schon 1573 hatte Kurfürst Johann Georg hier einen Reitweg anlegen lassen. Nun wurde er befestigt; in sechs Reihen wurden Bäume gepflanzt. 1674 hieß der Boulevard noch Neustädtische Allee, 1690 Lindenallee, 1723 wird er Lindenstraße genannt, danach tritt der heutige Name auf. König Friedrich II. ließ die von 942 auf 1460 Meter verlängerte Straße prachtvoll bebauen. 1820 wurden die Bäume von sechs auf vier Reihen reduziert. Noch vor gut hundert Jahren nutzte der Verkehr beide Fahrbahnen in beide Richtungen! Nur vier Linden hatten 1945 den Krieg überlebt. Heute stehen hier 378 der vor Ahorn und Eiche häufigsten Straßenbaumart Berlins, und auch sie stehen im Streß.

KURZZEICHEN: ULU
LAGE: DOPPELTE TIEFENLAGE UNTER DER SÜDLICHEN FAHRBAHN DER STRASSE
NACH POTSDAMER PLATZ 1120 METER,
NACH FRIEDRICHSTRASSE 660 METER

| | |
|---|---|
| 27.7.1936 | Eröffnung, Elektrischer Betrieb |
| 21.4.1945 | Stillegung |
| 2.6.1946 | Wiedereröffnung, Elektrischer Betrieb |
| 1.12.1946 | Stillegung (Bauarbeiten) |
| 15.10.1947 | Wiedereröffnung, Elektrischer Betrieb |
| 13.8.1961 | Stillegung (Züge fahren ohne Halt durch) |
| 9.1.1984 | Einstellung des Zugverkehrs (Übernahme durch die BVG) |
| 1.5.1984 | Wiederaufnahme des Zugverkehrs (Elektrischer Betrieb) ohne Halt |
| 1.9.1990 | Wiedereröffnung, Elektrischer Betrieb |
| 18.8.1991 | Stillegung (Tunnelsanierung) |
| 1.3.1992 | Wiedereröffnung, Elektrischer Betrieb |

# Velten (Mark)

Als es um 1885 zur Gewißheit wurde, daß Velten Anschluß an das Eisenbahnnetz erhalten würde, schlossen die begüterten Bürger Kurth und Wendland eine Wette auf den Standort des Bahnhofs ab. Jeder erwarb ein Stück Land an dem von ihm vermuteten Platz, beide bauten ein Hotel. Kurth gewann – der heutige »Gasthof Velten« an der Bahnstraße 5 steht dem Anfang Oktober 1893 eröffneten Bahnhof Velten gegenüber. Manch' Veltener aber wird sich gefragt haben, warum in der heutigen Rosa-Luxemburg-Straße 86 ein so großspuriges Gebäude errichtet wurde – es ist der Bau des Wettverlierers Wendland.

»Velten (Mark)« wurde 1911 die offizielle Bezeichnung der Station an der Kremmener Bahn. Diese Trasse war neben den beiden Ästen nach Bernau und Oranienburg von der Reichsbahn ausersehen worden, als Teststrecke für das neue System gleichstrombetriebener Vorortzüge zu dienen. Nach dem zweigleisigen Ausbau der Kremmener Bahn hatte Velten (Mark) 1927 einen neuen Mittelbahnsteig erhalten. Als Zugang dient eine Stahlbrücke, die heute erlesene Häßlichkeit ausstrahlt. Einige hundert Meter nördlich des Bahnhofs errichtete man eine Abstellhalle für die neuen Züge. Am 1. Februar 1927 fuhr die erste S-Bahn zur Probe nach Velten, gelangte auch ans Ziel, hatte Kurzschluß, ein Wagen brannte aus, und der Zug mußte unter dem Jubel der Veltener Jugend mit einer Dampflok abgeschleppt werden. Mitte März 1927 aber rollten problemlos die regulären Züge.

Nicht unerwähnt soll bleiben, daß Velten 1904-1964 auch eine Kleinbahnanbindung an Nauen besaß, mit eigenem Kleinbahnhof an der Westseite des Staatsbahnhofs. Die S-Bahn-Züge waren ab Ende der dreißiger Jahre überdurchschnittlich frequentiert, wegen mehrerer Rüstungsbetriebe in der Veltener Nachbarschaft. Im April 1945 war die Strecke stillgelegt, die Wiederinbetriebnahme erfolgte Mitte Juni 1945. Die Rückkehr der S-Bahn datiert erst von Anfang Juli 1946, nachdem die Havelkanalbrücke bei Hennigsdorf wiederhergestellt worden war. Allerdings fehlte jetzt das im Dezember 1927 gelegte zweite Gleis.

1948 konnten die Veltener wieder wie vor dem Zweiten Weltkrieg durch den Nord-Süd-S-Bahn-Tunnel bis ins Stadtzentrum Berlins gelangen. 1961 verkürzte sich der Linienlauf der S-Bahn-Züge al-

Auf ihrem nur noch kurzen Linienweg nach Hennigsdorf startet im Mai 1983 in Velten ein S-Bahn-Zug

lerdings gewaltig, Schluß war jetzt schon nach nur 6 Kilometern in Hennigsdorf. Ost-Berlin war ab dem 13. August nur noch auf riesigen Umwegen zu erreichen, das gesamte Berlin hingegen gar nicht mehr. Dank des Triebwagendepots bei Velten war weiterhin S-Bahn-Betrieb möglich, zur Wartung und Instandhaltung der Züge genügten die dortigen technischen Voraussetzungen. Die S-Bahn in Velten überlebte also die Spaltung, den Mauerfall hingegen erlebte sie nicht mehr. Am 20. September 1983 pendelten die rot-gelben Halbzüge zum letzten Mal von und nach Velten (Mark). Danach übernahmen Vorortzüge den Betrieb, die zwar gleichfalls elektrisch fuhren, ihren Strom aber der frisch errichteten Oberleitung entnahmen.

Seit Ende 1998 hat die S-Bahn, von Berlin kommend, zwar »schon« wieder ihre Fühler bis Hennigsdorf ausgestreckt, ob sie aber jemals noch nach Velten zurückkehrt, ist mehr als fraglich und wohl kaum noch eine »Hotelbau-Wette« wert. Die neuen Regionalbahnen genügen vorerst den Verkehrserfordernissen auf der Schiene. Das Empfangsgebäude ist schon lange geschlossen, der Bahnsteig macht keinen ansprechenden Eindruck. Der markante Wasserturm südöstlich der Bahnanlagen ist zur Ruine verfallen.

Von dem osthavelländischen Ort Velten, Stadt seit 1935, wird vermutet, daß seine ersten Siedler im 12. Jahrhundert aus Veltheim bei Halberstadt kamen. Velten gehörte bis 1665 zu Kremmen, danach zu Oranienburg. Die erste große Kachelofenindustrie entstand 1828 und begründete den Ruf Veltens als »Ofenstadt«; später gab es bis zu 40 Ofenbetriebe. Zur Bahnhofseinweihung 1893 jubelte die »Veltener Zeitung« über die Anbindung nach Berlin: *»Wir fühlen es, daß ein lebhaft pulsierender Hauch von dort her auf unser ›Reich der Töpfer‹ übergeht. Velten wird ein mittätiges Glied in dem Riesenkörper der benachbarten Millionenstadt.«*

| | |
|---|---|
| 1.10.1893 | Eröffnung als »Velten«, Empfangsgebäude |
| 1.5.1911 | Neue Bezeichnung »Velten (Mark)« |
| 1927 | Mittelbahnsteig |
| 16.3.1927 | Elektrischer Betrieb |
| 2.12.1927 | Abschluß des zweigleisigen Ausbaus |
| 4.1945 | Stillegung |
| 18.6.1945 | Wiedereröffnung, Dampfbetrieb Hennigsdorf – Kremmen |
| 6.7.1946 | Elektrischer Betrieb |
| 21.9.1983 | Umstellung auf Oberleitungsbetrieb (letzte S-Bahn am 20.9.) |

KURZZEICHEN: VLT
LAGE: IM GELÄNDENIVEAU
NACH HOHENSCHÖPPING
2260 METER

# Waidmannslust

Der Zugang zum Bahnsteig in den dreißiger Jahren

Waidmannsheil! Ein Gutsförster namens Bondick war es, der 1875 billiges Land westlich der Oranienburger Chaussee kaufte, das sich hervorragend zur Parzellierung eignete. Als erstes eröffnete er in der neu gegründeten Kolonie, die ein Ortsteil von Lübars wurde, eine Waldgaststätte und nannte sie Waidmannslust. Er beteiligte sich auch finanziell stark an der Einrichtung des Bahn-Haltepunkts Waidmannslust, der 1884 an der seit 1877 bestehenden eingleisigen Nordbahnstrecke eröffnet wurde. Die Nordbahn erlangte recht schnell große Bedeutung und der Abschnitt Berlin – Oranienburg wurde bis 1890-91 zweigleisig ausgebaut. Zwei Jahre darauf ersetzte man die ursprünglichen Seitenbahnsteige durch einen Mittelbahnsteig, erreichbar durch einen Fußgängertunnel.

Das endgültige Gesicht erhielt der Bahnhof Waidmannslust zwischen 1908 und 1912, als die Strecke auf einen Damm gelegt wurde. Die Schalterhalle am nördlichen Bahnsteigende wurde eingebaut in Viadukt und Widerlager der Straßenunterführung Waidmannsluster Damm; Rundbogenfenster in Zweier- und Dreiergruppen gliedern die rote Ziegelfassade. So fand die S-Bahn den Bahnhof vor, als sie ihn im Juni 1925 erstmalig erreichte. Zum Einsatz kamen damals die neuentwickelten elektrischen Züge des Typs »Oranienburg«, die in ihrer Grundkonzeption allen späteren Fahrzeugen der Berliner S-Bahn als Vorbild dienten. Im Jahre 1934 fuhren 1,2 Mio. Passagiere in Waidmannslust ab (oder kamen an). Von Ende April bis Mitte August 1945 mußte die S-Bahn, wie überall, pausieren.

Die Demontage des zweiten Gleises auf einem sehr großen Teilabschnitt der von der S-Bahn befahrenen Nordbahn führte ab Sommer 1945 zu einschneidenden Betriebseinschränkungen. Die Strecke nach Oranienburg ist bis heute nicht wieder durchgehend zweigleisig. Der Bahnhof Waidmannslust erhielt im Frühjahr 1948 immerhin das zweite Bahnsteiggleis zurück, so daß eine zusätzliche Kreuzungsmöglichkeit an der Strecke gegeben war. Diese Situation blieb Jahrzehnte unverändert. Die Züge begegneten sich in Waidmannslust, bescherten den Fahrgästen einen Fahrplan mit gleichen Abfahrtzeiten für beide Richtungen. Bis es Anfang Januar 1984 keine Züge mehr gab.

Die neue Betreiberin in West-Berlin, die BVG, legte (nicht nur) die Nordbahn still, Waidmannslust verwaiste. Daß die erzwungene Betriebspause mit Beginn des Oktobers 1984 schon beendet war, ist nicht unwesentlich auf den Unmut der Betroffenen zurückzuführen. Nun ging man seitens der Verantwortlichen gleich noch einen Schritt weiter und verlegte bald darauf bis Frohnau ein zweites Streckengleis. Waidmannslust war wegen dieser Bauarbeiten noch einmal von Mai bis Dezember 1986 geschlossen und wurde auch umfassend saniert. Seitdem wird alle zehn Minuten gefahren, wenige Jahre nach der Wende 1989 auch wieder, wie bis 1961, nach Oranienburg statt nur bis Frohnau. Waidmannsdank.

| | |
|---|---|
| 20.5.1884 | Eröffnung, Seitenbahnsteige |
| 1908-12 | Hochlegung, Mittelbahnsteig, Zugang durch Schalterhalle vom Waidmannsluster Damm |
| 5.6.1925 | Elektrischer Betrieb |
| 4.1945 | Stillegung |
| 6.1945 | Wiedereröffnung, Dampfbetrieb |
| 18.8.1945 | Elektrischer Betrieb |
| 9.1.1984 | Stillegung (Übernahme durch die BVG) |
| 1.10.1984 | Wiedereröffnung, Elektrischer Betrieb |
| 5.5.1986 | Stillegung (zweigleisiger Streckenausbau) |
| 22.12.1986 | Wiedereröffnung, Elektrischer Betrieb |

KURZZEICHEN: WAI
LAGE: AUF BAHNDAMM
NACH HERMSDORF
1570 METER,
NACH WITTENAU
(WILHELMSRUHER DAMM)
1290 METER

## WANNSEE

Zu allen Zeiten ist der »Wannensee« die Badewanne der Großstädter geblieben. »Wannensee« lautete auch der erste Name des wohlbekannten Bahnhofs, als er 1874 an der Strecke von Zehlendorf nach →Neubabelsberg angelegt wurde. Ein von der Wiener Weltausstellung 1873 übriggebliebener Pavillon diente ab 1878 auf der südlichen Gleisseite als erstes Empfangsgebäude. Jetzt hieß der Bahnhof auch nicht mehr »Wannensee«, sondern erhielt den heutigen Namen.

1879 kam ein zusätzlicher Bahnsteig hinzu, für die Wetzlarer Bahn, also für jene Strecke, die heute neben der AVUS den Grunewald durchschneidet. Dieser Bahnsteig wurde kurioserweise »Dreilinden (Wannsee)« genannt – unterstanden doch beide Bahnsteige getrennten Verwaltungen. Etwa 1883 galt der Name Wannsee dann für beide. Auch betrieblich wurden sie, wegen des stark anwachsenden Verkehrs, alsbald zu einem Bahnhof vereinigt. Er wurde 1890-91 im Rahmen größerer Umbauten, die auch die Anlage eines großzügigen Güterbahnhofs beinhalteten, vergößert.

Den heute vertrauten Anblick erhielt die bedeutende Station 1927 im Zusammenhang mit dem aufkommenden S-Bahn-System. Solange war das

Durch die spitzen Tor- und Fensterausschnitte ist die Fassade am Kronprinzessinnenweg unverwechselbar (1974)

alte Empfangsgebäude, der Pavillon an der Berlin-Potsdam-Magdeburger Eisenbahn, noch in Betrieb gewesen. Die achteckige Empfangshalle im expressionistischen Stil mit den langen Lichtschlitzen im Dachaufbau ist eines der bekanntesten Werke von Richard Brademann, unverwechselbar auch durch die eigentümlichen spitzen Tor- und Fensterausschnitte des rotbraunen Gebäudekomplexes am Kronprinzessinnenweg. Innen gab es elf Fahrkartenschalter, davon allein sieben für den Ausflugsverkehr. Die Anlage mit nunmehr drei Mittelbahnsteigen (zwei für die S-Bahn) wurde Anfang April 1928 eröffnet. Doch die elektrischen Züge der Wannseebahn aus Zehlendorf ließen noch bis Mai 1933 auf sich warten, einzig auf der Wetzlarer Bahn, der verlängerten Stadtbahn, fuhren ab Mitte Juni 1928 S-Bahn-Züge in Wannsee ein. Dennoch gab (und gibt) es seitdem für beide Linien an den Bahnsteigen den Richtungsbetrieb, der das Umsteigen erleichtert, weil nur die Bahnsteigseite gewechselt werden muß. 1933 entstand auch das S-Bahn-Betriebswerk südlich des Bahnhofs.

Den Krieg hat der Bahnhof Wannsee unbeschädigt überstanden. Nach der Gesamt-Stillegung des S-Bahn-Verkehrs im Raum Berlin Ende April 1945 kamen die Züge im Juni (diesmal zuerst die Wannseebahn) und Juli 1945 nach Wannsee zurück. Der erste Schritt auf dem nun folgenden Weg in die Bedeutungslosigkeit war im Mai 1952 die bis 1976 währende Stillegung als Fernbahnhof, der zweite die Teilung der Stadt. Im August 1961 wurden die von Wannsee ausgehenden Umlandstrecken nach →Stahnsdorf und Potsdam gekappt.

Nächste Station des Rückschritts: die Betriebseinstellung auf der Wannseebahn nach dem Streik von 1980. Als im Januar 1984 mit der Übernahme durch die BVG auch die Strecke von Grunewald eingestellt wurde, war das Unvorstellbare eingetreten: Nur die Transit-Fernzüge hielten in Wannsee, jedoch kein einziger S-Bahn-Zug mehr. Diese Phase ist im Gedächtnis aber kaum hängengeblieben, denn sie währte nur kurze Zeit, bis Anfang Mai 1984. Jetzt trudelten die Züge von der Stadtbahn wieder ein, die der Wannseebahn folgten Anfang Februar 1985. Ende 1987 begann eine gründ-

Wie ein kleiner Dom wirkt die Schalterhalle im Innern (Februar1980)

liche Renovierung des Empfangsgebäudes, Fahrtreppen und Aufzüge wurden eingebaut. Die Bauarbeiten zogen sich bis Ende 1989 hin.

Gleich nach der Wende fuhr in Wannsee ein besonderer Zug ab: Der erste wieder von Berlin nach Potsdam durchgehende Nahverkehrszug startete zehn Wochen nach dem Mauerfall im November 1989. Die S-Bahn verkehrt von Wannsee nach Potsdam seit April 1992 wieder durchgehend.

Im November 1993 wurde das bemerkenswerte Bauensemble des Bahnhofs Wannsee als Baudenkmal eingetragen. Wer einen kleinen Eindruck bekommen möchte, wie es vor 1927 hier aussah, gehe durch den schmalen Personentunnel zum hinteren, südlichen Zugang. Gelb geklinkerte Bauten gruppieren sich um einen Zufahrtsweg, der bis auf den heutigen Tag den Namen »Reichsbahnstraße« trägt.

Die immense Bedeutung des 1907 eröffneten Freibades am 260 Hektar großen Wannsee für den erholungssüchtigen Berliner hervorzuheben, hieße Badehose und kleines Schwesterlein nach Wannsee tragen. Soll das größte Binnen-Strandbad Europas mit der S-Bahn erreicht werden, heißt es aber, am Bahnhof Nikolassee aussteigen. Der nach dem Wannsee benannte Zehlendorfer Ortsteil hieß um 1863 noch Alsen, nach dem Willen des Villenkolonie-Gründers Wilhelm Conrad. Post und Bahn übernahmen diesen Begriff nicht. 1898 wurde auf Antrag des Dorfes Stolpe die südwestlichste und älteste Randsiedelung Berlins in Wannsee umbenannt, sie ist ein Zehlendorfer Ortsteil seit 1920. Mit dem Namen verbindet sich aber auch die »Wannseekonferenz«. In dem Haus Am Großen Wannsee 57 – heute Gedenkstätte – hatte am 20. Januar 1942 jene berüchtigte Tagung stattgefunden, bei der die als »Endlösung« bezeichnete Vernichtung der Juden Europas geplant wurde.

| | |
|---|---|
| 1.6.1874 | Eröffnung als »Wannensee« an der Berlin-Potsdam-Magdeburger Eisenbahn |
| 1878 | Empfangsgebäude: Pavillon der Weltausstellung Wien von 1873 |
| 1878 | Neue Bezeichnung »Wannsee« |
| 1879 | Zusätzlicher Bahnsteig für die Wetzlarer Bahn, dessen Bezeichnung »Dreilinden (Wannsee)« |
| 1882-84 | Beide Bahnsteige zu einem Bahnhof »Wannsee« vereinigt |
| 31.3.1928 | Neues Empfangsgebäude auf der Nordseite und dritter Mittelbahnsteig (1.4.1928 eröffnet) |
| 11.6.1928 | Elektrischer Betrieb (Wetzlarer Bahn) |
| 15.5.1933 | Elektrischer Betrieb (Wannseebahn) |
| 4.1945 | Schließung |
| 6.6.1945 | Wiedereröffnung, Elektrischer Betrieb (Wannseebahn) |
| 7.1945 | Wiedereröffnung, Elektrischer Betrieb (Wetzlarer Bahn) |
| 5.1952 | Stillegung als Fernbahnhof |
| 30.5.1978 | Wiedereröffnung als Fernbahnhof |
| 18.9.1980 | Stillegung (nur Wannseebahn; kein Verkehr nach Streikende) |
| 9.1.1984 | Stillegung (auch Wetzlarer Bahn) (Übernahme durch die BVG) |
| 1.5.1984 | Wiedereröffnung, Elektrischer Betrieb (Wetzlarer Bahn) |
| 1.2.1985 | Wiedereröffnung, Elektrischer Betrieb (Wannseebahn) |

KURZZEICHEN: WS
LAGE: IM GELÄNDENIVEAU
NACH GRIEBNITZSEE
4770 METER,
NACH DREILINDEN (BIS 1961)
2290 METER,
NACH NIKOLASSEE (OBEN)
1510 METER,
NACH NIKOLASSEE (UNTEN)
1570 METER

# Warschauer Strasse

Ein Portalvorbau mit zwei Säulen kennzeichnete das Empfangsgebäude bis Kriegsende (Foto aus den dreißiger Jahren)

Zwei Seitenwechsel hatte der Bahnhof Warschauer Straße schon hinter sich, bevor er den jetzigen Standort einnahm. 1884-1903 gab es ihn dort, wo er auch heute steht. 1903-1924 war er auf die westliche Seite der Warschauer Brücke gewandert, hatte in jenen zwei Jahrzehnten dort ein von Karl Cornelius erbautes Empfangsgebäude. Im Oktober 1924 schließlich wurde die Station an den alten Standort zurückverlegt.

Erst jetzt hielten hier auch die Züge von/nach Erkner; an dem jeweils einzigen Mittelbahnsteig seiner beiden Vorgänger hatten nur die Züge von/nach →Lichtenberg-Friedrichsfelde gestoppt. Dieser dritte Bahnhof Warschauer Straße hatte deshalb zwei Mittelbahnsteige erhalten. Sein neues Empfangsgebäude gestaltete Richard Brademann. Unmittelbar von der Brücke gelangte man durch dieses Haus mit dem vorgewölbten Portalvorbau mit zwei hellgrünen Säulen in eine langgezogene Schalterhalle, in der es ab Juni 1928 S-Bahn-Fahrkarten zu kaufen gab. Hinter der Halle lag der Treppenverteiler. Der Ausgang von den beiden Bahnsteigen führte hingegen links und rechts außen an der langen Schalterhalle vorbei. Für die S-Bahn-Züge wurde westlich der Brücke, auf dem Gelände des inzwischen abgerissenen zweiten Bahnhofs, eine Kehranlage eingerichtet.

Nach sowjetischen Quellen erreichte die Rote Armee den →Schlesischen Bahnhof am 22. April 1945, spätestens zu dieser Zeit dürfte der S-Bahn-Verkehr im Bahnhof Warschauer Straße zum Erliegen gekommen sein. Ab Ende Juni 1945 verkehrte für die Sowjets regelmäßig ein Schnellzug von Moskau durchgehend zum Schlesischen Bahnhof auf russischer Breitspur; die Gleise waren dafür entsprechend um 89 Millimeter erweitert worden. Am Bahnhof Warschauer Straße mußte dieses »umgenagelte« Gleis extra abgesenkt werden – die Warschauer Brücke war zu niedrig für die mächtigen russischen Lok-Kolosse. Die erneute Umspurung auf Normalmaß wurde Ende September 1945 vorgenommen.

S-Bahn-Züge hielten ab Anfang November wieder am Bahnhof Warschauer Straße, vorerst jedoch nur jene in Richtung Lichtenberg. Die Erkner-Strecke konnte wegen einer Total-Demontage der Gleise erst viel später wieder für die S-Bahn in Betrieb genommen werden, so daß ihr Bahnsteig erst Anfang 1948 von den elektrischen Zügen bedient wurde. Das kriegszerstörte Empfangsgebäude hat man im Jahre 1951 in vereinfachter Form wiederhergestellt; statt des runden Vorbaus mit Säulen zeigt sich heute eine Glasfront mit Glastüren. Der Erkner-Bahnsteig erhielt sein seit 1945 fehlendes Dach erst 1970.

Eine Renovierung gönnte man der Station im Jahre 1983. Zu dieser Zeit zeichnete sich ab, daß eine Kapazitätserweiterung für den S-Bahn-Betrieb zwischen Ostkreuz und Ostbahnhof am besten mit einem zusätzlichen Bahnsteig im Bahnhof Warschauer Straße zu erreichen wäre. Im Februar 1986 begannen entsprechende Arbeiten. Das Gelände des benachbarten Reichsbahnausbesserungswerkes (es hieß seinerzeit »Franz Stenzer«) wurde »angeknabbert«, und der dritte Bahnsteig (C) entstand auf Teilen dieses Areals, nördlich der beiden vorhandenen Plattformen. Ende Dezember 1986 wurde er in Betrieb genommen. Mit der Erweiterung der Bahnhofsanlagen kam dennoch nur ein (nördliches) neues Gleis hinzu; die südliche Kante des neuen Bahnsteigs C liegt an dem schon vorhandenen Schienenstrang. Der Zug hält hier also an zwei Plattformen gleichzeitig, man kann bequem durch ihn hindurch auf Bahnsteig B wechseln. Verboten ist das nicht, höchstens riskant.

Eine derartige Gleis- und Bahnsteiganlage, wie sie jetzt entstanden war, hatte es im Berliner S-Bahn-Bereich zuvor nur am Bahnhof →Spandau West gegeben. Der betriebliche Nutzen der Ergänzung kam auch darin zum Ausdruck, daß sich nun dichtere Zugfolgen Richtung Mahlsdorf erreichen ließen. Übrigens gab es im Zusammenhang mit der Generalsanierung der Stadtbahn und des Umbaus des →Hauptbahnhofs 1997-98 auch noch einen weiteren Bahnsteig, für die Regionalbahn. Er wurde, sehr provisorisch, südlich der S-Bahnsteige eingerichtet und war von diesen nicht direkt erreichbar.

Neben die vorhandenen Bahnsteige wurde 1986 eine dritte Plattform gebaut, rechts im Bild (Dezember 1986)

Blick von der Warschauer Brücke auf die Bahnanlagen (Februar 1993), im Hintergrund die Zwingli-Kirche

Noch weiter südlich steht seit 1902 der gleichnamige U-Bahnhof, der bis 1995 Warschauer Brücke hieß, obwohl er an der Warschauer Straße liegt; der Zugang des S-Bahnhofs Warschauer Straße hingegen ist nur von der Warschauer Brücke erreichbar. Für die jetzige Brücke wurde 1938 der Grundstein gelegt, nach schweren Kriegsschäden war erst Anfang der fünfziger Jahre wieder eine volle Nutzung möglich. Seit der letzten Generalreparatur 1966 war nicht viel unternommen worden, ab 1995 wurde sie gründlich saniert. Die Warschauer Straße wurde 1874 nach Warszawa benannt, jener 1313 erstmals erwähnten Stadt, die polnische Hauptstadt schon 1596 war und seit 1918 die Hauptstadt der Republik Polen ist.

KURZZEICHEN: WRS
LAGE: IN (BREITEM) BAHNGRABEN
NACH OSTKREUZ 1210 METER,
NACH OSTBAHNHOF 1230 METER

I. Bahnhof (östlich der Brücke):

| | |
|---|---|
| 11.8.1884 | Eröffnung, Mittelbahnsteig an den »verlängerten Stadtbahngleisen« (nur für Züge von/nach Lichtenberg) |
| 20.10.1903 | Schließung |

II. Bahnhof (westlich der Brücke):

| | |
|---|---|
| 20.10.1903 | Eröffnung, Mittelbahnsteig und Empfangsgebäude (nur für Züge von/nach Lichtenberg) |
| 19.10.1924 | Schließung, anschließend Abriß des Empfangsgebäudes |

III. Bahnhof (östlich der Brücke):

| | |
|---|---|
| 19.10.1924 | Eröffnung, zwei Mittelbahnsteige (auch für Züge von/nach Erkner), Empfangsgebäude |
| 11.6.1928 | Elektrischer Betrieb |
| 4.1945 | Stillegung |
| 5.11.1945 | Wiedereröffnung, Elektrischer Betrieb |
| 5.1.1948 | Elektrischer Betrieb auch am Erkner-Bahnsteig |
| 1951 | Wiederherstellung des kriegszerstörten Empfangsgebäudes |
| 20.12.1986 | Inbetriebnahme eines dritten Bahnsteigs (an der Nordseite) |
| 1.6.1997 | Inbetriebnahme eines provisorischen Regionalbahnsteigs (an der Südseite) |
| 15.5.1998 | Schließung des provisorischen Regionalbahnsteigs |

# Wartenberg

Der Sonderzug hieß »PS 38274 T/2«, wie auf der Ersttagsfahrkarte vermerkt ist, und die Mitfahrt kostete 20 Pfennig (Ost). Er fuhr am 20. Dezember 1985 – mit diesem Ereignis war der Bahnhof Wartenberg eröffnet.

Etappenweise ist der Abzweig, den heute die S75 befährt, eröffnet worden. Die Strecke fädelt sich in Friedrichsfelde Ost aus, um sich am Bahnhof Springpfuhl noch einmal zu verästeln. Exakt ein Jahr vor der Inbetriebnahme der Station Wartenberg hatte sich die S-Bahn bis Hohenschönhausen vorgearbeitet. Der neue, durchgehend überdachte Mittelbahnsteig Wartenberg wurde von Beginn an zweigleisig bedient. Der Zugang ist von einem fast 100 Meter langen Fußgängertunnel möglich, der etwa unter der Bahnsteigmitte liegt.

Ein Blick vom Nordende des Bahnsteigs auf den weiteren Verlauf der Gleise zeigt, daß trotz der Prellböcke für die S-Bahn hier nicht auf Dauer Endstation sein wird. Eine Verlängerung ist vorgesehen, um am Karower Kreuz auf die Bernauer S-Bahn-Strecke zu stoßen. Ein somit geschaffener Lückenschluß war schon zu DDR-Zeiten ins Auge gefaßt worden, rückte nach der Wende allerdings auf der Prioritätenliste nach hinten. Der Name der dann auf Wartenberg folgenden Station ist schon lange bekannt, und es gibt ihn bereits in den Zielschildkästen der S-Bahn-Züge: Sellheimbrücke.

Der S-Bahnhof Wartenberg liegt gerade noch im gleichnamigen Ortsteil des Bezirks Hohenschönhausen. Nur wer den Bahnhof Richtung Osten verläßt, befindet sich in Wartenberg; die Ortsteil-Grenze verläuft neben den parallel zur S-Bahn liegenden Fernbahngleisen. Das Angerdorf Wartenberg wurde 1375 erstmals erwähnt. Die Stadt Berlin erwarb Gut Wartenberg 1883 zur Anlage von Rieselfeldern; 1920 folgte die Eingemeindung in die Hauptstadt. Nur wenige Monate vor der Eröffnung des S-Bahnhofs Wartenberg hatte Ost-Berlin die Bezirke neu zugeschnitten und einen 22. Verwaltungsbezirk Hohenschönhausen geschaffen, bestehend aus dem gleichnamigen Ortsteil sowie aus drei weiteren namens Falkenberg, Malchow und eben Wartenberg.

**20.12.1985** Eröffnung, Elektrischer Betrieb

Soll eines Tages nicht mehr Endstation sein: der spärlich möblierte S-Bahnhof Wartenberg im November 1985

KURZZEICHEN: WAB
LAGE: IM GELÄNDENIVEAU
NACH HOHENSCHÖNHAUSEN 1060 METER

In einem Wölbbogen wie auf der Stadtbahn lag der Nordzugang an der Lindower Straße (achtziger Jahre)

Die Ringbahntrasse ähnelt auf dem Stadtplan bekanntlich einem Hundekopf. Auf schematischen Darstellungen, die sie als kreisrunden Ring erscheinen lassen, befindet sich der Bahnhof Wedding – nimmt man die Kreisscheibe als Zifferblatt einer Uhr – etwa an der 11. »Fünf vor Zwölf«; höchste Eisenbahn ist es in der Tat, daß die Station wiedereröffnet wird. Doch werden sicherlich das 75jährige S-Bahn-Jubiläum und der zehnte Jahrestag des Mauerfalls vergehen, bevor es zur Wiederaufnahme des »Kreisverkehrs« auf der Ringbahn kommt.

Der Bahnhof Wedding ist Gründungsmitglied der Ringbahn, als Haltepunkt existiert er seit 1872 östlich der Überbrückung Müllerstraße. Seit dem Umbau 1889-90 gelangte man zu dem Mittelbahnsteig, gelegen auf teils gemauerten, teils eisernen Viadukten, durch eine in diese Bögen eingebaute Eingangshalle. 1911-12 kam der Südzugang hinzu, er bot eine leidliche, wenn auch nicht direkte Umsteigemöglichkeit zur U-Bahn, die unter der Müllerstraße im März 1923 den Betrieb aufnahm. Sechs Jahre später waren elektrische Züge auch auf dem Ringbahnhof an der Tagesordnung, das S-Bahn-Zeitalter hatte begonnen.

Nur zehn Jahre nach dem Betriebsbeginn der S-Bahn, im Jahre 1939, sollte gemäß 1937 begonnener Planungen in Wedding Baubeginn für einen alle Dimensionen sprengenden »Nordbahnhof« sein. Das Ende für den Bahnhof Wedding in seiner bis dahin bestehenden Form war bereits terminiert: auf 1948. Doch 1945 gab es statt der eigens für die S-Bahn projektierten sechs Gleise an drei Bahnsteigen gar keinen Verkehr mehr. Der Bahnhof war recht unversehrt geblieben, Anfang Oktober 1945 konnte die Station wiedereröffnet werden.

Trotz der sinkenden Bedeutung der S-Bahn in den Nachkriegsjahren war es eine Überraschung, daß 1980 als Streikfolge der Zugverkehr nach dem Ausstand nicht mehr aufgenommen wurde. Der nach 1961 ohnehin geteilte Ring, der den Namen nicht mehr verdiente, war in West-Berlin komplett stillgelegt. Der Bahnhof Wedding, dessen Bahnsteig sich den Blicken von der Reinickendorfer und der Müllerstraße etwas entzieht, verfiel. Mitte der neunziger Jahre ist die Plattform mit allen Aufbauten abgerissen worden.

Die Nähe der Station zum Bahnhof Gesundbrunnen und dem dort entstehenden Nordkreuz hat zur Folge, daß Wedding zu den letzten Ringbahnhaltepunkten gehören wird, die wieder reaktiviert werden. Sinnvollerweise soll damit eine Verschiebung des Bahnsteigs nach Westen einhergehen. Genau über der Müllerstraße gelegen, wäre dann eine bessere Verbindung zur U-Bahn gegeben. Auch sollte vielleicht über eine neue Namensgebung für beide Schnellbahnstationen nachgedacht werden. Im rund 15 Quadratkilometer großen Bezirk Wedding wäre eine präzisere Bezeichnung wünschenswert.

Die für anglophile Ohren (mehr oder weniger) träumerisch klingende Bezeichnung Wedding (»Hochzeit«) leitet sich ab von dem Namen des askanischen Burgmanns Rudolfus de Weddinge, der an der Panke Hof und Mühle besaß. Bei der ersten urkundlichen Erwähnung 1251 war das Dorf Wedding zwar bereits untergegangen, der Name erhielt sich jedoch für die Umgebung. Schon 1861 eingemeindet, wurde »der Wedding«, wie der Berliner sagt, im Jahre 1920 der 3. Verwaltungsbezirk von Groß-Berlin, er hat heute rund 170000 Einwohner.

| | |
|---|---|
| 1.5.1872 | Eröffnung |
| 1889-90 | Umbau, Eingangshalle, Mittelbahnsteig |
| 1911-12 | Südlicher Zugang |
| 1.2.1929 | Elektrischer Betrieb |
| 4.1945 | Stillegung |
| 1.10.1945 | Wiedereröffnung, Elektrischer Betrieb |
| 18.9.1980 | Stillegung (kein Verkehr nach Streikende) |

KURZZEICHEN: WED
LAGE: AUF VIADUKTEN
NACH GESUNDBRUNNEN
1670 METER,
NACH PUTLITZSTRASSE
(=WESTHAFEN)
1830 METER

# WEISSENSEE

HEUTE: ■
→GREIFSWALDER STRASSE
SIEHE AUCH:
→ERNST-THÄLMANN-PARK

Ein Bahnhof Weißensee an der Ringbahn war schon im Februar 1875 eröffnet worden, als der Ring noch nicht geschlossen war. Das geschah erst im November 1877. Der Bahnhof verfügte bereits über ein Empfangsgebäude und lag westlich der heutigen Station, also an der jetzigen Greifswalder Straße. Von ihm ist nichts erhalten geblieben.

1889-90 gab es einen Neubau, jetzt entstand östlich der Greifswalder ein Mittelbahnsteig auf dem Bahndamm mit dem Ausgang zur Straße. Statt eines Empfangsgebäudes war die Schalterhalle im Bahndamm unter den Gleisen eingebaut und die Fassade war mit gelben und roten Ziegeln verblendet. Seit dem 1. Februar 1929 zählt Weißensee zu den S-Bahn-Stationen des Vollrings, Abschnitt Nordring. Er erhielt hier auch einige Abstell- und Kehrgleise.

Nach der »Stunde Null« war die Station im Juni 1945 wieder für die S-Bahn geöffnet; am 1. Oktober 1946 wurde sie umgetauft in Greifswalder Straße. Vier Jahrzehnte später war die Umgebung der Station einigen Veränderungen unterworfen. Die charakteristischen Gasometer der alten Gasanstalt – schräg gegenüber, im Südwesten – waren im Juli 1984 abgerissen worden, zum Unwillen der Bürger. So war aber Platz für ein neues Wohngebiet und einen großen Park geschaffen worden. Die Greifswalder Straße war durch die nur 23 Meter schmale S-Bahn-Brücke eingeschnürt gewesen und wurde im Dezember 1984 durch einen neuen, mit 49 Metern großzügigen Überbau ersetzt. Dafür war der Bahnsteig vorher Richtung Ostkreuz verlängert worden, um Baufreiheit zu erhalten. Der Bahnhof selbst wurde (g)runderneuert und erhielt einen Fußgängertunnel unter der Straße (direkter Zugang zur Straßenbahn in der Straßenmitte). Die neue Brücke trägt zusätzlich noch fünf Gütergleise. Eingeweiht wurde alles am 15. April 1986; neue Bezeichnung nun: Ernst-Thälmann-Park. Der Park heißt heute noch so, der Bahnhof nicht. Im Mai 1993 kehrte man zu »Greifswalder Straße« zurück.

So einleuchtend es klingen mag: Der Name Weissensee ist nicht zwingend von dem kreisrunden, acht Hektar großen und 14 Meter tiefen Weißen

See herzuleiten. Eher vom Edelmann Conradus von Widense, jener ist 1242 urkundlich vermerkt, die Siedlung erst 1313. Das Straßendorf wurde 1920 Berliner Verwaltungsbezirk, bis 1985 bestehend aus Falkenberg, Hohenschönhausen, Malchow, Wartenberg und eben Weißensee. Seit 1986, nachdem die Regierung in Ost-Berlin Hohenschönhausen zu einem eigenen Stadtbezirk zurechtgeschneidert hatte, gehören zum Bezirk Weißensee neben dem gleichnamigen Ortsteil noch Blankenburg, Heinersdorf und Karow. Der S-Bahnhof aber, der bis 1946 Weißensee hieß – er liegt im Bezirk Prenzlauer Berg.

| | |
|---|---|
| 1.2.1875 | Eröffnung als »Weißensee«, Bahnsteig westlich der heutigen Greifswalder Straße, Empfangsgebäude |
| 1889-90 | Neubau östlich der Greifswalder Straße, Mittelbahnsteig |
| 1.2.1929 | Elektrischer Betrieb |
| 4.1945 | Stillegung |
| 6.1945 | Wiedereröffnung, Elektrischer Betrieb |
| 1.10.1946 | Umbenennung in »Greifswalder Straße« |
| 1984 | Neubau der Eisenbahnbrücke über die Greifswalder Straße; neuer Zugang |
| 15.4.1986 | Umbenennung in »Ernst-Thälmann-Park« |
| 23.5.1993 | Rückbenennung in »Greifswalder Straße« |

# Wernerwerk

Der Bahnhof liegt am Rande der »Elektropolis« Siemensstadt, der Name Wernerwerk bezieht sich auf den Vornamen des Konzerngründers. Die in- und ausländischen Siemens-Werke wurden seit 1905 Wernerwerke genannt, seit 1928 mit römischen Ziffern durchnumeriert. Neben dem Wernerwerk XV, dem »Tor zur Siemensstadt«, wurde im Dezember 1929 der architektonisch interessante S-Bahnhof eröffnet, gebaut von der Siemens-Bauunion unter der Leitung von Hans Hertlein.

Das Siemens-Unternehmen hatte ab 1925 auf größtenteils eigene Kosten die »Siemensbahn« errichtet, die als Stichstrecke vom S-Bahnhof Jungfernheide nach Gartenfeld führte und das Werksgelände erschloß. Nur mit dieser Maßnahme konnte die Masse der Beschäftigten – rund 57 000 zu jener Zeit – ohne unzumutbare Anmarschbedingun-

Für kurze Wege der Siemens-Beschäftigten zum Arbeitsplatz sorgte der Bahnhof Wernerwerk

gen ihre Arbeitsstellen erreichen. Um ein Zerschneiden des Fabrikgeländes durch einen geschütteten Bahndamm zu vermeiden, wurde die Strecke auf etwa 800 Meter Länge als stählerner Viadukt ausgeführt. Der Bahnhof Wernerwerk liegt auf diesem Abschnitt und stellt deshalb eine bemerkenswerte Konstruktion dar. Der von einem Holzdach überspannte Mittelbahnsteig ruht auf einem eigenen Stahlviadukt, konstruktiv völlig getrennt von den Gleisviadukten. Unter dem Bahnsteig entstand am Siemensdamm eine größere Schalterhalle, ein weiterer Zugang am Südende war nur zu Schichtwechselzeiten geöffnet.

Starke Beschädigungen der Strecke und die Demontage eines der beiden Gleise blieben hier die Hinterlassenschaften des Kriegs. Nur unzureichender Pendelbetrieb war ab September 1945 möglich, selbst dieser mußte von August bis November 1946 noch einmal eingestellt werden. Mangelnde Stromversorgung, besonders aber die Reparatur der S-Bahn-Brücke über die Spree südlich des Bahnhofs Wernerwerk waren die Gründe. Erst 1956 war wieder ein normaler, zweigleisiger Betrieb möglich. Zur Ankündigung desselben hatte es eigens eine Pressekonferenz des Präsidenten der Reichsbahndirektion Berlin auf dem Bahnhof Wernerwerk gegeben; West-Berliner Presse wurde nicht zugelassen.

Die Station Wernerwerk ist stillgelegt seit September 1980, als streikende Reichsbahner die Tore verschlossen hielten und die DR nach dem Ausstand den Betrieb nicht wieder aufnehmen ließ. Die Siemens-Beschäftigten, heute weit weniger als einst, kommen mit der U-Bahn oder dem Bus in die Siemensstadt, falls sie nicht ohnehin im eigenen Auto vorfahren: Südlich des Bahnhofs Wernerwerk überspannt die S-Bahn-Trasse einen ausgedehnten Pkw-Parkplatz. Zur Wiederinbetriebnahme der Station gibt es keinerlei Planungen.

| | |
|---|---|
| 18.12.1929 | Eröffnung, Elektrischer Betrieb |
| 4.1945 | Stillegung |
| 9.1945 | Wiedereröffnung, Elektrischer Betrieb |
| 5.8.1946 | Stillegung (Brückenbauarbeiten und Strommangel) |
| 7.11.1946 | Wiedereröffnung, Elektrischer Betrieb |
| 18.9.1980 | Schließung (kein Verkehr nach Streikende) |

KURZZEICHEN: WW
LAGE: AUF STAHLVIADUKT
NACH SIEMENSSTADT
1180 METER,
NACH JUNGFERNHEIDE
1940 METER

## Westend

Als der Bahnhof Westend 1877 eröffnet wurde, hieß er noch »Charlottenburg-Westend«. Einige Monate vor der Inbetriebnahme des Bahnhofs Charlottenburg verkürzte man im Oktober 1881 hier den Namen auf »Westend«. Bei einem Umbau erhielt die Station 1884 das prächtig erhaltene Empfangsgebäude nach einem Entwurf der Architekten Kayser und von Großheim. Ganz in der Nähe des Charlottenburger Schlosses errichteten sie einen repräsentativen Bau im Stil der deutschen Renaissance. Laubaner Ziegel und heller Sandstein kennzeichnen den schiefergedeckten Bau; innen beeindrucken holzgetäfelte Decken und kunstvoll geschmiedete Gitter.

Mit dem Empfangsgebäude baute man auch weitere Bahnsteige, heute nicht einmal mehr zu erahnen: Es waren jetzt vier. Die beiden heute noch vorhandenen Bahnsteige waren außen von zwei weiteren flankiert. Lediglich bis 1892-95 bestand der Kopfbahnsteig D, der – am weitesten vom Empfangsgebäude entfernt – nur über die Straßenbrücke erreichbar war. Auf der anderen Seite der beiden Durchgangsbahnsteige für den Ringbahnbetrieb existierte direkt zu Füßen des Bahnhofsbaus noch eine Plattform A, die für hier endende Züge angelegt worden war. Seit Anfang Februar 1929 kommt die S-Bahn nach Westend. Der Bahnsteig A ist jedoch nicht mit Stromschienen ausgerüstet worden.

An den beiden Ringbahnsteigen konnte Anfang August 1945 der Betrieb wieder aufgenommen werden. Der Kopfbahnsteig A, der mit der benachbarten Plattform B sogar durch einen Fußgängertunnel verbunden war, verfiel. Trotz der besonders nach dem Mauerbau 1961 stark zurückgegangenen Fahrgastzahlen waren in Westend weiterhin beide Bahnsteige in Betrieb. Im September 1980

verkehrte die S-Bahn dann nicht mehr. Der Reichsbahnerstreik hatte den West-Berliner Teilring erledigt. Der Bahnhof Westend lag brach.
Das Prunkstück von Empfangsgebäude, von der Deutschen Reichsbahn 1976 bereits renoviert, ist 1985 noch einmal gründlich saniert worden. Gleichzeitig wurde es zum »Künstlerhaus«, 16 Atelierräume fanden in dem Gemäuer Platz, dazu ein Konzertraum und eine Galerie. Studenten der Hochschule für bildende Kunst und die sie fördernde »Karl-Hofer-Gesellschaft« erhielten einen langfristigen Mietvertrag. Im Rahmen einer Uni-Aktionsveranstaltung »Wahnhof Bestend« waren im Mai 1989 alle Bahnhofsanlagen kurzzeitig frei zugänglich.
Bereits kurz vor dem Mauerfall 1989 war die Wiederbelebung des Rings beschlossene Sache. Nur ein Bahnsteig würde künftig genügen, beschloß man, sanierte zwar Plattform B (sie steht weiterhin der Hochschule zur Verfügung), baute hingegen Bahnsteig C völlig neu. Gleichzeitig wurde er Richtung Norden unter die Spandauer-Damm-Brücke verschoben. Die Bauarbeiten begannen im März 1991. Verglaste Zugangsbauten an beiden Seiten der Straßenbrücke erleichtern das Umsteigen vom/zum Bus. Eine Fußgängerbrücke am südlichen Bahnsteigende kam bis 1998 nicht über einige Fundamente hinaus. Der Südring wurde Mitte Dezember 1993 wiederbelebt, Westend bildete die (vorläufige) Endstation. Seit April 1997 fährt die S-Bahn auch Richtung Norden weiter.
Die »Westend, Commandit-Gesellschaft auf Aktien, A. Werckmeister« wurde 1866 ins Leben gerufen, um im Westen Charlottenburgs »in gesündester Lage« einen Stadtteil für die wohlhabenden Stände nach englischem Vorbild anzulegen. Das ist ihr gelungen – Westend wurde Charlottenburgs »feinste Provinz«. Um die Jahrhundertwende hat-

Das repräsentative Empfangsgebäude am Spandauer Damm im März 1974

Im Juli 1976 war von einst vier Bahnsteigen nur einer in Betrieb

te sich Westend mit seinen 200 Villen als vornehme Adresse durchgesetzt. Am S-Bahnhof ist davon nur wenig zu spüren; um das Westend auf dem Spandauer Berg zu erreichen, muß erst noch die Stadtautobahn überquert werden, die seit den sechziger Jahren neben und zum Teil über den Bahngleisen verläuft.

| | |
|---|---|
| 15.11.1877 | Eröffnung als »Charlottenburg-Westend« |
| 15.10.1881 | Umbenennung in »Westend« |
| 1884 | Umbau; Anlage von zwei Kopf- und zwei Durchgangsbahnsteigen, Empfangsgebäude |
| 1892-95 | Schließung Bahnsteig D |
| 1.2.1929 | Elektrischer Betrieb |
| 4.1945 | Stillegung |
| 7.8.1945 | Wiedereröffnung (möglicherweise bereits am 28.7.), Elektrischer Betrieb, Schließung Bahnsteig A |
| 18.9.1980 | Stillegung (kein Verkehr nach Streikende) |
| 17.12.1993 | Wiedereröffnung, Elektrischer Betrieb (nur noch an Bahnsteig C) |

KURZZEICHEN: WES
LAGE: IN (BREITEM) BAHNGRABEN
NACH JUNGFERNHEIDE 2200 METER,
NACH WITZLEBEN 1220 METER

# Westhafen

- Eröffnet als: →Putlitzstrasse

Kurzzeichen: WH
(bis 1980: PUT)
Lage: im Geländeniveau, teilweise unter der Putlitzbrücke
nach Beusselstrasse 1000 Meter,
nach Wedding 1830 Meter

Der alte Ringbahnhof Putlitzstraße von 1898 soll im zweiten Jahrhundert seines Bestehens wieder aus dem Dämmerzustand erwacht sein, in dem er sich seit der Stillegung 1980 befindet. Im Februar 1993 war die Wiedereröffnung für 1995 ins Auge gefaßt worden, damals ließ man verlauten, die Station bekomme ein verglastes Schrägdach und zwei würfelförmige Gebäude links und rechts der Putlitzbrücke, in denen sich die Treppen bzw. ein Lift befinden würden. Wie der alte, neue S-Bahnhof tatsächlich aussehen und wann er tatsächlich eröffnet werden wird (Mai 1999 steht in Rede), ist schwer zu beurteilen. Einige sanft gewölbte Sandhaufen am historischen Bahnhofsort sind schon zu erkennen – mehr nicht. Sicher scheint lediglich, daß der Bahnhof zur Wiedereröffnung den Namen Westhafen tragen wird. Das ist sinnvoll; der U-Bahnhof unter den gegenwärtigen Sandhaufen heißt so, und (wieder) eine direkte Umsteigeverbindung zu schaffen, ist heutzutage selbstverständlich.

1923, sechs Jahre vor dem Beginn des S-Bahn-Zeitalters am Bahnhof Putlitzstraße, wurde der Westhafen mit Verwaltungsgebäude, Getreide- und Zollspeicher sowie drei Lagerhallen fertiggestellt. Auftraggeber waren die Berliner Kaufmannschaft und die Stadt. Die schmuckreiche Architektur zeugt vom hohen Stellenwert, den der Hafen in Berlin hatte. Mit drei Becken und 43 Hektar Fläche ist der Westhafen noch heute der größte Hafen Berlins. Rund 300 Menschen arbeiten hier. Ungewöhnlichste Untermieter: Die Stiftung Preußischer Kulturbesitz hat in einem Speicher das »Preußische Geheimarchiv« zwischengelagert, und seit 1997 residiert im ehemaligen Getreidespeicher die Zeitschriftenabteilung der Staatsbibliothek.

# Westkreuz

Eröffnet als: ■
→Ausstellung

Zum Zeitpunkt dieser Aufnahme (1989) war dem Empfangsgebäude kein langes Leben mehr beschieden

Das Messegelände unter dem Funkturm liegt recht nah – dennoch nicht nah genug, um weiterhin den Namen »Ausstellung« für die S-Bahn-Station zu rechtfertigen. Also befand die Reichsbahn schon 1932, der Name sei in Westkreuz zu ändern. Schließlich war hier im Dezember 1928 ein Gegenstück zum Ostkreuz entstanden (das, obgleich älter, auch erst seit 1933 diesen Namen trägt).
Der schiefe Turm von Westkreuz war 65 Jahre das markante Zeichen einer Station, die mehr und (minder-)mehr reiner Umsteigepunkt wurde. Die Zugangsstraße »Am Westkreuz« seit den sechziger Jahren von Norden her zu erreichen oder Richtung Süden zu verlassen ist schier aussichtslos, verfügt man nicht über genaue und spezifische Orts- und Straßenkenntnis. Auch daß der Bahnhof zum Stadtbezirk Charlottenburg – nicht Wilmersdorf – gehört, wird erst beim Kartenstudium ersichtlich. Die Bezirksgrenze windet sich fein säuberlich haarscharf um drei Viertel der Bahnhofsanlage herum. Seit 1989 geht es am Westkreuz wieder kontinuierlich aufwärts, nicht nur mit der Ringbahnhalle (sie mußte etliche Zentimeter angehoben werden), sondern auch mit den Fahrgastzahlen. Spätestens seit dem 16. Januar 1998, als erstmals nach gut 17 Jahren wieder alle Linien auf allen vorhandenen S-Bahn-Gleisen unterwegs waren.
Ein für den reinen S-Bahnhof untypisches Zwischenspiel gab vom 27. Juni 1994 bis zum 31. Mai 1997 die Regionalbahn in Westkreuz. Für sie war neben der Ringbahnhalle ein hölzerner Behelfsbahnsteig errichtet worden, Endpunkt dieselgetriebener Züge aus dem Havelland.

Blick vom Funkturm auf den Bahnhof Westkreuz im Juni 1994

Unter der Ringbahnhalle war es recht finster, oft schalteten die Züge an den Vorortbahnsteigen die Innenbeleuchtung ein (Oktober 1978) ▼

KURZZEICHEN: WK,
AB 1984: WKS, AB 1987:
WKRR (RINGBAHN), WKRV
(VERLÄNGERTE STADTBAHN)
LAGE: 6 METER (RINGBAHN)
BZW. 12 METER (VERLÄNGERTE
STADTBAHN) UNTER STRASSEN-
EBENE
NACH CHARLOTTENBURG
1300 METER,
NACH GRUNEWALD
2070 METER,
NACH EICHKAMP
1040 METER,
NACH HALENSEE
700 METER,
NACH WITZLEBEN
800 METER

Wildau heißt die letzte Station, die von der S-Bahn vor ihrem Ziel Königs Wusterhausen im Landkreis Dahme-Spreewald durchfahren wird. Der Ort ist recht jung; Friedrich Wilhelm IV. hatte als König von Preußen 1855 das Edikt erlassen, daß das »Gut Springziegelei« hinfort den Namen Wildau trage.
Geprägt wurde Wildau seit 1899 durch den Lokomotiv- und Schwermaschinenbau. Die Namen Schwartzkopff, Maffei und AEG sind mit ihm verbunden. Die Firma Schwartzkopff war es auch, die für ihre neue Produktionsstätte 1899 einen Haltepunkt mit Mittelbahnsteig an der Görlitzer Bahn erbaute, zunächst nur für den Werksverkehr gedacht. Bald darauf, Anfang Mai 1900, erfolgte die Freigabe auch für den öffentlichen Verkehr. Schwartzkopff produzierte bis zu 700 Lokomotiven im Jahr, die Station Wildau dürfte dank der großen Beschäftigtenzahl rege genutzt worden sein.
In die Liste der S-Bahnhöfe trug sich der Ort erst 1951 ein, als der Streckenabschnitt Grünau – Königs Wusterhausen elektrifiziert wurde. Die Schwartzkopff-Werke waren zu einem Volkseigenen Betrieb (VEB) mutiert, der unter anderem Reparationsgüter für die Sowjetunion herstellte. Bis zu 7000 Arbeitnehmer sollten dort laut Plan tätig werden, ein Vorhaben, das einen S-Bahn-Anschluß fast unerläßlich machte. Auch wenn die Planzahlen später nicht annähernd erreicht wurden – das Eintreffen der S-Bahn am 30. April 1951 wurde in Wildau mit Jubel aufgenommen.
Das S-Bahn-Gleis wurde in den späten sechziger Jahren erneuert. Die Zugkreuzungen fanden jetzt nicht mehr vor dem Bahnhof Königs Wusterhausen statt, sondern in Zeuthen. So konnte ein Fahrzeitgewinn erzielt werden. Ein zweites S-Bahn-Gleis ist jedoch nach wie vor nicht in Sicht – die westliche Bahnsteigkante ist frei und wartet.
Auf dem Gelände des Schwartzkopff-Werkes hat heute die Technische Fachhochschule Wildau (THF) ihren Sitz. Seit 1998 erinnert eine große Dampflok, eine »52er«, an die Geschichte der In-

Der Bahnsteigdach-Stummel am Zugang läßt die ungewöhnliche Konstruktion der Stützen erkennen (Oktober 1998)

Das einzige S-Bahn-Gleis liegt an der östlichen Bahnsteigkante (November 1993)

dustriesiedlung; die THF ließ den stählernen Koloß auf eine noch intakte, denkmalgeschützte Drehscheibe hieven. An die Gründerjahre des einstigen »Firmenbahnhofs« erinnerte bis 1995 die von anderen Bahnhöfen der Königs Wusterhausen-Strecke abweichende Bahnsteigdach-Konstruktion. Etwa ein Fünftel des Daches, unmittelbar am Treppenaufgang, wurde originalgetreu saniert.

| | |
|---|---|
| 19.6.1899 | Eröffnung, Mittelbahnsteig, Nutzung nur für Werksverkehr |
| 1.10.1899 | Auch Halt von einzelnen Zügen für den öffentlichen Verkehr |
| 1.5.1900 | Freigabe für den gesamten Verkehr |
| 4.1945 | Stillegung |
| 21.6.1945 | Wiedereröffnung |
| 30.4.1951 | Elektrischer Betrieb |

KURZZEICHEN: WI
LAGE: IM GELÄNDENIVEAU
NACH KÖNIGS WUSTERHAUSEN 2670 METER,
NACH ZEUTHEN 3350 METER

1974 wurde der »Hampelmann« (im Hintergrund) durch Transparentzugzielanzeiger ersetzt

Vierzig Jahre nach der Eröffnung der »Schlesischen Bahn« nach Frankfurt über Erkner hielten die Züge im Jahre 1882 auf dieser Strecke erstmals in »Neu-Rahnsdorf«, so der ursprüngliche Name. 1902 wurde daraus Wilhelmshagen, die Eisenbahndirektion folgte damit der Umbenennung der gleichnamigen Wohnkolonie. Gleichzeitig wurden besondere Vorortgleise in Betrieb genommen, es entstand ein Mittelbahnsteig, zu erreichen durch einen Fußgängertunnel. Ein eingeschossiger Fachwerkbau mit Satteldach ersetzte ein schon 1894 errichtetes winziges Empfangsgebäude.

Binnen vier Wochen löste die S-Bahn 1928 die dampfbetriebenen Vorortzüge ab. Fünf Züge waren es am 11. Juni, schon zehn am 26., und ab dem 10. Juli 1928 rollten nur noch S-Bahnen durch Wilhelmshagen und weiter nach Erkner. Mitte April 1945 fuhr keine einzige mehr, und es sollten dreieinhalb Jahre vergehen, bis sich wieder eine zeigen konnte.

Durch die im Berliner S-Bahn-Netz einmalige Komplett-Demontage beider Gleise auf der Erkner-Strecke im Frühsommer 1945 war die Mobilität der Einwohner vieler Siedlungen entlang der Strecke empfindlich eingeschränkt, so auch in Wilhelmshagen. Neben der Straßenbahn wurde deshalb sogar der Schiffsweg genutzt, um von der Müggelspree beispielsweise zur Jannowitzbrücke zu gelangen. Ein Jahr nach der Betriebseinstellung auf der S-Bahn konnten einige Dampfzüge auf den Ferngleisen die Situation etwas entspannen, direkt am Bahnsteig in Wilhelmshagen aber war ein Halt nicht möglich. Hölzerne, seitlich neben den Gleisen gelegene Notbahnsteige wurden errichtet, damit die Fahrgäste die häufig noch mit vernagelten Wagenfenstern einrollenden Waggons erklimmen konnten.

Die Etappen des Wiederaufbaus waren mühsam. Wilhelmshagen, vorletzte Station der Erkner-Strecke (und letzte in Berlin), mußte bis November 1948 warten, bevor ein zweites Mal die Um-

stellung von Dampf- auf elektrischen Betrieb vollzogen wurde. Das zweite S-Bahn-Gleis wurde erst im Mai 1960 gelegt – der Zustand von 1928 war endlich wieder erreicht. Das ländlich-idyllisch anmutende Zugangshäuschen, das 1930 noch einen Anbau erhalten hatte, blickt bald auf ein Jahrhundert zurück – unversehrt. Erst in den letzten Jahren mußte es immer wieder Angriffe aus Farb-Sprühdosen ertragen.
Wilhelmshagen war ein gemütlicher, kaisertreuer Vorort der Reichshauptstadt. 1891 hatte die Deutsche Volksbau-Aktiengesellschaft für eine geplante Wohnbebauung Teile des Rahnsdorfer Gutsterrains erworben. Bis heute hat Wilhelmshagen sich einen ruhigen Atem bewahrt; der Ort scheint einer der am besten konservierten, in seiner alten Ausstrahlung erhaltenen Flecken in ganz Berlin zu sein.

KURZZEICHEN: WIG
(FRÜHER WIL)
LAGE: IM GELÄNDENIVEAU
NACH ERKNER
2280 METER,
NACH RAHNSDORF
2800 METER

| | |
|---|---|
| 15.11.1882 | Eröffnung als »Neu-Rahnsdorf«; ebenerdig, Seitenbahnsteige |
| 1.10.1902 | Umbenennung in »Wilhelmshagen«; Mittelbahnsteig, Empfangsgebäude |
| 11.6.1928 | Elektrischer Betrieb |
| 4.1945 | Stillegung |
| 18.4.1946 | Seitliche Notbahnsteige an den Ferngleisen, Dampfbetrieb |
| 2.11.1948 | Wiedereröffnung, Elektrischer Betrieb |

# WILHELMSRUH

■ ERÖFFNET ALS:
→REINICKENDORF-ROSENTHAL

»Sie verlassen den französischen Sektor«: Unter der Brücke ist die Sperrmauer zu erkennen (April 1975)

KURZZEICHEN: WM
LAGE: AUF BAHNDAMM
NACH WITTENAU
(WILHELMSRUHER DAMM)
2590 METER,
NACH SCHÖNHOLZ
1770 METER

Ebensowenig wie zur S-Bahn-Eröffnung 1925 ist es heute von Belang, daß die Station direkt an der Bezirksgrenze zwischen Reinickendorf und Pankow liegt. In den Nachkriegsjahrzehnten hatte diese Situation allerdings einschneidende Auswirkungen, doch damit ist es jetzt vorbei.
Der Bahnhof hieß bis 1937 Reinickendorf-Rosenthal. Vor der Schaffung Groß-Berlins 1920 benannte der Stationsname also zwei Siedlungen, links und rechts der Gleistrasse. Mit der Umbenennung in »Wilhelmsruh« 1937 nahm der Bahnhofsname nun Bezug auf eine 1893 gegründete Landhauskolonie innerhalb des Ortsteils Rosenthal, der seinerseits seit 1920 zum Bezirk Pankow gehört. Die Kolonie Wilhelmsruh hingegen war 1937 noch dem Bezirk Reinickendorf zugeschlagen gewesen! Ein Jahr nach der Bahnhofsumbenennung, 1938, kam Wilhelmsruh wieder zu Rosenthal und damit zum Bezirk Pankow. In den knapp 30 Jahren nach dem Mauerbau hatte die Station mithin einen Ort im Namen geführt, der von diesem Bahnhof aus gar nicht zu erreichen war.

# WILMERSDORF

Der Bahnhof Wilmersdorf aus der »Froschperspektive« (Mai 1973). Der Kasten im Vordergrund ist ein Einspeisepunkt für die Stromschiene

ERÖFFNET ALS: ■
→WILMERSDORF-FRIEDENAU
HEUTE:
→BUNDESPLATZ

Am Zugang an der Varziner Straße ist noch zu erkennen, daß der moderne Bahnhof Bundesplatz einen älteren Vorgänger hatte, ebenso im Halbdunkel unter der Stadtautobahn an der westlichen Sackgasse der Bernhardstraße. Dieser Zugang war früher der westliche des Bahnhofs Wilmersdorf, heute ist er der östliche des Bahnhofs Bundesplatz.

»Wilmersdorf« hieß zu seiner Eröffnung 1877 schon ein – weiter östlich gelegener – Vor-Vorgänger von »Bundesplatz«, er hatte 1881 den Doppelnamen »Wilmersdorf-Friedenau« erhalten. Der zweite Bahnhof Wilmersdorf war dann ab 1892, noch mit dem Doppelnamen, in Betrieb, und trug diesen noch zur S-Bahn-Premiere 1928, bis 1938. Die S-Bahn hielt hier bis zur vom Streik verursachten Stillegung 1980. Als sie 1993 wiederkam, war vom Bahnhofsnamen nichts, von den Baulichkeiten nur wenig übriggeblieben.

Das um 1200 entstandene Angerdorf Wilmersdorf südwestlich von Berlin befand sich bei seiner ersten urkundlichen Erwähnung 1293 in der Hand der Markgrafen von Brandenburg. Es gehörte einst den Herren von Willmerstorff – die mußten 1799 ihren Besitz aufgeben, und wenig später war das Geschlecht ausgestorben. Der Bahnanschluß 1877 entstand am äußersten Südrand des Ortes. 1906 bekam Deutsch-Wilmersdorf – wie es damals hieß – das Stadtrecht verliehen, 1912 schloß man sich dem Zweckverband Groß-Berlin an. Zusammen mit den früheren Landgemeinden Schmargendorf und Grunewald sowie dem Gutsbezirk Grunewald-Forst wurde Wilmersdorf 1920 Berlins 9. Verwaltungsbezirk: mit 45 % Waldfläche! Schließlich reicht Wilmersdorf vom Kurfürstendamm bis ans Havelufer am Grunewaldturm.

# WILMERSDORF-FRIEDENAU

■ SIEHE AUCH:
→WILMERSDORF
HEUTE:
→BUNDESPLATZ

Drei Namen – drei Standorte: ein doppelt ver-rückter Bahnhof mit Drang Richtung Westen. »Wilmersdorf« hieß der erste, eröffnet am 15. November 1877 in Höhe der verlängerten Kufsteiner Straße, in »Wilmersdorf-Friedenau« umbenannt am 14. Juni 1881. An ihn erinnert nichts mehr. Am 1. Mai 1892 wurde er geschlossen, an jenem Tag nahm – mit demselben Doppelnamen – etwas weiter westlich ein neuer Bahnhof den Betrieb auf, gelegen zwischen Bernhard- und Handjerystraße. 1912-13 erhielt er an seiner Westseite einen unter den Gleisen angeordneten, neuen Zugang – einzig der hat bis heute überlebt.

Für die S-Bahn war Wilmersdorf-Friedenau an der Ringbahn ein Haltepunkt ab Anfang November 1928. Der Zugang von 1913, ein Fußgängertunnel, der das Wagnerviertel mit dem Wohngebiet am heutigen Bundesplatz verbindet, wurde jetzt baulich verändert. Mitte Mai 1938 wurde der Doppelname des Bahnhofs auf Wilmersdorf verkürzt.

Die letzten S-Bahn-Züge fuhren Ende April 1945, die ersten wieder im Juni des Jahres. In den sechziger Jahren entstand unmittelbar neben der Ringbahn die Asphaltschneise der Stadtautobahn. Sie wurde befahren von der Anti-S-Bahn-Buslinie A65, die fast bahnhofsartige Betonbauten als Zugänge zu den Fahrbahnrändern erhalten hatte. Als Ende Januar 1971 unter dem Bundesplatz auch noch die U-Bahn ihre Station eröffnete, verlor der S-Bahnhof Wilmersdorf weiter an Bedeutung; eine komfortable Umsteigemöglichkeit zu schaffen war in jener Zeit nicht gerade ein angestrebtes Ziel. Der Niedergang endete im Exitus. Nach dem Ende eines Streiks der S-Bahner im September 1980 wurde der Betrieb auf der Ringbahn, mithin auch auf dem Bahnhof Wilmersdorf, nicht wieder aufgenommen. – Die Station verfiel.

Aufkeimende Überlegungen zur Reanimierung ab 1988 mußten nach der Wende im November 1989 neu überdacht werden und mündeten in die Entscheidung zu einem Bahnhofsneubau. Der ist wiederum nach Westen verrückt worden und bietet somit angenehmes Umsteigen von und zur U-Bahn-Station. Deren Name gilt jetzt auch an den S-Bahn-Schienen: Bundesplatz. Am 22. Dezember 1993 wurde der neue Ringbahnhalt eingeweiht.

| | |
|---|---|
| 1.5.1892 | Eröffnung |
| 1912-13 | Neuer Zugang an der Westseite des Bahnsteigs (an der Bernhardstr.) |
| 6.11.1928 | Elektrischer Betrieb |
| 15.5.1938 | Umbenennung in »Wilmersdorf« |
| 4.1945 | Stillegung |
| 6-7.1945 | Wiedereröffnung; Elektrischer Betrieb |
| 18.9.1980 | Stillegung (kein Verkehr nach Streikende) |
| 17.12.1993 | Wiederöffnung; Name jetzt »Bundesplatz«; Bahnsteig etwa 110 m nach Westen verschoben |

Bahnhof Wilmersdorf: Bauarbeiten am Zugang an der Varziner Straße (August 1966)

# Wittenau (Kremmener Bahn)

Verträumt und idyllisch, typisch für eine Vorortstation, zeigt sich das Empfangsgebäude in den dreißiger Jahren

Heute: →Karl-Bonhoeffer-Nervenklinik

Wittenau hieß bis zum Anfang des 20. Jahrhunderts noch Dalldorf, es wurde 1322 erstmals urkundlich erwähnt. Früher im Besitz des Benediktinerinnen-Klosters in Spandau, wurde Dalldorf nach 1558 kurfürstliches und königliches Amtsdorf. 1879 eröffnete hier der Berliner Magistrat die »Irrenanstalt Dalldorf bei Berlin«, die alsbald von den Anwohnern als Hindernis für die erwünschte schnelle Entwicklung der Gemeinde angesehen wurde.

»Dalldorf (Cremmener Bahn)« hieß der Bahnhof zur Eröffnung 1893; aus dem C wurde nach wenigen Monaten ein K. Ein eingeschossiges Empfangsgebäude in gelbem Ziegelmauerwerk war errichtet worden. Es gab nur ein Gleis - im Geländeniveau - und einen Seitenbahnsteig, auf der Südseite gelegen. Im Jahre 1905 war ein neuer, nun hochgelegter Mittelbahnsteig entstanden, jetzt gab es zwei Gleise. Das hölzerne Bahnsteigdach ruht auf Stahlstützenpaaren vom Typ »Wannseebahn«; es existiert trotz Überdachung ein »Gewächshaus«-Aufgang in Bahnsteigmitte. Das Empfangsgebäude stand nun - und steht noch heute - am Fuße des Bahndamms. Vom Bahnsteig aus kann man ihm seitdem aufs Dach sehen.

Ebenfalls 1905 hatten die Dalldorfer erreicht, daß vom Regierungspräsidenten in Potsdam mit Genehmigung Kaiser Wilhelms II. ihr Vorort in Wittenau umbenannt wurde. Der neue Name sollte an Peter Witte erinnern, 1854 Dorfschulze und 1874 bis zu seinem Tode 1902 Amts- und Gemeindevorsteher Dalldorfs. Die Bahn zog nach, der Bahnhof hieß ab Oktober 1906 Wittenau (Kremmener Bahn). Der Klammerzusatz als Unterscheidungsmerkmal war wichtig, denn es gab schon seit 1877 einen Bahnhof Dalldorf an der Nordbahn, der seit Januar 1906 Wittenau (Nordbahn) hieß.

1920 kam Wittenau als Ortsteil des neuen Bezirks Reinickendorf zu Groß-Berlin, die Hauptstadt schickte wenige Jahre später ihre neuen S-Bahn-Züge nach Wittenau – erstmals im März 1927. Recht bald wurde der elektrische Verkehr regelmäßig. Ende April 1945 wurde der Betrieb eingestellt, nach einem Dampf-Provisorium im Juni setzte er am 19. Juli wieder ein und muß seitdem eingleisig abgewickelt werden. Auch nach über einem halben Jahrhundert ziert noch Bewuchs den Bereich neben der südlichen Bahnsteigkante.

Den Bahnhof stillzulegen blieb der BVG vorbehalten, die im Januar 1984 die Betriebsrechte für die S-Bahn in West-Berlin erhalten hatte. Gelegentliche Güterzüge und der regelmäßige Truppentransportzug der französischen Militärs durcheilten die Station – das Gleis blieb blank und rüstig, das Bahnhofsschild blind und rostig. Der Wille zur Wiedereröffnung war nach der Wende 1989 vorhanden, zur Ausführung kam es erst 1995.

Doch schon im Mai 1994 wurde der in jenem Jahr noch stillgelegte S-Bahnhof umbenannt, ein seltener Vorgang. »Karl-Bonhoeffer-Nervenklinik«, wurde verfügt, solle er heißen, ebenso wie der U-Bahnhof, der allerdings auch erst Ende September 1994 eröffnet wurde und zu dem es einen ordentlichen Fußmarsch zurückzulegen gilt, will man hier umsteigen.
Seit Ende Mai 1995 ist das alte Dalldorf auf der Trasse der Kremmener Bahn wieder ans S-Bahn-Netz angeschlossen, eingleisig zwar wie einst, aber nicht ohne Hoffnung auf weiteren Aufschwung. Ansehnlich restauriert, immerhin, wurden die Bahnhofsanlagen. Und irgendwann in der Zukunft soll es eine Verschiebung des Bahnsteigs über die Ollenhauerstraße geben, zur besseren Anbindung an Bus und U-Bahn.

| | |
|---|---|
| 1.10.1893 | Eröffnung als »Dalldorf (Cremmener Bahn)«, Seitenbahnsteig, Empfangsgebäude |
| 12.1893 | Bezeichnung jetzt »Dalldorf (Kremmener Bahn)« |
| 1905 | Neuer hochgelegter Mittelbahnsteig |
| 1.10.1906 | Umbenennung in »Wittenau (Kremmener Bahn)« |
| 16.3.1927 | Elektrischer Betrieb |
| 4.1945 | Stillegung |
| 11.6.1945 | Wiedereröffnung, Dampfbetrieb |
| 19.7.1945 | Elektrischer Betrieb |
| 9.1.1984 | Stillegung (Übernahme durch die BVG) |
| 29.5.1994 | Umbenennung in »Karl-Bonhoeffer-Nervenklinik« |
| 28.5.1995 | Wiedereröffnung, Elektrischer Betrieb |

## Wittenau Nordb

Gäbe es 12- oder 14-Wagen-Züge bei der S-Bahn – selbst solche würden spielend Platz finden am Bahnsteig der Station Wittenau Nordbahn. Er dürfte, zusammengestückelt, wie er ist, der längste im ganzen Netz sein.
Zur Eröffnung 1877 gab es hier lediglich einen kleinen, ebenerdigen Haltepunkt namens Dalldorf. Er hieß ab 1893 Dalldorf (Nordb), zur Unterscheidung von der gleichnamigen Station an der Kremmener Bahn (die heute Karl-Bonhoeffer-Nervenklinik heißt). Die Einwohner Dalldorfs, erbost über die Gleichsetzung ihres Ortsnamens mit der hier gelegenen »Irrenanstalt Dalldorf bei Berlin«, erwirkten 1905 eine Namensänderung in Wittenau, Anfang 1906 wechselte entsprechend der Bahnhofsname: »Wittenau (Nordbahn)«, später »Wittenau Nordb« – den Abkürzungspunkt unterschlägt die Bahn gern.
Die Nordbahn, heutige S-Bahn-Strecke nach Oranienburg, erhielt ihre Lage auf einem Bahndamm in den Jahren 1908 bis 1912. In dieser Zeit wurde auch der (damals einzige) Nordzugang gebaut. Spitzwinklig kreuzt die Bahn die Oranienburger Straße, das Empfangsgebäude (Hausnummer: 98a) zeigt eine rote Ziegelfassade und ist eingebaut in das Brückenwiderlager der Straßenunterführung. Die grau gekachelte Innenhalle besitzt ein achteckiges Oberlicht. Seit Juni 1925 wird an dem Bahnhof elektrisch gefahren.
Mit Dampfbetrieb (zum S-Bahn-Tarif) auf notdürftig zusammengeflickten Gleisen mußte ab Juni 1945 vorliebgenommen werden, bis im August des Jahres wieder echter S-Bahn-Verkehr möglich war. Allerdings fehlte jetzt ein Gleis, die Züge hielten nur noch an der östlichen Bahnsteigkante. Ein kürzerer Zugabstand als der angebotene 20-Minuten-Takt, der Anfang der fünfziger Jahre kaum ausreichte, war technisch nicht möglich. In der Folgezeit war er auch nicht mehr nötig, Mauerbau und zunehmende Motorisierung zeigten auch auf der Nordbahnstrecke Wirkung.
Im Zusammenhang mit der Errichtung der Großsiedlung »Märkisches Viertel« nördlich des Bahnhofs in den frühen siebziger Jahren erlangte die Station wieder eine gewisse Bedeutung, obwohl sie sich eher in Randlage zu der neuen Satellitenstadt befindet. Die schmale Bahnbrücke über den Wilhelmsruher Damm, der nun zur Magistrale für das »merkwürdige Viertel« wurde, ersetzte man 1973-76 durch eine neue, wesentlich breitere Überführung. Zusammen mit dem neuen, nördlichen Brückenwiderlager entstand im Rohbau ein zweiter, südlicher Zugang zum S-Bahnhof. Anschließend

Der nördliche Bahnsteigzugang im September 1981: Auf den Stationsschildern verblieb die Schreibweise von 1906

wurde auch der Bahnsteig erheblich verlängert. Beide Neubauten wurden jedoch nicht fertiggestellt. Ende 1981 renovierte die DR Schalterhalle und Zugang, Anfang 1984 verlor sie die Zuständigkeit für die S-Bahn-Anlagen in West-Berlin.

Die neue Betreiberin BVG legte den Bahnhof sogleich still, doch die Nordbahnstrecke sollte schon ein dreiviertel Jahr später wiedereröffnet werden. Die Zwischenzeit nutzte man, um die zehn Jahre zuvor begonnene Bahnsteigverlängerung zu vollenden; der neue südliche Zugang wurde Anfang Oktober 1984, zusammen mit der Wiedereröffnung des Bahnhofs, mit seitlichen Holztreppen provisorisch in Betrieb genommen. Weit über 300 Meter maß der Bahnsteig jetzt in der Länge; die Züge hielten im Südabschnitt, nach wie vor an der östlichen Kante.

Für die Neuverlegung des zweiten Gleises bis Frohnau war es notwendig, den Nordabschnitt der Strecke ab Wittenau von Mai bis Dezember 1986 noch einmal stillzulegen. Der Bahnhof selbst blieb wegen seiner verkehrlichen Bedeutung geöffnet, für ein gutes halbes Jahr war er zur Endstation geworden. Der provisorische Südzugang war zuvor schon wieder geschlossen worden; der Rohbau mußte nun sogar teilweise abgebrochen werden, um Platz für das neue S-Bahn-Gleis zu schaffen. Seit September 1986 ist er endgültig geöffnet. Zu dieser Zeit wurde auch das Bahnsteigdach generalüberholt und über den neuen Bahnsteigteil hin verlängert.

Seit der Eröffnung der U-Bahn bis zum Wilhelmsruher Damm im September 1994 gibt es am Rande des Märkischen Viertels eine leistungsfähige Schnellbahn-Umsteigestation. Der S-Bahnhofsname trägt seitdem nicht mehr den Anhang »Nordbahn«, sondern den Klammerzusatz »Wilhelmsruher Damm«. Auf den vielen Stationsschildern des langen Bahnsteigs steht jedoch nur »Wittenau«.

| | |
|---|---|
| 10.7.1877 | Eröffnung als »Dalldorf« |
| 3.1893 | Bezeichnung jetzt »Dalldorf (Nordb)« |
| 1.1.1906 | Umbenennung in »Wittenau (Nordbahn)« |
| 1.5.1911 | Bezeichnung jetzt »Wittenau Nordb« |
| 1908-12 | Hochlegung auf Bahndamm, Empfangsgebäude |
| 5.6.1925 | Elektrischer Betrieb |
| 4.1945 | Stillegung |
| 6.1945 | Wiedereröffnung, Dampfbetrieb |
| 18.8.1945 | Elektrischer Betrieb |
| 1974 | Bahnsteigverlängerung nach Süden (nicht fertiggestellt) |
| 9.1.1984 | Stillegung (Übernahme durch die BVG) |
| 1.10.1984 | Wiedereröffnung, Elektrischer Betrieb; provisorischer Südzugang (1985 wieder geschlossen) |
| 22.9.1986 | Inbetriebnahme endgültiger Südzugang |
| 25.9.1994 | Umbenennung in »Wittenau (Wilhelmsruher Damm)« |

KURZZEICHEN: WIN
LAGE: AUF BAHNDAMM
NACH WAIDMANNSLUST 1290 METER,
NACH WILHELMSRUH 2590 METER

# Witzleben

Die Luftaufnahme vom Juni 1994 läßt die einstige Symmetrie der Bahnhofsanlage noch nachvollziehen

Witzleben war einmal eine streng symmetrisch angelegte Station. Dieses Gesamtbild ist in jüngster Zeit leider verlorengegangen, auch wenn ein guter Teil der Bausubstanz erhalten blieb. Es gab ursprünglich zwei parallele Bahnsteige. Wie schlecht verheilte Narben sind an den beiden Empfangsgebäuden die vermauerten Öffnungen zu den abgehackten Treppenaufgängen der zweiten Plattform zu erkennen.

Als der Bahnhof Witzleben 1916 den vorhandenen Ringbahnstationen hinzugefügt wurde, wies das Zentralblatt der Bauverwaltung damals ausdrücklich darauf hin, daß aus kriegswirtschaftlichen Gründen am Bau weder Kupfer noch Messing verwendet worden sei. Stadtbaurat August Bredtschneider schuf zwei gleichartige Empfangsgebäude mit Edelputz und Muschelkalk im Stil der beginnenden Moderne. Der Haupteingang erfolgt von der Neuen Kantstraße an der Ostpreußenbrücke; am Nordende wurde ein zweiter Zugang angelegt, der zum den Bahngraben (und heute auch die Stadtautobahn) überspannenden Dresselsteg führt.

Zwei Bahnsteige wurden angelegt, weil es (bis gegen Ende des Zweiten Weltkriegs) durchgehende Gleise von der Stadtbahn zur Ringbahn gab. Auf dieser Direktverbindung, einer großen Kurve von Charlottenburg nach Witzleben und weiter bis Westend, rollte Anfang Februar 1929 erstmals die S-Bahn in Witzleben ein (erst elf Wochen später war auch der benachbarte Ringbahnsteig »elektrisiert«). Die heute abgerissene Plattform neben der Autobahnpiste hieß stets »Stadtbahnsteig«. Er wurde 1944 geschlossen, der Linienlauf von und zur Stadtbahn nie mehr eingerichtet.

Der Ring hingegen, als »Vollring« erst seit 1944 betrieben, lebte nach dem Zweiten Weltkrieg wieder auf. In Witzleben fuhr die S-Bahn ab Anfang August 1945, bis mit dem Mauerbau die Zielschilder »Sonnenallee« und »Gesundbrunnen« den Bruch dokumentierten. Selbst diese Zielschilder wurden gegenstandslos, als die Deutsche Reichsbahn 1980 den Streik der Bediensteten mit der Stillegung beantwortete und auch der Bahnhof Witzleben verschlossen blieb. Während der Stillegungsphase wurden Dach und Stützen des Stadtbahnsteigs abgerissen und die Plattform bepflanzt. Hingegen nahm man Renovierungsarbeiten am Dach des Ringbahnsteigs, an den Treppenaufgängen und am (Haupt-) Empfangsgebäude vor. Dessen Räume waren ab Februar 1987 für Ausstellungen und Veranstaltungen vermietet.

Mit den Bauarbeiten für die Reaktivierung des

Südrings (begonnen 1989) gab es auch für den Bahnhof Witzleben einige Veränderungen. Die wichtigsten sind kaum zu erkennen. Zum einen wurde ein zusätzlicher Ausgang zur Südseite der Ostpreußenbrücke baulich vorbereitet, doch wegen Geldmangels bis heute nicht realisiert. Zum anderen wurde der Ringbahnsteig verbreitert. Eine Wiederherstellung der ehemals viergleisigen Anlage ist somit nicht mehr möglich. Saniert und modernisiert ging der Bahnhof Witzleben Mitte Dezember 1993 wieder in Betrieb. Nachgedacht wird (seit Jahren) über die Schaffung eines »Messebahnhofs«. Wenigstens eingleisig könnten auf dem Areal des vormaligen Stadtbahnsteigs Regional- und Fernzüge halten und Messegelände mit ICC und Funkturm optimal anbinden.

Nicht Erwin von Witzleben, Mitglied der Widerstandsgruppe vom 20. Juli 1944, wird mit Platz, Straße und S-Bahnhof geehrt, vielmehr der preußische Generalleutnant und Generaladjutant Friedrich Wilhelms III., Job-Wilhelm von Witzleben (1783-1837). Er kaufte 1824 den Lietzensee mit Umgebung für seinen Sommersitz. Die Stadt Charlottenburg ernannte ihn 1827 für wohltätiges Wirken zum Ehrenbürger.

| | |
|---|---|
| 1.4.1916 | Eröffnung, zwei Mittelbahnsteige, zwei Empfangsgebäude |
| 1.2.1929 | Elektrischer Betrieb (Stadtbahnsteig) |
| 18.4.1929 | Elektrischer Betrieb (Ringbahnsteig) |
| 1944 | Stadtbahnsteig geschlossen |
| 4.1945 | Stillegung |
| 7.8.1945 | Wiedereröffnung, Elektrischer Betrieb (möglicher weise bereits am 28.7.) |
| 18.9.1980 | Stillegung (kein Verkehr nach Streikende) |
| 17.12.1993 | Wiedereröffnung |

KURZZEICHEN: WLN (FRÜHER WZ)
LAGE: IM BAHNGRABEN
NACH WESTEND 1220 METER,
NACH WESTKREUZ 800 METER

# WOLLANKSTRASSE

ERÖFFNET ALS: ■
→PANKOW NORDBAHN

Bahnhofsansicht von der Nordbahnstraße im April 1974

Der Bahnhof ist nicht ohne Reiz. Von Südwesten, von Wedding her, ähnelt er einer Stadtbahn-Station mit seinen Viaduktbögen, von denen einer als Zugang zur Schalterhalle dient. Verschnörkelte, schornsteinähnliche Pfeileraufsätze zwischen den Bögen zeigen einen Baustil, wie ihn die Zeit um die Jahrhundertwende vielfach hervorgebracht hat. Der in dieser Form seit 1903 bestehende Bahnhof hieß bis 1937 Pankow Nordbahn. Man sieht ihm heute nicht mehr an, daß er viele Jahrzehnte eine Rolle spielte, wie sie nur im gespaltenen Berlin entste-

KURZZEICHEN: WOK
(FRÜHER WO)
LAGE: AUF BAHNDAMM, SÜDWESTFLANKE AUF VIADUKT-BÖGEN
NACH SCHÖNHOLZ
940 METER,
NACH BORNHOLMER STRASSE
1350 METER

hen konnte – als Ost-Bahnhof (DR-verwaltet), in Ost-Berlin (Bezirk Pankow) gelegen – und nur für West-Berliner nutzbar. 1962 war er Schauplatz der Aufdeckung spektakulärer Fluchten durch Tunnel unter dem Bahndamm. Das Empfangsgebäude von 1893 an der Sternstraße, unversehrt erhalten, ist wieder eine Augenweide. Der Ausgang zur geschäftigen Wollankstraße ist jedoch der bedeutendere.

Adolf Friedrich Wollank (1833-1877) war der Namensgeber des 1703 angelegten Prinzenwegs, der von 1876 bis 1833 Prinzen-Straße hieß. Wollank, Gutsbesitzer und Anlieger dieser Straße, war viele Jahre Amtsvorsteher in Pankow. Durch die Wollankstraße fuhr 1896 Berlins erste elektrische Straßenbahn. Erst seit 1938 gehört der südwestliche Teil der Straße ab der S-Bahn-Brücke zum Bezirk Wedding.

# WUHLETAL

Eingang zum U-Bahnhof Wuhletal im Januar 1993. Hier hält auch die S-Bahn

Ein Bahnhof für S- und U-Bahn – mit gemeinsamen, parallel angelegten Bahnsteigen und direkten Umsteigemöglichkeiten - war und ist ein Novum für Berlin (eine vergleichbare Anlage gibt es nur in München: Neuperlach Süd). Der als Kaulsdorf West geplante und von einem DR-Baukombinat errichtete Bahnhof im Bezirk Hellersdorf wurde Anfang Juli 1989 eröffnet, also in der DDR-Spätphase. Da der Sozialismus beim ÖPNV einen Umsteigefahrschein nicht kannte, mußte zur Eröffnung eigens das Tarifgefüge modifiziert werden, trafen hier doch Deutsche Reichsbahn und kommunaler Betrieb BVB (»Ost-BVG«) direkt zusammen.

Der Bahnhof liegt auf einem Damm der S-Bahn, auf den sich die U-Bahn mit Kurven und Steigungen (4 % Neigung!) hinaufquälen muß. Die beiden Bahnsteige funktionieren im Richtungsbetrieb: Am nördlichen halten die Züge stadteinwärts (S-Bahn: Richtung Pichelsberg/Spandau), am südlichen geht's nach außerhalb (für die S-Bahn: nach Strausberg/Strausberg Nord). Die S-Bahn verkehrt

an den beiden außen liegenden Gleisen. Die personelle Zuständigkeit und Verantwortung ist übrigens nach Bahnsteigen aufgeteilt: Auf dem nördlichen Bahnsteig herrscht die »S-Bahn Berlin GmbH«, auf dem südlichen hat die BVG das Sagen. Rein juristisch hingegen hält die S-Bahn auf einem U-Bahnhof, da die BVG Grundstücksverantwortliche ist.
Beide Bahnsteige sind mit 160 Metern Länge (S-Bahn-Maß) für die U-Bahn etwas überdimensioniert, so daß ein Kurzzug der Unterirdischen, wenngleich sie hier an der Oberfläche fährt, zuweilen etwas verloren wirken kann. Daß im Umfeld des Bahnhofs auch eine Gleisverbindung zum Eisenbahnnetz geschaffen wurde, um Betriebsabläufe zu vereinfachen, lag auf der Hand. Zwei Fußgängertunnel unterqueren die Bahnhofsanlage; der westliche, auch als Durchgang für einen Wuhle-Wanderweg gedacht, führt somit noch ein Stück weiter nach Süden.
Das Flüßchen Wuhle unterquert die Bahndämme; es bildet hier die Grenze zwischen den Ortsteilen Biesdorf und Kaulsdorf, somit zwischen den Bezirken Marzahn und Hellersdorf. Die 15 Kilometer lange Wuhle, aus Mehrow kommend und als Klärwerksableiter (!) des Industriestättengebiets der ehemaligen Robotronwerke südlich Falkenbergs genutzt, mündet an der Fußballfans nicht unbekannten »Alten Försterei« in der Wuhlheide in die Spree.

1.7.1989 Eröffnung, Elektrischer Betrieb; zwei Mittelbahnsteige, Gemeinschaftsbetrieb mit der U-Bahn, Nutzung der Außengleise

KURZZEICHEN: WT
LAGE: AUF BAHNDAMM
NACH KAULSDORF
1060 METER,
NACH BIESDORF
1240 METER

# WUHLHEIDE

Nordöstlich von Oberschöneweide erstreckt sich der Berliner Stadtforst Köpenick; die Wuhlheide wird seit 1842 von der Schlesischen Bahn durchschnitten. Der Bahnhof bietet noch heute viel Waldlandschaft ringsum, Bus oder Straßenbahn kommen hier nicht vorbei. Vom Jahr der Stationseröffnung (1877) bis 1929 war »Sadowa« die amtliche Bahnhofsbezeichnung, der Name ist vielen wahrhaftig ein »böhmisches Dorf«. Um vom S-Bahnhof zum namensgebenden Flüßchen Wuhle zu gelangen, ist noch ein fleißiger Fußmarsch Richtung Osten durch die ebenso namensgebende Heide- (eher Wald-) Landschaft zu bewältigen. Man trifft auf den kleinen Wasserlauf an einem Flecken mit dem drolligen Namen »Piepertswinkel«. Auch das ist Berlin.

ERÖFFNET ALS:
→SADOWA

Der Bahnhof Wuhlheide im März 1987

KURZZEICHEN: WHH
(FRÜHER WU)
LAGE: IM GELÄNDENIVEAU
NACH KÖPENICK
2180 METER,
NACH KARLSHORST
2270 METER

# YORCKSTRASSE

Blick nach Süden auf den angeblich schmalsten Bahnsteig im S-Bahn-Bereich (März 1995)

Von einem »schmalen Handtuch« spricht der Berliner gern; der Begriff trifft zu für den engen Mittelbahnsteig des Bahnhofs Yorckstraße. Mit durchschnittlich nur sechs Metern ist er von außergewöhnlich geringer Breite, angeblich der schmalste Mittelbahnsteig der Berliner S-Bahn. Die gußeisernen Dachträger, extrem nah zusammengerückt, wirken deshalb merkwürdig disproportioniert.

Im Dezember 1901 wurden besondere Vorortgleise vom →Potsdamer Ringbahnhof in Berlin nach Lichterfelde Ost in Betrieb genommen und auch von den Vorortzügen nach Zossen mitbenutzt. An dieser Strecke wurde im Mai 1903 der Bahnhof »Yorkstraße« (ohne »c« bis 1909) eröffnet. Für das Empfangsgebäude stand an dem engen Straßendurchbruch kein bebaubares Grundstück zur Verfügung, so daß es, nach Abtragen von Teilen der Bahndammböschung, seitlich versetzt errichtet werden mußte. Hinter der heute schlicht verputzten Fassade ist noch einiges von der märkischen Backsteingotik des Gebäudes, entworfen von Karl Cornelius, erhalten; die Oberlichtfenster der Schalterhalle beispielsweise lassen die Ursprungsausführung erahnen.

Der Bahnhof Yorckstraße, das ist über einen derart langen Zeitraum selten im S-Bahn-Netz, kennt fast von Beginn an elektrischen Bahnverkehr! Fünf Wochen nach seiner Eröffnung, am 4. Juni 1903, begann auf der genannten Vorortstrecke nach Lichterfelde Ost ein elektrischer Betrieb, der als Vorläufer, als Probebetrieb für die S-Bahn angesehen werden kann, ja muß, gab er doch den Ausschlag für das moderne System »S-Bahn«. Es existierte schon eine seitliche Stromschiene, die Fahrzeuge aber waren noch eng mit den preußischen Abteilwagen mit ihren langen, durchgehenden seitlichen Trittbrettern verwandt. Dieser Verkehr (mit 500 V Gleichstrom) wurde bis 1929 beibehalten, dann löste ihn Anfang Juli die S-Bahn ab mit ihren neuen, typischen Fahrzeugen (800 V Gleichstrom). Auf der Strecke Richtung Lichtenrade blieb es hingegen noch lange beim Dampfbetrieb. Hier war die S-Bahn ein rechter Nachzügler; erst Mitte Mai 1939 kam sie auch (ab Priesterweg Richtung Süden) zum Zuge. Seitdem ist der Bahnhof Yorckstraße ein »reiner« S-Bahnhof ohne Mischbetrieb an seinen Bahnsteigkanten, sieht man ab vom kurzen Intermezzo der Dampfzüge nach Kriegsende vom Juni bis August 1945. Ab Ende April 1945 war der Bahnhof geschlossen gewesen.

Nicht immer rollten die S-Bahn-Züge ab Yorckstraße Richtung Norden wie heute durch den Nord-Süd-Tunnel, sondern bis 1939, als der Tunnel fertiggestellt wurde, zum →Potsdamer Ring- und Vorortbahnhof. Da der Tunnel Anfang Mai 1945 durch eine Sprengung überflutet und erst im August 1946 wieder benutzbar war, fungierte der Bahnhof Yorckstraße in dieser Zeit zwangsläufig als Endstation der aus Süden kommenden Züge. Blockade und Mauerbau führten zu dem bekannten zunehmenden Dämmerdasein der S-Bahn, doch der Bahnhof Yorckstraße war stets in Betrieb. Als 1984 die BVG die Betriebsführung übernahm, gehörte Yorckstraße zu den anfangs nur 14 Stationen, die von der »BVG-S-Bahn« bedient wurden. Schließlich bietet er seit 1971 eine Umsteigemöglichkeit zum gleichnamigen U-Bahnhof. Eine ebenso behelfsmäßige wie scheußliche, aber sehr nützliche Fußgängerbrücke wurde 1985 über die belebte Yorckstraße geschlagen, noch heute in ihrer vollen Pracht zu bewundern.

Von dem einzigartigen »Brückenensemble« über die Yorckstraße (27 an der Zahl – die größte Brückendichte Europas) dürften viele abgerissen werden, marode und unbenutzt, wie sie sind. Obwohl die Yorckbrücken seit 1993 unter Denkmalschutz stehen, werden einige beim Bau der neuen Fernbahntrasse zwischen Lehrter »Zentralbahnhof« und Papestraße wohl weichen müssen.

Der 1821 zum preußischen Feldmarschall ernannte Hans David Ludwig Yorck (1759-1830) befehligte im Rußlandfeldzug 1812 das preußische Hilfskorps in der Armee Napoleons. In den Befreiungskriegen führte Yorck ein Korps und war an den Schlachten an der Katzbach und bei Möckern beteiligt; bei Wartenburg führte er die Armee über die Elbe und zwang Napoleon zur Entscheidungsschlacht bei Leipzig. 1814 erhielt er den Titel Graf Yorck von Wartenburg. Peter Graf Yorck von Wartenburg, Ururenkel des Feldmarschalls, wurde als Widerstandskämpfer gegen Hitler 1944 hingerichtet. Auch sein Bruder gehörte dem Widerstand an und war im KZ interniert; er machte nach Kriegsende Karriere im diplomatischen Dienst. Alexander Graf Yorck von Wartenberg, Jahrgang 1927, war u.a. UNO-Botschafter. – Am 31. Oktober 1864 war die vormalige Gürtelstraße in Yorckstraße umbenannt worden.

| | |
|---|---|
| 1.5.1903 | Eröffnung als »Yorkstraße« (ohne »c« bis 1909), Empfangsgebäude |
| 4.6.1903 | Elektr. Probebetrieb (550 V) nach Lichterfelde Ost |
| 15.7.1903 | Ständiger Elektrischer Betrieb |
| 2.7.1929 | Elektrischer Betrieb (S-Bahn, 800 V) nach Lichterfelde Ost |
| 15.5.1939 | Elektrischer Betrieb (S-Bahn, 800 V) nach Mahlow; Einführung der Züge Richtung Norden in den Nord-Süd-S-Bahn-Tunnel |
| 4.1945 | Stillegung; Empfangsgebäude kriegsbeschädigt, später vereinfacht wiederaufgebaut |
| 8.6.1945 | Wiedereröffnung, Dampfbetrieb |
| 16.8.1945 | Elektrischer Betrieb |
| 20.12.1985 | Zusätzlicher Nordzugang über Behelfsbrücke |

KURZZEICHEN: YOR
LAGE: AUF BAHNDAMM;
ZUGANG NUR ZUR
YORCKSTRASSE
NACH PAPESTRASSE
2020 METER,
NACH ANHALTER BAHNHOF
1500 METER

# Yorckstrasse (Grossgörschenstrasse)

■ Eröffnet als:
→Grossgörschenstrasse

Zwischen zwei der zahlreichen Brücken eingeklemmt ist die Schalterhalle der Station (Mai 1998)

Kurzzeichen: GÖR
Lage: auf Bahndamm, etwa fünf Meter über Strassenniveau
nach Schöneberg 1730 Meter,
nach Anhalter Bahnhof 1580 Meter

Das Entscheidende an diesem Bahnhofsnamen ist der Zusatz in Klammern! In ihm ist der alte Name noch erhalten, denn es handelt sich bei dieser Station eben nicht um den Bahnhof Yorckstraße, eröffnet 1903. Dieser liegt zwei Querstraßen weiter östlich. Erst im Mai 1992 wurde die Umbenennung vollzogen, wurde dem Bahnhof Großgörschenstraße der Name Yorckstraße aufgepfropft, wohl damit ein einheitlicher Name für drei Schnellbahnstationen einen Umsteige-Knotenpunkt signalisiert (die dritte Station ist der U-Bahnhof Yorckstraße, zwischen den beiden S-Bahn-Stationen gelegen, er kam 1971 in sieben Meter Tiefe hinzu). Wer aber ohne Ortskenntnis meint, zwischen den beiden S-Bahnhöfen namens Yorckstraße bequem umsteigen zu können, wird das Unternehmen beim zweitenmal bleiben lassen, speziell bei Eile, Kälte oder Nässe, und lieber den Umweg über Anhalter Bahnhof wählen ...

Der heutige S-Bahnhof Yorckstraße (Großgörschenstraße) im Bezirk Schöneberg ist bereits der zweite Bahnhofsbau. Benachbart gegenüber hatte es bereits einen Bahnhof Großgörschenstraße gegeben, von 1891 bis 1939 (mit S-Bahn-Betrieb seit 1933). Der neue war nur als Provisorium gedacht, was beispielsweise die drei einzelnen, kurzen Dächer erklärt. Angeblich hat er schon zur Eröffnung Yorckstraße heißen sollen; der größere, frequentiertere Ausgang führt ja auf die Yorckstraße. Die heißt seit 1864 nicht mehr Gürtelstraße, sondern nach einem preußischen Feldmarschall.

# Zehlendorf

Eröffnet als: ■
→Zehlendorf Mitte

Der Südzugang im Mai 1964; das Hinweisschild warnte vor der Weiterfahrt nach Potsdam, obwohl noch vier Stationen in West-Berlin folgten

Als im September 1838 vom Bahnhof Zehlendorf der erste Zug in Richtung Potsdam losdampfte, begann das Zeitalter der Eisenbahn in Preußen. Erst einen Monat später wurde die Strecke von Zehlendorf Richtung Nordosten fertig; zum →Potsdamer Bahnhof in Berlin.

Der Bau der Wannseebahn 1874 erschloß den Südwesten als bevorzugtes Wohn- und Ausflugsgebiet. Der Bankier Wilhelm Conrad hatte den Zug der Zeit im Wortsinne erkannt und gelenkt; im kühnen Schwung zweigte er – reich nicht nur an Einfluß – die Gleise vom Bahnhof Zehlendorf zum Großen Wannsee hin ab.

Genau 50 Jahre später fuhr die erste S-Bahn in Berlin, nach Zehlendorf gelangte sie indes erst 1933. Die Gegend um den Bahnhof, der von etwa 1891 bis 1938 als »Zehlendorf Mitte« bezeichnet wurde, stellt für das moderne Leben im 1242 ersterwähnten »Cedelendorp« bis heute die Mitte dar.

Kurzzeichen: ZD
(noch 1977: ZFM)
Lage: im Geländeniveau, auf Brücke über (abgesenkten) Teltower Damm
nach Zehlendorf Süd (1948-1980) 1160 Meter,
nach Mexikoplatz 1940 Meter,
nach Sundgauer Strasse 1260 Meter

# Zehlendorf Mitte

■ Heute:
→Zehlendorf

In den dreißiger Jahren: Blick vom Teltower Damm nach Norden auf die Bahnüberführung; im Vordergrund der »Düppeler« Bahnsteig

In Zehlendorf halten die Züge, seit in Preußen eine Eisenbahn fährt, seit der Eröffnung der Berlin - Potsdamer Bahn im Jahre 1838. Ein Fachwerkbau ersetzte 1866 das erste Stationsgebäude, und 1889 wurde der heutige Teltower Damm unter die Bahngleise abgesenkt. Eine Hochlegung, wie sie sonst fast immer zur Vermeidung niveaugleicher Übergänge vorgenommen wurde, wäre in Zehlendorf für die Gleise der Stamm- und der Wannseebahn wesentlich aufwendiger gewesen.

Mit der Anlage der »neuen Wannseebahn« 1891 ging ein völliger Umbau der Gleise einher; auch ein neues Empfangsgebäude, ein eingeschossiger Ziegelrohbau, entstand zu dieser Zeit. Der Name »Zehlendorf Mitte« erschien jetzt auf den Stationsschildern des neu angelegten Mittelbahnsteigs. Von Juli 1900 bis zum Juli 1902 fuhren bereits elektrische Vorortzüge in Zehlendorf Mitte, doch handelte es sich nur um einen 750-Volt-Probebetrieb, der sich nicht auf Dauer etablieren konnte. Für den besonderen Linienlauf der sogenannten »Bankierzüge« wurden 1907 und 1909 provisorische Seitenbahnsteige an den Ferngleisen errichtet. Ab 1910 erweiterte man den Zehlendorfer Bahnhof erneut, er erhielt 1912 einen zweiten Zugang von der Südseite her und 1913-14 einen zweiten Mittelbahnsteig, südlich des vorhandenen, für die Potsdamer Stammbahn, anhand der unterschiedlichen Dachkonstruktionen bis heute gut vergleichbar.

Fast ein Jahrhundert (!) Bahngeschichte hatte die Station erlebt, als 1933 endlich die Ära der S-Bahn in Zehlendorf Mitte begann. An ein und dem selben Tag, dem 15. Mai, fuhr nicht nur die Wannseebahn elektrisch, die neuen Züge rollten auch auf den Ferngleisen in die Berliner City: Der »Bankierzug«-Betrieb war ebenfalls umgestellt worden. Zwischen Wannsee und →Potsdamer Bahnhof war Zehlendorf Mitte einziger Halt für diese »Expreß-S-Bahn«.

Schon 1943 wurde der gelbliche Klinkerbau, das Empfangsgebäude von 1891, bei einem Luftangriff zerstört. Noch im Krieg begann man mit einem Ersatzbau, einer flachen, unverputzten Backsteinbaracke. Bereits 1938 war der Namenszusatz »Mitte« gestrichen worden, »Zehlendorf« ist seitdem gültige Bezeichnung für den Bahnhof. Anfang Juni 1945 war die kriegsbedingte Stillegung der Station beendet.

Im Juni 1948 begann in Zehlendorf der kurze Laufweg von S-Bahn-Zügen nach →Düppel. Bis 1980 wurde dieser Abschnitt der alten Stammbahn erst- und letztmalig elektrisch befahren. Die Unterführung des Teltower Damms wurde 1955 durch weiteres Absenken auch für BVG-Doppeldeckbusse passierbar gemacht. Anfang der sechziger Jahre riß man das alte Fachwerk-Empfangsgebäude (den Bau von 1866) an der Hampsteadstraße ab; der Ersatz für den kriegszerstörten Bau hingegen wurde 1964 modernisiert. Hatte die Teilung der Stadt 1961 noch keine direkten Auswirkungen auf den Bahnbetrieb in Zehlendorf (von den Boykottfolgen abgesehen) gehabt, schlug sich der DR-Personalstreik 1980 um so tiefgreifender nieder: Die S-Bahn fuhr gar nicht mehr.

Wegen Einsturzgefahr hat man Mitte Juli 1984 – die Deutsche Reichsbahn hatte ihre Zuständigkeit hier inzwischen abtreten müssen – die Kriegsbauten abgerissen. Der Bahnhofsvorplatz wurde neu gestaltet, die historischen Bahnhofsbauten wurden *»unter denkmalpflegerischen Gesichtspunkten instandgesetzt«*. Den Bahnsteigtunnel wandelte man in eine Fußgängerpassage um, stattete sie mit einem roten Klinkerportal aus, das – mit einem dekorativen Turm – an die Form des Südportals von 1912 erinnert. Einziger Schönheitsfehler: fehlender Bahnbetrieb.

Das änderte sich im Februar 1985 mit der Wiederinbetriebnahme der Wannseebahn. Der »Düppeler«, ehemals »Bankierzug«-Bahnsteig an der Stammbahn hingegen blieb außer Funktion, er wurde im Juni 1986 konserviert. Der 1980 stillgelegte Güterbahnhof wurde von der BVG als Lagerplatz einer Bahnmeisterei hergerichtet, der zugehörige Güterschuppen im alten Stil in eine Werkstatt umgebaut. Die Bahnhofsanlagen wirken heute gepflegt, seit Ende 1997 befindet sich die Fahrkartenausgabe in neuen Räumen direkt im Tunneldurchgang. Vor der »Weiterfahrt in Richtung Potsdam« muß nicht mehr »gewarnt« werden, wie das ein Schild am Südausgang bis 1961 tat, die Weiterfahrt kann – »Achtung, Reisende!« – jetzt nur empfohlen werden.

| | |
|---|---|
| 21.9.1838 | Einweihung |
| 22.9.1838 | Inbetriebnahme |
| 1866 | Empfangsgebäude (alt) |
| 1889 | Absenkung des heutigen Teltower Damms |
| 1891 | Empfangsgebäude (neu; 1943 durch Bombentreffer zerstört) und Umbau (Neue Wannseebahn) |
| um 10.1891 | Umbenennung in »Zehlendorf Mitte« |
| 13.7.1900 | Elektrischer Probebetrieb (750 V) |
| 1.7.1902 | Elektrischer Probebetrieb eingestellt |
| 16.12.1907 | Provisorischer Seitenbahnsteig (für Bankierzüge) am Ferngleis Potsdam – Berlin |
| 1.10.1909 | Provisorischer Seitenbahnsteig auch am Ferngleis Berlin – Potsdam |
| 1913-14 | Zweiter Mittelbahnsteig (für Bankierzüge) und Abriß der Seitenbahnsteige |
| 15.5.1933 | Elektrischer Betrieb |
| 1.10.1938 | Umbenennung in »Zehlendorf« |
| 4.1945 | Stillegung |
| 1963-64 | Abriß des Empfangsgebäudes von 1866 |
| 6.6.1945 | Wiedereröffnung, Elektrischer Betrieb |
| 18.9.1980 | Stillegung (kein Verkehr nach Streikende) |
| 1.2.1985 | Wiedereröffnung, Elektrischer Betrieb |

# Zehlendorf Süd

Länge für vier Wagen, Lebensdauer acht Jahre: Zehlendorf Süd im Dezember 1972

Es war schon etwas ungewöhnlich, daß die von der DDR betriebene Reichsbahn zehn Jahre nach dem Mauerbau noch einen neuen S-Bahnhof in West-Berlin errichtete. Abgesehen von dem 1946 auf Betreiben der US-Besatzungsmacht gebauten Bahnhof Buckower Chaussee war dies der erste neue S-Bahnhof nach 1945 in West-Berlin.

Der Bau des knapp 80 Meter kurzen Bahnsteigs (Planungsname Clauertstraße), der auf der »Stammbahn« zwischen die Bahnhöfe Zehlendorf und →Düppel-Kleinmachnow eingefügt wurde, war nicht ohne Komplikationen vonstatten gegangen. Anfang 1971 mußten die bereits begonnenen Arbeiten auf Anordnung der amerikanischen Alliierten eingestellt werden. Der US-Stadtkommandant hatte keine Genehmigung für die Anlage erteilt und die Reichsbahn aufgefordert, zunächst nähere Unterlagen über das Bauvorhaben einzureichen. Dies geschah erst im September 1972, so daß der Neubau an der Bahnkreuzung mit der Clauertstraße schließlich erst im Dezember 1972 in Betrieb genommen werden konnte. Der Zugang war nur am westlichen Bahnsteigende möglich; hier steht auch ein kleiner überdachter Wetterschutz.

134 Jahre nach der Eröffnung der ersten preußischen Eisenbahnstrecke (der »Stammbahn«) hatte diese noch einmal einen neuen Haltepunkt erhalten, dessen Betriebsdauer jedoch eng begrenzt gewesen war. Im September 1980 wurde auch hier, streikbedingt, der Betrieb eingestellt und nicht mehr aufgenommen.

Der kurze, nur für Vier-Wagen-Züge ausgelegte Bahnsteig ganz in der Nähe des bekannten Museumsdorfes Düppel ist auch heute noch auf den ersten Blick als Haltepunkt kenntlich, nicht zuletzt durch eine kleine Parade paralleler Peitschenmaste, vom Rost zernagt.

KURZZEICHEN. ZFS
LAGE: EBENERDIG
NACH DÜPPEL 1350 METER,
NACH ZEHLENDORF 1160 METER

20.12.1972 Eröffnung, Elektrischer Betrieb
18.9.1980 Schließung (kein Verkehr nach Streikende)

# Zehlendorf West

Das wohl eigenartigste Jugendstil-Empfangsgebäude der Berliner S-Bahn steht in Zehlendorf am Mexikoplatz. Es ist einprägsam wie kein zweites, man muß es gesehen haben. Beschreibungsversuche wie *»schwingende Fassade, wellenförmiges, biberschwanzgedecktes Dach, elliptischer Turm, teigig geformte Oberlichtfenster«* (»Berlin und seine Bauten«) helfen nicht weiter. Origineller Versuch: Der Bau sehe aus *»wie ein enormer Champignon«* (»Züge aus der Vergangenheit«).

Die Architekten Hart und Lesser – sie entwarfen auch den Bahnhof Frohnau – stellten den Bau 1904 fertig; Ergebnis eines Wettbewerbs, der auf Veranlassung der Gemeinde Zehlendorf ausgeschrieben wurde. Finanziell verantwortlich war die Grundstücksgesellschaft Zehlendorf-West Terrain-AG, die sowohl die Bau- als auch die Betriebskosten der ersten vier Jahre trug. Hinter der AG stand mit Graf Henckel Fürst von Donnersmarck einer der damals reichsten Männer Deutschlands.

Der neue Bahnhof wurde im November 1904 unter dem Namen »Zehlendorf, Beerenstraße« eröffnet, im Dezember 1911 umbenannt in »Zehlendorf West«. So hieß er auch, als die Wannseebahn, an der er liegt, 1933 elektrifiziert wurde und die S-Bahn Einzug hielt. Die Kriegsfolgen wirkten sich auf der Wannseebahn in Zehlendorf nicht schwerwiegend aus, geschlossen war der Bahnhof nur von Mitte April bis Anfang Juni 1945.

Zurückgehende Fahrgastzahlen und zunehmende Vernachlässigung der Bahnhofsanlagen kennzeichneten das Bild auch hier, in der »guten Stube« des wohlhabenden Zehlendorfs. Seit 1959 fehlt der Turm des Empfangsgebäudes; im September 1958 erhielt der Bahnhof wenigstens neue Stationsschilder, auf denen jetzt »Lindenthaler Allee« stand. Unter diesem Namen wurde er 1980 zu Beginn des S-Bahner-Streiks dichtgemacht, bei Streikende einige Tage darauf nicht wieder geöffnet. Drei Jahre zuvor war er oberflächlich restauriert worden.

Da sich auf der Wannseebahn trotz der nachwirkenden Boykott-Einbußen stets ein gewisses Fahrgast-Potential nachweisen ließ, befaßte sich der Berliner Senat alsbald mit Plänen zur Wiedereröffnung, die Anfang Februar 1985 groß gefeiert wurde. Hierfür war der Bahnhof Lindenthaler Allee erneut, diesmal umfassend und gründlich, re-

SIEHE AUCH:
→LINDENTHALER ALLEE
HEUTE:
→MEXIKOPLATZ

Auf diesem Foto aus den dreißiger Jahren ist der 1959 abgerissene Turm des Empfangsgebäudes noch zu sehen

stauriert worden. Auch die S-Bahn-typischen Bahnsteigaufbauten wurden originalgetreu wiederhergestellt.
Die nächste Umbenennung, veranlaßt durch einen Beschluß der Zehlendorfer Bezirksverordnetenversammlung, erfolgte fast »über Nacht«. Im März 1987 hieß die Station überraschend Mexikoplatz, benannt nach dem städtebaulich überaus ansprechenden Straßenensemble zu Füßen des Empfangsgebäudes. Seine Wurzeln trägt der Bahnhof in güldenen Lettern zur Schau: »KPEV«, Königlich-Preußische Eisenbahn-Verwaltung, leuchtet es vom schmiedeeisernen Geländer der Bahnbrücke hinab auf den Mexikoplatz – nicht sichtbar für den S-Bahn-Passagier, aber bestimmt oft Anlaß zum Rätselraten für den durchfahrenden Automobilisten. Dieser deutet die Buchstaben vielleicht als »Kein Parkplatz, Einbahnstraßen-Verkehr« ...
Hochaktuellen Berlin-Bezug vermittelt eine Anzeige der Jahrhundertwende, die die »*neue Villenkolonie Zehlendorf-West*« anpreist: »*Herrliche Baustellen*« (!) heißt es dort. Gemeint waren natürlich Parzellierungsmöglichkeiten; die Bahn wird als Lo(c)kmittel ins Feld geführt: »*Neuer Wannsee-Bahnhof mitten in der Kolonie im Bau begriffen.*« Fazit des Werbe-Traktats: »*Grosse Zukunft.*«

| | |
|---|---|
| 1.11.1904 | Eröffnung als »Zehlendorf, Beerenstraße«; Empfangsgebäude |
| 15.12.1911 | Umbenennung in »Zehlendorf West« |
| 15.5.1933 | Elektrischer Betrieb |
| 4.1945 | Stillegung |
| 6.6.1945 | Wiedereröffnung, Elektrischer Betrieb |
| 28.9.1958 | Umbenennung in »Lindenthaler Allee« |
| 18.9.1980 | Stillegung (kein Verkehr nach Streikende) |
| 1.2.1985 | Wiedereröffnung, Elektrischer Betrieb |
| 7.3.1987 | Umbenennung in »Mexikoplatz« |

# Zentralflughafen Schönefeld

Nicht nur einen →»Zentralviehhof«, nein, auch einen »Zentralflughafen« kannte die S-Bahn im Verzeichnis ihrer Bahnhöfe. Derart großspurig nannte sich zu DDR-Zeiten, bis 1976, der heutige Bahnhof Flughafen Berlin-Schönefeld. Das »Zentral« im Namen begann 1962, zu einem Zeitpunkt, als beispielsweise das Catering, die Bordverpflegung für die Flugpassagiere, manchmal noch mit einem Pferdefuhrwerk zu den Abfertigungsbaracken gebracht wurde. Als »Schönefeld (b Bln)« im Februar 1962 eröffnet, erfolgte die Umbenennung des S-Bahnhofs in »Zentralflughafen Schönefeld« schon im März, ab Juli 1962 hieß es dann für 14 Jahre →»Zentralflughafen Berlin-Schönefeld«. Seitdem ist man wieder bescheidener, wenn auch nicht bei der Prognose zu Ausbau und erwartetem Passagieraufkommen der Zukunft.

■ Eröffnet als:
→Schönefeld (b Bln)
Heute:
→Flughafen Berlin-Schönefeld

# Zentralviehhof

HEUTE: ■
→STORKOWER STRASSE

Bis zur Eldenaer Straße in Friedrichshain reicht der Bahnhofszugang »Langer Jammer«

*Der Schlachthof in Berlin. Im Nordosten der Stadt, die Ringbahn entlang, ziehen sich die Häuser, Hallen und Ställe vom Schlacht- und Viehhof, bilden ein untrennbares, wirtschaftliches Ganzes.«* Als Alfred Döblin 1929 »Berlin Alexanderplatz« veröffentlichte, fuhren gerade die ersten S-Bahnen auf dem Ring, auf dem Bahnhof Zentralviehhof. Diese Station war 1881 in die Ringbahn eingefügt worden. In Zusammenhang mit der Anlage des Schlachthofes ab 1876 mußte die Ringstrecke an dieser Stelle viergleisig ausgebaut werden. Der Haltepunkt ist auf Kosten des Magistrats von Berlin eingerichtet worden. 1903 schon wurde er umgebaut, und es entstand der heutige Mittelbahnsteig mit einem Fußgängertunnel zum Schlachthof. Als einzige aller Ringbahnstationen erhielt der Bahnsteig keinerlei Überdachung.

Charakteristisches Merkmal des S-Bahnhofs ist der Zugang von Süden über die mit 522 Metern längste Fußgängerbrücke Berlins. Ihre Errichtung begann 1937, sie war zunächst 420 Meter lang. Der »Lange Jammer« verbindet das Wohngebiet Eldenaer Straße im Bezirk Friedrichshain mit dem S-Bahnsteig, der, wie der gesamte Viehhof, jedoch noch zum Bezirk Prenzlauer Berg gehört. Der auch »Rue de Galopp« genannte Brückengang führt in sieben Meter Höhe über das Schlachthofgelände und wurde 1939 fertiggestellt. Der Personentunnel diente fortan nur noch als Dienstweg. Die Brücke ist vollständig überdacht und beidseitig verglast. Sie wurde im Zweiten Weltkrieg – wie die gesamte Viehhofanlage – schwer beschädigt und war unpassierbar. Somit konnte vorerst auch der S-Bahnhof nicht genutzt werden.

Die Station wurde im August 1945 wieder geöffnet, jedoch nur für die sowjetische Besatzungsmacht. In den wenigen unversehrt gebliebenen Hallen des Schlachthofes wurde eine »Hauptverwahrstätte für Kunstgegenstände« eingerichtet – das Kriegsbeutelager der Roten Armee. Auf dem Schienenweg, kurzfristig sogar über provisorisch auf russische Breitspur umgenagelte Gleise, erreichten requirierte Kunstschätze aus dem Osten Deutschlands Leningrad via Berlin, Zentralviehhof. Im November 1947 war die »Sondernutzung« durch die Sowjets beendet. Danach wurde die Station geschlossen, und die S-Bahn-Züge fuhren ohne Halt durch. Erst nach Hebung und Instandsetzung mehrerer Segmente der langen Fußgän-

gerbrücke konnte im Juli 1951 diese und somit auch der S-Bahnhof wieder dem normalen Fahrgastbetrieb übergeben werden.
Ein Vierteljahrhundert später wurde die Storkower Straße nach Südosten verlängert, ein Neubaugebiet entstand nördlich des S-Bahnhofs. Die Verbindung zum Bahnsteig wurde durch eine Verlängerung der Fußgängerbrücke hergestellt. Seit dem 4. Oktober 1977 weist sie nun eine Länge von 505 Metern (522 Meter mit Treppen) auf. Wenige Tage später wurde der alte Bahnhofsname getilgt; die Station heißt seitdem Storkower Straße. 1976 hatte der »VEB Fleischkombinat Berlin« den Betrieb großer Teile des Viehhofs aufgegeben.
Der noch vorhandene alte Tunnel vom S-Bahnsteig zum Viehhofgelände wurde 1986 völlig geschlossen, ein Seitenabgang von der Fußgängerbrücke hat ihn ersetzt. 1993 beseitigte man den unterirdischen Gang. Drei Jahre später wurde begonnen, den Verlängerungsteil des »Langen Jammers« (Baujahr 1977) zu rekonstruieren. Ein Jahr dauerten die Arbeiten, man stieß auf Reste der Seitenbahnsteige von 1881. Zwei Aufzüge wurden installiert, sogar noch ein Stückchen länger ist der Gang nun geworden. Ein rotes Stahlgehäuse mit Fenstern – wie eine S-Bahn sieht der erneuerte Teil jetzt aus. Die Zukunft des 420 Meter langen Südteils des Stegs ist noch ungewiß. Durch Vandalismus ist er stark in Mitleidenschaft gezogen.

| | |
|---|---|
| 4.5.1881 | Eröffnung, Seitenbahnsteige,Schreibweise anfangs »Central-Viehhof« |
| 1903 | Umbau; Mittelbahnsteig |
| 1.2.1929 | Elektrischer Betrieb |
| 1937-39 | Bau der Zugangsbrücke über das Schlachthofgelände |
| 4.1945 | Stillegung |
| 8.1945 | Wiedereröffnung, Elektrischer Betrieb; Zugang nur für die sowjetische Besatzungsmacht |
| 2.11.1947 | Stillegung (Züge fahren ohne Halt durch) |
| 25.7.1951 | Reparatur der Zugangsbrücke abgeschlossen, Wiedereröffnung, Elektrischer Betrieb |
| 4.10.1977 | Verlängerung der Zugangsbrücke Richtung Norden fertiggestellt |
| 15.10.1977 | Umbenennung in »Storkower Straße« |

# Zepernick (Kreis Niederbarnim)

Berlin wurde 1871 Reichshauptstadt und war schon 1877 eine Millionenstadt, sie dehnte sich ständig aus. Vorrangig für die Erschließung des Umlandes war die Errichtung von Haltepunkten an den Fernbahnstrecken. Dem notwendig gewordenen Vorortverkehr konnte man sich nicht mehr verschließen. Dem Bericht einer besonderen Kommission des Ministers für öffentliche Arbeiten vom 30. Juni 1887 zur Verbesserung des Sonn- und Feiertagsverkehrs auf der 1842 eröffneten Stettiner Bahn läßt sich entnehmen, daß zwischen dem →Stettiner Bahnhof und Bernau schon die Stationen Pankow, Blankenburg, Carow, Buch und Zepernick bestanden. »Zepernick« gehörte seit 1881 dazu, und der genannte Abschnitt ist exakt jener, auf dem bereits im August 1924 die Elektromotore der Berliner S-Bahn-Züge zu summen begannen.

Die zuvor in Zepernick haltenden Dampfzüge waren 1924 zwar abgelöst worden, aber nach dem Zweiten Weltkrieg und dem Ende der erzwungenen Betriebspause gab es im Juni 1945 noch einmal ein (behelfsmäßiges) Dampfintermezzo, für rund acht Wochen. Die S-Bahn konnte anschließend nur auf einem Gleis zurückkehren. Ein im Bahnhofsbereich vorhandenes Kreuzungsgleis wurde Mitte der siebziger Jahre im Zusammenhang mit einer Erneuerung des Oberbaus ausgebaut. Danach war der Mittelbahnsteig unfreiwillig ein Seitenbahnsteig. Das östliche Gleis kam im März 1985 wieder, jedoch auch jetzt nur im Bahnhofsbereich. Mit der Kreuzungsmöglichkeit lassen sich eventuell auftretende Verspätungen besser auffangen.

Zepernick im brandenburgischen Landstrich Barnim findet sich schon im Landbuch von 1375; ein Heinricus de Cerpernick wird bereits 1289 erwähnt (märkisch Čepurnick: »Dickicht, dichtes Gesträuch«). Im 16. Jahrhundert ging der Hauptteil des in der seltenen Form eines »Winkelangerdorfes« gebauten Ortes an das Domkirchen-Kollegium Berlin über. Der 1881 eröffnete Eisenbahn-Haltepunkt wurde 1909-14 verändert, als man die Strecke hochlegte. Zu dieser Zeit entstand das Empfangsgebäude neben dem Bahndamm; es wurde, wie viele an der Strecke nach Bernau, nach Entwürfen von Ernst Schwartz und Karl Cornelius gestaltet. Eine gewisse Erhabenheit zeichnet diese Bauten aus, sie signalisieren: »Gemach. Die nächste S-Bahn kommt bestimmt!«

| | |
|---|---|
| 1.9.1881 | Eröffnung als »Zepernick« |
| um 1910 | Bezeichnung jetzt »Zepernick (Kreis Niederbarnim)« |
| 8.8.1924 | Elektrischer Betrieb |
| 4.1945 | Stillegung |
| 21.6.1945 | Wiedereröffnung, Dampfbetrieb |
| 13.8.1945 | Elektrischer Betrieb |
| um 1960 | Bezeichnung jetzt »Zepernick b Bernau« |
| um 1975 | Kreuzungsgleis demontiert |
| 18.3.1985 | Inbetriebnahme eines neuen Kreuzungsgleises |

Blick auf den um 1980 nur eingleisig bedienten Bahnsteig; der Zusatz »b Bernau« fehlt auf den Bahnhofsschildern

KURZZEICHEN: ZEP
LAGE: AUF BAHNDAMM
NACH BERNAU-FRIEDENSTAL 2600 METER,
NACH RÖNTGENTAL 1900 METER

# ZEUTHEN

Ohne Irrungen und Wirrungen ist die S-Bahn heute in 29 Minuten ab Ostkreuz in Zeuthen (Oktober 1998)

Immer an einem Freitag nahmen Botho und Lene den Nachmittagszug der Görlitzer Bahn, fuhren nach Hankels Ablage, voll hochgespannter Erwartungen. Das war im 11. Kapitel. Im 14. Kapitel kehren sie enttäuscht zurück nach Berlin. Anno 1884 schrieb Fontane in Zeuthen die letzten Kapitel seines Romans »Irrungen, Wirrungen«, und erläuterte auch den Namen Hankels Ablage: »*Nun, wir können auch sagen: Aus- und Einladestelle, Hafen- oder Stapelplatz ... weil der Fischer, der damals hier wohnte, Hankel hieß, so hatten wir eine ›Hankels Ablage‹.*«

An der 1866 eröffneten Görlitzer Bahn – die Strecke befahren jetzt die S6 und die S46 – hielten 1868 die ersten Züge in »Hankels Ablage Bude 21«. Der Haltepunkt bestand bis 1897, dann wurde 200 Meter weiter nördlich ein neuer eröffnet, der heutige, mit Mittelbahnsteig und einem Fußgängertunnel als Zugang. Zeuthen hieß die Station nun, wie der ganze Ort, der sich 1892 umbenannt hatte. Die Bahnhöfe Zeuthen und Eichwalde sind einander sehr ähnlich.

In den zwanziger und dreißiger Jahren begann die Besiedlung, Makler lockten: »*Der Traum von allen Großstadtleuten ist ein Grundstück im schönen Zeuthen.*« Eine Weiterführung der S-Bahn, die bereits 1928 bis Grünau vorgedrungen war, wurde aber noch nicht betrieben. Erst die »Germania«-Planung in der Hitlerzeit sah eine S-Bahn-Führung bis Königs Wusterhausen vor, auch einen neuen Bahnhof zwischen Zeuthen und Wildau, doch nichts von den Vorhaben wurde ausgeführt.

Erst 1947 erwog man die Verlängerung des S-Bahn-Betriebs von Grünau nach Königs Wusterhausen, 1949 erfolgten Vorarbeiten. Mit dem Kauf von Spendenmarken beteiligten sich die Anwohner an dem Vorhaben des elektrischen Ausbaus der Strecke. In Zeuthen erhielt die S-Bahn auch ein Abstellgleis, ferner mußte wegen der Anlage eines Fernbahn-Überholgleises im Bahnhofsbereich Zeuthen der als Bahnsteigzugang dienende Personentunnel verlängert werden. Am 30. April 1951 kam die S-Bahn nach Zeuthen, freudig begrüßt; am darauffolgenden 1. Mai wurde sie noch einmal bejubelt, mit einem geschmückten Festzug, Fahnen und Ansprachen der örtlichen Politprominenz. 1957 legte man den Nachbarort Miersdorf mit Zeuthen zusammen; der gemeinsame Name geht aus slawischer Wurzel hervor: Czuten (1375) bedeutet »gerüttelt voll, schütten, Schotter«, zurückzuführen auf die Ablagerungen des Flusses Dahme.

In den späten sechziger Jahren verlegte man am Bahnhof in Zeuthen ein zweites S-Bahn-Gleis, die Züge konnten sich jetzt hier, statt kurz vor der Einfahrt in Königs Wusterhausen, begegnen. Eine durchgehend zweigleisige Strecke von Berlin bis Zeuthen existiert seit August 1980. Damit wurde der Bahnhof Endstation der »Einsetzer«, die den Berufsverkehr entlasteten; gegenwärtig ist er Endpunkt der Linie S6.

Wer sich heute vom S-Bahnhof aus auf die Spurensuche von Botho und Lene begeben möchte, wandere durch die Fontaneallee nach Hankels Ablage am Fontaneplatz. Hier, gegenüber von Berlins Zipfel Schmöckwitz-Rauchfangswerder, findet sich ein Findling, dem Dichter gewidmet, und darauf die Inschrift: »*Einige Kapitel, wohlgetan/ Spielen an der Görlitzer Bahn./Ein Kuss, was ist er, wenn Züge brausen/Vorüber an Schmöckwitz und Wusterhausen.*«

| | |
|---|---|
| 24.5.1868 | Halt einiger Züge an Sonntagen an »Hankels Ablage Bude 21« (an der Forstallee), Seitenbahnsteige |
| 1.6.1874 | Ständiger Halt |
| 1892 | Umbenennung in »Hankels Ablage - Zeuthen« |
| 1.11.1897 | Schließung, Eröffnung eines neuen Bahnhofs (Mittelbahnsteig) 200 Meter weiter nördlich, Benennung: »Zeuthen« |
| 4.1945 | Stillegung |
| 21.6.1945 | Wiedereröffnung |
| 30.4.1951 | Elektrischer Betrieb |
| 29.8.1980 | Zweigleisiger Betrieb bis Zeuthen |

KURZZEICHEN: ZN
LAGE: IM GELÄNDENIVEAU
NACH WILDAU
3350 METER,
NACH EICHWALDE
2750 METER

## Zoologischer Garten

Bekannte, oft berühmte Namen tragen die Bahnhöfe an der Stadtbahn. Früher der Schlesische, auch der Lehrter, schließlich Friedrichstraße und Zoo. In der Berliner Eisenbahngeschichte spielen sie fast alle eine Paraderolle. Die aber ist nicht denkbar ohne »Fußvolk«. Die S-Bahn-Züge sind die Statisten. Sie rollen immer, alle paar Minuten. Am Bahnhof Zoo in einer eigenen Halle, an die niemand denkt bei Stichworten wie Normaluhr, Transit, Christiane F. Der S-Bahnhof Zoo – eine Nebenrolle.

In den ersten zwei Jahren nach der Eröffnung 1882 hielten nur Vorortzüge am Bahnhof Zoo, in einer kleinen Halle mit 71 Metern Länge. Der Fernverkehr zog 1884 nach, besaß ebenfalls einen Mittelbahnsteig, die Halle maß 109 Meter. Als Architekt zeichnete vermutlich Johannes Vollmer verantwortlich. Die Attraktivität des seit 1844 bestehenden Zoologischen Gartens war anfangs der Hauptgrund für die Einrichtung der Station gewesen. Attraktiver wurde zunehmend auch der »Neue Westen«, die Gegend um den Kurfürstendamm. Die S-Bahn, leistungsfähiger und sauberer als die Dampfzüge, ersetzte diese im Sommer 1928.

Jetzt war es die Bahnhofsanlage, die bald zu eng wurde, das Verkehrsaufkommen stieg ständig. Für 1936 standen die Olympischen Spiele ins Haus, eine Erweiterung und Vergrößerung des Bahnhofs Zoo wurde unumgänglich. 1934 begann man mit dem vollständigen Abbruch und Neubau des Bahnhofs, bei Aufrechterhaltung des gesamten Eisenbahnbetriebs. Zuerst erhielt die S-Bahn eine eigene separate Halle, etwas nördlich des bisherigen Stadtbahnsteigs. Sieht man von der heutigen Klarsichtverglasung ab – damals wurden matte Scheiben eingesetzt –, bot sie zur Eröffnung 1936 im Großen und Ganzen das jetzige Erscheinungsbild. Fünf Treppen, darunter zwei Rolltreppen, mündeten auf den neuen Bahnsteig. Der Architekt, Reichsbahnoberrat Fritz Hane, hatte eine 169 Meter lange, 21 Meter breite Halle konzipiert; sie konnte mit knapp sechs Metern Höhe recht niedrig bemessen werden, da die elektrischen S-Bahn-Züge keinen Rauch entwickeln. Ab Oktober 1935

(Richtung Westen) und Sommer 1936 (Richtung Osten) hielten sie zwar ständig hier – eine Kehranlage östlich der Bahnsteigs war ebenfalls angelegt worden –, doch fertig war der neue Stadtbahnsteig noch lange nicht. Statikprobleme an der Brücke über die Hardenbergstraße, die jetzt auch einen Teil der neuen Halle trug, und deshalb notwendig gewordene Nachbesserungsarbeiten führten zu Verzögerungen. Im Dezember 1938 erst konnte der neue S-Bahnhof Zoo endgültig dem Verkehr übergeben werden.

Zu diesem Zeitpunkt war der Umbau des Fernbahnhofs nebenan in vollem Gange, er hatte 1936 begonnen. Seine zwei Mittelbahnsteige und die neue große Halle wurden zwar noch fertiggestellt, doch die Verglasung und der Anbau eines Wartesaals am Hardenbergplatz konnten nicht mehr ausgeführt werden, sondern erfolgten erst 1955 bzw. 1957 (»Zoo-Terrassen«). Der Anblick des leeren Hallengerippes noch zehn Jahre nach Kriegsende war mithin nicht auf Bombenschäden zurückzuführen, sondern lag in der Einstellung der Bautätigkeit ab 1940 begründet.

Die S-Bahn verzeichnete zum Kriegsende eine Betriebsunterbrechung bis Ende August 1945. Auch ihre Halle war nun fensterlos, bis 1955 ein kaum durchsichtiges grünliches Drahtglas eingesetzt wurde, das gut drei Jahrzehnte ihr Aussehen prägen sollte. Brückenbauarbeiten an der Hardenbergstraße erforderten in jener Zeit übrigens eine kurzzeitige Verlegung des S-Bahn-Betriebs in die Fernbahnhalle, an den Bahnsteig B.

Von 1952 bis 1976 war der Bahnhof Zoo die einzige Fernbahnstation in West-Berlin. Diese Brückenkopffunktion hat ihn berühmt gemacht – unverzichtbar, dennoch ungeliebt. Bus, Auto und Flugzeug waren bevorzugter als die Interzonenzüge, wenn es galt, Westdeutschland zu erreichen. Mit Schmutz und Schmuddel, Defekten und Unzulänglichkeiten (im Wortsinne – zu kurze Bahnsteige!) sowie DDR-Propaganda statt Fahrgastservice sorgte der Bahnhof Zoo immer wieder für Negativ-Schlagzeilen: eine schäbige Visitenkarte der Reichsbahn. Die Dampfloks wurden nach 1966 mehr und mehr durch Dieselloks ersetzt; ab 1976 tauchten trotzig trötende »Taigatrommeln« auf, wie die Ungetüme sowjetischer Bauart genannt wurden (und werden).

Mauerbau und Motorisierung, Streik und Streckenstillegung setzten dem S-Bahn-Verkehr zu; im Bahnhof Zoo fuhr sie zwar stets, doch immer spärlicher, mit immer kürzeren Zügen. Hinsicht-

Blick auf den Bahnhof Zoo, als die S-Bahn noch als einzige elektrisch fuhr (April 1974)

lich der allgemeinen Verwahrlosung war die S-Bahn-Halle keine Ausnahme. Von Mitte September 1981 bis Ende Februar 1985 war selbst der Ausgang zur Südseite der Hardenbergstraße geschlossen. Die Übernahme der Betriebsrechte für die S-Bahn in »westliche Hände« Anfang 1984 ermöglichte für anstehende Renovierungsmaßnahmen etwas mehr Spielraum als auf dem noch der Deutschen Reichsbahn unterstellten Fernbahnhof. 1985 erhielt die S-Bahn-Schalterhalle eine gefälligere Gestaltung, mit neuer Decke, hellen Fliesen, edlem Fußboden – die erste Renovierung seit 1952. Die Berliner 750-Jahr-Feier 1987 bewegte vieles zum Vorteil für den Bahnhof Zoo. Die auffälligste der in zwei Phasen durchgeführten Maßnahmen: eine neue Klarsichtverglasung der Fernbahnhalle, anschließend die Verlängerung und Überdachung der Bahnsteige. 1988 bot dann auch die S-Bahn-Halle wieder ein optisch ansprechendes Äußeres. Die spannungsreiche, komplizierte Zusammenarbeit zwischen West und Ost wich nach der Wende 1989 dem gemeinsamen Bestreben, der neuen Bedeutung des Bahnhofs Zoo mit gemeinsamen, koordinierten Erneuerungsarbeiten gerecht zu werden. Aus DR und DB wurde die neue Bahn AG.

Die umwälzendste aller Stadtbahnsanierungen, verbunden mit der Elektrifizierung der Fernbahngleise, in den Jahren ab 1993 sorgte für den »letzten Schliff« am Zoo, verhinderte aber nicht, daß anfangs ein Fahrkartenschalter für die S-Bahn schlicht vergessen wurde. Heute stellt sich die Station als wichtiger Verkehrsknoten und als Einkaufsort dar; die alte Atmosphäre ist weitgehend verdrängt. Die Bahnhofskneipe heißt »DB-Lounge«. Allerdings: Der Weg zur S-Bahn ist vor lauter Kommerz erst auf den zweiten Blick zu finden.

Ein kurzer Blick läßt sich am S-Bahnhof Zoo im Vorbeifahren auch auf den Tierpark selbst werfen. Dieser war zur Einweihung am 1. August 1844 der erste seiner Art in Deutschland und der größte Europas. König Friedrich Wilhelm III. hatte die Anlage u.a. mit den folgenden Zeilen bewilligt, »*... der Gesellschaft die Aussicht (zu) eröffnen, daß ihr diejenigen Tiere und Behältnisse, welche Ich von der Pfaueninsel entfernen zu lassen Mich bewogen finden werde, unentgeltlich überlassen werden sollen.*« Heute, nach über 150 Jahren seines Bestehens, ist der Zoologische Garten auf einer Fläche von 35 Hektar mit 14 939 Tieren (wobei ein Ameisenvolk in der Statistik als ein Tier zählt) der artenreichste des Kontinents. Hier werden nicht nur wöchentlich zwei Tonnen Äpfel und 1700 Orangen verfüttert, sondern im Januar auch nicht an den Mann gebrachte Weihnachtsbäume.

Die S-Bahnsteighalle im Dezember 1978

| | |
|---|---|
| 7.2.1882 | Eröffnung für den Stadtbahn-Verkehr, ein Mittelbahnsteig, eine kleine Halle |
| 15.10.1884 | Eröffnung auch für den Fernverkehr, ein Mittelbahnsteig, eine große Halle |
| 11.6.1928 | Elektrischer Betrieb |
| 1934-36 | Neubau der S-Bahn-Halle an der Nordseite |
| 1936-40 | Neubau der Fernbahnhalle und Erweiterung auf zwei Mittelbahnsteige (nicht endgültig fertiggestellt) |
| 4.1945 | Stillegung |
| 25.8.1945 | Wiedereröffnung S-Bahn, Elektrischer Betrieb |
| 1955-57 | Verglasung, Vorbauten am Hardenbergplatz |
| 1985-88 | Sanierung der S-Bahn-Schalterhalle |
| 1994-97 | Grundlegender Umbau der Empfangshalle und der S-Bahn-Schalterhalle |

KURZZEICHEN: ZOO
LAGE: AUF STADTBAHN-WÖLBBÖGEN UND AUF BRÜCKE ÜBER DIE HARDENBERGSTRASSE
NACH SAVIGNYPLATZ 930 METER,
NACH TIERGARTEN 910 METER

Zur Stadtbahn
UND ZUR ARBEIT

| | |
|---|---|
| 8. 8.1924 | Stettiner Vorortbahnhof – Bernau |
| 5. 6.1925 | Gesundbrunnen (Abzw. Sga) – Birkenwerder |
| 4. 10.1925 | Birkenwerder – Oranienburg |
| 16. 3.1927 | Schönholz-Reinickendorf – Velten |
| 11. 6.1928 | Potsdam – Stadtbahn – Erkner |
| 10. 7.1928 | Wannsee – Stahnsdorf |
| 23. 8.1928 | Ausstellung – Spandau West |
| 6.11.1928 | (Stadtbahn –) Stralau-Rummelsburg – Südring – Charlottenburg |
| 6.11.1928 | Neukölln – Köllnische Heide – Grünau |
| 6.11.1928 | Schlesischer Bahnhof – Kaulsdorf |
| 1. 2.1929 | Niederschöneweide-Johannisthal – Spindlersfeld |
| 1. 2.1929 | Charlottenburg – Nordring – Stralau-Rummelsburg – Baumschulenweg |
| 1. 2.1929 | (Nordring–) Stralau-Rummelsburg (– Stadtbahn) |
| 18. 4.1929 | Halensee – Westend |
| 18. 4.1929 | Potsdamer Ringbahnhof – Papestraße (Abzw. Vdp) |
| 18. 4.1929 | Schöneberg – Ebersstraße (Abzw. Vp) |
| 2. 7.1929 | Potsdamer Ringbahnhof – Lichterfelde Ost *) |
| 18.12.1929 | Jungfernheide – Gartenfeld |
| 15.12.1930 | Kaulsdorf – Mahlsdorf |
| 15. 5.1933 | Wannseebahnhof – Zehlendorf Mitte – Wannsee |
| 15. 5.1933 | Potsdamer Fernbahnhof – Zehlendorf Mitte |
| 28. 7.1936 | (Humboldthain –) Stettiner Bahnhof – Unter den Linden |
| 15. 4.1939 | Unter den Linden – Potsdamer Platz |
| 15. 5.1939 | Priesterweg – Mahlow |
| 9.10.1939 | Potsdamer Platz – Anhalter Bahnhof – Großgörschenstraße |
| 6.11.1939 | Anhalter Bahnhof – Yorckstraße |
| 6.10.1940 | Mahlow – Rangsdorf |
| 9. 8.1943 | Lichterfelde Ost – Lichterfelde Süd |
| 19. 7.1945 | Humboldthain (Abzw. Ntm) – Stettiner Fernbahnhof |
| 7. 3.1947 | Mahlsdorf – Hoppegarten |
| 15. 6.1948 | Zehlendorf – Düppel |
| 1. 9.1948 | Hoppegarten – Fredersdorf |
| 31.10.1948 | Fredersdorf – Strausberg |
| 30. 4.1951 | Grünau – Königs Wusterhausen |
| 7. 7.1951 | Lichterfelde Süd – Teltow |
| 3. 8.1951 | Spandau West – Staaken |
| 14. 8.1951 | Spandau West – Falkensee |
| 28. 8.1951 | Jungfernheide – Siemensstadt-Fürstenbrunn – Spandau Hbf. |
| 25.12.1952 | Schönhauser Allee – Pankow-Schönhausen (Gütergleise) |
| 3. 6.1956 | Strausberg – Strausberg Nord |
| 19.11.1961 | Blankenburg – Schönfließ – Hohen Neuendorf |
| 10.12.1961 | Schönhauser Allee – Pankow (Neubau) |
| 26. 2.1962 | Adlershof – Zentralflughafen Berlin-Schönefeld |
| 30.12.1976 | Friedrichsfelde Ost – Marzahn |
| 15.12.1980 | Marzahn – Otto-Winzer-Straße |
| 30.12.1982 | Otto-Winzer-Straße – Ahrensfelde |
| 20.12.1984 | Springpfuhl – Hohenschönhausen |
| 20.12.1985 | Hohenschönhausen – Wartenberg |

*) bereits seit dem 4.6.1903 elektrischer Probebetrieb mit 550 V

# Literatur


Architektur- und Ingenieur-Verein zu Berlin (Hrsg.): Berlin und seine Bauten, Teil X, Band B. Anlagen und Bauten für den Verkehr. (2) Fernverkehr. Verlag Ernst + Sohn, Berlin 1984.

Gerhard Armanski und Wolfgang Hebold-Heitz (Hrsg.): Züge aus der Vergangenheit. Die Berliner S-Bahn. Transit Buchverlag, Berlin 1981.

Günther Bellmann, Markus Mey, Peter Philipps: Berlin einst und heute. Ullstein, Berlin 1997.

Berliner Fahrgastverband IGEB e.V. (Hrsg.): Signal Sonderausgabe. S-Bahn nach Teltow. Verlag GVE, Berlin 1995.

Berliner Fahrgastverband IGEB e.V. (Hrsg.): Signal Sonderausgabe. Strecke ohne Ende. Die Berliner Ringbahn. Verlag GVE, Berlin 1993.

Berliner S-Bahn-Museum (Hrsg.): Signal Sonderausgabe. Die Stadtbahn. Ein Viadukt mitten durch Berlin. Baugeschichte von 1875 bis heute. Verlag GVE, Berlin 1996.

Berliner Verkehrsblätter (Herausgeber: Arbeitskreis Berliner Nahverkehr), diverse Hefte. 1954-1998.

Peter Bley: Berliner S-Bahn. 7. Auflage. Alba Publikation, Düsseldorf 1990.

Peter Bley: 150 Jahre Berlin-Anhaltische Eisenbahn. Alba Publikation, Düsseldorf 1990.

Peter Bley: 150 Jahre Eisenbahn Berlin – Hamburg. Alba Publikation, Düsseldorf 1996.

Peter Bley: 150 Jahre Eisenbahn Berlin - Frankfurt/Oder. Alba Publikation, Düsseldorf 1992.

Peter Bley: 150 Jahre Eisenbahn Berlin – Potsdam. Alba Publikation, Düsseldorf 1988.

Horst Bosetzky: Einsteigen bitte, Türen schließen! S-Bahn Erinnerungen. In Zusammenarbeit mit dem Berliner S-Bahn Museum. Jaron Verlag, Berlin 1997.

Christian Böttger, Reinhard Hacke, Herbert Mayer: Wegweiser zu Berlins Straßennamen. Treptow. Luisenstädtischer Bildungsverein e.V., Berlin 1997.

Michael Braun: Die Berliner Nord-Süd-S-Bahn. Verlag Kenning, Nordhorn 1997.

Günter Döbel, Klaus Wedler: Wegweiser zu Berlins Straßennamen. Hellersdorf. Luisenstädtischer Bildungsverein e.V., Berlin 1996.

Horst Fritzsche: Wegweiser zu Berlins Straßennamen. Mitte. Luisenstädtischer Bildungsverein e.V., Berlin 1995.

Horst Fritzsche: Wegweiser zu Berlins Straßennamen. Tiergarten. Luisenstädtischer Bildungsverein e.V., Berlin 1993.

Dagmar Girra: Wegweiser zu Berlins Straßennamen. Friedrichshain. Luisenstädtischer Bildungsverein e.V., Berlin 1993.

Dagmar Girra, Christine Milek: Wegweiser zu Berlins Straßennamen. Marzahn. Luisenstädtischer Bildungsverein e.V., Berlin 1996.

Dagmar Girra, Sylvia Lais: Wegweiser zu Berlins Straßennamen. Neukölln. Luisenstädtischer Bildungsverein e.V., Berlin 1995.

Dagmar Girra: Wegweiser zu Berlins Straßennamen. Prenzlauer Berg. Luisenstädtischer Bildungsverein e.V., Berlin 1993.

Dagmar Girra: Wegweiser zu Berlins Straßennamen. Reinickendorf. Luisenstädtischer Bildungsverein e.V., Berlin 1995.

Dagmar Girra: Wegweiser zu Berlins Straßennamen. Wedding. Luisenstädtischer Bildungsverein e.V., Berlin 1993.

Norbert Gisder, Heidi Kuphal (Hrsg.): Berliner Kieze. Von Alt-Biesdorf bis zum Kudamm, von Lübars bis zum Alex. Ullstein, Berlin 1998.

Wolfgang Gottschalk: Bahnhöfe in Berlin. Photographien von Max Missmann. 1903 - 1930. Argon Verlag, Berlin 1991.

Alfred Gottwald, Stefan Nowack: Berliner Bahnhöfe - einst und jetzt. Alba Publikation, Düsseldorf 1991.

Alfred Gottwald: Eisenbahn-Brennpunkt Berlin. Die Deutsche Reichsbahn 1920-1939. Franckh'-sche Verlagbuchhandlung, Stuttgart 1976.

Alfred Gottwald, Herrmann Kuom, Karsten Risch: Die S-Bahn in Berlin. Verlag W. Kohlhammer, Stuttgart 1984.

Alfred Gottwald: Das Berliner U- und S-Bahnnetz. Eine Geschichte in Streckenplänen. Argon Verlag, Berlin 1994.

Stefan Handke: Die Eisenbahn Berlin – Potsdam. Die Wannseebahn. Marion Hildebrand Verlag, Berlin 1988.

Joachim Jauch: Wegweiser zu Berlins Straßennamen. Spandau. Luisenstädtischer Bildungsverein e.V., Berlin 1993.

Joachim Jauch, Herbert Mayer, Gert Taraschonnek: Wegweiser zu Berlins Straßennamen. Wilmersdorf. Luisenstädtischer Bildungsverein e.V., Berlin 1993.

Henrik Jeep: Mit der S-Bahn rund um Berlin. 4. Auflage. Schelzky & Jeep, Berlin 1996.

Jodock: Die Mauer entlang. Auf den Spuren der verschwundenen Grenze. Argon Verlag, Berlin 1996.

Peter John: Wegweiser zu Berlins Straßennamen. Steglitz. Luisenstädtischer Bildungsverein e.V., Berlin 1993.

Peter John, Herbert Mayer, Sylvia Schubert: Wegweiser zu Berlins Straßennamen. Zehlendorf. Luisenstädtischer Bildungsverein e.V., Berlin 1996.

Heinz Knobloch: Geisterbahnhöfe. Westlinien unter Ostberlin. Ch. Links Verlag, Berlin 1992.

Bernd Kuhlmann: Der Berliner Außenring. Verlag Kenning, Nordhorn 1997.

Bernd Kuhlmann: VB extra. Züge durch Mauer und Stacheldraht. Verlag GVE, Berlin 1998.

Bernd Kuhlmann: VB extra. Schönefeld bei Berlin. Ein Amt, ein Flughafen und elf Bahnhöfe. Verlag GVE, Berlin 1996.

Michael Lachmann: Erlebnis S-Bahn. Berlin vom Zug aus gesehen. Argon Verlag, Berlin 1995.

Sylvia Lais: Wegweiser zu Berlins Straßennamen. Hohenschönhausen. Luisenstädtischer Bildungsverein e.V., Berlin 1996.

Sylvia Lais: Wegweiser zu Berlins Straßennamen. Pankow. Luisenstädtischer Bildungsverein e.V., Berlin 1994.

Sylvia Lais: Wegweiser zu Berlins Straßennamen. Weißensee. Luisenstädtischer Bildungsverein e.V., Berlin 1993.

Landesbildstelle Berlin (Hrsg.): Verkehr in Berlin. Von den Anfängen bis zur Gegenwart. Band 1: Nahverkehr. Haude & Spener, Berlin 1987.

Landesbildstelle Berlin (Hrsg.): Verkehr in Berlin. Von den Anfängen bis zur Gegenwart. Band 2: Fernverkehr. Haude & Spener, Berlin 1988.

Herbert Mayer: Wegweiser zu Berlins Straßennamen. Schöneberg. Luisenstädtischer Bildungsverein e.V., Berlin 1994.

Jürgen Meyer-Kronthaler: Berlins U-Bahnhöfe. Die ersten 100 Jahre. 2. Auflage, be.bra Verlag, Berlin 1996.

Pro Bahn e.V. Landesverband Berlin (Hrsg.): Signal Sonderausgabe. S-Bahn ins Havelland. Verlag GVE, Berlin 1993.

Horst Regling: Die Wriezener Bahn. Von Berlin ins Oderbruch. Transpress Verlag, Stuttgart 1997.

Hartwig Schmidt, Eva-Maria Eilhardt: Arbeitshefte der Berliner Denkmalpflege. Die Bauwerke der Berliner S-Bahn. Die Stadtbahn. Verlag Volker Spiess, Berlin 1984.

Hartwig Schmidt, Jürgen Tomisch: Arbeitshefte der Berliner Denkmalpflege. Die Bauwerke der Berliner S-Bahn. Die Vorortstrecke nach Zossen. Verlag Volker Spiess, Berlin 1985.

Gisela Scholtze: Charlottenburg und seine Straßen. Straßennamen im Spiegel der Zeit. Edition Hentrich, Berlin 1993.

Sylvia Schubert: Wegweiser zu Berlins Straßennamen. Tempelhof. Luisenstädtischer Bildungsverein e.V., Berlin 1996.

Die Senatsverwaltung Bau- und Wohnungswesen (Hrsg.): Berlin baut 12: S-Bahn Umlandverbindungen. Berlin 1994.

Die Senatsverwaltung Bau- und Wohnungswesen (Hrsg.): Berlin baut 14: Der Südring – Grunderneuerung einer S-Bahnstrecke. Berlin 1993.

Die Senatsverwaltung Bau- und Wohnungswesen (Hrsg.): Berlin baut 16: Wiedereröffnung der S-Bahn-Strecken Schönholz – Tegel und Priesterweg – Lichterfelde Ost. Berlin 1995.

Verkehrsgeschichtliche Blätter, diverse Hefte. 1977-1998.

**Abbildungsnachweis:**

Die verwendeten Abbildungen entstammen den Sammlungen von Sigurd Hilkenbach, Wolfgang Kramer und Jürgen Meyer-Kronthaler sowie dem Archiv des Verlages.

Die Fotografen waren unter anderem:
P. Bley, J. Busse, P. Cürlis, R. Demps, H. Frank, B. Freimann, U. Friedrich, D. Gammrath, K. H. Gewandt, F. Grohmann, S. Hilkenbach, W. Kramer, W. Kroll, K. Lindow, J. Meyer-Kronthaler, S. Münzinger, B. Neddermeyer, B. Nienerza, R. Peltner, U. Poppel, R. Putzke, H. Schiller, J. Schumann, B. Schulz, M. Seher, M. Stertz, P.Strehlau, H. Tschirner, W. Ulma

Einige Abbildungen stammen von der Landesbildstelle Berlin (34, 107, 228, 291, 305), dem Ullstein-Bildarchiv (231), dem Siemens-Archiv (314) und aus der Sammlung Dr. Braun (178).

Jürgen Meyer-Kronthaler

**Berlins U-Bahnhöfe**

Die ersten hundert Jahre

*2. erw. Aufl., 22,5 x 24,5 cm*
*328 Seiten, 326 Abb., geb.*
*68,– DM/sFr; 495,– öS*
*ISBN 3-930863-16-2*

Seit dem Baubeginn im September 1896 hat die U-Bahn die Berliner in Bewegung versetzt. Anfangs wurde über die entstehenden Hochbauten, wie hätte es auch anders sein sollen, erst einmal kräftig gemeckert.

Heute sind die wenigen fast original verbliebenen Stationen aus der Jahrhundertwende einzigartige Zeitzeugen. In diesem Buch sind nicht nur alle 167 aktuellen Bahnhofsnamen zusammengefaßt und erläutert, es nennt auch die Ursprungsnamen der Stationen und erzählt die Geschichte sämtlicher Berliner U-Bahnhöfe, auch der geplanten, verlegten, stillgelegten, zerstörten oder nie in Betrieb genommenen.

Ein Kompendium, das sich mit Amüsement liest, dem der Spagat zwischen Lexikon und Lesespaß gelingt.

# Die S-Bahn-Welt im Heimkino:

**36,50 DM**

## Linie S 5

**»Von Strausberg Nord nach Charlottenburg«**

StarRail, 1997, Spieldauer: ca. 100 Minuten.

Erleben Sie einen Ausflug in das winterliche Strausberg. Aus der Sicht des Triebfahrzeugführers schauen Sie auch auf die rekonstruierte Stadtbahntrasse.

**34,50 DM**

## Linie S25

**»Von Tegel nach Lichterfelde Ost«**

StarRail, 1996, Spieldauer ca. 55 Minuten

Die Strecke der Linie S 25 wurde 28. Mai 1995 wieder in Betrieb genommen. Erleben Sie Berliner Verkehrsgeschichte mit der Neubau-Baureihe 480. Schauen Sie dem Triebfahrzeugführer über die Schulter.

**34,50 DM**

## Linie S 10

**»Von Birkenwerder nach Spindlersfeld«**

StarRail, 1996, Spieldauer ca. 90 Minuten

In diesem abwechslungsreichen Streckenporträt erleben Sie noch einmal die legendäre Baureihe 475, Bauart »Stadtbahn«, mit ihrem unverwechselbaren S-Bahn-Sound.

**36,50 DM**

## Linie S 2

**»Von Blankenfelde nach Waidmannslust«**

StarRail, 1997, Spieldauer ca. 90 Minuten

Eindrucksvolle Bilder und viele Informationen über eine Linie, die Sie vom südlichen Stadtrand in den Berliner Norden führt. Inklusive der beliebten Tunnelfahrten.

**47,50 DM**

## »Abschied einer Legende. Die letzte Fahrt der BR 475.«

S-Bahn Berlin GmbH, 1998

Spieldauer: ca. 40 Minuten

Dokumentiert wird der letzte Einsatztag der legendären Baureihe 475. Exklusiv werden z. T. unveröffentlichte historische Fotos und einmalige Einstellungen gezeigt.

**42,50 DM**

## »Dampfromantik bei der Berliner S-Bahn«

StarRail, 1997, Laufzeit: ca. 60 Minuten

Sind Sie dabei, wenn nach über 40 Jahren wieder die legendäre Stadtbahn-Dampflok 74 (741230) auf S-Bahn-Gleisen zwischen Schöneweide und Westend unterwegs ist.

Dieses Video dokumentiert in eindrucksvollen Bildern eine Fahrt mit historischen Personenwagen auf S-Bahn-Gleisen am 01. 12. 1996.

**Diese und viele andere Artikel erhalten Sie in unseren Kundenzentren in den Bahnhöfen Zoologischer Garten, Alexanderplatz, Nordbahnhof, Treptower Park, Lichtenberg und Greifswalder Straße.**

S-Bahn Berlin GmbH

Deutsche Bahn Gruppe